Bernstein

Das EAGLE PCB-Designer Handbuch

Herbert Bernstein

Das EAGLE PCB-Designer Handbuch

Der Crash-Kurs für das bekannteste Leiterplattendesign

Mit 175 Abbildungen

Franzis'

Die Deutsche Bibliothek – CIP-Einheitsaufnahme

Ein Titeldatensatz für diese Publikation ist bei
Der Deutschen Bibliothek erhältlich

© 2001 Franzis Verlag GmbH, 85586 Poing

Satz: Fotosatz Pfeifer, 82166 Gräfelfing
Druck und Bindung: Kösel, Kempten (www.KoeselBuch.de)
Printed in Germany – Imprimé en Allemagne.

ISBN 3-7723-4136-5

Vorwort

Die Arbeitsmittel des Technikers, Meisters und Ingenieurs wurden zwar in den letzten 100 Jahren verbessert, die Arbeitstechniken veränderten sich erst vor zehn Jahren erheblich. Reißbrett, Rapidograph, Lineal, Schablone, Zirkel, Messer und Klebstreifen wurden durch leistungsfähige Personal-Computer mit hochauflösendem Bildschirm und Drucker bzw. Plotter abgelöst. Bei den Zeichengeräten dominiert nach wie vor der Bleistift wegen seiner einfachen Handhabung zur Erstellung von Skizzen, aber dann greift man doch zur Maus und gibt die Zeichnungen interaktiv ein. Mittels Klicks auf den Board-Icon wandelt das Programm automatisch die Schaltung in ein Platinenlayout um.

Die Begriffe wie CAD und die anderen CAx-Technologien kennt man seit 1960 durch die Veröffentlichung von D.T.Ross vom MIT (Projekt 8436). Seit dieser Zeit wurden diese Begriffe mehrmals neu definiert, aber unter „Computer Aided Design" versteht man heute die Computerunterstützung beim Entwerfen von elektrischen/elektronischen Schaltungen, bei der Gestaltung von Platinenlayouts, beim Berechnen der Luftlinien und optimale Verlegung der Leiterbahnverbindungen, Erstellen von Stücklisten und bei der Beschreibung der Werkstückgeometrien für den gesamten Bereich der Zeichnungserstellung.

Dieses Buch ermöglicht durch Inhalt, Aufbau und Darstellung einen vielseitigen Einsatz für ein modernes, rationelles und effektives Lernen, Üben und Testen. Durch die CAD-Programme erhalten die Studierenden der Berufsaufbau- und Fachoberschulen, der Fach- und Fachhochschulen, der Technischen Universitäten wie auch die Teilnehmer von Lehrgängen zum technischen Zeichner (Elektrotechnik/Elektronik) oder Meister- und Umschulungskursen eine ideale Lernbasis, da zahlreiche praxisnahe Beispiele und fertige Platinenlayouts aus den verschiedenen Bereichen der Technik beschrieben sind, die sich komplett nachvollziehen lassen.

Der Autor unterrichtet an einer Technikerschule in München und führt bei der Industrie- und Handelskammer in München berufsbegleitende Lehrgänge für den Industriemeister/Elektrotechnik durch. Seit 1999 werden auch Seminare mit EAGLE bei verschiedenen Firmen erfolgreich durchgeführt, denn CadSoft (Vertrieb von EAGLE) empfiehlt mich als Dozenten. Dadurch sind zahlreiche Anregungen der Kursteilnehmer in dieses Buch übernommen worden.

130

Inhalt

1 Einführung

Das CAD-Programm EAGLE ist ein sehr leistungsfähiger Grafikeditor, der für den Entwurf von Schaltplänen und Platinenlayouts optimiert wurde. Voraussetzung für den Betrieb sind ein 32-Bit-PC ab Pentium, der unter Windows 95 oder einem höheren Betriebssystem arbeitet, ein freier Speicherplatz von 20 Mbyte auf der Festplatte und eine VGA-Karte, die dann einen hochwertigen Monitor ansteuert. Für die Eingabe benötigt man eine Maus. Die Ausgabe erfolgt über Laser- und Tintenstrahldrucker bzw. der professionelle Anwender setzt einen entsprechenden Plotter ein, der Zeichenbreiten bis 1,5 m ausgeben kann.

Die wichtigsten Eigenschaften von EAGLE sind:

- maximale Zeichenfläche von 64" x 64" (ca. 1,6 m x 1,6 m)
- Auflösung von 1 µm
- Rastereinstellung lässt sich in Millimeter oder Zoll durchführen
- bis zu 255 Layer; die dazugehörigen Farben kann man beliebig einstellen
- Zoomen (vergrößern bzw. verkleinern) erfolgt stufenlos
- Ausführung von Befehlsdateien (z.B. Lesen von Netzlisten)
- Aufbau erfolgt in einer C-ähnlichen Benutzersprache (User Language)
- automatische Namensvergabe
- einfache Bearbeitung von Bibliotheken
- integrierter Texteditor
- identische Bedienung in allen Betriebsarten
- History-Funktion für die Befehle
- Kontext-sensitive Hypertext-Help-Funktionen.

Die besonderen Eigenschaften für den Layout-Editor sind beliebige Leiterbahnbreiten, Lötaugendurchmesser und Bohrdurchmesser. Die Lötaugen lassen sich in runder, quadratischer, länglicher und achteckiger Form gestalten. Die Verarbeitung von aktiven bzw. passiven Bauelementen aller Art, konventionellen IC-Bausteinen und auch Bauteilen in modernster SMD-Technik ist möglich. Bis zu 16-Signal-Layer können für eine Multilayer-Platine ohne großen Verwaltungsaufwand betrieben werden. Durch den „Design-Rule-Check" wird die Platine auf Kurzschlüsse überprüft, und tritt ein Fehler auf, wird dieser über den Texteditor ausgegeben. Mit der „Copper-Pouring"-Funktion lassen sich Masseflächen automatisch auffüllen. Die Größe und Form der Platine kann man ohne mechanische Einschränkungen realisieren und auch nachträglich noch verändern.

Der Schaltplan-Editor ist vollständig in der Basis-Software integriert. Bis zu 99 Blätter pro Schaltplan lassen sich automatisch verwalten. Auch beliebige Zeichnungsrahmen für die elektrischen und elektronischen Schaltungen kann man erstellen. Hat man einen Schaltplan erstellt, wird direkt eine automatische Platinen-Generierung aufgerufen. Damit errechnet der PC innerhalb kürzester Zeit das Platinenlayout, wobei die Größe und Form entsprechend wählbar ist. Eine automatische Verdrahtung der Versorgungsspannung ist ebenfalls vorhanden. Mit dem „Electrical-Rule-Check" überprüft das Programm den Schaltplan auf elektrische Fehler. Mit der „Online-Forward&Back-Annotation" erhält man immer eine direkte Beziehung zwischen Schaltplan und Platine, d.h. ändert man ein Schaltsymbol im Schaltplan, wird der Entwurf der Platine entsprechend gezeichnet.

Wichtig für die Entwicklung ist das Autorouter-Modul, denn es ist vollständig in der Basis-Software integriert. Ein Wechsel zwischen manuellem und automatischem Routen in jedem Entwicklungsstadium der Platine ist möglich. Durch den Ripup-and-Retry-Algorithmus werden verdrahtete in unverdrahtete Signalleitungen (Luftlinien) umgesetzt. Durch die Optimierung mit einstellbarem Parameter lassen sich die Anzahl der Durchkontaktierungen minimieren und Leitungsverläufe glätten. Das kleinste Routing-Raster beträgt 4 Mil. Das Platzierungsraster für die aktiven und passiven Bauteile ist beliebig und es lassen sich konventionelle Bauteile aller Art und SMD-Typen verarbeiten. Wenn genügend Speicherplatz auf der Festplatte vorhanden ist, können Sie beliebige Routingflächen verwenden. Für das Platinen-Layout sind 16 Signal-Layer mit einstellbaren Vorzugsrichtungen vorhanden, wobei hiervon bis zu 14 Versorgungs-Layer möglich sind.

1.1 Programmstart

Das Programm kann in einem beliebigen Verzeichnis auf der Festplatte installiert werden. Folgende Dateien sollten nach der Installation im Programmverzeichnis vorhanden sein:

EAGLE.EXE   Programmdatei
EAGLE.HLP   Hilfetext

EAGLE.DEF	Device-Steuerdatei
*.LBR	Bauelemente-Bibliotheken
*.BRD	Platinen-Dateien
*.SCH	Schaltplan-Dateien
*.SCR	Script-Dateien
*.DOC	Lesbare Dokumenten-Dateien
*.CTL	Autorouter-Konfigurations-Dateien
*.ULP	User-Language-Programme
XPAD.EXE	Konvertierungsprogramm für Pads
README	aktuelle Hinweise.

1.1.1 Grundlagen

EAGLE ist im Prinzip ein vektororientiertes Zeichenprogramm, das in seiner Grundausführung für den Entwurf von Platinen-Layouts optimiert ist. Diese Grundausführung definiert man deshalb auch als Layout-Editor. Als Zusätze sind ein Schaltplan- und ein Autorouter-Modul integriert. Modul deshalb, da sich EAGLE auch mit Zusatz-Modul(en) immer so verhält wie ein in sich geschlossenes Programm. Daher ist die Bedienung immer einheitlich und Sie müssen nicht umdenken, ob Sie einen Schaltplan bzw. ein Platinenlayout erstellen oder in der Symboldatei arbeiten.

Arbeiten Sie nur mit dem Layout-Editor, zeichnen Sie den Umriss einer Platine, platzieren aus einer oder mehreren Bibliotheken die Gehäuse der Bauteile innerhalb der Platinenumrisse, zeichnen die Sollverbindungen als Luftlinien ein und verlegen dann die Leiterbahnen per Hand.

Verwenden Sie das Schaltplan-Modul, holen Sie sich aus einer oder mehreren Bibliotheken einen Zeichnungsrahmen sowie die Symbole für den Stromlaufplan. Danach verbinden Sie die Anschlüsse (Pins) der Symbole mit Netzen. Ist der Schaltplan fertig, können sie mit einem einzigen Befehl (BOARD) die zugehörige Platine erzeugen. EAGLE wechselt bei diesem Befehl in den Layout-Editor, wo die Bauelemente mit den Luftlinien (Sollverbindungen) neben einer Leerplatine platziert sind. Die Größe und Form der Platine können Sie durch Sperrflächen aller Art jederzeit und ohne großen Aufwand beliebig ändern. Von da an können Sie wie gewohnt im Layout-Editor weiterarbeiten, d.h. ohne Einschränkungen durch das Programm. Die Schaltpläne können aus maximal 99 Einzelblättern (Sheets) bestehen.

Mit dem Autorouter-Modul ist die Möglichkeit gegeben, die von Ihnen vorher definierten Sollverbindungen (dargestellt als Luftlinien) automatisch zu verdrahten. Dabei können Sie einzelne Netze, Gruppen von Netzen oder alle noch nicht gerouteten Verbindungen dem Autorouter übergeben (AUTO-Befehl). Das Arbeiten des Autorouters lässt sich jederzeit unterbrechen und damit hat man die Möglichkeit, mit Hand weiterzuverdrahten. Ebenso können Sie den Autorouter in jedem beliebigen Bearbeitungsstadium wieder aufrufen. Jede Leiterbahn lässt sich nach dem Routen entsprechend bearbeiten. Dies gilt für die mechanischen Abmessungen (z.B. Sperrflächen, Bohrungen usw.) und unter Berücksichtigung der EMV-Technik.

Neben Layout- und Schaltplan-Bearbeitung kennt EAGLE eine weitere Betriebsart: die Bearbeitung von Bibliotheken (Libraries). In einer Bibliothek sind Bauelemente gespeichert, die man in Form von Gehäusen (Packages) oder Schaltplansymbolen in die Layout- bzw. Schaltzeichnung holt. Auch hier können Sie jederzeit spezielle Bauelemente mit elektrischen Anschlüssen und mechanischen Abmessungen entwickeln.

Bei der Bearbeitung von Bibliotheken gibt es drei verschiedene Betriebsarten: Man kann Devices, Packages und Symbole anlegen und editieren. Packages enthalten die wichtigsten Gehäuseinformationen, während Symbole die Informationen über ein Schaltzeichen definieren (etwa die Form eines Gatters und die Eigenschaften der Anschlüsse); Devices beinhalten sämtliche erforderlichen Informationen zu einem kompletten Baustein, also welches Gehäuse verwendet wird, welche und wie viele Symbole intern vorhanden sind und auf welchen Gehäuseanschlüssen die Pins der Schaltzeichen herausgeführt sind. EAGLE wird mit einer Reihe von Standard-Bibliotheken geliefert, die Sie jederzeit abrufen können.

Schaltpläne sind in verschiedenen Ebenen (Layer) angelegt. Diese dürfen Sie aber nicht mit den Ebenen der Layer bei einer Platine verwechseln. Es handelt sich um Zeichenebenen, die man individuell ein- und ausblenden kann, sowohl bei der Bearbeitung als auch beim Ausdrucken. Durch geeignete Kombination bestimmter Ebenen entsteht beim Ausdruck dann beispielsweise die Lötseite oder die Bestückungsseite einer Platine oder auch der Schaltplan. Insgesamt stehen 255 Layer zur Verfügung und jeder Layer wird durch eine Zahl zwischen 1 und 255 bzw. einen Namen gekennzeichnet. Farbe und Füllmuster für die Bildschirmdarstellung sind für jeden Layer frei wählbar.

Die Layer mit Nummern unter 100 sind für besondere Aufgaben geeignet. Layer mit höheren Nummern können Sie durch den LAYER-Befehl selbst anlegen und für eigene Zwecke verwenden, etwa um mechanische Zeichnungen später beliebig ein- und ausblenden zu können.

Layer, die man in einer Bibliothek anlegt, werden automatisch auch in einem Schaltplan oder einer Platine angelegt, sobald ein Bauteil aus dieser Bibliothek in der Zeichnung platziert wird.

Alle Zeichnungen werden in speziellen Dateien auf der Festplatte abgespeichert und lassen sich mit dem integrierten CAM-Prozessor ausgeben. Im CAM-Prozessor können Sie wählen, mit welchem Peripheriegerät Sie arbeiten, welcher Vergrößerungs- oder Verkleinerungsfaktor gewählt werden soll, welche Zeichnungs-Layer Sie einblenden wollen, welche Seite eines Schaltplans auszugeben ist und etliches mehr.

1.1.2 Allgemeine Befehlseingabe

Das Programm ist intern so angelegt, dass jede Aktion aufgrund eines Textbefehls ausgeführt wird. Der Anwender gibt diese Befehle normalerweise durch Anklicken von Menüpunkten oder Symbolen (Icons) in die einzelnen Toolbars ein. Sind Werte anzugeben, werden diese in die dafür vorgesehenen Felder eingetragen.

Die Kenntnisse der internen Kommandosprache ist nicht Voraussetzung, um mit EAGLE erfolgreich größere Schaltungen und entsprechende Platinen zu entwerfen. Allerdings bietet dieses Konzept weitere Möglichkeiten, damit man EAGLE als flexibles Werkzeug im technisch-wissenschaftlichen Laborbetrieb einsetzen kann. Jeder Befehl lässt sich beispielsweise auch in Textform über die Kommandozeile eingeben oder über eine Datei einlesen. Außerdem lassen sich die Funktionstasten individuell mit Befehlsstrings belegen. Damit ist es unter anderem möglich, ganze Befehlssequenzen (Makros) auf Funktionstasten zu legen oder mit wenigen Mausklicks (SCRIPT-Befehl) auszuführen.

In der speziellen Kommandodatei (SCRIPT-Datei) EAGLE.SCR lassen sich sämtliche Voreinstellungen für den Schaltplan-, Layout- und Bibliothek-Editor in Form von EAGLE-Befehlen vornehmen. Wenn Sie diese Möglichkeiten nutzen wollen, sollten Sie mit der Kommandosprache vertraut sein. Die genaue Befehlssyntax ist in den Help-Seiten beschrieben.

Die Benutzeroberfläche von EAGLE lässt sich individuell einstellen. In diesem Buch wird mit der voreingestellten Oberfläche gearbeitet.

• Help-Funktion: Die Funktionstaste F1 ist mit der kontextsensitiven Hilfefunktion vorbelegt. Abhängig vom momentanen Status erscheint ein Fenster mit Benutzungshinweisen, speziell zu dem jeweiligen Problem, für den gerade aufgerufenen Befehl.

- Enter-Taste: In den Beispielen werden Aktionen, die mit der Enter- bzw. Eingabetaste abzuschließen sind, mit dem Zeichen <- symbolisiert. Beispiel: USE <-, d.h. geben Sie über die Tastatur den USE-Befehl ein, müssen Sie die Befehlseingabe immer mit der Entertaste (<-) abschließen.

- Befehlsmenü: Im Schaltplan-, Layout- und Bibliotheks-Editor-Fenster befindet sich auf der rechten Seite ein Menü. Es enthält einen Teil der zur Verfügung stehenden Befehle. Jede Aktion wird in EAGLE mit einem Befehl ausgelöst. Dabei gibt es Befehle ohne weitere Parameter und Befehle, denen immer noch Parameter folgen. Beispiel für einen Befehl ohne Parameter ist QUIT <- oder WRITE; <-. Beispiel für einen Befehl, bei dem ein Parameter folgt ist WRITE name <-.

- Tastatureingabe: Prinzipiell können Sie alle Befehle über die Tastatur eingeben, d.h. Sie tippen den WRITE-Befehl ein, wie das in der Textverarbeitung der Fall ist. Da im Fall des WRITE-Befehls eine Angabe mit Dateinamen folgen kann, gibt man WRITE BOARDXY <- ein, wobei Sie BOARDXY als Namen für die abzuspeichernde Datei gewählt haben. Wenn Sie die Befehle vergleichen, werden Sie feststellen, dass einige mit einem Strichpunkt (Semikolon) abgeschlossen sind, andere dagegen nicht. Der Strichpunkt dient als Abschlusszeichen in all jenen Fällen, in denen nicht klar ist, dass der Befehl jetzt ausgeführt werden soll. Im WRITE-Befehl ohne Angabe des Dateinamens kann beispielsweise das Programm nicht erkennen, dass kein Name mehr folgen soll. Erst der Strichpunkt teilt dem Programm mit, dass der Befehl auszuführen ist. In unserem Fall, das Abspeichern der Datei unter dem gegenwärtigen Namen. Beim QUIT-Befehl dagegen ist kein Strichpunkt erforderlich, weil dieser Befehl keine weiteren Parameter zulässt. Die letzten 20 Befehle lassen sich mit den Pfeiltasten ↑ und ↓ in die Kommandozeile holen. Die Esc-Taste löscht die Kommandozeile.

- Eingabe mit der Maus: Bei der Eingabe sind Tastatur und Maus grundsätzlich gleichberechtigt, d.h. der Anwender kann Befehle und Parameter auch durch Anklicken eines entsprechenden Menüfelds eingeben. Folgendes Beispiel: Wenn Sie den Befehl WRITE mit der Maus in der Menüleiste selektieren, entspricht das exakt der Texteingabe WRITE (immer mit Return-Taste abschließen). Das Programm schlägt nun als Parameter den gegenwärtigen Dateinamen vor. Falls Sie die Datei unter diesem Namen abspeichern möchten, selektieren Sie das „OK"-Schaltfeld (Button) mit einem Mausklick an, und der gesamte Befehl wird ausgeführt. Die gesamte Aktion entspricht genau der Texteingabe: WRITE Dateiname <-. Der Textbefehl zum Verändern der Leitungsbreite in 0,024 Zoll lautet: CHANGE WIDTH 0.024 ·, wobei das

Symbol · für einen Mausklick auf der entsprechenden Leitung steht und die aktuelle Einheit auf Zoll (inch) eingestellt sein muss.

• Gemischte Eingabe: Bei diesem Programm sind verschiedene Möglichkeiten vorhanden, einen Befehl einzugeben. Text- und Mausklickeingabe lassen sich dabei auch gemischt verwenden. Die erste Möglichkeit besteht darin, dass Sie CHANGE WIDTH 0.024 <- über die Tastatur eintippen und dann per Maus die betreffende Leitung selektieren. Bitte denken Sie daran, dass Sie Schlüsselwörter in EAGLE ohne Probleme auch abgekürzt eingeben können. Die lässt sich vereinfacht mit CHA WI 0.024 <- eingeben. Sie können aber auch mit der Maus den CHANGE-Befehl selektieren, aus dem sich öffnenden Fenster WIDTH und den Wert 0.024 auswählen und dann die betreffende Leitung anklicken. Eine weitere Möglichkeit besteht darin, CHANGE und WIDTH mit der Maus zu selektieren, dann das Menü zu verlassen, indem man die linke Maustaste außerhalb des Menüs betätigt und den gewünschten Wert, z.B. 0.024 <-, per Tastatur eingibt. Abschließend ist dann wieder die betreffende Leitung mit der linken Maustaste anzuklicken. Dic letzte Methode empfiehlt sich, wenn Werte einzugeben sind, die nicht in den Menüfenstern angeboten werden. In ähnlicher Weise können Sie bei anderen Befehlen eine Text- und Mauseingabe kombinieren.

1.1.3 Befehlseingabe mit der Maus

Die mittlere (falls vorhanden) und rechte Maustaste haben, abhängig vom jeweiligen Befehl, die Funktionen, die in Tabelle 1.1 und 1.2 erklärt sind..

Tabelle 1.1: Funktionen der mittleren Maustaste, wenn eine vorhanden ist. Ist keine vorhanden, lassen sich diese Funktionen nicht aufrufen

Befehl	Funktion
ARC	aktiven Layer wechseln
CIRCLE	aktiven Layer wechseln
LABEL	aktiven Layer wechseln
POLYGON	aktiven Layer wechseln
RECT	aktiven Layer wechseln
ROUTE	aktiven Layer wechseln
SMD	aktiven Layer wechseln
TEXT	aktiven Layer wechseln
WIRE	aktiven Layer wechseln
ERRORS	Eintrag aus Fehlermenü

Tabelle 1.2: Funktionen der rechten Maustaste

Befehl/Aktion	Funktion
GROUP	Polygon schließen
ADD	Element rotieren
COPY	Element rotieren
INVOKE	Gate rotieren
LABEL	Text rotieren
MOVE	Element rotieren
PIN	Pin rotieren
PASTE	Paste-Buffer-Inhalt rotieren
SMD	Smd-Pad rotieren
Text	Text rotieren
ARC	Richtungssinn des Kreisbogens ändern
CHANGE	Gruppe selektieren
MIRROR	Gruppe selektieren
MOVE	Gruppe selektieren
OPTIMIZE	Gruppe selektieren
RIPUP	Gruppe selektieren
ROTATE	Gruppe selektieren
POLYGON	Knickwinkel ändern
ROUTE	Knickwinkel ändern
SPLIT	Knickwinkel ändern
WIRE	Knickwinkel ändern

Bitte beachten Sie insbesonders, dass Sie jeden laufenden Befehl abbrechen können, indem Sie einfach einen weiteren Befehl selektieren. Beispiel: Sie bewegen mit MOVE ein Objekt, bemerken jedoch, dass Sie eigentlich ein anderes Objekt selektieren wollen. Klicken Sie einfach den MOVE-Befehl erneut an, während das erste Objekt noch am Cursor hängt. Sie können auch den Strichpunkt eingeben, um einen Befehl zu beenden.

1.1.4 Eingabe über Funktionstasten

In EAGLE lassen sich die Funktionstasten, auch in Kombination mit den Tasten Alt, Ctrl und Shift, mit Texten belegen. Wird eine Funktionstaste gedrückt, entspricht das der Eingabe des Texts über die Tastatur. Da jeder Befehl als Text eingegeben werden kann, lässt sich somit auch jeder Befehl einschließlich bestimmter Parameter auf eine Funktionstaste legen. Sogar ganze Befehlssequenzen können auf diese Weise einer Funktionstaste zugeordnet werden. Tabelle 1.3 zeigt die Voreinstellung der Funktionstasten.

Tabelle 1.3: Voreinstellungen für die einzelnen Funktionstasten. Über den Befehl ASSIGN lässt sich die aktuelle Belegung der Funktionstasten mit den einzelnen EAGLE-Befehlen anzeigen

Taste	Befehl	Wirkung
F1	HELP	Hilfefunktion
Alt+F2	WINDOWS FIT	Zeichnung wird formatfüllend dargestellt
F2	WINDOWS;	Bildschirminhalt wird aufgefrischt
F3	WINDOWS 2	Bild wird um den Faktor 2 gezoomt
F4	WINDOWS 0.5	Herauszoomen um Faktor 2 (größerer Ausschnitt)
F5	WINDOWS (@);	Neues Zentrum an aktueller Position des Mauscursors
F6	GRID;	Raster ein-/ausblenden
F7	MOVE	MOVE-Befehl
F8	SPLIT	SPLIT-Befehl
F9	UNDO	Vorherigen Befehl zurücknehmen
F10	REDO	Zurückgenommenen Befehl wieder ausführen
Tastenkombination für die Fenster-Oberfläche		
Alt+0		Fenster-Liste öffnen
Alt+1		Fenster-Nummer 1 öffnen (dto. für 2, 3, 4...)
Alt+F4		Fenster schließen
Alt+F5		Ursprüngliche Fenstergröße herstellen
Alt+F6		Nächstes Fenster
Alt+F7		Fenster bewegen
Alt+F8		Fenstergröße verändern
Alt+F9		Fenstergröße minimieren
Alt+F10		Fenstergröße maximieren
Alt+X		Progamm beenden und Status sichern
Alt+Space		Systemmenü öffnen
Crsr-Up		Vorher eingegebene Befehle scrollen
Crsr-Down		Vorher eingegebene Befehle scrollen

Mit den Tasten Crsr-Up (↑) und Crsr-Down (↓) kann man unter den letzten eingegebenen Kommandozeilen wählen und man erreicht damit eine „History"-Funktion für die Befehle. Die Esc-Taste löscht die Zeile.

1.2 Erste Schritte zur Schaltplanerstellung

Wenn Sie EAGLE zur Schaltplan- und Platinenerstellung einsetzen, arbeiten Sie mit einer fensterorientierten Oberfläche, wie sie in modernen Programmen ab MS-Windows 95 üblich ist. Dabei lässt sich das aktuelle Fenster zum Icon

(Symbol) verkleinern (minimize), auf den gesamten Bildschirm ausdehnen (maximize), in der Größe verändern (size), in der vorheringen Größe darstellen (restore) oder bewegen (move).

Bei verschiedenen Befehlen öffnen sich sogenannte Popup-Menüs, aus denen man die Parameter für den Befehl mit der Maus selektieren kann. Einige enthalten Editierfelder etwa für Dateinamen, z.B. der WRITE-Befehl. Klickt man ein solches Feld mit der Maus an, lässt sich der Inhalt editieren. Bitte beachten Sie, dass der Text länger sein kann als das Feld. Sie können also auch längere Pfadnamen mit angeben, obwohl das Feld nicht alle Zeichen darstellt. Andere Menüs enthalten eine Reihe von Werten. Ist der gewünschte Wert nicht im Menü vorhanden, muss der Befehl zumindest teilweise textuell eingegeben werden.

Beispiel:

CHANGE WIDTH 0.023 <-

mit anschließendem Mausklick auf die Leitung.

Eine der nützlichsten Eigenschaften sind der UNDO-Befehl (Voreinstellung der Funktionstaste F9) und der REDO-Befehl (Voreinstellung der Funktionstaste F10). Erkennen Sie, dass Ihnen beim Editieren einer Zeichnung mehrere Fehler unterlaufen sind, können Sie durch Anklicken von UNDO oder direkt über die Funktionstaste F9 schrittweise alle bisherigen Befehle zurücknehmen. Das Gegenstück ist der REDO-Befehl, mit dem Sie wieder auf Ihren ursprünglichen Zustand zurückkehren können. Mit den beiden Funktionstasten können Sie also immer jeden Zwischenstand einer Zeichnung rekonstruieren.

Einige Befehle löschen aber den UNDO-Pufferspeicher, d.h. wenn Sie ausgeführt werden, vergisst das Programm alle vorherigen Befehle, da UNDO hier keinen Sinn hat (EDIT, OPEN, AUTO, REMOVE). Dies gilt auch, wenn Sie eine Zeichnung oder Platine abspeichern und diese dann wieder aufrufen.

1.2.1 Schritte zur Schaltplanerstellung

Für die Erstellung eines Schaltplans sind folgende Schritte durchzuführen:

- Schritt 1: Neuen oder bestehenden Schaltplan öffnen, eventuell auch ein bestimmtes Blatt (Sheet).

- Schritt 2: Zeichnungsrahmen aus den entsprechenden Bibliotheken laden (USE) und Rahmen platzieren (ADD).

- Schritt 3: Um Symbole auf der Zeichenfläche platzieren zu können, muss zuerst die Bibliothek mit (USE) gewählt werden. Danach sind die Symbole auf der Zeichenfläche zu platzieren (siehe ADD, MOVE, DELETE, ROTATE, NAME, VALUE). Fehlt ein bestimmtes Element in der Bibliothek, dann über die Funktionen Symbol, Package und Device ein neues Bauteil definieren. Beim Platzieren eines Bauteils auf der Zeichenfläche kann durch Betätigung der rechten Maustaste das Bauteil um jeweils 90° rotieren.

- Schritt 4: Die Verbindungen zwischen integrierten Schaltkreisen lassen sich mit der Bus-Funktion übersichtlich zeichnen (BUS). Bussysteme erhalten spezifische Namen, aus denen hervorgeht, welche Signale sich aus dem Bussystem herausführen lassen.

- Schritt 5: Die Verbindungen zwischen passiven und aktiven Bauelementen werden mit Netz eingezeichnet (NET). Die einzelnen Verbindungen zwischen den Pins der Bauelemente lassen sich mit dem NET-Befehl definieren. Dargestellt werden Netze im Net-Layer. Mit dem Befehl JUNCTION kennzeichnet man Verbindungen sich kreuzender Netze.

- Schritt 6: Vor der Umsetzung einer Schaltung sind die elektrischen Funktionen zu überprüfen und zu korrigieren, wenn Fehler während der Eingabe aufgetreten sind. Über „Electrical-Rule-Check" (ERC) wird die Schaltung überprüft, und anhand der erzeugten Liste lassen sich die erkannten Fehler korrigieren. Eventuell gibt man noch die Netz- und Pin-Liste mit EXPORT aus. Mit dem SHOW-Befehl lassen sich Netze am Bildschirm verfolgen. Den Schaltplan können Sie mit dem CAM-Prozessor ausgeben.

- Schritt 7: Durch den BOARD-Befehl erfolgt die Umsetzung einer elektronischen Schaltung in eine Leiterplatte. Es entsteht eine Leerplatine, neben der die mit Luftlinien verbundenen Bauelemente platziert sind. Versorgungspins werden mit den Signalen verbunden, die ihrem Namen entsprechen, falls nicht explizit ein anderes Netz mit ihnen verbunden wurde. Die Platine ist über die Forward&Back-Annotation mit der Schaltung verbunden. Damit ist gewährleistet, dass beide übereinstimmen. Um die Forward&Back-Annotation aufrechtzuerhalten, sollten Sie immer mit beiden Dateien arbeiten, wenn Sie Änderungen an der Schaltung oder an der Platine durchführen.

- Schritt 8: Die Platinenumrisse und die Platzierung der Bauelemente ist vorläufig festzulegen. Gegebenenfalls die Leerplatine in Größe und Form verändern (MOVE, SPLIT). Elemente an gewünschte Positionen verschieben (MOVE) und überprüfen, ob die Platzierung günstig oder ungünstig ist (RATSNEST).

- Schritt 9: Jetzt sind die Sperrflächen für den Autorouter auf der Platine zu definieren. Falls erforderlich, zeichnet man Sperrflächen als Rechtecke, Polygone oder Kreise in die Layer TRestrict, BRestrict und VRestrict (siehe RECT, POLYGON, CIRCLE). Für den Autorouter begrenzen auch geschlossene Wire-Züge im Dimension-Layer die Route-Fläche.

- Schritt 10: Mit dem ROUTE-Befehl lassen sich jetzt die Luftlinien in Leiterbahnen umwandeln. Diese Aufgabe kann man auch dem Autorouter (AUTO-Befehl) zuweisen. Falls für einzelne Signale kein Verdrahtungsweg mehr existiert, verschiebt man einfach andere Leitungen (siehe MOVE, SPLIT, CHANGE).

- Schritt 11: Jetzt ist noch das Layout zu überprüfen und gegebenenfalls zu korrigieren, wenn man nicht mit der Leiterbahnführung des Autorouters einverstanden ist. Den „Design-Rule-Check" (DRC) durchführen und Fehler korrigieren. Eventuell Netz-, Bauteile- und Pin-Liste ausgeben (EXPORT).

- Schritt 12: Zum Schluss ist das Layout, die Stückliste, der Bestückungsplan usw. auszudrucken. Die einzelnen Ebenen des Platinenlayouts lassen sich in beliebiger Kombination mit dem CAM-Prozessor ausgeben.

Wenn Sie mit dem „Electrical-Rule-Check" (ERC) arbeiten, werden bestimmte Verletzungen von elektrischen Grundlehrsätzen automatisch erkannt. Ist ein Pin nicht angeschlossen, erkennt das Programm einen Fehler und gibt diesen aus. Das gleiche gilt, wenn mehrere Ausgänge miteinander verbunden sind.

Durch den Design-Rule-Check" (DRC) überprüft das Programm zahlreiche Kriterien, die der Entwickler für sein Layout festgelegt hat, z.B. Mindestabstände zwischen Leiterbahnen, die Breite der Leiterbahnen oder Mindest- bzw. Maximalmaße für Durchkontaktierungen.

1.2.2 Aufruf der Schaltplanfunktion

Nach der Installation von EAGLE erscheint ein Fenster mit zahlreichen Icons, die Sie bearbeiten können:

Dateiart	Fenster	Name
Platine	Layout-Editor	*.BRD
Schaltplan	Schaltplan-Editor	*.SCH
Bibliothek	Bibliothek-Editor	*.LBR
Script	Text-Editor	*.SCR
User-Language-Programm	Text-Editor	*.ULP
Beliebige Textdatei	Text-Editor	*.*

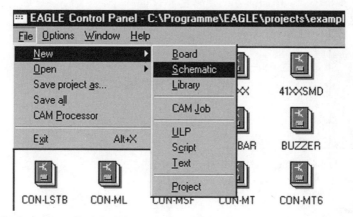

Abb. 1.1: Eröffnen eines Projekt-Files mit den drei Schaltflächen „Board", „Schematic" und „Library"

Wenn Sie die Schaltfläche „File" mit dem Mauscursor anfahren, erscheint ein Menü „New". Bewegen Sie den Mauscursor weiter nach rechts, wird ein weiteres Fenster geöffnet. *Abb. 1.1* zeigt, wie man ein Projekt-File eröffnet.

Durch die drei Schaltflächen „Board", „Schematic" und „Library" bestimmen Sie die Funktion, ob Sie eine Platine erstellen, einen Schaltplan zeichnen oder ein neues Symbol entwickeln müssen.

Wenn Sie die Schaltfläche „Schematic" anklicken, erscheint **Abb. 1.2** mit der Leiste der Kommando-Toolbar des Schaltplan-Editors an der linken Seite. Oben im Bildschirm befinden sich Titelzeile, Menüleiste, Action-Toolbar, Parameter-Toolbar und Koordinatenanzeige mit Kommadozeile.

Auf dem Bildschirm sind zahlreiche Symbole vorhanden, die nach und nach erklärt werden, immer in Verbindung mit Beispielen. Wichtig ist momentan die Schaltfläche „Edit", der Ladebefehl. Wenn Sie diese Schaltfläche anklicken, erscheint *Abb. 1.3*.

Für die Befehle, die unter Edit abgespeichert sind, ergeben sich folgende Funktionen:

• ADD: Elemente in eine Zeichnung einfügen. Dieser Befehl holt ein Schaltplansymbol oder ein Package aus der aktiven Bibliothek und platziert es in der Zeichnung. Die Bibliothek muss mit dem USE-Befehl zuvor geladen worden sein. Bei der Device-Definition holt der ADD-Befehl ein Symbol in das Device. Normalerweise klickt man den ADD-Befehl an und selektiert das Package aus dem sich öffnenden Menü. Nun können die Parameter, falls erfor-

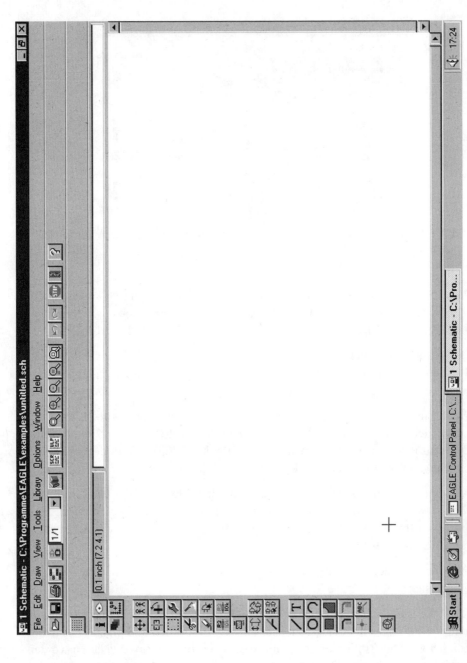

Abb. 1.2: Aufbau eines Bildschirms zur Erstellung eines Schaltplans

Abb. 1.3: Befehle, wenn man die Schaltfläche „Edit" anklickt

derlich, per Tastatur eingegeben werden. Platziert wird das Package mit der linken Maustaste, und mit der rechten Maustaste lässt sich das Bauelement pro Klick um 90° drehen. Nachdem es platziert wurde, hängt sofort eine weitere Kopie am Cursor.

• Change: Dieser Befehl dient generell dazu, Eigenschaften von Objekten zu ändern oder voreinzustellen. Objekte, die bereits in der Zeichnung vorhanden sind, werden einfach der Reihe nach mit der Maus selektiert, nachdem der Befehl und der entsprechende Parameter vorher eingegeben, bzw. aus einem Menü mit der Maus ausgewählt wurden. Nachfolgend platzierte Objekte erhalten sofort die mit CHANGE geänderten Eigenschaften. Damit ist es möglich, mit diesem Befehl die gewünschten Parameter voreinzustellen.

• Copy: Mit diesem Befehl lassen sich Objekte selektieren und anschließend an eine andere Stelle innerhalb der Zeichnung kopieren. Beim Kopieren von Bauelementen in einer Platine generiert EAGLE einen neuen Namen und behält den Wert (Value) bei. Beim Kopieren von Signalleitungen (Wires), Bussystemen und Netzen wird der Name ebenfalls beibehalten. In allen anderen Fällen wird automatisch ein neuer Name generiert. Kopiert man Wires oder Polygone, die zu einem Signal gehören, dann gehört die Kopie zur gleichen

Signalleitung. Bitte beachten Sie, dass aus diesem Grund die DRC-Funktion keinen Fehler feststellt, wenn zwei Wires mit COPY überlappend platziert wurden. Der COPY-Befehl ermöglicht es Ihnen, Bauelemente, die sich bereits in der Zeichnung befinden, zu platzieren, ohne dass Sie dafür eine Bibliothek aufrufen müssen. Im Schaltplan lassen sich keine Bauelemente-Symbole (Gates) kopieren.

• Cut: Mit dieser Funktion wird eine Gruppe in den Paste-Puffer geladen. Damit lassen sich Teile einer Zeichnung (z.B. auch eine ganze Platine) mit Hilfe der Befehle GROUP, CUT und PASTE in andere Zeichnungen übernehmen, wobei für den PASTE-Befehl einige Einschränkungen vorhanden sind. Zuerst definiert man eine Gruppe (GROUP) und dann gibt man den CUT-Befehl ein, der den Paste-Puffer mit den selektierten Elementen und Objekten lädt. Jetzt kann man die Platine oder die Bibliothek wechseln und mit PASTE den Pufferinhalt in die neue Zeichnung kopieren. Falls erforderlich, werden neue Namen generiert. Der Pufferinhalt bleibt erhalten und lässt sich mit weiteren PASTE-Befehlen erneut kopieren. Wird beim CUT-Befehl mit der Maus ein Punkt angeklickt, dann befindet sich beim PASTE-Befehl der Mauscursor genau an dieser Stelle der Gruppe, genau am nächstgelegenen Rasterpunkt. Ansonsten befindet sich der Mauscursor bei PASTE etwa in der Mitte der Gruppe. Mit „CUT (0 0) <-" und „PASTE (0 0) <-" können Sie die Gruppe exakt an der Stelle platzieren, an der Sie ausgeschnitten wurde.

• Delete: Dieser Befehl löscht das Objekt aus der Zeichnung, das dem Cursor bzw. dem angegebenen Koordinatenpunkt am nächsten liegt.

• Gateswap: Mit diesen Befehlen kann man ein Gate mit einem anderen innerhalb eines Schaltplans vertauschen, jedoch müssen beide Gates identisch sein, d.h. gleiches Symbol, und an der Device-Definition identischen Swaplevel (größer als 0) aufweisen. Sind diese Bedingungen erfüllt, können auch Gates aus unterschiedlichen Devices vertauscht werden. Der als Parameter anzugebende Name ist der im Schaltplan sichtbare Name, z.B. U1A für Gate A im Bauteil U1. Wird ein Bauteil durch diesen Befehl als „unbenutzt" gekennzeichnet, wird es automatisch aus der Schaltung entfernt.

• Group: Durch diesen Befehl definiert man eine Gruppe von Objekten und Elementen, auf die man anschließend bestimmte Befehle anwenden kann. Natürlich lässt sich auch eine ganze Zeichnung als Gruppe definieren. Die Objekte und Elemente lassen sich selektieren, indem man – nach Aktivieren des GROUP-Befehls - mit der Maus einen Linienzug zeichnet, der mit dem Betätigen der rechten Maustaste geschlossen wird. In die Gruppe werden nur

Objekte aus den sichtbaren Layern übernommen. Für Bauteile auf dem Top-/ Bottom-Layer muss der TOrigins-/BOrigins-Layer eingeblendet sein.

• Invoke: Muss man gezielt ein bestimmtes Gate eines Bauelements in die Schaltung holen, z.B. ein Power-Gate mit „Addlevel Request", dann setzt man diesen Befehl ein. Soll ein Gate aus einem Bauteil geholt werden, das sich auf einem anderen Blatt des Schaltplans befindet, ist als Parameter der Name des Bauelements anzugeben. In diesem Fall zeigt die rechte Spalte des Popup-Menüs, auf welchem Blatt sich die verwendeten Gates befinden. Ein Gate auf dem Blatt, das gerade in Bearbeitung ist, wird durch ein Sternchen in der rechten Spalte des Popup-Menüs gekennzeichnet.

• Mirror: Mit diesem Befehl können Objekte an der y-Achse gespiegelt und damit z.B. auf der Lötseite der Platine platziert werden. Beim Spiegeln von Elementen werden die angeschlossenen Wires mitgespiegelt. Hier muss man dann aber auf Kurzschlüsse achten, die während dieser Funktion auftreten können. Vias (Durchkontaktierungen) werden dabei nicht automatisch gesetzt. Will man eine Gruppe spiegeln, definiert man zuerst die Gruppe mit dem GROUP-Befehl, dann selektiert man den MIRROR-Befehl und klickt mit der rechten Maustaste die Gruppe an. Sie wird dann um die senkrechte Achse durch den dem Mauscursor nächstgelegenen Rasterpunkt gespiegelt. Wires, Circles, Pads, Rectangles, Polygone und Labels lassen sich nicht explizit spiegeln, aber als Bestandteil von Gruppen werden sie mitgespiegelt.

• Move: Durch den MOVE-Befehl können Sie ein Objekt oder Element, das dem Cursor bzw. dem angegebenen Koordinatenpunkt am nächsten liegt, bewegen. Im Layout-Editor lassen sich Elemente auch mit ihrem Namen selektieren. Das ist vor allem dann nützlich, wenn sich das Element nicht im gerade dargestellten Bildausschnitt befindet. Der MOVE-Befehl wirkt nur auf sichtbare Layer. Wires, die an einem Element hängen, lassen sich an diesem Ende nicht bewegen. Beim Bewegen von Elementen ändern sich die angeschlossenen Wires mit, wobei man wieder auf Kurzschlüsse achten muss. Bewegt man mit dem MOVE-Befehl Wires übereinander, dann werden diese Wires nicht zu einem Signal verbunden, und diesen Kurzschluss kann der DRC-Befehl feststellen.

• Name: Beim Editieren von Zeichnungen kann man mit dem NAME-Befehl den Namen des selektierten Elements, Signals, Netzes oder Bussystems anzeigen und in einem Popup-Menü ändern. Im Bibliothek-Editor gilt das gleiche für Pad-, Smd-, Pin- und Gate-Namen. Namen dürfen bis zu acht Zeichen lang sein, Devices- und Pin-Namen bis zu zehn Zeichen. EAGLE vergibt automatisch Namen (E$. für Elemente; S$. für Signale; N$ für Netze, P$ für Pads,

Pins, Smds und Parts; G$. für Gates). Zumindest in Packages und Symbolen sollte man die Pad- und Pin-Bezeichnungen durch gängige Namen (z.B. 1...14 bei einem 14-poligen DIL-Gehäuse) bzw. die Signalbezeichnungen ersetzen.

- Paste: Mit CUT und PASTE lassen sich Teile einer Zeichnung/Bibliothek kopieren, auch in eine andere Zeichnung/Bibliothek. Dabei ist Folgendes zu beachten:
  - Von und nach Devices ist kein CUT/PASTE möglich
  - Elemente und Signale können nur von Platine zu Platine kopiert werden
  - Elemente, Bussysteme und Netze lassen sich nur von Schaltplan zu Schaltplan kopieren
  - Pads und Smds können nur von Package zu Package kopiert werden
  - Pins lassen sich nur von Symbol zu Symbol kopieren
  - Elemente, Signale, Pads, Smds und Pins erhalten einen neuen Namen, falls ihr bisheriger Name in der neuen Zeichnung bzw. im Symbol oder Package bereits existiert
  - Busse behalten ihren Namen
  - Netze behalten ihren Namen, falls es ein Label oder ein Supply-Symbol an einem der Netz-Segmente gibt. Andernfalls wird ein neuer Name generiert.
- Pinswap: Durch diesen Befehl kann man äquivalente Pins/Pads vertauschen. In einem Schaltplan kann man Pins vertauschen, die zum gleichen Device gehören und bei der Symbol-Definition denselben Swaplevel erhalten haben (Swaplevel > 0). In einer Platine lassen sich mit diesem Befehl zwei Pads des gleichen Package vertauschen, aber in diesem Fall wird der Swaplevel nicht geprüft. Die an den vertauschten Pins/Pads angeschlossenen Leitungen wandern mit, sodass es zu Kurzschlüssen kommen kann. Bitte immer die DRC-Funktion durchführen und, falls erforderlich, sofort die Fehler korrigieren.

- Rotate: Mit diesem Befehl kann man die Orientierung von Objekten und Elementen in 90°-Schritten ändern. Beim Drehen von Packages bewegen sich die angeschlossenen Leitungen mit, und hier müssen Sie wieder auf Kurzschlüsse achten. Packages lassen sich nur drehen, wenn der TOrigins- bzw. der BOrigins-Layer sichtbar ist. Objekte wie Wires, Circles, Pads, Rectangles, Polygone und Labels lassen sich nicht explizit drehen, aber als Bestandteile von Gruppen. Die Texte werden immer so dargestellt, dass sie von vorne oder von rechts zu lesen sind - auch wenn diese durch die Rotationsfunktion verändert wurden. Nach zweimaligem Rotieren erscheint das Symbol deshalb wieder gleich, aber der Aufhängepunkt liegt nicht mehr links unten, sondern rechts oben. Denken Sie an diesen Befehl, wenn sich ein Text scheinbar nicht mehr selektieren lässt.

- Smash: Dieser Befehl wird auf Elemente angewendet, damit man anschließend die zugehörigen Texte, die den aktuellen Namen und Wert (Vaue) repräsentieren, separat bewegen kann (MOVE). Das ist vor allem für Schalt- und Bestückungspläne nützlich. Nach dem SMASH-Befehl kann man die >NAME- und >VALUE-Texte behandeln wie alle anderen Texte. Allerdings lässt sich ihr Inhalt nicht mit CHANGE.TEXT ändern.

- Split: Diesen Befehl benötigt man, wenn nachträglich in Wires oder Polygonen noch eine Abknickung erforderlich ist. SPLIT teilt Wires am Anklickpunkt. Das kürzere Stück verläuft gemäß dem eingestellten Knickwinkel (Wire_Style), das längere verläuft in gerader Linie zum nächsten Aufhängepunkt. Nach dem SPLIT-Befehl werden die betroffenen Wire-Segmente wieder optimiert, entsprechend dem OPTIMIZE-Befehl, sofern nicht zuvor der Befehl SET OPTIMIZING OFF eingegeben wurde. Hat man diesen Befehl eingegeben, bleiben die Trennstellen in den Wires erhalten. Sie bleiben auch dann erhalten, wenn man im SPLIT-Befehl die gleiche Stelle zweimal mit der Maus anklickt.

- Value: Über diesen Befehl kann man Elemente mit einem Wert versehen, und zwar mit maximal 14 Zeichen. Holt man sich einen Widerstand aus der Bibliothek, so hat dieser keinen Wert, und soll dieser einen definierten Wert erhalten, ist z.B. 10k einzugeben. Bei integrierten Schaltungen trägt man anstelle des Werts sinnvollerweise den Typ ein, z.B. 7400. Den Wert bzw. Typ trägt man mit dem VALUE-Befehl ein. Der Befehl selektiert das nächstgelegene Element und öffnet ein Popup-Menü, in dem man einen neuen Wert festlegen oder den bisherigen verändern kann. Gibt man den „Wert" an, bevor man das Element mit der Maus selektiert, dann erhalten alle nachfolgend selektierten Elemente ebenfalls diesen Wert. Das ist sehr praktisch, wenn man z.B. eine ganze Reihe von integrierten Schaltungen und identische Bauelemente (Widerstände, Kondensatoren, Spulen, Dioden usw.) auf den gleichen Wert setzen muss. Werden „Name" und „Wert" angegeben, so erhält das Element „Name" den angegebenen Wert.

Die Befehle aus *Abb. 1.3* benötigt man für die Erstellung eines Schaltplans.

1.2.3 Elemente einer Schaltplanfunktion

Wenn Sie den Befehl ADD in Abb. 1.3 anklicken, erscheint das Fenster von *Abb. 1.4* mit der Datei DEMO.LBR. Hier finden Sie direkt verschiedene Bauelemente für die ersten Versuche mit diesem CAD-Programm.

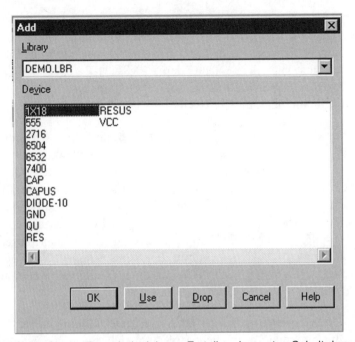

Abb. 1.4: Fenster für das Demobeispiel zum Erstellen des ersten Schaltplans

Das Fenster zeigt 14 Bauteile, die zur Erstellung des ersten Schaltplans sofort zur Verfügung stehen, ohne dass man sich in den zahlreichen Bibliotheken zurecht finden muss. Diese Bauteile haben folgende Bedeutung:

- 1X18: 18-polige Anschlussleiste
- 555: Zeitgeberbaustein
- 2716: EPROM-Baustein mit 16-Kbyte-Speicherplätzen
- 6504: 8-Bit-Mikroprozessor
- 6532: RAM-Baustein mit 32-Kbyte-Speicherplätzen
- 7400: Vierfach NAND-Gatter mit je zwei Eingängen
- CAP: Ungepolter Kondensator als SMD-Bauelement
- CAPUS: Elektrolytkondensator (gepolter Kondensator) als SMD-Bauelement
- DIODE-10: Diode
- GND: Ground, Erde, Masse oder 0 V
- QU: Quarz
- RES: Widerstand (resistor) als SMD-Bauelement
- RESUS: Verdrahteter Widerstand als konventionelles Bauelement
- VCC: Betriebsspannung

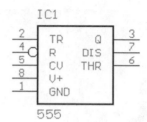

Abb. 1.6: Vergrößerter Zeitgeberbaustein 555 mit den
elektrischen Bezeichnungen für acht Anschlüsse

In Abb. 1.4 ist die 18-polige Anschlussleiste selektiert und diese soll in den Schaltplan übernommen werden. Wenn Sie „ok" anklicken, erscheint *Abb. 1.5.*

Die Bezeichnung für die 18-polige Anschlussleiste lautet 1X18 und befindet sich unten am Symbol. Im nächsten Schritt wird der Zeitgeberbaustein platziert. Wenn dieser Baustein im Schaltplan erscheint, lässt sich die Anschlussbelegung nicht erkennen. Jetzt klicken Sie Zoomeinstellung, das Lupesymbol mit dem Pluszeichen an. Es erscheint ein vergrößerter Baustein 555, wie *Abb. 1.6* zeigt.

Um die nächsten Schritte zu verstehen, muss der Zeitgeberbaustein kurz erklärt werden:

•   GND (Pin 1): An diesem Pin wird Masse angeschlossen.

•   TR (Pin 2): Der Trigger-Eingang misst die Spannung; sinkt die Spannung unter einen Wert von 1/3 der Betriebsspannung, reagiert der 555 und hat an seinem Ausgang (Pin 3) ein 0-Signal. Solange die Spannung größer als 1/3 der Betriebsspannung ist, hat der Ausgang ein 1-Signal. Dieser Eingang reagiert nur, wenn die Spannung diesen Schwellwert unterschreitet.

•   Q (Pin 3): Der Ausgang Q hat nach dem Einschalten der Betriebsspannung ein 1-Signal.

•   R (Pin 4): Über diesen Eingang lässt sich der Zeitgeberbaustein zurücksetzen. Dieser Eingang liegt immer auf 1-Signal, wenn er nicht benötigt wird. Bei einer Ansteuerung durch eine Logik muss der Reset-Eingang auf 0 V gelegt werden und damit hat der Ausgang Q ein 1-Signal.

•   CV (Pin 5): Über diesen Eingang lässt sich eine externe Kontrollspannung anlegen, die die internen Spannungsverhältnisse verändert. Wenn dieser Eingang nicht benötigt wird, ist er über einen Kondensator mit Masse zu verbinden.

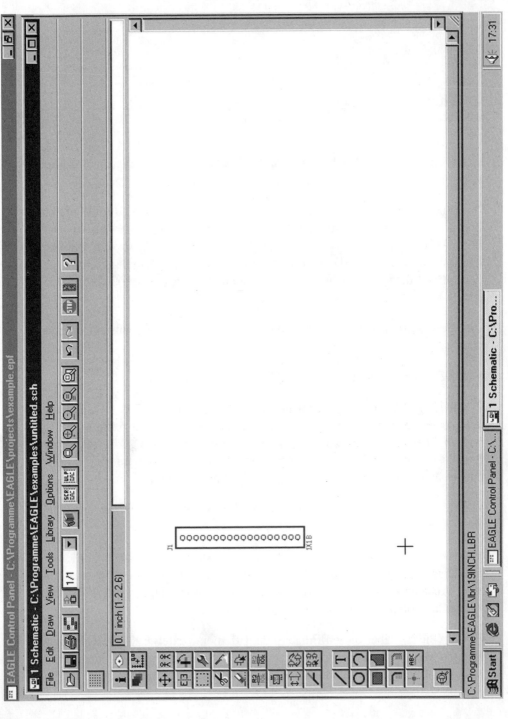

Abb. 1.5: Übernahme der 18-poligen Anschlussleiste in den Schaltplan

- THR (Pin 6): Dieser Eingang (Threshold = Schwelle) liegt wie der Eingang TR an einem der beiden internen Komparatoren. Steigt die Spannung an diesem Eingang auf über 2/3 der Betriebsspannung an, reagiert der Zeitgeberbaustein und schaltet seinen Ausgang Q auf 0-Signal. Solange die Spannung an dem Eingang kleiner ist, kann dieser Eingang die Ausgangsfunktion nicht beeinflussen.

- DIS (Pin 7): Der DIS-Eingang (Discharge) dient zum Entladen eines externen Kondensators. Im Baustein ist ein Transistor mit offenem Kollektoranschluss vorhanden.

- V+ (Pin 8): Hier schließt man die Betriebsspannung an, die zwischen 5 V und 15 V betragen darf.

Für das Beispiel mit dem Zeitgeber 555 benötigen Sie zwei Widerstände und zwei Kondensatoren, wie Abb. 1.7 zeigt. Die Widerstände und Kondensatoren sind zwar bezeichnet, jedoch ohne Wertangabe. Rufen Sie unter „Edit" die Funktion „Value" auf, damit können Sie den Widerstand R1 mit 10 kΩ, R2 mit 100 kΩ, C1 mit 1 µF und C2 mit 10 nF beschriften, wie *Abb. 1.8* zeigt.

Der Baustein 555 besteht aus zwei Operationsverstärkern, die als Komparatoren arbeiten. Die Leerlaufverstärkung liegt in der Größenordnung von $v_0 \approx 10^5$. Die beiden Komparatorausgänge sind mit einem Flipflop verbunden, das die Eingangsinformationen speichern kann. Dieses Flipflop hat eine Vorzugslage, d.h, wenn man die Betriebsspannung einschaltet, hat der Ausgang Q des Flipflops ein 0-Signal. Dieses Signal wird durch den nachfolgenden Inverter mit einem Leistungstransistor am Ausgang negiert. Der Ausgang hat also nach dem Einschalten der Betriebsspannung immer ein 1-Signal.

Die beiden Komparatoren, das Flipflop und der invertierende Ausgangsverstärker sind in dem Zeitgeberbaustein 555 vorhanden. Das Flipflop steuert außerdem direkt einen internen Transistor für die Entladefunktion des externen Kondensators an, der einen offenen Kollektorausgang hat. Ist das Flipflop gesetzt, ist dieser Transistor durchgeschaltet und der Eingang „Entladung" befindet sich auf 0 V. Wurde das Flipflop zurückgesetzt, ist der Transistor gesperrt. Mit einem 0-Signal an dem Reset-Eingang lässt sich das Flipflop direkt zurücksetzen. Im Ruhezustand ist dieser Eingang immer mit $+U_B$ zu verbinden.

Wichtig in dem Baustein 555 ist der Spannungsteiler, der aus drei gleichgroßen Widerständen mit R = 5 kΩ mit einer Toleranz von 1 % besteht. Durch den internen Spannungsteiler ergeben sich folgende Verhältnisse an den beiden Komparatoren:

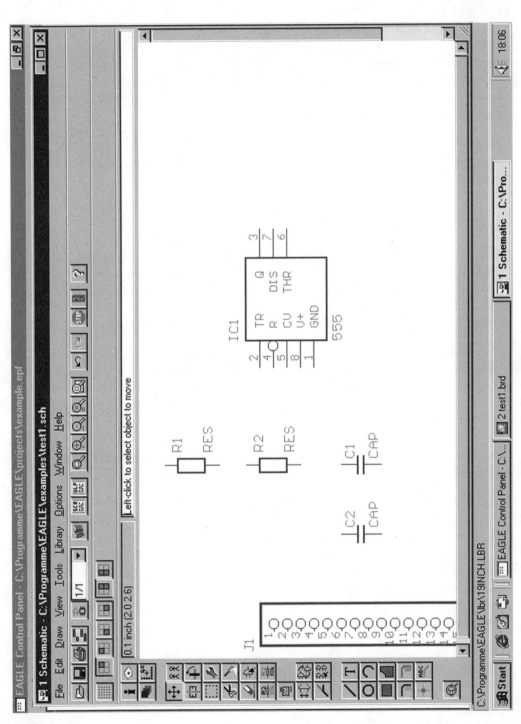

Abb. 1.7: Platzieren der Bauelemente auf der Zeichenfläche für den Zeitgeber 555

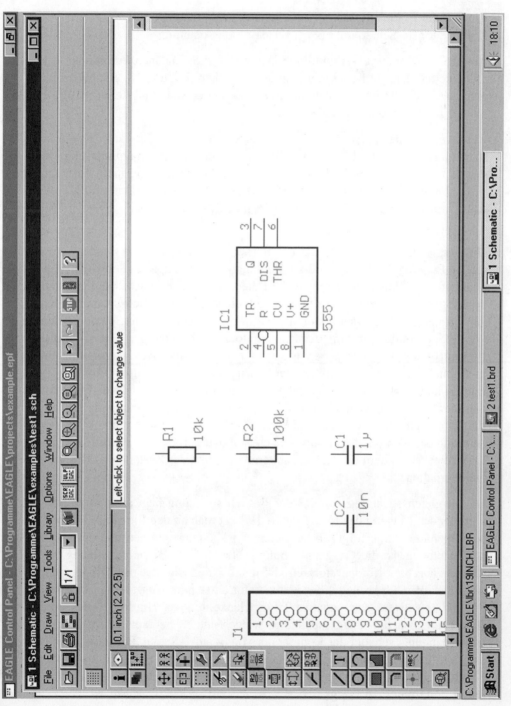

Abb. 1.8: Beschriftung der Bauelemente

Komparator I: Schaltpunkt bei 2/3 der Betriebsspannung
Komparator II: Schaltpunkt bei 1/3 der Betriebsspannung

Aus diesen Spannungsverhältnissen lassen sich die einzelnen Funktionen des 555 ableiten. Die Betriebsspannung darf zwischen 5 V und 18 V schwanken, ohne dass sich die Funktionsweise ändert, denn der Spannungsteiler ist direkt mit der Betriebsspannung verbunden.

Der invertierende Eingang des Komparators I ist mit dem Eingang „Kontrollspannung" verbunden. Über diesen Eingang kann man den Spannungsteiler in seinen Verhältnissen geringfügig ändern. Wird dieser Eingang nicht benötigt, verbindet man ihn mittels eines Kondensators von 10 nF bis 100 nF mit Masse. Andernfalls kann es im Betrieb unangenehme Störungen geben, besonders bei elektromagnetischen Impulsen.

Die Vergleichsspannung von 2/3 der Betriebsspannung liegt an dem invertierenden Eingang des Komparators I. Legt man an den Eingang „Schwelle" eine Spannung, vergleicht der Komparator I diese mit der Vergleichsspannung und der Eingangsspannung. Ist die Spannung kleiner 2/3 der Betriebsspannung, hat der Ausgang des Komparators ein 1-Signal. Überschreitet die Spannung den Wert 2/3, kippt der Ausgang des Komparators auf 0-Signal. Da eine sehr hohe Leerlaufverstärkung vorhanden ist, erfolgt der negative Ausgangssprung im μs-Bereich. Mit dieser negativen Flanke wird das nachgeschaltete Flipflop getriggert und setzt sich. Der Ausgang Q des Flipflops hat ein 1-Signal und der Ausgang des 555 dagegen ein 0-Signal. Unterschreitet die Spannung an dem Eingang „Schwelle" wieder den Wert 2/3 der Betriebsspannung, kippt der Ausgang des Komparators I von 0- nach 1-Signal zurück. Diese positive Flanke wird aber von dem Flipflop nicht verarbeitet und der Zustand des Flipflops bleibt erhalten.

Die Vergleichsspannung von 1/3 der Betriebsspannung liegt an dem nichtinvertierenden Eingang des Komparators II. Legt man an den Eingang „Trigger" eine Spannung an, erfolgt ein Vergleich zwischen der internen und der externen Spannung. Ist die Triggerspannung größer 1/3 der Betriebsspannung, hat der Ausgang des Komparators ein 1-Signal. Unterschreitet die Triggerspannung den Wert 1/3, schaltet der Komparator an seinem Ausgang auf 0-Signal um und es entsteht eine negative Triggerflanke, die das Flipflop zurücksetzt. Vergrößert sich die Triggerspannung wieder und überschreitet 1/3 der Betriebsspannung, schaltet der Komparator von 0- auf 1-Signal. Die dadurch entstehende positive Flanke hat aber keinen Einfluss auf das Flipflop und das Flipflop bleibt in seinem stabilen Zustand. Der Ausgang des 555 hat während dieser Zeit immer ein 1-Signal.

Für den 555 ergeben sich daher folgende Trigger-Bedingungen:
Eingang „Schwelle": positiver Triggerimpuls bei 2/3 der Betriebsspannung
Eingang „Trigger": negativer Triggerimpuls bei 1/3 der Betriebsspannung.

Die beiden Triggerimpulse müssen an ihren Flanken keine Steilheit aufweisen. Selbst langsame Analogspannungen werden durch die beiden internen Komparatoren digitalisiert und von dem nachgeschalteten Flipflop weiterverarbeitet. Durch seine stabile Funktionsweise ist der Baustein universell in der Praxis verwendbar.

Der Frequenzbereich des 555 liegt zwischen 10^{-3} und 10^6 Hz. Die Frequenz wird von zwei externen Widerständen R_1, R_2 und dem Kondensator C_1 bestimmt. Dabei ergibt sich eine hohe Frequenzstabilität, denn die Temperaturdrift des 555 liegt bei nur 50 ppm/K (Prozent pro Million/Kelvin).

1.2.4 Zeichenbefehle

In der Menüleiste steht die Funktion „Draw" und unter diesem Menü befinden sich die Zeichenbefehle. *Abb. 1.9* zeigt die einzelnen Möglichkeiten.

Die Arbeitsweisen der einzelnen Zeichenbefehle lauten:

• Arc: Mit diesem Befehl zeichnet man Kreisbögen. Der erste und zweite Mausklick (linke Maustaste) definiert zwei gegenüberliegende Punkte auf dem Kreisumfang. Danach lässt sich mit der rechten Maustaste festlegen, ob der Bogen im Uhrzeigersinn oder im Gegenuhrzeigersinn dargestellt werden soll. Mit dem abschließenden Mausklick legt man den Winkel des Bogens fest. Mit den Parametern CW (Clockwise) und CCW (Counterclockwise) kann man ebenfalls festlegen, ob der Bogen im Uhrzeigersinn oder im Gegenuhrzeiger-

Abb. 1.9: Fenster für den Aufruf der Zeichenbefehle

sinn dargestellt werden soll. Das ist insbesondere für Script-Dateien nützlich. Der Parameter „Width" gibt die Strichstärke an; diese lässt sich mit dem Befehl „CHANGE WIDTH width;" voreinstellen oder verändern, und ist identisch mit der aktuellen Strichstärke für Wires.

• Bus: Mit diesem Befehl zeichnet man Bussysteme in den Bus-Layer eines Schaltplans. Der Busname hat die Form SYNONYM: Teilbus, Teilbus,.. und es gilt: SYNONYM ist jeder einfache Name bis zu acht Zeichen. Der Teilbus ist ein einfacher Name mit bis zu acht Zeichen oder ein Busname der Form Name [LowestIndex...HighestIndex] und dabei darf der Name zusammen mit LowestIndex oder HighestIndex maximal acht Zeichen lang sein. Ein Busname kann maximal 21 Teilbus-Namen enthalten (einschließlich SYNONYM).

• Circle: Mit diesem Befehl zeichnet man Kreise in den aktiven Layer. Außerdem dient der CIRCLE-Befehl in den Layern TRestrict, BRestrict und VRestrict zum Anlegen von Sperrflächen für den Autorouter. Dabei sollte eine Linienstärke (width) von 0 gewählt werden, um die Kreisfläche zu sperren. Bei Linienstärken >0 wird nur der Kreisring gesperrt. Der Parameter „width" gibt die Strichstärke des Kreises an. Er entspricht dem gleichen Parameter des WIRE-Befehls und kann mit dem Befehl „CHANGE WIDTH breite;" geändert bzw. voreingestellt werden. Dabei ist „breite" der gewünschte Wert in der gegenwärtigen Einheit.

• Junction: Mit diesem Befehl lassen sich die Kreuzungspunkte zusammengehöriger Netze mit einem Punkt markieren. Ein Junction-Punkt lässt sich nur auf einem Netz platzieren. Wird ein Junction-Punkt an einer Stelle gesetzt, an der sich unterschiedliche Netze kreuzen, dann wird der Benutzer gefragt, ob er die Netze verbinden will. Auf dem Bildschirm werden diese Verbindungspunkte (Junction) immer mit mindestens fünf Pixel im Durchmesser dargestellt, damit sie auch in kleinen Zoomstufen noch sichtbar sind.

• Label: Mit diesem Befehl kann man den Namen eines Bussystems oder Netzes im Schaltplan an einer beliebigen Stelle platzieren. Der erste Mausklick auf einer Net- oder Buslinie sorgt dafür, dass der Name des selektierten Bussystems oder Netzes „am Cursor hängen bleibt". Der Text lässt sich dann mit der rechten Maustaste rotieren. Mit der mittleren Maustaste wählt man den Ziellayer für den Labeltext aus. Der zweite Mausklick mit der linken Maustaste platziert den Text an einer beliebigen Stelle. Es lassen sich beliebig viele Labels je Bus/Signal platzieren. Labels werden vom Programm wie Texte behandelt, aber ihr „Wert" entspricht immer dem Namen des zugehörigen Bussystems oder Netzes. Ändert man den Namen eines Bussystems/Netzes mit dem NAME-Befehl, dann ändern sich automatisch alle zugehörigen Labels. Selektiert man beim SHOW-Befehl einen Bus, ein Netz oder ein Label, dann werden alle zugehörigen Labels und Bussysteme bzw. Netze hell dargestellt.

• Net: Mit diesem Befehl zeichnet man Einzelverbindungen (Netze) im Net-Layer eines Schaltplans. Der erste Mausklick gibt den Startpunkt des Netzes und der zweite die Linie an. Ein weiterer Mausklick an gleicher Stelle legt den Endpunkt fest. Startet man das Netz auf einem Bus, öffnet sich ein Popup-Menü, aus dem man ein Signal des Bussystems auswählen kann. Das Netz erhält dann den entsprechenden Namen und gehört damit zu diesem Signal. Enthält der Bus mehrere Teilbussysteme, öffnet sich erst ein Popup-Menü, in dem man den gewünschten Teilbus auswählen kann.

• Polygon: Dieser Befehl dient zum Zeichnen von Polygonflächen. Polygone in den Layern Top (Draufsicht, meistens Bauteileseite), Bottom (Unteransicht, meistens Leiterbahnseite) und Route 2...15 werden als Signale behandelt. Polygone in den Layern T/B/VRestrict sind Sperrflächen für den Autorouter. Für Polygone, die Bestandteil eines Signals sind, gibt es zwei verschiedene Zustände:

– den „Urzustand", also die Form, in der sie vom Benutzer definiert worden sind (Umrisslinien)

– den „freigerechneten" Zustand, also die Form, wie sie vom Programm berechnet werden.

In der Board-Datei (name.BRD) ist nur der Urzustand abgespeichert. Standardmäßig werden alle Polygone am Bildschirm im Urzustand dargestellt, da das Freirechnen ein rechenintensiver und damit zeitaufwändiger Vorgang ist. Es werden dabei nur die vom Benutzer definierten Umrisslinien dargestellt. Bei der Ausgabe mit dem CAM-Prozessor werden auf jeden Fall alle Polygone freigerechnet.

• Rect: Mit diesem Befehl zeichnet man Rechtecke in den aktiven Layer. Die beiden Punkte legen gegenüberliegende Ecken des Rechtecks fest. Die mittlere Maustaste wechselt den aktiven Layer. Rechtecke werden mit der Farbe des aktiven Layers ausgefüllt. Nach dem Löschen eines Rechtecks sollte man deshalb das Bild mit dem WINDOWS-Befehl neu auffrischen lassen, damit die unter der Fläche liegenden Bildteile wieder sichtbar werden. Der RECT-Befehl in den Layern TRestrict, BRestrict und VRestrict dient zum Anlegen von Sperrflächen für den Autorouter. Rechtecke im Top- und Bottom-Layer gehören nicht zu den Signalen. Der DRC meldet deshalb Fehler, wenn sie mit Wires, Pads usw. überlappen.

- Text: Dieser Befehl platziert einen Text in einer Zeichnung, oder in einem Bibliothekselement. Bei der Eingabe mehrerer Texte geht man sinnvollerweise so vor, dass man zuerst den TEXT-Befehl aktiviert, dann tippt man den ersten Text über die Tastatur ein und setzt ihn mit der linken Maustaste ab, dann den zweiten Text usw. Mit der Maustaste lässt sich der Text drehen. Als Option kann die Schreibrichtung (orientation) auch textuell eingegeben werden und das ist vor allem für Script-Dateien sinnvoll. Die entsprechenden Schlüsselwörter sind im PIN-Befehl aufgeführt, wie R0, R90, C0, C99 usw. Text wird immer so dargestellt, dass er von vorne oder von rechts zu lesen ist, auch nach dem Rotieren um 90°, 180° oder 270°. Nach zweimaligem Rotieren erscheint er deshalb wieder gleich, aber der Aufhängepunkt liegt nicht mehr links unten, sondern rechts oben. Denken Sie daran, wenn sich ein Text scheinbar nicht mehr selektieren lässt. Texte in Layern, die sich auf die Lötseite beziehen (Bottom, BPlace, ENames usw.) werden automatisch gespiegelt. Sollen in einem Text mehrere aufeinanderfolgende Leerzeichen oder ein Strichpunkt enthalten sein, dann setzt man den ganzen String in Hochkommas. Sollen Hochkommas gedruckt werden, dann ist jedes einzelne in Hochkommas einzuschließen.

- Wire: Dieser Befehl platziert Wires (Linien) in einer Zeichnung, und zwar zwischen erstem und zweitem Koordinatenpunkt. Jeder weitere Punkt (Mausklick) wird mit dem vorhergehenden verbunden. Dabei werden jeweils zwei Koordinatenpunkte mit einer geraden Linie verbunden oder mit zwei, die in einem bestimmten Winkel abknicken. Dieser Knickwinkel lässt sich mit der rechten Maustaste weiterschalten. Zwei Mausklicks an derselben Stelle setzen das Leitungsstück ab.

Mit diesen Befehlen kann man weitgehend einen Schaltplan realisieren.

1.2.5 Verdrahtung innerhalb des Schaltplans

Der wichtigste Befehl in der Verdrahtung innerhalb eines Schaltplans ist der Wire-Befehl. Zu diesem Befehl gehört folgende Syntax:

```
WIRE · ·..
WIRE 'signal_name' wire-width · ·..
WIRE · wire_width ·..
```

Der Parameter signal_name ist in erster Linie für die Anwendung in Script-Dateien gedacht, die generierte Daten einlesen. Wenn ein Signalname angegeben ist, werden alle folgenden Wires mit diesem Signal verbunden, und es wird keine automatische Prüfung durchgeführt. Diese Möglichkeit ist mit großer Vorsicht einzusetzen, da es zu Kurzschlüssen kommen kann, wenn ein

Wire so platziert wird, dass er unterschiedliche Signale verbindet. Bitte führen Sie deshalb einen Design-Rule-Check durch, nachdem Sie den WIRE-Befehl mit dem Parameter signal_name benutzt haben.

Gibt man den Befehl mit dem Parameter wire_width (z.B. 0.1) ein, dann wird damit die Linienbreite in der aktuellen Maßeinheit festgelegt. Zulässig ist eine Breite von maximal 0,51602 Zoll (ca. 13,1 mm). Die Linienbreite bleibt für nachfolgende Operationen so lange erhalten, bis ein neuer Wert eingegeben wird. Die Breite lässt sich auch zu jeder Zeit mit dem Befehl

CHANGE WIDTH breite ·

ändern oder voreinstellen.

Die Schaltung von *Abb. 1.10* zeigt den 555 in seiner Funktion als Rechteckgenerator. Über den Pin J1 erhält der 555 seine Betriebsspannung von einem externen Netzgerät. Der Widerstand R_1 ist direkt mit der Betriebsspannung verbunden. Zwischen den beiden Widerständen R_1 und R_2 ist der Pin 7 des 555 angeschlossen. Der Widerstand R_2 wird mit dem Kondensator C_1 verbunden und außerdem müssen hier noch Pin 2 und Pin 6 angeschlossen werden. Die Masse (0 V) liegt über den Pin 10 des Steckers an und ist mit den beiden Kondensatoren und Pin 1 des 555 verbunden. Der Kondensator C_2 ist an Pin 5 mit dem 555 angeschlossen. Das Ausgangssignal des 555 wird über den Steckeranschluss 11 ausgegeben. Um einen sicheren Betrieb zu garantieren, muss Pin 4 noch mit der positiven Betriebsspannung verbunden sein.

Schaltet man die Betriebsspannung ein, kann sich der Kondensator C_1 über die beiden Widerstände R_1 und R_2 nach einer e-Funktion aufladen. Erreicht die Spannung an dem Kondensator den Wert 2/3 der Betriebsspannung, schaltet der Komparator I das Flipflop. Der Ausgang des 555 kippt auf 0-Signal und gleichzeitig schaltet der interne Transistor durch. Dadurch kann sich der Kondensator nur über den Widerstand R_2 nach einer e-Funktion entladen. Die Spannung am Kondensator sinkt und unterschreitet die Spannung den Wert 1/3 der Betriebsspannung, schaltet der Komparator das Flipflop wieder zurück. Der Ausgang des 555 hat nun ein 1-Signal und der interne Transistor für die Entladung sperrt. Jetzt kann sich der Kondensator C wieder über die beiden Widerstände aufladen.

Die Ladezeit für den Kondensator C berechnet sich aus

$t_1 = 0,7 \cdot (R_1 + R_2) \cdot C$

und die Entladezeit aus

$t_2 = 0,7 \cdot R_2 \cdot C.$

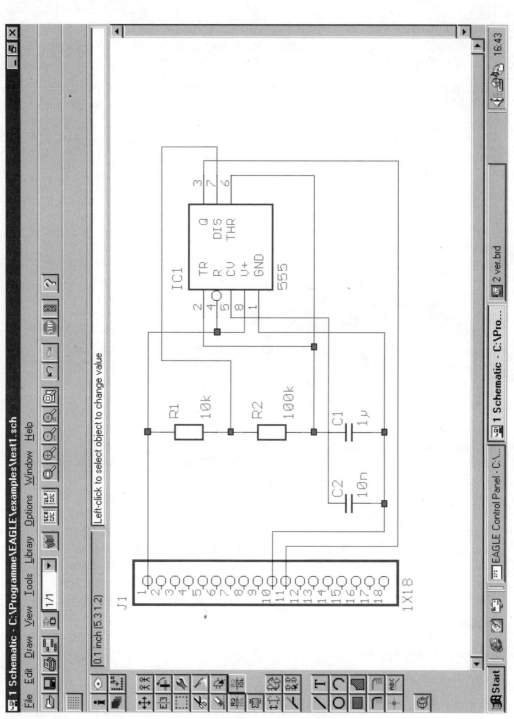

Abb. 1.10: Verdrahtete Schaltung des Bausteins 555, wobei dieser dann als Rechteckgenerator arbeitet

Die Periodendauer ist die Addition von t_1 und t_2 mit

$$T = 0,7 \cdot (R_1 + R_2) \cdot C + 0,7 \cdot R_2 \cdot C$$
$$T = 0,7 \cdot (R_1 + 2 \cdot R_2) \cdot C.$$

Die Periodendauer und daher die Frequenz des Rechteckgenerators mit dem 555 wird durch die beiden Widerstände und den Kondensator bestimmt mit

$$f = \frac{1}{0,7 \cdot (R_1 + 2 \cdot R_2) \cdot C}.$$

In der Schaltung von Abb. 1.9 hat man folgende Werte: $R_1 = 10\ \text{k}\Omega$, $R_2 = 100\ \text{k}\Omega$ und $C = 1\ \mu\text{F}$. Für die Dauer des 1-Signals gilt

$$
\begin{aligned}
t_1 &= 0,7 \cdot (R_1 + R_2) \cdot C \\
&= 0,7 \cdot 110\ \text{k}\Omega \cdot 1\ \mu\text{F} \\
&= 77\ \text{ms}
\end{aligned}
$$

und für die Periodendauer

$$
\begin{aligned}
T &= 0,7 \cdot (R_1 + 2 \cdot R_2) \cdot C \\
&= 0,7 \cdot (210\ \text{k}\Omega) \cdot 1\ \mu\text{F} \\
&= 147\ \text{ms.}
\end{aligned}
$$

Damit hat das 0-Signal eine Zeitdauer von $t_2 = 147\ \text{ms} - 77\ \text{ms} = 70\ \text{ms}$. Dies ergibt ein Tastverhältnis von

$$V = \frac{T}{t_1} = \frac{147\,\text{ms}}{77\ \text{ms}} = 1,9$$

oder einen Tastgrad von $G = 1/V = 0,52$. Die Frequenz errechnet sich aus

$$f = \frac{1}{T} = \frac{1}{0,7 \cdot (R_1 + 2 \cdot R_2) \cdot C} = \frac{1}{0,7 \cdot (210\ \text{k}\Omega) \cdot 1\ \mu\text{F}} = 6,8\ \text{Hz.}$$

Die Frequenz lässt sich durch das Widerstandsverhältnis einfach ändern. Hat man einen Baustein 555 in Transistor-Standardtechnologie, dürfen Widerstandswerte zwischen 1 kΩ und 1 MΩ verwendet werden. Hat man dagegen einen 555 in CMOS-Technologie, sind Widerstände bis zu 22 MΩ erlaubt. Für den Kondensator eignen sich Kapazitätswerte zwischen 1 nF und 1000 μF für die Standardtechnologie und bis zu 10000 μF für die CMOS-Technik.

1.2.6 Prüfung auf elektrische Fehler

Mit dem ERC-Befehl (Electrical Rule Check) lassen sich elektrische Schaltungen in den gezeichneten Unterlagen durchführen. Die Ergebnisse werden in eine Textdatei (name.ERC) geschrieben, die in einem Texteditor-Fenster angezeigt wird.

Ganz unten links in der Kommando-Toolbar befindet sich das Icon für den ERC-Befehl. Wenn Sie dieses Icon anklicken, werden folgende Warnungen ausgegeben:

- SUPPLY Pin Pin_Name overwritten with Net_Name
- NC Pin Elem._Name Pin_Name connected to Net_Name
- POWER Pin Elem._Name Pin_N. connected to Net_Name
- only one Pin on net Net_Name
- no Pins on net Net_Name
- SHEET Sheet_Nr.: unconnected Pin: Element_N. Pin_N.

Außerdem werden folgende Fehler gemeldet:

- no SUPPLY for POWER Pin Element_Name Pin_Name
- no SUPPLY for implicit POWER Pin Element_Name Pin_Name
- unconnected INPUT Pin: Element_Name Pin_Name
- only INPUT Pins on net Net_Name
- OUTPUT and OC Pins mixed on net Net_Name
- nOUTPUT Pins on net Net_Name
- OUTPUT and SUPPLY Pins mixed on net OUTNET.

Wenn Sie für die Schaltung den ERC-Befehl aufrufen, erscheint der Ausdruck von *Abb. 1.11.*

Ob der Fehlerausdruck sich auch auf Ihre Schaltung bezieht, ist nicht direkt zu beantworten, da jede Schaltung anders zusammengefügt wird.

Der ERC-Befehl führt auch eine Konsistenzprüfung zwischen Schaltung und zugehöriger Platine durch, wenn die Board-Datei vor dem Start des ERC geladen worden ist. Als Ergebnis des ERC wird die automatische Forword&Back-Annotation ein- oder ausgeschaltet, abhängig davon, ob die Dateien konsistent sind oder nicht. Werden die Dateien als inkonsistent erkannt, erscheint das ERC-Protokoll in dem Text-Editor-Fenster, und die Forward-/Back-Annotation wird nicht aktiviert.

1.3 Umwandlung der Schaltung in eine Platine

Ist der Schaltplan fertig, können Sie mit einem einzigen Befehl (BOARD) die zugehörige Platine erzeugen. EAGLE wechselt bei diesem Befehl in den Layout-Editor, wo die Bauelemente mit den Luftlinien (Sollverbindungen) neben einer Leerplatine platziert sind. Von da an arbeiten Sie im Layout-Editor weiter.

1.3.1 Platinen (Board)-Dateien erzeugen

Der BOARD-Befehl erzeugt eine Layout-Datei aus der Schaltung. Wenn die Platine bereits existiert, wird sie in ein Layout-Editor-Fenster geladen. Wenn die Platine nicht existiert, werden Sie gefragt, ob Sie eine neue Platine anlegen wollen.

Der BOARD-Befehl überschreibt niemals eine existierende Platinen-Datei. Wenn eine Datei mit diesem Namen existiert, muss sie erst mit REMOVE gelöscht werden, bevor der BOARD-Befehl sie neu anlegen kann. Sie sollen möglichst die Datei beenden und dann Ihre Datei neu aufrufen, um die Sicherheitsmechanismen vom CAD-Programm und Ihrem MS-Windows-Betriebssystem ordnungsgemäß abzuschließen.

```
File  Edit  Window  Help

EAGLE Version 3.54r1 Copyright (c) 1988-1997 CadSoft

Electrical Rule Check for C:\Programme\EAGLE\examples\test1.sch at 10.01.2001 10:35:30

WARNING: Sheet 1/1: POWER Pin IC1 V+ connected to N$1
WARNING: Sheet 1/1: POWER Pin IC1 GND connected to N$4
WARNING: Only 1 Pin on net N$9

Elements not found in schematic:

   C3
   C4
   C5
   C6
   D1
   R3
   S1

ERROR: Board and schematic are not consistent!

   1 error
   3 warnings
```

Abb. 1.11: Fehlerausdruck nach dem ERC-Befehl, wobei die BOARD-Umsetzung zu einer Platine noch nicht ausgeführt worden ist

Wird eine Platine zum ersten Mal geladen, prüft das Programm, ob im gleichen Verzeichnis ein Schaltplan mit dem gleichen Namen existiert. Wenn ja, fragt das Programm, ob aus dem Schaltplan die Platine erstellt werden soll. Wenn eine Schaltung geladen ist, können Sie die zugehörige Platine erzeugen, indem Sie

edit.brd <-

in die Kommandozeile des Editor-Fensters eintippen.

Alle relevanten Daten der Schaltplan-Datei (name.SCH) werden dann in eine Layout-Datei (name.BRD) konvertiert. Das neue Board wird automatisch mit einer Größe von 160 mm x 100 mm angelegt. Alle Packages mit den im Schaltplan definierten Verbindungen sind links neben der leeren Platine platziert. Supply-Pins sind bereits verbunden, wenn mit dem PIN-Befehl gearbeitet wurde.

Eine Platinen-Datei kann nicht erzeugt werden, wenn folgende Eingabefehler durchgeführt worden sind:

• Wenn sich ein oder mehrere Gates aus einem Device in der Schaltung befinden, für das kein Package definiert wurde. Es erscheint eine Fehlermeldung: „device name has no package". Eine Ausnahme: wenn nur Pins mit Direction „sup" enthalten sind (Supply-Symbole z.B. für Masse und VCC).

• Wenn sich ein oder mehrere Gates aus einem Device in der Schaltung befinden, bei dem nicht alle Pins mit dem CONNECT-Befehl einem Pad des zugehörigen Package zugeordnet wurden. Es erscheint die Fehlermeldung „devices name has no connects". Ausname: Devices ohne Pins (z.B. Rahmen).

Wenn Sie eine Platinendatei aus dem Schaltplan erzeugen wollen, dann klicken Sie das BOARD-Icon in der Actions-Toolbar an. Es ist das vierte Symbol und aus der Schaltung von Abb. 1.10 wird *Abb. 1.12.*

Die Bauteile sind links von der Platine angeordnet. Die Bauteile sind untereinander durch Luftlinien verbunden. Sie erkennen die einzelnen Bauteile und die Bezeichnungen untereinander. Da es sich um ein Demobeispiel handelt, ist die Platine bereits festgelegt, jedoch können Sie die Größe und Form jederzeit mit MOVE oder SPLIT verändern. Nun sind die Elemente an die gewünschte Position zu verschieben (MOVE-Befehl oder Drücken der F7-Funktionstaste), ob die Platzierung günstig oder ungünstig ist (RATSNEST unter Tools). *Abb. 1.13* zeigt die Verschiebung der Bauelemente und die Steckerleiste wurde noch nicht verschoben.

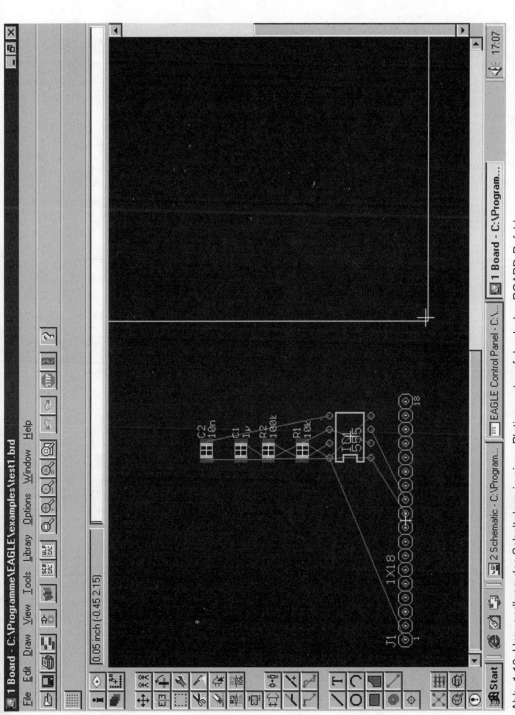

Abb. 1.12: Umwandlung des Schaltplans in einen Platinenentwurf durch den BOARD-Befehl

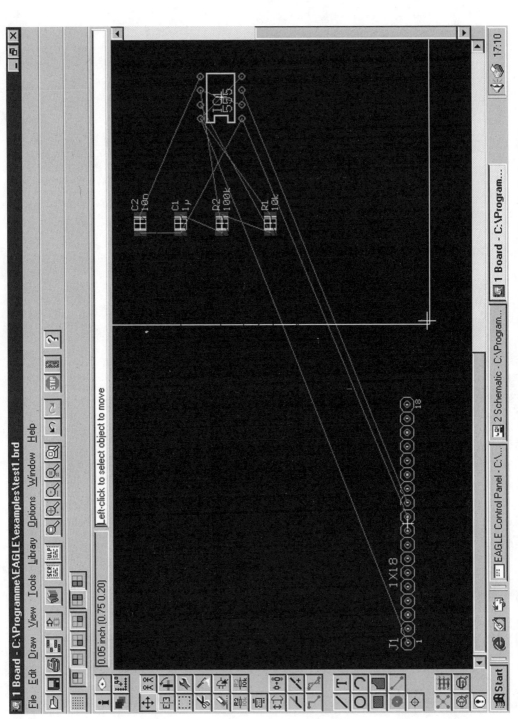

Abb. 1.13: Verschiebung der Bauelemente durch den MOVE-Befehl; die Platzierung erfolgt innerhalb der Platine

Wichtig bei der Platzierung ist der MOVE-Befehl, den Sie unter Edit aufrufen können, oder Sie drücken F7-Funktionstaste oder klicken das Icon in der vertikalen Kommando-Toolbar an. Auch die Steckerleiste lässt sich so auf der Platine platzieren, wie *Abb. 1.14* zeigt.

1.3.2 Grundfunktionen des Autorouters

Immer mehr Entwickler von elektronischen Schaltungen verwenden CAD-Systeme zur Erstellung von Platinenlayouts und die althergebrachte Klebetechnik findet kaum noch Anwendung. Der Elektroniker befand sich bis 1995 im Spannungsfeld von diversen Versprechungen der Programmanbieter. Die einen Anbieter erklärten, ihr Autorouter mit seinem Algorithmenmix kann alle anfallenden Aufgaben exakt lösen, die anderen winkten mit der Bemerkung ab, die Software der Autorouter arbeitet in 90 % aller realen Fälle inakzeptabel. Seit 1995 ist dies nicht mehr unbedingt der Fall, abgesehen von der notwendigen Einsicht, dass innerhalb der PC-Technik nur äußerst selten Wunder geschehen, und daher jede Leistung ihren Preis hat.

Bei der Umsetzung einer elektronischen Schaltung auf eine Platine arbeitet man mit genormten Schaltsymbolen. Die mechanische Größe der Platine muss vor dem Routing festgelegt sein, ebenso sind die Ein- und Ausgänge über Klemmen oder Steckerleisten mechanisch zu fixieren. Für die Umsetzung setzt man innerhalb der Firmen den „Layouter" ein, der in den letzten Jahren ein gut bezahlter Beruf geworden ist. Es gibt inzwischen mehrere Firmen, die sich auf die Umsetzung spezialisieren und im Lohnauftrag Platinen komplett nach einer Schaltung fertigstellen. Die Berechnung dieser Dienstleistung erfolgt über die Anzahl der Verbindungspunkte und man geht von 2,50 Mark pro Lötpunkt aus, zuzüglich Filme und Reprokosten.

Bei der Layouterstellung in Klebetechnik, wie dies für den Hobbybereich und im Prototypenbau der Fall ist, wird die Schaltung mittels auf Rollen befindlichen Klebesymbolen (Punkte und Leitungen) auf eine Rasterfolie geklebt und zwar im Maßstab 2:1 oder 4:1. Die Folien werden mittels einer Reprokamera oder eines Kopierers (in zwei Arbeitsschritten bei 4:1) auf 1:1 verkleinert und man erhält dann einen positiven oder negativen Film zur Platinenherstellung.

Die wohl häufigste Form der Layouterstellung ist seit 1992 ein CAD-System mit einem Standard-PC. In jedem Fall wird die volle Rechenleistung eines PCs gefordert und hier zeigt sich erst die Brauchbarkeit der Software. Autorouting bedeutet, dass der Computer direkt vom Schaltbild die Platine selbst auflöst und damit die Verbindungen selbst sucht und die Leiterbahnen entsprechend platziert. Man gibt dem CAD-System seine komplette Schaltung in genormter

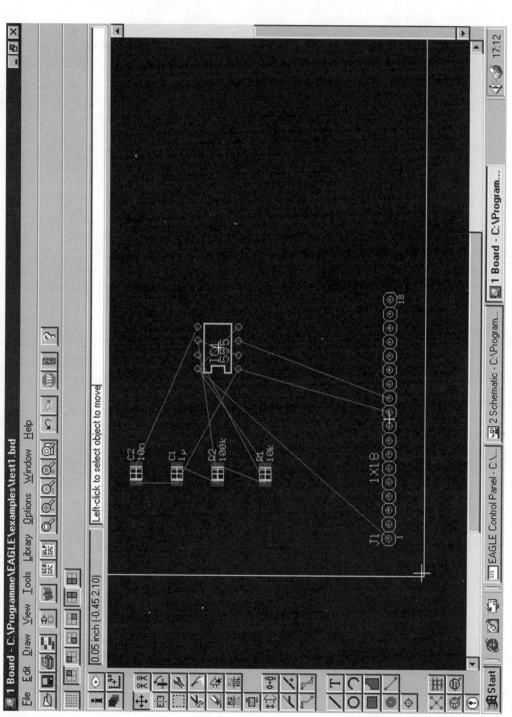

Abb. 1.14: Platzierung aller Bauelemente durch den MOVE-Befehl auf der Platine

und für ihn lesbaren Weise ein. Die Ein- und Ausgänge der Schaltung, die Stekkerleisten und verschiedenen Bauteile werden in der Platzierung vom Anwender vorgegeben. Der Autorouter versucht nun die Verbindungen der einzelnen Bauelemente an Hand des Schaltbilds zu realisieren. Der PC benötigt je nach Schwierigkeitsgrad und seiner eigenen Leistungsfähigkeit eine bestimmte Zeit und dann wird auf dem Bildschirm der Layoutvorschlag präsentiert. Außerdem gibt die Software den Hinweis aus, dass die Schaltung mit 90%, 95% oder 99,9% aufgelöst wurde und welche Verbindungen nicht vorhanden sind. Bei einem Routing von 100% hat man die Sicherheit, dass eine vollständige Auflösung der Schaltung durchgeführt wurde. Sind keine 100% erreicht worden, kommt der Hinweis, welche Verbindungen der Router nicht realisieren konnte. Hier muß der Layouter eingreifen und die Bauelemente anders platzieren, um einen weiteren erfolgreichen Auflösungsversuch zu starten. Ist das nicht der Fall, muss man den Rest per Hand durchführen.

Über einen Plotter lässt sich das fertige Layout im HPGL-Format auf Papier oder Folie ausgeben. Ist eine direkte Folienausgabe nicht möglich, setzt man einen Fotokopierer ein, der den Papierabzug auf Folie bringt. Hierbei handelt es sich um eine preiswerte, aber nicht unbedingt hochgenaue Methode.

Hat man einen Fotoplotter, arbeitet man im Gerber-Format. Die fertige Platine wird vom PC auf eine Diskette übertragen und in den Fotoplotter eingelesen. Bei den Fotoplottern unterscheidet man zwischen Vektor-, Raster- und Laserplottern, wobei sich sehr große Preisunterschiede ergeben. Der Vektorplotter arbeitet weitgehend mechanisch und wird heute kaum mehr eingesetzt. Der Rasterplotter teilt das Layout in Quadrate (1 cm² oder 1 sq.in. $\hat{=}$ 6,45 cm²) auf und belichtet diese auf einmal. Bei den Laserplottern wird das Layout mittels Laserstrahl direkt auf den Film gezeichnet. Die Genauigkeit bei Rasterplottern beträgt bei einer Filmgröße von 400 mm x 600 mm etwa 10 μm und bei Laserplottern etwa 5 μm bei gleicher Filmabmessung.

Bei diesen hohen Genauigkeiten werden besondere Anforderungen an die Plotterfilme gestellt. Diese müssen über einen langen Zeitraum maßgenau sein und dürfen sich in der Entwicklungsmaschine unter Temperatur kaum verziehen. Die üblichen Filme für preiswerte Anwendungen sind aus Polyester und 0,1 mm stark. Filme für hochgenaue Plots bestehen aus speziellem verzugsfreiem Polyester mit einer Filmdicke von 0,18 mm.

Man kann Disketten oder Filme zum Hersteller der Platinen senden und diesen für die Herstellung beauftragen. Viele Firmen sind mit keinem Fotolabor zur Herstellung der Filme oder einem Fotoplotter ausgerüstet. Hier kann in folgender Weise verfahren werden: Viele Hersteller von Platinen verwenden einen eigenen

Fotoplotter mit der nötigen Umgebung und verfügen über geschultes Fachpersonal. Man kann Daten direkt vom CAD-System an den Hersteller per Modem, Internet oder Diskette übertragen, der dann die Filme selbst herstellt. Die notwendige Symbolbibliothek muss zwischen CAD und den empfangenen Informationen übereinstimmen. Die Arbeitsfilme, die an den Hersteller gehen, bezeichnet man als „Diazzer". Es werden hiervon Nutzfilme erstellt, um die Verarbeitung innerhalb der Fertigung so kostengünstig wie möglich zu gestalten.

Es gibt aber in der Praxis eine Reihe typischer Missverständnisse, die sich leicht in die Anwendung zwischen Elektroniker und Autorouter einschleichen können. Diesen Missstand dann auszuräumen erfordert in der Regel einige Wochen intensiver Erfahrung mit dem eingesetzten Programm, wenn die Ergebnisse zwangsläufig hinter den Erwartungen zurückbleiben. Grundsätzlich sollte der Anwender von automatischen Entflechtungswerkzeugen oder Autoroutertools über solide Erfahrungen in der manuellen bzw. interaktiven Layouterstellung verfügen. Paradoxerweise aber können die dabei entstandenen Denkweisen das Verständnis für den Router behindern. Daher lautet die erste Regel für den Umgang mit dem seelenlosen Kollegen:

• Autorouter sind keine Menschen! Die Software arbeitet niemals so, wie man es selbst durchführen würde!

Entscheidend ist hier allerdings die Feststellung, dass diese Funktion nicht unbedingt erforderlich ist. In den Köpfen einiger Anwender hat sich die Vorstellung festgesetzt, ein raffinierter Algorithmus, der die Rechenzeit eines PCs gleich stundenweise vertilgt, könne womöglich Probleme lösen, die man selbst nicht oder nur ungenügend realisieren kann. Diese Annahme ist grundsätzlich falsch: der einzige - aber gute! - Grund für den Autorouter besteht im Zeitgewinn. Diesen in der Praxis zu erwirtschaften, ist keineswegs trivial und erfordert viel Übung mit der zur Verfügung stehenden Software. Es ist damit nicht getan, Bauteile auf einer Platine zu verteilen und anschließend „den Router auf diese Aufgabe zu hetzen", in der Hoffnung, den Fall am nächsten Morgen zu den Akten legen zu können. Designs, die so behandelt werden können, sind im real existierenden Layoutgeschäft äußerst selten. Der Versuch, die Arbeit qualifizierter Layouter um jeden Preis durch nächtliches Autorouting zu ersetzen, führt zu minderwertigen Lösungen und schadet allen Beteiligten. Die vordergründige Kostenersparnis kehrt sich meistens ins Gegenteil um und anspruchsvollere Kundschaft wendet sich stirnrunzelnd ab. Die Leistungsfähigkeit eines Autorouters wird hauptsächlich an drei Kriterien gemessen:

• Entflechtungsfähigkeit, bezogen auf hohe Bauteil- bzw. Leiterbahndichten oder schwierige geometrische Verhältnisse,

- Gestaltung des gesamten Layouts, sowie
- das zeitliche Verhalten.

Obwohl natürlich jedes entsprechende Programm hier seine eigene Charakteristik aufweist, können alle diese Punkte vom Benutzer entscheidend beeinflusst werden. Die Erfahrung zeigt, dass die genannten Kriterien überraschend eng zusammenhängen und keineswegs kompromisslos miteinander konkurrieren, sondern sich sogar in gewissem Rahmen gemeinsam optimieren lassen. Bevor mit der Erörterung konkreter Vorgehensweisen begonnen werden soll, wird eine weitere Regel als These vorangestellt:

- Man sollte den Autorouter möglichst in seiner Arbeitsweise einschränken, denn mit zuviel Freiheiten auf der Platinenoberfläche können diese Programme kaum vernünftig umgehen.

Man stelle sich einen Layouter vor, der an Handarbeit gewöhnt ist und mit Lötaugen und Verbindungsleitungen sein Transparentpapier beklebt. Dieser Praktiker hat bereits insoweit CAD-Unterstützung angenommen, als dass er in vergrößertem Maßstab manuell angefertigte Bleistiftvorlagen digitalisiert oder aber – bei einfacheren Fällen – direkt am System entflechtet. Dabei arbeitet dieser normalerweise mit einem homogenen grafischen Fangraster zwischen 5 und 25 mil (1 mil $\hat{=}$ 0,001 Inch $\hat{=}$ 0,0254 mm). Alle Bauteile, Durchkontaktierungen und Leiterbahnsegmente sind in Schritten dieser jeweiligen Teilung verschiebbar, wobei man sogar das Raster „on the fly" innerhalb einer Leiterbahn verändern kann, wenn es die Platzprobleme erfordern. Wenn dieser Layouter nun vor der Aufgabe steht, einen Autorouter zur Entflechtung einer Platine zu benutzen, wird er versuchen, dem Programm die Handlungsfreiheit zu gewährleisten, die er selbst beanspruchen würde. In Bezug auf das „Routing Grid" (Rastermaß) arbeitet man fast immer in der üblichen Feinleitertechnik, beispielsweise auf folgende Realisierung hinaus: homogenes 10-mil-Raster über das gesamte Board verteilen und auf alle Vias (Bohrungen) lässt sich jeweils ein Rasterpunkt einsetzen. Der unerfahrene Benutzer bietet dem Router für eine dichtbestückte Platine mit vier Signalebenen probeweise zehn Durchläufe an, die nach einer Rechenzeit von 12 Stunden eine unvollständige Entflechtung zurücklassen. Die übriggebliebenen Verbindungen zu verlegen erweist sich als nerviges Geduldsspiel, da praktisch kein freier Raum zur Verfügung steht, und die Leiterbahnführung grenzt oft ans Absurde.

Der teure Router hat mehr Arbeit erzeugt als dies eigentlich notwendig wäre. Für den Anwender ergibt sich Ernüchterung und Frust. Ist diese Platine schon zu schwierig für den Router, der angeblich komplexeste Designprobleme lösen sollte? Nein, der Benutzer ist lediglich der Versuchung erlegen, die schon erwähnten Regeln zu ignorieren. Tatsächlich wurden dem Routingalgorithmus zu viele Rasterpunkte zur Verfügung gestellt, die er schließlich nicht (wie ein Mensch) benutzen „kann", sondern die er benutzen „wird". Das hat für den Anwender mehrere unangenehme Effekte zur Folge. Einerseits erhöht sich der Speicherbedarf und die Rechenzeit im PC drastisch, sodass dem Router vielleicht nicht genügend Durchläufe ermöglicht wurden. Man neigt zu glauben, „wenn der Router nach 12 Stunden so wenig erreicht hat", ist in den letzten Phasen kaum etwas praktisches passiert. Andererseits muss man sich klarmachen, dass jeder Router häufig überflüssige Strukturen erzeugt. Sobald ein Design nicht trivial einfach ist, erzeugt er selbstverständlich unnötige Durchkontaktierungen und geht Umwege, die ein Layouter nicht erzeugen würde. Verwendet man ein zu feines Raster, verstärkt sich diese Tendenz erheblich. Das Programm nutzt den zur Verfügung stehenden Punkteraum zwangsläufig aus und verbaut sich selbst und dem menschlichen Nachbearbeiter alle Wege auf der Platine. Dies liegt an der sequentiellen Vorgehensweise der üblichen Algorithmen, wobei die Punkt-zu-Punkt-Verbindungen (Guidelines) zunächst sortiert werden (meist nach Länge), um dann in dieser Reihenfolge abgearbeitet zu werden.

Um die Rasterproblematik zu entschärfen, bieten höherwertige Router die Möglichkeit, nichthomogene Raster zu definieren. Hierbei wird vorausgesetzt, dass alle (oder fast alle) Bauteilpins auf Board-Koordinaten zu liegen kommen, die ein Vielfaches von 100 mil (2,54 mm) oder auch 50 mil (1,27 mm) sind, was bei der Platzierung berücksichtigt werden muss. Durch geeignete Parameterwahl lässt sich dann ein Raster erzeugen, das nur so viele Kanäle in X- und Y-Richtung enthält, um beispielsweise die Verlegung von zwei Leiterbahnen zwischen Pins im 100-mil-Raster zu ermöglichen und alle diese Pins direkt zu erreichen, aber alle Rasterpunkte für die Vias zur Verfügung stehen. Ein Vias-Grid von 50 mil ist meist ein praktikabler Wert.

Unter derartigen Bedingungen könnte man unsere Beispielplatine in 20 Routingdurchläufen durcharbeiten lassen, die möglicherweise nach ebenfalls 12 Stunden mit einer vollständigen Entflechtung endet. Sollten doch noch Verbindungen manuell zu verlegen bleiben, wird der Layouter überrascht feststellen, dass das sogar mit vertretbarem Aufwand möglich ist, weil sich der Anteil an sinnlos herumliegendem Kupfer in erträglichen Grenzen hält.

Oft bestehen aber auch mechanische Vorgaben (Abdeckbleche, Befestigungsbohrungen, Stecker, Sockel, Leuchtdioden usw.) durch den Anwender, die dieses Konzept erheblich stören. So könnte die Position eines hochpoligen Steckverbinders durch die Gesamtkonstruktion so festgelegt sein, dass er nicht auf „gerade" Rasterwerte platziert werden kann. In solchen Fällen empfiehlt es sich, den Nullpunkt der Platine so zu verschieben, dass die Bedingung wieder erfüllt wird. Alle anderen Bauteile kann man dann relativ zu diesem Stecker passend einsetzen. Im Zweifelsfall muss abgewogen werden, inwieweit Toleranzen der mechanischen Vorgabe ausgenutzt werden können, um eine rastergerechte Platzierung zu ermöglichen. Bereits Zugeständnisse von 0,1 mm bis 0,2 mm wirken hier oft Wunder.

Wer sich mit Mischbestückungen aus bedrahteten Bauelementen (Spulen, Trafos, Steckverbindungen usw.) und SMD-Bauteilen beschäftigen muss, wird bei hohen Leiterbahndichten schnell die Grenzen der gewöhnlichen inhomogenen Raster erkennen. Bei solchen Anforderungen kommen dann nur gemischte Raster in Frage, die durch Überlagerung verschiedener Raster entstehen. Manche Systeme bieten für extreme Situationen (z.B. metrische Quad-Flat-Packs in Zoll-Raster-Umgebung oder Mikrosteckverbinder mit exotischen Rastermaßen) einen manuellen Grid-Editor an, der es dem Layouter erlaubt, von Hand einzelne Rasterlinien einzufügen. Wichtig bei einem System ist die Bezeichnung „voll SMD-tauglich".

1.3.3 Autorouter von EAGLE

Mit dem ROUTE-Befehl lassen sich jetzt die Luftlinien in Leitungen umwandeln. Diese Aufgabe übernimmt der AUTO-Befehl. Wenn Sie den AUTO-Befehl aufrufen, wird die Schaltung von Abb. 1.14 in *Abb. 1.15* umgesetzt.

Der Autorouter von EAGLE legt ein umschließendes Rechteck um alle Objekte der Zeichnung und nimmt die Größe dieses Rechtecks als maximale Route-Fläche. Wires im Dimension-Layer stellen für den Autorouter diverse Sperrlinien dar, d.h. mit geschlossenen Linienzügen lässt sich der Route-Bereich begrenzen.

In der Praxis zeichnet man einfach die wahren Platinenumrisse mit dem WIRE-Befehl in den Dimension-Layer und platziert die Bauelemente innerhalb dieser Fläche. Sie können aber auch direkt die Abmessungen über die MOVE-Funktion festlegen.

Als Signale erkennt der Autorouter alle Wires und die mit SIGNAL definierten Signale aus den Layern Top, Bottom und Route 2...15. Wires, Rechtecke, Polygone und Kreise aus den Layern BRestrict, TRestrict und VRestrict werden als Sperrflächen für Löt- und Bestückungsseite sowie für Durchkontaktierungen (Vias) behandelt. Bei Kreisen mit Strichstärke 0 wird die Kreisfläche gesperrt, bei Strichstärken >0 wird der Kreisring gesperrt.

Der Autorouter von EAGLE ist ein sogenannter 100-%-Router, d.h. dass Platinen, die theoretisch komplett entflochten werden können, vom Autorouter zu 100 % bearbeitet werden, vorausgesetzt – und das ist eine entscheidende Ein-

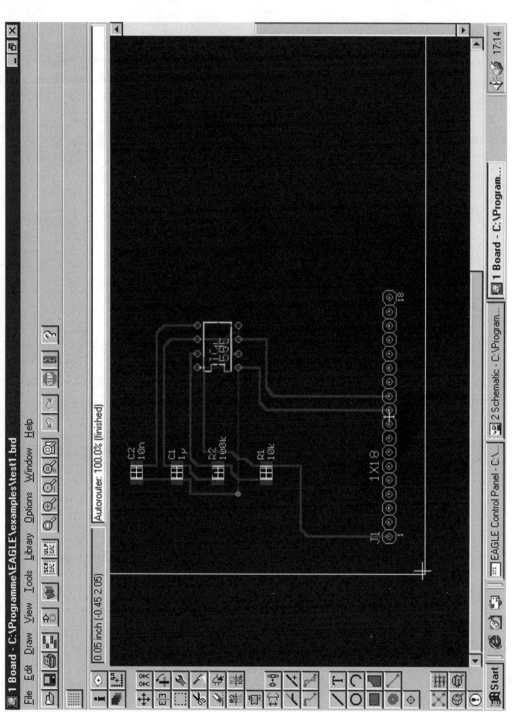

Abb. 1.15: Geroutetes Platinenlayout nach der Platzierung von Abb. 1.14

schränkung – der Autorouter hat unendlich viel Zeit. Diese Einschränkung gilt für alle 100-%-Router, die angeboten werden. Da man in der Praxis aber nicht unendlich viel Zeit hat, kann es sein, dass auch ein 100-%-Router eine Platine nicht vollständig entflechten kann.

Der EAGLE-Autorouter arbeitet nach dem Ripup/Retry-Verfahren, d.h. sobald er eine Leitung nicht mehr verlegen kann, entfernt er bereits verlegte Leitungen wieder (Ripup) und versucht es erneut (Retry). Die Zahl der Leitungen, die er wieder entfernt, definiert man als „Ripup"-Tiefe. Sie spielt in der Praxis eine entscheidende Rolle für die Geschwindigkeit und das Entflechtungsergebnis. Im Prinzip trifft man damit die Einschränkung, die bereits besprochen wurde.

Wer von einem Autorouter erwartet, dass er die perfekte Platine ohne eigenes Zutun erzeugt, wird von dem Platinenentwurf, der in *Abb. 1.15* gezeigt wird, enttäuscht sein. Der Layouter muss nach wie vor seine eigenen Vorstellungen von der Platine selbst einbringen und auch einiges an Überlegung investieren. Tut er das, dann ist ein Autorouter immer eine wertvolle Arbeitshilfe, die ihm sehr viel Routinearbeit abnehmen kann.

Beim EAGLE-Autorouter übernimmt der Layouter die Platzierung der Bauelemente, und er gibt dem Autorouter diverse Steuerparameter vor, mit denen er Einfluss auf die Routing-Strategie nimmt. Voraussetzung für ein optimales Ergebnis ist die sorgfältige Wahl dieser Parameter. Folgende Möglichkeiten sind vorhanden:

- Beliebiges Routing-Raster (min. 4 Mil)
- Beliebiges Platzierungsraster (min. 0,1 micron)
- SMD-Bauelemente werden auf beiden Seiten geroutet
- Routing-Fläche kann die gesamte Zeichenfläche der Platine sein, vorausgesetzt, es ist genügend Speicher im Rechner vorhanden
- Wahl der Strategie durch Steuerparameter
- Multilayerfähig (bis zu 16 Signallagen, die gleichzeitig geroutet werden, nicht nur paarweise)
- Vorzugsrichtung für jeden Layer getrennt einstellbar: horizontal und vertikal, echte 45° bzw. 135° (interessant für Zwischen-Layer!)
- Ripup und Retry für 100-%-Entflechtungs-Strategie
- Optimierungsläufe zur Minimierung der Vias und Glättung der Leiterbahnverläufe
- Vorverlegte Leiterbahnen werden nicht verändert.

Der Autorouter wird über eine Reihe von Parametern gesteuert, die in der Datei DEFAULT.CTL bzw. „boardname.CTL" gespeichert sind. Diese Datei wird zunächst im Arbeitsverzeichnis und dann in dem Verzeichnis, in dem sich EAGLE.EXE befindet, gesucht. Falls keine solche Datei gefunden wird, gelten die in *Tabelle 1.4* angegebenen Default-Werte. Die Steuerdatei lässt sich über das Menü des AUTO-Befehls verändern.

Tabelle 1.4: Steuerparameter und ihre Bedeutung. Alle Maße sind in Mil angegeben.
Für die Anmerkung[1] müssen folgende Bedingungen eingehalten werden:
tpViaDiameter + 2 * mdWireVia > tpWireWidth + 2 * mdWireWire
tpViaDiameter + 2 * mdViaVia > tpWireWidth + 2 * mdWireVia
tpViaDiameter + 2 * mdViaPad > tpWireWidth + 2 * mdWirePad

Parameter	Default		Bedeutung
RoutingGrid	=	50	Das Raster, in dem der Autorouter seine Leiterbahnen und Durchkontaktierungen verlegt
			Mindestabstände zwischen den vom Autorouter[1] verlegten Leiterbahnen und...
mdWireWire	=	8	...Leiterbahnen
mdWirePad	=	8	...Pads
mdWireDimension	=	40	...Platinenrand
mdWireVia	=	8	...Durchkontaktierungen
mdWireRestrict	=	8	...Sperrflächen
			Mindestabstände zwischen den vom Autorouter[1] verlegten Vias und...
mdViaPad	=	8	...Pads
mdViaDimension	=	40	...Platinenrand
mdViaVia	=	8	...Durchkontaktierungen
mdViaRestrict	=	8	...Sperrflächen
			Kostenfaktoren für...
cfVia	=	8	...Vias
cfNonPref	=	5	...Verletzung der Vorzugsrichtung
cfChangeDir	=	2	...Richtungsänderung
cfOrthStep	=	2	...Schritt um 0° oder 90°
cfDiagStep	=	3	...Schritt um 45° oder 135°
cfExtdStep	=	0	...Schritt um 45° gegen Vorzugsrichtung
cfBonusStep	=	1	...Schritt im Bonus-Gebiet
cfMalusStep	=	1	...Schritt im Malus-Gebiet
cfPadImpact	=	4	...Einfluss eines Pads auf seine Umgebung
cfSmdImpact	=	4	...Einfluss eines Smds auf seine Umgebung
cfBusImpact	=	4	...Einhaltung der Busstruktur
cfHugging	=	3	...Aneinanderschmiegen von Leiterbahnen
cfAvoid	=	4	...Vermeidung bereits benutzter Gebiete bei Ripup
cfBase.1	=	0	Basiskosten für einen Schritt im jeweiligen Layer
cfBase.2	=	1	
...			
cfBase.15	=	1	
cfBase.16	=	0	

Tabelle 1.4: Steuerparameter und ihre Bedeutung. Alle Maße sind in Mil angegeben.
Für die Anmerkung[1)] müssen folgende Bedingungen eingehalten werden:
tpViaDiameter + 2 * mdWireVia > tpWireWidth + 2 * mdWireWire
tpViaDiameter + 2 * mdViaVia > tpWireWidth + 2 * mdWireVia
tpViaDiameter + 2 * mdViaPad > tpWireWidth + 2 * mdWirePad

			Maximale Anzahl von...
mnVias	=	20	...Vias pro Leiterbahnzug
mnSegments	=	9999	...Wire-Stücken pro Leiterbahnzug
mnExtdSteps	=	9999	...Schritten 45° gegen Vorzugsrichtung
mnRipupLevel	=	10	...herausnehmbaren LB-Zügen pro nicht verlegbarer Verbindung
mnRipupSteps	=	100	...Ripup-Sequenzen für eine nicht verlegbare Leitung
mnRipupTotal	=	20	...insgesamt gleichzeitig herausgenommenen LB-Zügen
			Track-Parameter für..
tpWireWidth	=	16	...Breite der Leiterbahnen
tpViaDiameter	=	40	...Durchmesser der Vias
tpViaDrill	=	24	...Bohrdurchmesser der Vias
tpViaShape	=	Round	..Form der Vias (Round oder Octagon)
PrefDir.1	=	I	Vorzugsrichtung im jeweiligen Layer
PrefDir.2	=	0	Symbole: „0", „-", „/", „I", „\", „*"
...			0: Layer steht nicht zum Routen zur Verfügung
PrefDir.15	=	0	*: routen ohne Vorzugsrichtung
PrefDir.16	=	–	–: routen mit X als Vorzugsrichtung
			I: routen mit Y als Vorzugsrichtung
			/: routen mit 45°-Vorzugsrichtung
			\: routen mit 135°-Vorzugsrichtung

Prinzipiell läuft ein Routing-Vorgang in mehreren Schritten ab:

- Bus-Router: Zuerst lässt man im Allgemeinen den Bus-Router arbeiten, dessen Parameter so eingestellt werden, dass er Busse optimal verdrahtet. Dieser Schritt kann entfallen.

- Routing-Lauf: Danach folgt der eigentliche Routing-Lauf mit Parametern, die möglichst eine 100%ige Entflechtung erlauben. Hier lässt man bewußt zu, dass viele Durchkontaktierungen bei doppeltkaschierten Leiterplatten gesetzt werden, um keine Wege zu verbauen.

- Optimierung: Im Anschluss daran können beliebig viele Optimierungsläufe folgen, deren Parameter so eingestellt sind, dass überflüssige Durchkontaktierungen wegoptimiert und Leiterbahnverläufe geglättet werden. Bei den Optimierungsläufen wird jeweils nur noch eine Leitung weggenommen und neu verlegt. Allerdings kann sich noch ein höherer Entflechtungsgrad ergeben, da durch den geänderten Verlauf dieser Leitung unter Umständen neue Wege frei werden.

1.3.4 Kommando-Toolbar des Layout-Editors

Wenn Sie vom Schaltplan-Editor in den Layout-Editor durch den BOARD-Befehl umschalten, erscheint die Kommando-Toolbar, wie *Abb. 1.16* zeigt.

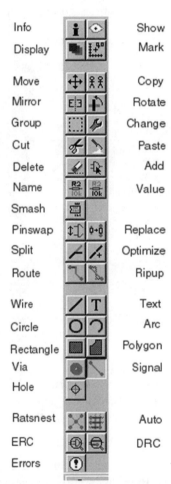

Info		Show
Display		Mark
Move		Copy
Mirror		Rotate
Group		Change
Cut		Paste
Delete		Add
Name		Value
Smash		
Pinswap		Replace
Split		Optimize
Route		Ripup
Wire		Text
Circle		Arc
Rectangle		Polygon
Via		Signal
Hole		
Ratsnest		Auto
ERC		DRC
Errors		

Abb. 1.16: Kommando-Toolbar des Layout-Editors

Wenn Sie die einzelnen Icons anklicken, ergeben sich folgende Funktionen:

• Info: Nach dem Anklicken erhalten Sie umfassende Informationen zu einem Objekt, z.B. Wire-Breite, Layer und so weiter. Damit können Sie sich einen Überblick über die speziellen Eigenschaften zu einem Objekt verschaffen.

• Show: Dieser Icon dient zum Anzeigen von Namen, Elementen und Objekten. Er listet Parameter von Elementen und Objekten auf. Mit diesem Befehl kann man auch ganze Signale und Netze hervorheben (auf dem Bildschirm heller darstellen). Bei aktiver Forward&Back-Annotation lässt sich ein Objekt, das mit Hilfe des SHOW-Befehls heller dargestellt wird, sowohl im Schaltplan als auch in der Platine besonders kennzeichnen. Wenn Sie mehrere Objekte mit dem SHOW-Befehl selektieren, wird jedes einzelne (der Reihe nach) hell dargestellt.

• Display: Über diesen Icon wählt man diejenigen Layer aus, die auf dem Bildschirm sichtbar sein sollen. Dabei darf als Parameter die Layer-Nummer oder der Layer-Name angegeben werden (auch gemischt). Gibt man den Parameter ALL an, werden alle Layer sichtbar. Mit dem Parameter NONE kann man alle Layer ausblenden.

• Mark: Mit diesem Icon definiert man einen Punkt in der Zeichenfläche, der als Bezugspunkt zum Ausmessen von Strecken dienen kann. Die Koordinaten relativ zu einem Punkt werden in der gegenwärtig eingestellten Einheit (GRID) links oben auf dem Bildschirm mit vorgestelltem @-Zeichen angezeigt. Der Bezugspunkt wird als weißer Kreis dargestellt. Um genau messen zu können, sollten Sie vorher ein Raster einstellen, das fein genug ist. Durch Anklicken des Icons wird diese Marke eingeschaltet, und durch nochmaliges Anklicken wieder ausgeschaltet.

• Move: Nach dem Anklicken dieses Icons lassen sich Objekte und Elemente bewegen, die dem Cursor bzw. dem angegebenen Koordinatenpunkt am nächsten liegen. Im Layout-Editor lassen sich Elemente auch mit ihrem Namen selektieren. Das ist vor allem dann nützlich, wenn sich das Element nicht im gerade dargestellten Bildausschnitt befindet. Die Funktion wirkt aber nur auf den sichtbaren Layer. Wires, die an einem Element hängen, lassen sich an diesem Ende nicht bewegen. Beim Bewegen von Elementen bewegen sich die angeschlossenen Wires mit. Achtung auf Kurzschlüsse!

• Copy: Nach dem Anklicken dieses Icons lassen sich Objekte selektieren und anschließend an eine andere Stelle innerhalb der Zeichnung kopieren. Beim Kopieren von Bauelementen auf einer Platine generiert EAGLE einen neuen Namen und behält den Wert (Value) bei. Beim Kopieren von Signalen (Wires), Bussystemen und Netzen wird der Name ebenfalls beibehalten. In allen anderen Fällen wird ein neuer Name generiert.

• Mirror: Durch Anklicken dieses Icons können Objekte an der y-Achse gespiegelt und damit z.B. auf der Lötseite der Platine platziert werden. Beim Spiegeln von Elementen werden die angeschlossenen Wires mitgespiegelt und Sie müssen wieder auf eventuelle Kurzschlüsse achten. Vias werden dabei nicht automatisch gesetzt.

• Rotate: Durch Anklicken dieses Icons kann man die Orientierung von Objekten und Elementen in 90°-Schritten ändern. Beim Drehen von Packages bewegen sich die angeschlossenen Leitungen mit und Sie müssen wieder auf Kurzschlüsse achten.

• Group: Durch Anklicken dieses Icons definiert man eine Gruppe von Objekten und Elementen, auf die man anschließend bestimmte Befehle anwenden kann. In der Gruppe werden nur Objekte aus den sichtbaren Layern übernommen. Für Bauelemente auf dem Top-/Bottom-Layer muss der TOrigins-/BOrigins-Layer eingeblendet sein.

• Change: Durch Anklicken dieses Icons kann man generell die Eigenschaften von Objekten ändern oder voreinstellen. Objekte, die bereits vorhanden sein, werden einfach der Reihe nach mit der Maus selektiert. Dabei lassen sich folgende Funktionen durchführen

– Strichstärke und Textgröße ändern mit
CHANGE WIDTH wire_breite ·..
CHANGE SIZE text_höhe ·..[max. , 2 inch]
CHANGE RATIO ratio ·..[0...31]

Der Parameter wire_breite bezieht sich auf die Objekte ARC, CIRCLE, WIRE und POLYGON. Um die Breite einer Leiterbahn zu ändern, klickt man z.B. mit der Maus den CHANGE-Icon an, wählt aus dem Popup-Menü „width" aus und selektiert dann, ebenfalls mit der Maus, einen Zahlenwert. Dabei werden nur gerade Werte verwendet, und die maximale Strichstärke ist , 0,5 Zoll, auch wenn sich nach der Formel ein größerer Wert ergibt.

– Polygon-Parameter ändern mit
CHANGE THERMALS ON|OFF ·..
CHANGE ORPHANS ON|OFF ·..
CHANGE ISOLATE abstand ·..
CHANGE POUR SOLID|HATCH ·..
CHANGE SPACING abstand ·..

– Via-Parameter in Platinen- und Pad-Parameter im Package-Modus ändern
mit
CHANGE SHAPE pad_form ·..
CHANGE DIAMETER pad_durchmesser ·..
CHANGE DRILL bohrloch_durchmesser ·..

Der Parameter pad_durchmesser bezieht sich auf Pads und Vias. Die Pads von
Elementen, die in einer Platine platziert sind, lassen sich mit dem CHANGE-
Befehl nicht nachträglich ändern, hierzu müsste das entsprechende Package
editiert (siehe REPLACE) oder das Programm XPAD verwendet werden.

– SMD-Maße im Package-Modus ändern mit
CHANGE SMD smd_breite smd_höhe ·..

Die SMD-Pads von Elementen, die in einer Platine platziert sind, lassen sich
mit dem CHANGE-Befehl nicht nachträglich verändern.

– Pin-Parameter im Symbol-Modus ändern mit
CHANGE DIRECTION pin_direction ·..
CHANGE FUNCTION pin_function ·..
CHANGE LENGHT LONG|MIDDLE|SHORT|POINT ·..
CHANGE VISIBLE BOTH|PIN|PAD|OFF ·..
CHANGE SWAPLEVEL swaplevel ·..
– Addlevel und Swaplevel im Device-Modus ändern mit
CHANGE ADDLEVEL symbol_addlevel ·..
CHANGE SWAPLEVEL swaplevel ·..

• Cut: Durch Anklicken dieses Icons lassen sich Teile einer Platine mit Hilfe
der Befehle GROUP, CUT und PASTE in ein anderes Platinenlayout übernehmen. Zuerst definiert man eine Gruppe (GROUP). Anschließend gibt man den
Befehl CUT ein, der den Paste-Puffer mit den selektierten Elementen und
Objekten lädt. Jetzt kann man die Platine wechseln und mit PASTE den Pufferinhalt in die neue Platine kopieren. Falls erforderlich, werden neue Namen
generiert. Der Pufferinhalt bleibt erhalten und lässt sich mit weiteren PASTE-
Befehlen erneut kopieren.

• Paste: Durch Anklicken dieses Icons lassen sich Teile einer Platine in ein
anderes Layout kopieren. Elemente und Signale können nur von einer Platine
zu einer anderen kopiert werden.

• Delete: Durch Anklicken dieses Icons lassen sich Objekte aus der Platine
löschen, das dem Cursor bzw. dem angegebenen Koordinatenpunkt am nächsten liegt. Der Befehl wirkt nur auf sichtbare Layer. Selektiert man mit diesem
Befehl dagegen Wires auf einer Platine, die zu einem Signal gehören, dann

werden bereits verdrahtete Stücke zunächst in Luftlinien umgewandelt. Löscht man eine solche Luftlinie, muss zwischen drei Fällen unterschieden werden:

– Das Signal wurde aufgetrennt und zerfällt in zwei Teile. EAGLE vergibt dann intern für das kleinere Teilsignal einen neuen Namen und behält den bisherigen Namen für das größere Teilsignal bei.

– Das Signal wurde von einem Ende her gelöscht. Das verbleibende Teilsignal behält seinen bisherigen Namen.

– Das Signal bestand nur noch aus einer Verbindung. Es ist dann ganz gelöscht, und der bisherige Name existiert nicht mehr.

• Add: Durch Anklicken dieses Icons holt man sich ein Symbol oder ein Package aus der aktiven Bibliothek und platziert es auf der Platine. Die Bibliothek muss mit dem USE-Befehl zuvor geladen worden sein.

• Name: Durch Anklicken dieses Icons lässt sich der Name eines selektierten Elements, Signals, Netzes oder Bussystems anzeigen und ändern. Namen dürfen bis zu acht Zeichen lang sein, Devices- und Pin-Namen dagegen bis zu zehn Zeichen.

• Value: Durch Anklicken dieses Icons kann man Elemente mit einem Wert versehen (maximal 14 Zeichen), z.B. einen Widerstand mit dem Wert von 10k. Bei integrierten Schaltungen trägt man anstelle des Wertes sinnvollerweise den Typ ein. Nach dem Anklicken selektiert man das Element und es öffnet sich ein Popup-Menü, in dem man einen neuen Wert festlegt oder den bisherigen verändern kann.

• Smash: Durch Anklicken dieses Icons kann man bei Elementen die >NAME- und >VALUE-Texte loslösen. Damit lassen sich die zugehörigen Texte, die den aktuellen Namen und den Wert (Value) repräsentieren, separat bewegen. Das ist vor allem für Schalt- und Bestückungspläne nützlich. Nach dem SMASH-Befehl kann man die >NAME- und >VALUE-Texte behandeln wie alle anderen Texte. Allerdings lässt sich ihr Inhalt mit CHANGE TEXT ändern.

• Pinswap: Durch Anklicken dieses Icons lassen sich auf einer Platine zwei Pads des gleichen Package vertauschen. Der Swaplevel wird hier nicht überprüft. Die an den vertauschten Pins/Pads angeschlossenen Leitungen wandern mit, sodass es zu Kurzschlüssen kommen kann. Bitte den DRC-Test durchführen und, falls erforderlich, Fehler korrigieren.

• Replace: Durch Anklicken dieses Icons ist es möglich, ein Bauelement auf der Platine durch ein anderes aus einer beliebigen Bibliothek zu ersetzen. Es gibt hier zwei Betriebsarten:

– Die erste Betriebsart wird mit SET REPLACE_SAME NAMES; aktiviert und diese ist beim Programmstart eingestellt. In dieser Betriebsart kann man einem Element in einer Schaltung ein anderes Package zuweisen, aber nur wenn identische Pad- und Smd-Namen vorhanden sind. Die Lage der Anschlüsse im neuen Package ist beliebig.

– Die zweite Betriebsart wird mit SET REPLACE_SAME COORDS; aktiviert. Sie erlaubt es, einem Element in einer Schaltung ein anderes Package zuzuweisen, bei dem auf denselben Koordinaten (relativ zum Ursprung des Package) Pads oder Smds liegen müssen. Die Namen dürfen unterschiedlich sein.

In beiden Betriebsarten gilt: Das neue Package kann aus einer anderen Bibliothek stammen, es darf zusätzliche Pads und Smds enthalten. Anschlüsse des alten Package, die mit Signalen verbunden sind, müssen entsprechend auch im neuen Package vorhanden sein. Das neue Package darf auch weniger Anschlüsse aufweisen, solange diese Bedingungen erfüllt sind.

• Split: Durch Anklicken dieses Icons lassen sich in Wires oder Polygonen noch Abknickungen einfügen. SPLIT unterteilt Wires am Anklickpunkt entsprechend. Das kürzere Stück verläuft gemäß dem eingestellten Knickwinkel (Wire_Style), das längere verläuft in gerader Linie zum nächsten Aufhängepunkt. Nach dem SPLIT-Befehl werden die betroffenen Wire-Segmente wieder optimiert (entsprechend dem OPTIMIZE-Befehl), sofern nicht zuvor der Befehl SET OPTIMIZING OFF eingegeben wurde. Hat man diesen Befehl eingegeben, bleiben die Trennstellen in den Wires erhalten. Sie bleiben auch dann erhalten, wenn man im SPLIT-Befehl die gleiche Stelle zweimal mit der Maus anklickt. Damit ist es z.B. einfach möglich, nachträglich eine Leitung an einer bestimmten Stelle zu verjüngen mit

SPLIT
Doppelklick auf Anfang der Verjüngung
Doppelklick auf Ende der Verjüngung
CHANGE WIDTH breite
Mausklick auf markiertes Segment.

• Optimize: Durch Anklicken dieses Icons werden Wire-Segmente in den Signal-Layern, die in einer Linie liegen, zu einem Segment zusammengefasst. Voraussetzung dafür ist, dass sich die Segmente im gleichen Layer befinden und dass sie gleiche Breite aufweisen. Diese Wire-Optimierung geschieht auch automatisch nach dem MOVE-, SPLIT- und ROUTE-Befehl für den damit selektierten Wire, es sei denn, sie wurde mit dem Befehl SET OPTIMIZING OFF abgeschaltet, oder beim SPLIT-Befehl wurden zwei Mausklicks auf den gleichen Punkt eines Wires gesetzt. Dieser Befehl arbeitet unabhängig von der

Einstellung der Set-Variablen „Optimizing", d.h. er funktioniert auch, wenn der Befehl SET OPTIMIZING OFF eingegeben wurde.

• Route: Durch Anklicken dieses Icons werden unverdrahtete in verdrahtete Signale umgewandelt. Mit der rechten Maustaste lässt sich der Knickwinkel wechseln. Nachdem dieser Befehl aufgerufen ist, setzt man den ersten Punkt an einem Ende der Luftlinie an und bewegt den Cursor in die Richtung, in die man die Leitung legen will. EAGLE ersetzt dann die Luftlinie durch einen Wire oder zwei Wire-Stücke, je nach eingestelltem Knickwinkel, im gerade aktiven Layer. Die linke Maustaste erneut betätigt, setzt das Leitungsstück ab. Ist eine Luftlinie komplett verdrahtet, ertönt ein Piepton. Wenn Sie an einem SMD-Baustein zu routen beginnen, wird der SMD-Layer automatisch zum Routing-Layer. Wenn Sie diesen Befehl an den Koordinaten eines SMDs beenden, wird der Route-Vorgang nur dann als beendet angesehen, wenn der letzte Wire auf dem Layer des SMDs platziert wurde. Der ROUTE-Befehl verfügt über eine Fangfunktion für den Zielpunkt der Luftlinie. Sobald die Länge der verbleibenden Luftlinie einen gewissen Wert unterschreitet, wird die Leiterbahn automatisch bis zum Zielpunkt fortgesetzt. Mit SET SNAP_LENGTH number lässt sich der Grenzwert für die Fangfunktion einstellen, wobei „number" in der aktuellen Grid-Einheit anzugeben ist. Mit SET SNAP_LENGTH 0 wird die Fangfunktion abgeschaltet. Der voreingestellte Wert (Default) beträgt 20 Mil.

• Ripup: Durch Anklicken dieses Icons werden verdrahtete in unverdrahtete Signale (Luftlinien) umgewandelt. Dieser Befehl lässt sich dazu verwenden, bereits verlegte Signale wieder in Luftlinien zu verwandeln. Der Befehl kann für alle Signale (Ripup), für bestimmte Signale (z.B. Ripup D0 D1 D2) oder für bestimmte Signalabschnitte (mit der Maus anzuklicken) verwendet werden. Im letzteren Fall entstehen Luftlinien zwischen jeweils zwei Pads bzw. SMDs. Durch RIPUP name.. wirkt der Befehl auf das gesamte Signal „name", wobei mehrere Signale möglich sind, z.B. Ripup D0 D1 D2. Mit RIPUP ·... wirkt der Befehl auf das durch den Mausklick selektierte Segment, bis zum nächsten Pad/Smd. Bei RIPUP; werden nur solche Signale berücksichtigt, die an Elementen angeschlossen sind, z.B. die Eckwinkel zur Platinenbegrenzung bleiben erhalten. Mit dem Befehl RIPUP ! name.. lassen sich alle Signale in Luftlinien verwandeln, außer die namentlich genannten, z.B. RIPUP! GND VCC. Das Zeichen „!" darf nur einmal vorkommen und muss vor allen Signalnamen stehen.

• Wire: Durch Anklicken dieses Icons werden Wires (Linien) auf der Platine und zwar zwischen dem ersten und zweiten Punkt platziert. Jeder weitere

Punkt (Mausklick) wird mit dem vorhergehenden verbunden. Dabei werden jeweils zwei Koordinatenpunkte mit einer geraden Linie verbunden oder mit zwei, die in einem bestimmten Winkel abknicken. Dieser Knickwinkel lässt sich mit der rechten Maustaste weiterschalten. Zwei Mausklicks an der gleichen Stelle setzen das Leitungsstück ab. Gibt man den Befehl mit dem Parameter „wire_width", z.B. 0.1 an, dann wird dadurch die Linienbreite in der aktuellen Maßeinheit festgelegt.

- Text: Durch Anklicken dieses Icons lässt sich ein Text auf der Platine platzieren. Bei der Eingabe mehrerer Texte geht man sinnvollerweise so vor, dass man zuerst diesen Befehl aktiviert, dann tippt man den ersten Text ein und setzt ihn mit der linken Maustaste ab, dann den zweiten usw. Mit der rechten Maustaste dreht man den Text. Texte in Layern, die sich auf die Lötseite beziehen (Bottom, BPlace, ENames usw.), werden automatisch gespiegelt. Die Textgröße und die Strichstärke ändert man mit den Befehlen CHANGE SIZE text_size ·... oder CHANGE RATUIO ration ·..

- Circle: Durch Anklicken dieses Icons lassen sich Kreise in den aktiven Layer zeichnen. Dieser Befehl in den Layern TRestrict, BRestrict und VRestrict dient zum Anlegen von Sperrflächen für den Autorouter. Dabei sollte eine Linienstärke (width) von 0 gewählt werden, um die Kreisfläche zu sperren. Bei Linienstärken >0 wird nur der Kreisring gesperrt. Der Parameter „width" gibt die Strichstärke des Kreises an und entspricht dem gleichen Parameter des WIRE-Befehls.

- Arc: Durch Anklicken dieses Icons lassen sich Kreisbögen zeichnen. Der erste und zweite Mausklick (linke Maustaste) definiert zwei gegenüberliegende Punkte auf dem Kreisumfang. Danach lässt sich mit der rechten Maustaste festlegen, ob der Bogen im Uhrzeigersinn oder im Gegenuhrzeigersinn dargestellt werden soll. Mit dem abschließenden Mausklick legt man den Winkel des Bogens fest. Der Parameter „width" gibt die Strichstärke an und lässt sich mit dem Befehl „CHANGE WIDTH width;" entsprechend voreinstellen oder verändern. Der Befehl ist identisch mit der aktuellen Strichstärke für Wires. Kreisbögen mit einem Winkel von 0° bzw. 360° oder einem Radius von 0° werden nicht akzeptiert. Beispiel für textuelle Eingabe:

GRID inch 1;
ARC CW (0 1) (0 -1) (1 0);
erzeugt einen Viertelkreis im ersten Quadranten am Ursprung.

- Rectangle: Durch Anklicken dieses Icons lassen sich Rechtecke in den aktiven Layer einzeichnen. Durch Anklicken von zwei Punkten wird das Rechteck aufgezogen. Die Rechtecke werden mit der Farbe des aktiven Layers ausge-füllt. Nach dem Löschen eines Rechtecks sollte deshalb das Bild mit dem WINDOW-Befehl neu aufgefrischt werden, damit die unter der Fläche liegen-den Bildteile wieder sichtbar werden. Rechtecke im Top- und Bottom-Layer gehören nicht zu Signalen. Der DRC-Befehl meldet deshalb Fehler, wenn sie mit Wires, Pads usw. überlappen.

- Polygon: Durch Anklicken dieses Icons lassen sich Polygonflächen in den Layern Top, Bottom und Route 2...15 zeichnen. Polygone in den Layern T/B/ VRestrict sind Sperrflächen für den Autorouter. Ein freigerechnetes Polygon kann durch Anklicken des RIPUP-Icons wieder in den Urzustand zurückver-setzt werden. Bei CHANGE-Operationen wird ein Polygon neu freigerechnet, wenn es vor dem CHANGE bereits freigerechnet war. Polygone werden an den vom Benutzer definierten Kanten selektiert, wie normale Wires. Es gelten folgende Möglichkeiten:

- SPLIT: fügt neue Polygonkanten ein.
- DELETE: löscht eine Polygonecke. Falls nur noch drei Ecken vorhanden sind, wird das ganze Polygon gelöscht.
- CHANGE LAYER: ändert den Layer des gesamten Polygons.
- CHANGE WIDTH: ändert den Parameter Width des gesamten Polygons.
- MOVE: bewegt Polygonkante oder -ecke, wie bei normalen Wire-Zügen.
- COPY: kopiert ganzes Polygon.
- NAME: Falls das Polygon in einem Signal-Layer liegt, wird der Name des Signals geändert.
- Width: Hier lässt sich die Linienbreite der Polygonkanten einstellen. Wird auch zum Ausfüllen verwendet.

Für die Polygon-Parameter stehen noch folgende Möglichkeiten zur Verfü-gung:

- Layer: Polygone können in jeden Layer gezeichnet werden. Polygone in Signal-Layern sind Bestandteil eines Signals und werden freigestellt, d.h. potentialfremde Anteile werden gelöscht. Von Polygonen im Top-Layer werden auch Objekte im Layer TRestrict abgezogen (entsprechendes gilt für Bottom und BRestrict). Damit ist es z.B. möglich, eine negative Be-schriftung innerhalb einer Massefläche zu erzeugen.
- Pour: Füllmodus (Solid = ganz gefüllt [Default], Hatch = schraffiert).
- Thermals: bestimmt darüber, wie potentialgleiche Pads und Smds ange-schlossen werden (On = es werden Thermals generiert [Default], Off = kei-ne Thermals).

– Spacing: Abstand der Mittellinien der Fülllinien bei Pour = Hatch (Default: 50 Mil).
– Isolate: Abstand der freigestellten Polykanten zu potentialfremdem Kupfer (Default: 14 Mil).
– Orphans: Beim Freistellen von Polygonen kann es passieren, dass das ursprüngliche Polygon in mehrere Teile zerfällt. Falls sich in einem solchen Teil kein Pad, Via, Smd oder Wire eines Signals befindet, entsteht eine „Insel" ohne elektrische Verbindung zum zugehörigen Signal. Sollen solche Inseln oder „verwaiste" Flächen erhalten bleiben, ist der Parameter Orphans auf On zu setzen. Bei Orphans = Off [Default] werden sie eliminiert. Beim Freistellen (insbesondere mit Orphans = Off) kann es passieren, dass das gesamte ursprüngliche Polygon verschwindet. Die Breite der Stege bei Thermals ist:
– bei Pads gleich dem halben Bohrdurchmesser des Pads
– bei Smds gleich der Hälfte der kleineren Kante
– mindestens gleich der Linienbreite (Width) des Polygons
– maximal zweimal die Linienbreite (Width) des Polygons.

• Via: Durch Anklicken dieses Icons lässt sich ein Via (Durchkontaktierung) auf einer Platine platzieren. Dabei fügt der Befehl das Via zu einem Signal hinzu, falls es auf einer Leitung platziert wird, und führt eine Kurzschlussprüfung durch. Wird ein Via in eine leere Fläche eines Boards gesetzt, so wird ein Signal für dieses Via generiert. Die Eingabe eines Durchmessers vor dem Platzieren ändert die Größe des Vias. Der Durchmesser wird in der aktuellen Maßeinheit angegeben und darf maximal 0,551602 Zoll (≙ 13,1 mm) betragen. Ein Via kann eine der folgenden Formen (shape) aufweisen:

– Square   quadratisch
– Round   rund
– Octagon   achteckig.

Die Via-Form kann (wie der Durchmesser) eingegeben werden, während der VIA-Befehl aktiv ist.

• Signal: Durch Anklicken dieses Icons definiert man Signale, also die Verbindungsleitungen zwischen den Anschlüssen der Packages. Es sind mindestens zwei Stützstellen anzugeben, da sonst keine Luftlinie entstehen kann. Man selektiert mit der Maus der Reihe nach die Anschlüsse, die miteinander verbunden werden sollen. EAGLE stellt die Signale als Luftlinien im ungerouteten Zustand dar. Gibt man „signal_name" ein, dann erhält diese Leitung den angegebenen Namen. Versucht man mit einem SIGNAL zwei Pads zu verbinden, die bereits unterschiedlichen Signalen angehören, dann wird in einem

Popup-Menü nachgefragt, ob die beiden Signale verbunden werden sollen und welchen Namen sie erhalten sollen.

- Hole: Durch Anklicken dieses Icons definiert man Bohrungen ohne Durchkontaktierungen in Platinen oder Packages. Der Parameter „drill" gibt den Bohrdurchmesser in der aktuellen Einheit an. Er darf maximal 0,51602 Zoll (≙ 13,1 mm) betragen. Eine Bohrung (Hole) erzeugt das zugehörige Bohrsymbol im Layer „Holes" und einen Kreis mit dem entsprechenden Durchmesser im Layer „Dimension". Die Zuordnung von Symbolen zu bestimmten Bohrdurchmessern kann mit der Aufruf-Option „-Y" geändert werden, wie noch gezeigt wird. Der Kreis im Dimension-Layer ist besonders für den Autorouter wichtig, der den eingestellten Mindestabstand zwischen Vias/Wires und Dimension-Linien damit auch zum Bohrloch einhält. In Versorgungs-Layern erzeugen Bohrungen Annulus-Symbole. In den Layern „TStop" und „BStop" erzeugen Bohrungen die Lötstopmaske, deren Durchmesser sich aus dem Bohrdurchmesser plus den mit der Option „-B" angegebenen Werten ergibt (Default: 10 Mil).

- Ratsnest: Durch Anklicken dieses Icons werden die Luftlinien neu berechnet, damit man z.B. nach einer Änderung der Bauelemente-Platzierung wieder die kürzesten Verbindungen erhält. Auch nach dem Einlesen einer Netzliste (mit dem SCRIPT-Befehl) ist es immer sinnvoll, die RATSNEST-Funktion anzuklicken, da dabei im Allgemeinen nicht die kürzesten Luftlinien entstehen. RATSNEST berechnet keine Luftlinien für Signale, für die es einen eigenen Layer gibt (z.B. Layer $GND für Signal GND), außer für SMD-Bauelemente, die an das nächstgelegene GND-Pad angeschlossen werden. Enden zwei oder mehrere Wires mit identischem Signal am gleichen Punkt, aber auf unterschiedlichen Layern, und sind die Signale nicht über eine Durchkontaktierung verbunden, dann wird eine „Luftlinie der Länge Null" erzeugt und als dicker Punkt im Unrouted-Layer dargestellt. Das gleiche gilt für gegenüberliegende SMDs (auf Top- und Bottom-Layer), die zum gleichen Signal gehören. Solche „Luftlinien der Länge Null" können mit dem ROUTE-Befehl wie andere Luftlinien angeklickt werden. Top- und Bottom-Seite können an diesen Stellen auch durch Platzieren eines Vias verbunden werden. Wenn kein unverdrahtetes Signal mehr vorhanden ist, gibt der RATSNEST-Befehl die Meldung „Ratsnest: Nothing to do!" aus. Andernfalls erscheint die Meldung „Ratsnest: xx airwires." aus, wobei xx die Zahl der ungerouteten Luftlinien repräsentiert.

- Auto: Durch Anklicken dieses Icons wird der Autorouter aktiviert. Werden Signalnamen angegeben oder Signale mit der Maus selektiert, werden nur diese Signale verlegt. Ohne weitere Parameter verlegt der Autorouter alle

Signale. Der abschließende Strichpunkt ist in jedem Fall erforderlich, wie noch erklärt wird. Aus welchen Layern stammen die Informationen für den Autorouter:

- Abmessungen: Der Autorouter legt ein umschließendes Rechteck um alle Objekte der Zeichnung und nimmt die Größe dieses Rechtecks als maximale Route-Fläche. Wires im Dimension-Layer stellen für den Autorouter immer Sperrlinien dar, d.h. mit geschlossenen Linienzügen kann man den Route-Bereich begrenzen. In der Praxis zeichnet man einfach die wahren Platinenumrisse mit dem WIRE-Befehl in den Dimension-Layer und platziert die Bauelemente innerhalb dieser Fläche.
- Signale: Als Signale erkennt der Autorouter die Wires und die mit SIGNAL definierten Signale aus den Layern Top, Bottom und Route 2...15.
- Sperrflächen: Wires, Rechtecke, Polygone und Kreise aus den Layern BRestrict, TRestrict und VRestrict werden als Sperrflächen für Löt- und Bestückungsseite sowie für Durchkontaktierungen (Vias) behandelt. Bei Kreisen mit Strichstärke 0 lässt sich die Kreisfläche sperren, bei Strichstärke >0 wird der Kreisring gesperrt.

• ERC: Durch Anklicken dieses Icons wird der Schaltplan auf elektrische Fehler überprüft. Eine Übersetzung der Meldungen wird auf der Help-Seite, die über F1 abrufbar ist, ausgegeben. Der ERC-Befehl führt auch eine Konsistenzprüfung zwischen Schaltung und Platine durch, wenn die Board-Datei vor dem Start des ERC geladen worden ist. Als Ergebnis der ERC-Funktion wird die automatische Forward&Back-Annotation ein- oder ausgeschaltet, abhängig davon, ob die Dateien konsistent sind oder nicht. Werden die Dateien als inkonsistent erkannt, erscheint das ERC-Protokoll in dem Text-Editor-Fenster, und die Forward-/Back-Annotation lässt sich nicht aktivieren.

• DRC: Durch Anklicken dieses Icons wird der „Design-Rule-Check"-Befehl aktiviert. Damit werden auf der Platine folgende Kriterien überprüft:

Mindestabstand zwischen Signalen (MinDist)
Überlappung von Signalen (Kurzschlüsse, Overlap)
Abweichung vom 45°-Winkelraster (Angle)
Mindest- und Maximal-Pad-Durchmesser (MinDiameter/MaxDiameter)
Mindest- und Maximal-Bohrdurchmesser (MinDrill/MaxDrill)
Mindest- und Maximal-Leiterbahnbreite (MinWidth/MaxWidth)
Restkupfer bei Pads nach dem Bohren (Ringbreite, MinPad)
Mindestbreite von SMD-Pads (MinSmd)
Elemente außerhalb des gegenwärtigen Rasters (OffGrid).

Standardmäßig sind alle Prüfungen eingeschaltet und mit den angegebenen Werten belegt. Werden beim Aufruf des DRC-Befehls noch Parameter eingegeben, so werden nur die so angegebenen Prüfungen durchgeführt! Da dieser Befehl sehr umfangreich ist, wird er später noch in Verbindung mit einem praktischen Beispiel besprochen.

- Errors: Durch Anklicken dieses Icons werden die Fehler angezeigt, die von der DRC-Funktion gefunden wurden. Wird die linke Maustaste einmal angeklickt, werden die entsprechenden Fehler mit Bezugslinie angezeigt. Wird die linke Maustaste zweimal angeklickt, werden die Fehler in das Zentrum des Bildschirms gezoomt und mit Bezugslinie angezeigt. Wird dieser Befehl aktiviert, öffnet sich ein Popup-Menü, in dem alle Fehler aufgelistet sind, die im gegenwärtigen Bildausschnitt sichtbar sind. Selektiert man einen Eintrag in der Fehlerliste, wird der jeweilige Fehler durch ein umschließendes Rechteck und eine Bezugslinie markiert. Mit einem Doppelklick auf den Eintrag (oder Bestätigen mit „OK"), kann man den markierten Fehler in das Bildzentrum bewegen.

1.3.5 Nachbearbeitung der Leiterbahnen

Wenn Sie sich den Platinenentwurf von Abb. 1.15 betrachten, ist die Leitungsverlegung durch zahlreiche Knicke gekennzeichnet. Bevor Sie mit der Nachbearbeitung beginnen, einige Anmerkungen zu den Zoom-Funktionen:

- Zoom to fit: Wenn Sie diesen Icon anklicken, wird die Zeichnung bildschirmfüllend dargestellt. In der Schaltplanzeichnung ist der Rahmen der Maßstab für die Bildschirmdarstellung und bei einem Platinenlayout die Abmessungen der Platine.

- Zoom in: Durch Anklicken dieses Icons wird die Zeichnung vergrößert und der Bildschirmausschnitt lässt sich über die Pfeiltasten entsprechend verschieben, bis das gewünschte Detail im Bildschirm erscheint.

- Zoom out: Wenn Sie diesen Icon anklicken, zoomen Sie sich aus der Zeichnung heraus.

- Redraw: Bei verschiedenen Aktionen kann es vorkommen, dass sich Zeichenobjekte teilweise gegenseitig löschen. Klicken Sie dieses Icon an, wird der Bildschirminhalt aufgefrischt.

- Zoom select: Klicken Sie diesen Icon an, erhalten Sie mehrere Funktionen. Nach dem Anklicken markieren Sie eine Ecke des interessierenden Bildschirmausschnitts, indem Sie die linke Maustaste anklicken und gedrückt halten. Ziehen Sie dann mit der Maus ein Rechteck auf, und lassen Sie die Maustaste los. Auf diese von anderen Programmen her gewohnte Weise wählen Sie einen Teilbereich der Zeichnung aus. Wenn Sie einen neuen Mittelpunkt bei gleichem Vergrößerungsfaktor wählen wollen, klicken Sie diesen Icon wieder an, markieren Sie den Mittelpunkt mit der Maus, und klicken Sie anschließend das Ampelsymbol in der Aktion-Toolbar an. Wenn Sie einen neuen Mittelpunkt auswählen und gleichzeitig den Vergrößerungsfaktor ändern wollen, klicken Sie wieder diesen Icon an. Mit drei weiteren Tastenklicks erreichen Sie das gewünschte Ergebnis: der erste legt das neue Zentrum fest, und die beiden nächsten definieren den Zoomfaktor. Ist der dritte Punkt weiter vom ersten entfernt als der zweite Punkt, dann wird in die Zeichnung hineingezoomt und umgekehrt. Probieren Sie es bitte aus.

Sie können diese Befehle aber auch direkt über die Funktionstasten aufrufen:

Alt-F2:   WINDOWS FET   Zeichnung formatfüllend darstellen
F2:   WINDOWS;   Bildschirm auffrischen
F3:   WINDOWS 2   Hineinzoomen um Faktor 2
F4:   WINDOWS 0.5   Herauszoomen um Faktor 2
F5:   WINDOWS (@); Neues Zentrum an aktueller Cursor-Position,
                        falls der Befehl, z.B. MOVE, aktiv ist.

Durch das Anklicken des Icons wird die Platine vergrößert und mit den Pfeiltasten die Oberfläche verschoben, bis *Abb. 1.17* im Monitor vorhanden ist.

Mit dem Delete-Icon klickt man die drei Abschrägungen nacheinander an. Durch diesen Befehl wird die Leiterbahn (Wires) aufgetrennt, d.h. das verdrahtete Stück wird zunächst in eine Luftlinie umgewandelt. Wenn Sie nun den Wire-Icon anklicken, erscheint *Abb. 1.18*:

Zuerst sind die fünf Fenster für den Knickwinkel wichtig und hiermit definieren Sie, mit welchem Winkel der Wire vom Startpunkt ausgeht und welcher Knickwinkel einstellbar ist. Zulässig ist eine Zahl zwischen 0 und 4. Es gibt folgende Definitionen:

- wire_style = 0:   rechter Winkel
- wire_style = 1:   Linie und Winkel unter 45°
- wire_style = 2:   Winkel unter 45°
- wire_style = 3:   Winkel unter 45° mit Linie
- wire_style = 4:   rechter Winkel.

Definieren Sie mit einem Klick auf die linke Maustaste den Anfangspunkt des Linienzugs. Bewegen Sie den Cursor etwas nach rechts oben und drücken Sie

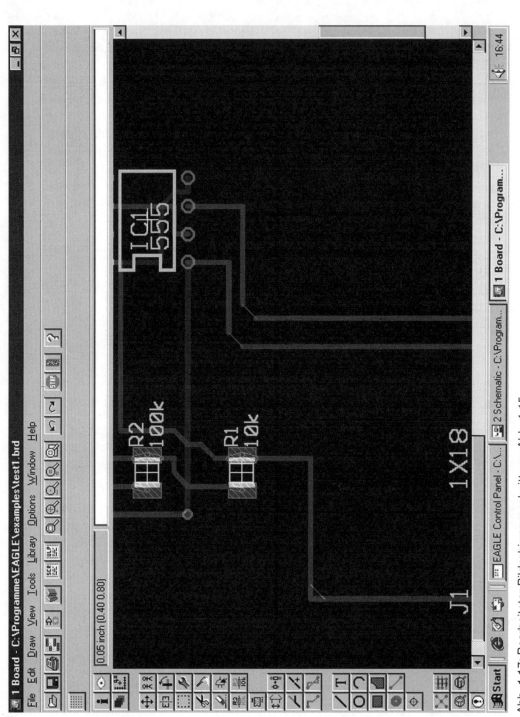

Abb. 1.17: Bearbeiteter Bildschirmausschnitt von Abb. 1.15

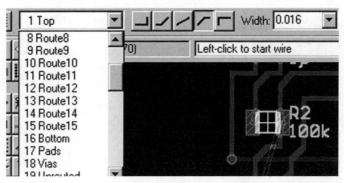

Abb. 1.18: Fenster für den Wire-Befehl mit dem Layer-Menü

die rechte Maustaste einige Male. Beachten Sie, wie die Verbindungen in verschiedenen diagonalen und orthogonalen Betriebsarten gezeichnet werden. Wenn die Verbindung einen rechten Winkel bildet, drücken Sie die linke Maustaste, um ihre Position zu fixieren. Bewegen Sie den Cursor nun wieder zum Anfangspunkt, und · ·, um die Linie abzusetzen. Sie sollten nun einen rechteckigen Linienzug sehen. Wie Sie soeben feststellen konnten, lässt sich der Knickwinkel zwischen Wire-Segmenten mit der rechten Maustaste einstellen. Das ist immer effektiver als über die Symbole in der Parameter-Toolbar.

Neben den fünf Symbolen des Knickwinkels befindet sich das Fenster für die Einstellung der Linienstärke. Während der WIRE-Befehl aktiv ist, können Sie die Strichstärke (width) aus dem entsprechenden Selektionsmenü auswählen oder einen bestimmten Wert dort eintragen, und zwar getrennt für jedes Segment.

Um die Linienstärke eines existierenden Objekts zu ändern, klicken Sie den CHANGE-Icon in der Kommando-Toolbar an, und ein Popup-Menü öffnet sich. Klicken Sie WIDTH an, ein weiteres Popup-Menü, in dem die gegenwärtige Strichstärke markiert ist. *Abb. 1.19* zeigt die Möglichkeiten für die Einstellung der Linienstärke.

Wählen Sie die gewünschte Strichstärke durch einen Mausklick, und klicken Sie dann das Objekt, dessen Strichstärke zu ändern ist, mit der linken Maustaste an.

Wenn Sie nachträglich eine Strichstärke einstellen wollen, die nicht im Menü des CHANGE-Befehls erscheint, können Sie die Kommandozeile zur Eingabe benutzen. Tippen Sie beispielsweise:

CHANGE WIDTH 0.017 <-

ein und klicken Sie auf das betreffende Wire-Segment an. Sie können damit jede gewünschte Breite für das Segment der Leiterbahn bestimmen.

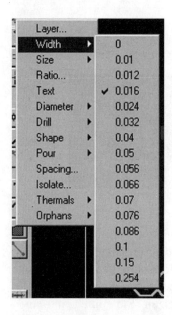

Layer...	
Width ▶	0
Size ▶	0.01
Ratio...	0.012
Text	✓ 0.016
Diameter ▶	0.024
Drill ▶	0.032
Shape ▶	0.04
Pour ▶	0.05
Spacing...	0.056
Isolate...	0.066
Thermals ▶	0.07
Orphans ▶	0.076
	0.086
	0.1
	0.15
	0.254

Abb. 1.19: Möglichkeiten zur Einstellung der Linienstärke bei den Leiterbahnen auf den Platinen

Wichtig ist noch der Layer-Befehl, den Sie über das linke Fenster in der Actions-Toolbar finden. Es erscheint ein Popup-Menü für Layer von 1 bis 52. Der Layer 1 ist die Bauteilseite (Top) bei zweifach kaschierten Leiterplatten und der Layer 16 (Bottom) die Leiterbahnseite bei einseitig kaschierten Platinen. *Tabelle 1.5* zeigt die vordefinierten Layer.

Tabelle 1.5: Funktionen der vordefinierten Layer. Zu beachten sind folgende Hinweise:
[1]*: Holes erzeugen automatisch Kreise mit entsprechendem Durchmesser in diesem Layer*
[2]*: Option „-B" bestimmt das Übermaß gegenüber Durchkontaktierungen*
[3]*: Zuordnung der Bohrsymbole zu bestimmten Durchmessern ist mit der Option „-Y" zu ändern*
[4]*: Mit der Option „-M" bestimmt man das Übermaß gegenüber Smd-Pad für Lotpastensymbol*

Ebene	Bezeichnung	Funktion
1	Top	Leiterbahnen oben (Draufsicht, Bauteilseite)
2	Route2	Innenlage (Signal- oder Versorgungs-Layer)
3	Route3	Innenlage (Signal- oder Versorgungs-Layer)
4	Route4	Innenlage (Signal- oder Versorgungs-Layer)
5	Route5	Innenlage (Signal- oder Versorgungs-Layer)
6	Route6	Innenlage (Signal- oder Versorgungs-Layer)

Ebene	Bezeichnung	Funktion
7	Route7	Innenlage (Signal- oder Versorgungs-Layer)
8	Route8	Innenlage (Signal- oder Versorgungs-Layer)
9	Route9	Innenlage (Signal- oder Versorgungs-Layer)
10	Route10	Innenlage (Signal- oder Versorgungs-Layer)
11	Route11	Innenlage (Signal- oder Versorgungs-Layer)
12	Route12	Innenlage (Signal- oder Versorgungs-Layer)
13	Route13	Innenlage (Signal- oder Versorgungs-Layer)
14	Route14	Innenlage (Signal- oder Versorgungs-Layer)
15	Route15	Innenlage (Signal- oder Versorgungs-Layer)
16	Bottom	Leiterbahnen unten (Unteransicht, Leiterbahnseite)
17	Pads	Pads (bedrahtete Bauteile)
18	Vias	Vias (durchgehend)
19	Unrouted	Luftlinien
20	Dimension	Platinenumrisse (und Kreise für Holes)[1]
21	tPlace	(Bestückungsdruck oben)
22	bPlace	(Bestückungsdruck unten)
23	tOrigins	Aufhängepunkte oben (Kreuz wird automatisch generiert)
24	bOrigins	Aufhängepunkte unten (Kreuz wird automatisch generiert)
25	tNames	Servicedruck oben (Bauteile-Namen, NAME)
26	bNames	Servicedruck unten (Bauteile-Namen, NAME)
27	tValues	Bauteile-Wert oben (VALUE)
28	bValues	Bauteile-Wert unten (VALUE)
29	tStop	Lötstopmaske oben (automatisch generiert)[2]
30	bStop	Lötstopmaske unten (automatisch generiert)[2]
31	tCream	Lotpaste oben[4]
32	bCream	Lotpaste unten[4]
33	tFinish	Veredelung oben
34	bFinish	Veredelung unten
35	tGlue	Klebemaske oben
36	bGlue	Klebemaske unten
37	tTest	Test- und Abgleichinformationen oben
38	bTest	Test- und Abgleichinformationen unten

Ebene	Bezeichnung	Funktion
39	tKeepout	Sperrflächen für Bauteile oben
40	bKeepout	Sperrflächen für Bauteile unten
41	tRestrict	Sperrflächen für Leiterbahnen oben
42	bRestrict	Sperrflächen für Leiterbahnen unten
43	vRestrict	Sperrflächen für Vias
44	Drills	Bohrungen, durchkontaktiert[3)
45	Holes	Bohrungen, nicht durchkontaktiert[3)
46	Milling	CNC-Fräser-Daten zum Schneiden der Platine
47	Measures	Bemaßung
48	Document	Dokumentation
49	Reference	Passmarken
50	-	-
51	tDocu	Dokumentation für Leiterbahnen oben
52	bDocu	Dokumentation für Leiterbahnen unten

Der nächste Schritt ist das Arbeiten mit dem SPLIT-Befehl. Klicken Sie dieses Icon an, können Sie nachträglich in Wires oder Polygonen diverse Abknickungen durchführen. SPLIT teilt Wires am Anklickpunkt. Das kürzere Stück verläuft gemäß dem eingestellten Knickwinkel (Wire_Style), das längere verläuft in gerader Linie zum nächsten Aufhängepunkt. Nach dem SPLIT-Befehl werden die betroffenen Wire-Segmente wieder optimiert, entsprechend dem OPTIMIZE-Befehl. *Abb. 1.20* zeigt ein Beispiel für den SPLIT-Befehl, wenn mit einem Abknickwinkel von 45° gearbeitet wird, aber der Befehl noch nicht ausgeführt worden ist.

Das kürzere Ende des mit SPLIT selektierten Wires ist dem augenblicklich eingestellten Wire_Style entsprechend geformt. Durch die rechte Maustaste

Abb. 1.20: Beispiel für den SPLIT-Befehl, wenn mit einem Abknickwinkel von 45° gearbeitet wird

ändert sich der Wire_Style. Wenn Sie jetzt den Autorouter einschalten, bleibt diese Art der Verlegung für diese Leiterbahnführung erhalten.

1.3.6 Einfügung einer Befestigungsbohrung

Zwischen der Steckerleiste und dem Zeitgeberbaustein 555 ist eine Bohrung für eine mechanische Befestigung einzubringen. Der Autorouter hat hierzu bereits die Leiterbahnen verlegt.

Durch Anklicken des SIGNAL-Icons lassen sich die beiden Verbindungen zwischen der Steckerleiste und dem 555 in Luftlinien umwandeln. Sie klicken mit dem Cursor den Anfang der Leiterbahn an und ziehen dann die Luftlinie zum Ende der Leiterbahn. Das Ende ist zweimal anzuklicken, damit die Umwandlung beendet wird. Danach klicken Sie die nächste Leiterbahn an. Jetzt können Sie mit dem CIRCLE-Icon den Befehl zum Kreiszeichnen aufrufen und den gewünschten Kreis aufziehen, wie *Abb. 1.21* zeigt.

Wichtig ist hier der RATSNEST-Befehl, der die Luftlinien neu berechnet und damit kann man z.B. nach einer Änderung der Bauelemente-Platzierung wieder die kürzesten Verbindungen erhalten. Auch nach dem Einlesen einer Netzliste (mit dem SCRIPT-Befehl) ist es sinnvoll, den RATSNEST-Befehl direkt oder über das Icon aufzurufen, da dabei im Allgemeinen nicht die kürzesten Luftlinien entstehen. RATSNEST berechnet keine Luftlinien für Signale, für die es einen eigenen Layer gibt (z.B. Layer $GND für Signal GND), außer, für SMD-Bauelemente, die an das nächstliegende GND-Pad angeschlossen werden.

Der RATSNEST-Befehl berechnet auch alle Polygone neu, die zu einem Signal gehören. Dies ist notwendig, damit für bereits durch Polygon-Flächen ver-

Abb. 1.21: Luftlinien und Einführung eines Kreises für eine mechanische Befestigung

bundene Pads keine Luftlinien mehr erzeugt werden. Alle zugehörigen Flächen sind dann in realer Darstellung zu sehen. Der Bildaufbau wird dadurch verlangsamt und auf Umriss-Darstellung kann mit dem Ripup-Befehl gewechselt werden.

Wenn kein unverdrahtetes Signal mehr vorhanden ist, gibt der RATSNEST-Befehl die Meldung

Ratsnest: Nothing to do!

aus. Andernfalls erscheint die Meldung

Ratsnest: xx airwires

wobei xx die Zahl der ungerouteten Luftlinien repräsentiert.

1.3.7 Einstellungen für den Autorouter

Wenn man jetzt den Auto-Icon anklickt, wird der Autorouter aktiviert. Bevor der Autorouter seine Arbeit aufnehmen kann, erscheint das Autorouter-Menü von *Abb. 1.22.*

Von dieser Steuerdatei kann man folgende Bedingungen festlegen:

- Design Rule: Abhängig von der Komplexität der Platine und den zur Verfügung stehenden Fertigungsmöglichkeiten sind die Entwurfsregeln festzulegen. Ändern Sie bitte die entsprechenden Parameter (mdXXX bzw. tpXXX) in der Steuerdatei. Denken Sie auch daran, die Parameter des DRC-Befehls entsprechend einzustellen, am besten, indem Sie eine Script-Datei mit den gleichen Werten vorbereiten.

- Raster: Die richtige Wahl des Routing- und Platzierungsrasters ergibt sich aus den Design Rules und den verwendeten Bauelementen. Es wird später noch auf die „Überlegungen zum Raster" eingegangen.

- Layer: Layer, in denen der Autorouter keine Leitungen verlegen darf, werden mit PrefDir.X = 0 definiert (X = Layer-Nummern). Wollen Sie eine doppelseitige Platine entwickeln, dann wählen Sie bitte Top und Bottom als Route-Layer. Für eine einseitige Platine sollten Sie nur den Bottom-Layer verwenden. Bei Innenlagen ist es sinnvoll, die Layer von außen nach innen zu verwenden, also zunächst 2 und 15 und so weiter. Innenlagen werden zu Versorgungs-Layern, wenn sie zu $name umbenannt sind, wobei „name" ein gültiger Signalname ist. Bei Platinen, die so komplex sind, dass es zweifelhaft ist,

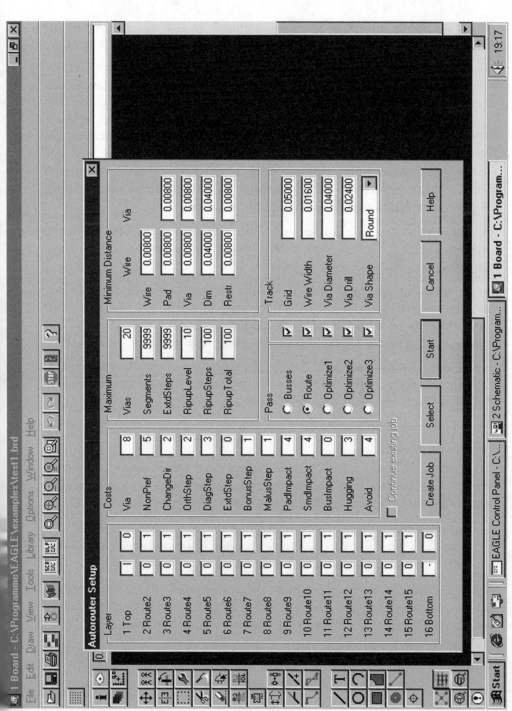

Abb. 1.22: Fenster für die Einstellungen im Autorouter-Menü

ob sie zweiseitig zu verdrahten sind, empfiehlt es sich, sie als Multilayer-Boards anzulegen und die „Kosten" für den Innen-Layer sehr hoch ansetzen.

• Vorzugsrichtung: Die Vorzugsrichtung stellt man im Allgemeinen so ein, dass sie auf den beiden Außenseiten der Platine um 90° versetzt sind. In den Innenlagen ist es oft von Vorteil, mit 45° und 135° zu arbeiten, da damit Diagonalverbindungen abgedeckt werden. Prinzipiell sollte man vor der Wahl der Vorzugsrichtungen die Platine (anhand der Luftlinien) daraufhin untersuchen, ob für eine bestimmte Seite eine Richtung Vorteile bietet. Dies kann insbesondere bei SMD-Platinen der Fall sein. Bitte achten Sie auch beim Vorverlegen von Leiterbahnen auf die Vorzugsrichtung. Die Voreinstellungen (Default): Top (rot) für vertikal und Bottom (blau) für horizontal.

• Bus-Router: Den Bus-Router sollte man aktivieren, wenn auf der Platine Bus-Strukturen vorhanden sind. Busse werden nur geroutet, wenn es einen Layer mit entsprechender Vorzugsrichtung gibt.

• Kostenfaktor: Die Default-Werte für die Kostenfaktoren sind so gewählt, dass Sie unserer Erfahrung nach die besten Ergebnisse liefern. Wir empfehlen sie daher nicht zu ändern. Ausnahme: die Via-Kosten. Bei allen anderen Parametern können bereits kleine Änderungen große Auswirkungen verursachen.

• Weitere Steuerparameter: Auch die restlichen Steuerparameter, z.B. „mnRipupLevel", „mnRipupSteps" usw. sind so eingestellt, dass Sie unserer Erfahrung nach die besten Ergebnisse liefern.

Für die Überlegungen zum Raster muss man zwischen zwei Möglichkeiten unterscheiden:

• Platzierungs-Raster: Der Autorouter lässt zwar ein beliebiges Platzierungs-Raster zu. Allerdings zeigt sich in der Praxis, dass es nicht besonders sinnvoll ist, die Bauteile in einem derart feinen Raster zu platzieren. Generell gilt:

– Das Platzierungs-Raster sollte nicht feiner als das Routing-Raster sein.

– Falls das Platzierungs-Raster größer als das Routing-Raster ist, sollte es immer ein ganzzahliges Vielfaches davon sein.

Diese Regeln leuchten ein, wenn man sich überlegt, dass es gemäß den Design Rules z.B. möglich wäre, zwei Leitungen zwischen zwei Anschlüsse eines Bauteils zu verlegen, dies aber an der Wahl der beiden Raster scheitern kann.

• Routing-Raster: Für das Routing-Raster gilt, dass der Zeitbedarf exponentiell mit der Auflösung ansteigt. Deshalb sollte man es so groß wie möglich wählen. Die Hauptüberlegung für die meisten Platinen richtet sich darauf, wie viele Leitungen maximal zwischen den Anschlüssen eines ICs verlegt werden sollen. Natürlich müssen in diese Überlegungen die gewählten Design Rules, also Mindestabstände der Leitungen zu Pads und anderen Leitungen mit einbezogen werden. Die Konsequenz aus dieser Überlegung lautet: Die beiden Raster sind so zu wählen, dass die Pads der Bauelemente möglichst auf dem Routing-Raster liegen. Natürlich gibt es Ausnahmen, etwa bei SMD-Bauelementen, bei denen der umgekehrte Fall auftreten kann, dass nämlich eine Platzierung außerhalb des Routing-Rasters die besten Ergebnisse liefert. Auf jeden Fall sollte man sich die Wahl des Rasters anhand der Design Rules und der Pad-Abstände genau überlegen. Bei der Wahl des Rasters ist auch zu beachten, dass möglichst keine Pads für den Router „unsichtbar" werden, d.h. jedes Pad soll mindestens einen Routing-Rasterpunkt belegen. Sonst kann es passieren, dass der Autorouter eine Verbindung nicht legen kann, die ansonsten ohne Probleme zu verlegen wäre, da er einfach das entsprechende Pad nicht auf seinem Raster darstellen kann.

Bei kleinen Platinen, die größtenteils mit SMD-Bauteilen bestückt sind, kann es erfahrungsgemäß von Vorteil sein, ganz ohne Vorzugsrichtung zu routen (cfNonPref = 0 sowie PrefDir.xx = *). Der Router kommt dann wesentlich schneller zu einem brauchbaren Ergebnis. Auch bei einseitig zu routenden Boards sollte ohne Vorzugsrichtung gearbeitet werden.

Grundsätzlich sind bei jedem Kostenfaktor (cfXXX) Werte von 0...99 möglich, aber nicht bei jedem ist der gesamte Bereich sinnvoll. Deshalb sind die sinnvollen Werte jeweils unter dem Parameter angegeben. Es soll aber noch einmal betont werden, dass der CAD-Hersteller von EAGLE empfiehlt, nur mit den Werten zu arbeiten, die in der Datei DEFAULT.CTL definiert sind (ausgenommen cfVia). Es gibt folgende Möglichkeiten:

- cfVia 0...9: Dieser Wert steuert die Verwendung von Durchkontaktierungen. Ein niedriger Wert führt zu vielen Durchkontaktierungen, erlaubt aber andererseits die weitgehende Einhaltung der Vorzugsrichtungen. Ein hoher Wert bewirkt nach Möglichkeit eine Vermeidung von Durchkontaktierungen, was allerdings zwangsläufig zu einer vermehrten Verletzung der Vorzugsrichtungen führt. Empfehlung: niedriger Wert beim Routing-Durchgang, hoher Wert beim Optimieren.

- cfNonPre 0...10: Steuert die Einhaltung der Vorzugsrichtungen. Ein niedriger Wert erlaubt auch das Routen gegen die Vorzugsrichtung, während ein hoher Wert die Leiterbahnen in die Vorzugsrichtung zwingt.

- cfChangeDir 0...10: Steuert die Häufigkeit von Richtungsänderungen. Ein niedriger Wert bedeutet, dass eine Leiterbahn viele Knicke aufweisen darf. Ein hoher Wert führt zu weitgehend geraden Leiterbahnen.

- cfOrthStep/cfDiagStep: Bewirken die Einhaltung der Bedingung, dass die Hypothenuse in einem rechteckigen Dreieck kürzer ist als der Weg über die beiden Katheten. Die Default-Werte sind 2 und 3. Daraus ergibt sich, dass der Weg über die Katheten bereits Kosten von 2 + 2 = 4 verursacht, gegenüber 3 durch die Hypothenuse. Diese Parameter sollten unter keinen Umständen verändert werden!

- cfExtdStep 0...10: Steuert die Vermeidung von Leiterbahnstücken, die 45° gegen die Vorzugsrichtung verlaufen und dadurch die Platine praktisch in zwei Hälften teilen würden. Ein niedriger Wert bedeutet, dass solche Leiterbahnstücke erlaubt sind, während ein hoher Wert dies möglichst vermeidet. Um die Möglichkeit zu bieten, 90°-Leiterbahnknicke durch ein kurzes 45°-Stück abzuschrägen, wirkt dieser Parameter erst ab der mit „mnExtdSteps" eingestellten Länge eines Leiterbahnstücks. Nur relevant in Layern mit Vorzugsrichtung und die Empfehlung des Herstellers: höherer Wert beim Routing-Durchgang, niedriger Wert beim Optimieren.

- cfPadImpact/cfSmdImpact 0...10: Pads und SMDs erzeugen um sich herum „gute" bzw. „schlechte" Gebiete, also Zonen, in denen der Autorouter seine Leiterbahnen „ungern" verlegt. Die „guten" Gebiete verlaufen in Vorzugsrichtung (falls definiert), die „schlechten" verlaufen senkrecht dazu. Das führt dazu, dass Leitungen in Vorzugsrichtung vom Pad/Smd weg verlegt werden. Hohe Werte sorgen dafür, daß die Leitung relativ weit in Vorzugsrichtung verläuft, bei niedrigen Werten kann bereits nach kurzer Distanz die Vorzugsrichtung verlassen werden.

- cfBonusStep/cfMalusStep 1...3: Steuert die Verwendung von „bevorzugten" Gebieten bzw. die Vermeidung von „schlechten" Gebieten auf der Platine. Hohe Werte führen zu einer starken Unterscheidung zwischen „guten" und „schlechten" Gebieten, niedrige Werte vermindern diesen Einfluss.

- cfBusImpact 0...10: Steuert die Einhaltung der idealen Linie bei Busverdrahtung (siehe auch cfPadImpact). Ein hoher Wert sorgt dafür, dass die direkte Linie zwischen Start- und Zielpunkt möglichst eingehalten wird. Nur beim Routen vom Bussystem relevant.

- cfHugging 0...5: Steuert die Bündelung parallel verlaufender Leiterbahnen. Ein hoher Wert führt zu einer starken Bündelung (eng aneinander verlaufende Leiterbahnen), ein niedriger Wert erlaubt eine großzügige Verteilung. Empfehlung: höherer Wert beim Routen, niedriger Wert beim Optimieren.

- cfAvoid 0...10: Steuert beim Ripup die Vermeidung der Gebiete in denen herausgenommene Leiterbahnen verlegt wurden. Ein hoher Wert führt zu einer starken Vermeidung.

- cfBase.xx 0...5: Basiskosten für einen Schritt im jeweiligen Layer. Empfehlung: außen (Top, Bottom) immer 0, innen größer als 0.

1.3.8 Funktionen des Autorouters

Aufgrund der Struktur des Autorouters gibt es mehrere Parameter, die den Ripup/Retry-Mechanismus beeinflussen. Wenn Sie sich das Fenster von Abb. 1.22 betrachten, sehen Sie das Feld „Maximum". Hier lassen sich die sechs Einstellungen für den Autorouter vornehmen. Die hier gezeigten Werte sind Grundinformationen, damit ein möglichst guter Kompromiss aus Zeitbedarf und Routing-Ergebnis erreicht wird. Der Benutzer sollte deshalb die Werte für den „mnRipupLevel", „mnRipupSteps" und „mnRipupTotal" nicht ändern. Generell gilt: Hohe Werte für diese Parameter lassen viele Ripups zu, führen aber zu erhöhten Rechenleistungen.

Um die Bedeutung der Parameter verstehen zu können, muss man wissen, wie der Router prinzipiell vorgeht: Zunächst wird Leitung für Leitung verlegt, bis für eine Leitung kein Weg mehr auf der Platine gefunden wird. Sobald das der Fall ist, nimmt der Router maximal die mit „mnRipupLevel" definierte Zahl von bereits verlegten Leitungen heraus, um diese neu verlegen zu können. Sind also z.B. acht Leitungen im Weg, dann kann er die neue nur dann verlegen, wenn „mnRipupLevel" mindestens den Wert von „8" erreicht hat. In der Grundeinstellung hat man den Wert „10". Erhöht man diesen Wert, wenn eine Platine einen Routerwert von $\approx 92\,\%$ erreicht, lassen sich häufig 100 % erreichen, aber die Rechenzeit erhöht sich erheblich.

Ist die neue Leitung gerouted, versucht er, alle herausgenommenen Leitungen wieder zu verlegen. Dabei kann es vorkommen, dass er erneut eine Ripup-Sequenz starten muss, um eine dieser Leitungen wieder verlegen zu können. Der Router ist dann gewissermaßen zwei Ripup-Sequenzen von der Stelle entfernt, an der er den ganzen Vorgang wegen einer nicht zu verlegenden Leitung gestartet hat. Jede weitere herausgenommene Leitung, die nicht mehr verlegt werden kann, startet eine weitere Ripup-Sequenz. Die maximale Anzahl solcher Sequenzen ist mit dem Parameter „mnRipupSteps" definiert. In der Grundeinstellung hat man den Wert „100". Erhöht man diesen Wert, wenn eine Platine einen Routerwert von $\approx 90\,\%$ erreicht, lassen sich häufig 100 % erreichen, aber die Rechenzeit erhöht sich erheblich.

Der Parameter „mnRipupTotal" schließlich legt fest, wie viele Leitungen insgesamt zu diesem Zeitpunkt herausgenommen sein dürfen. In bestimmten Fällen wird dieser Wert automatisch durch das Programm überschritten, wenn erkannt wird, dass eine bessere Lösung möglich ist. In der Grundeinstellung hat man den Wert „100". Erhöht man diesen Wert, wenn eine Platine einen Routerwert von $\approx 85\,\%$ erreicht, lassen sich häufig 100 % erreichen, aber die Rechenzeit erhöht sich erheblich.

Wird einer dieser Grundwerte überschritten, bricht der Router den gesamten Ripup-Vorgang ab und rekonstruiert den Zustand, als die ursprünglich nicht verlegbare Leitung geroutet werden soll. Diese Leitung wird als nicht verlegbar betrachtet, und der Router arbeitet mit der nächsten Verbindung weiter. Den gesamten Vorgang können Sie immer am Bildschirm betrachten.

Da bei umfangreichen und hochbestückten Layouts der Routing-Prozess unter Umständen mehrere Stunden dauern kann, werden kontinuierlich nach 10 Minuten Rechenzeit immer Backups des Routing-Jobs auf der Festplatte ausgeführt. Die Datei mit der Bezeichnung „name.Job" enthält immer den letzten Stand des Jobs. Falls beispielsweise ein Stromausfall auftritt, geht nicht die gesamte Rechenzeit verloren, denn man kann auf den in „name.Job" abgelegten Stand „wieder aufsetzen". Hierzu lässt man das Board mit „EDIT", gibt unmittelbar danach „AUTO;" ein und beantwortet die Frage des Autorouters, ob er wieder aufsetzen soll („continue existing Autorouter-Job"), mit „yes". Es wird dann an der Stelle weiterverfahren, an der die letzte Sicherung erfolgte, d.h. es gehen maximal 10 Minuten an Rechenzeit verloren.

Wird der Autorouter mit Ctrl-Break abgebrochen, so bleibt ebenfalls die Datei „name.Job" stehen, und man kann auch auf dieser weiter aufsetzen. Das kann beispielsweise dann interessant sein, wenn man einen umfangreicheren Job zunächst auf einem langsameren Rechner gestartet hat, und ihn dann, sobald ein schnellerer Rechner im lokalen Netzwerk frei wird, dort weiterlaufen lassen will.

Beachten Sie bitte, daß eine Änderung der Parameter vor dem Wiederaufsetzen keinen Einfluss auf den Job hat, da dieser mit den zum Zeitpunkt des ursprünglichen Autorouter-Starts geltenden Parameter abgespeichert wurde!

Sobald der Autorouter mit seinem Job fertig ist, wird das so entstandene Board automatisch unter „name.B$$" auf der Festplatte abgespeichert. Falls das Board versehentlich oder wegen Stromausfall nicht mit dem WRITE-Befehl abgespeichert worden ist, kann die Datei in „name.BRD" umgenannt und wieder geladen werden.

Wenn Sie den Autorouter nicht mit den Default-Werten starten wollen, können Sie die Steuerparameter auch direkt in einem Menü ändern. Ist die Platine „name.BRD" geladen, dann erzeugen Sie damit die Steuerdatei „name.CTL" (im Verzeichnis, in dem das Board ist), die vorrangig vor der Datei „DE-FAULT.CTL" verwendet wird. Natürlich sind die Einstellungen nur für diese Platine gültig.

Bitte beachten Sie, daß EAGLE zunächst nach der Datei „name.CTL" sucht. Ist keine Datei vorhanden, sucht das Programm nach DEFAULT.CTL und ist auch diese nicht vorhanden, werden die internen Default-Einstellungen verwendet.

Das Menü erscheint, wenn Sie AUTO vom Befehlsmenü selektieren oder über die Taste den Befehl eintippen (mit Return-Taste abschließen, aber ohne Strichpunkt). Sie haben dann die Möglichkeit, der Reihe nach die Parameter für die einzelnen Durchgänge einzustellen. Selektieren Sie dazu mit der Maus die Einträge „Busses", „Route", „Optimize1...Optimize3", und geben die Werte für den jeweils hell dargestellten Durchgang ein. Das Häkchen in der Check-Box neben „Busses" usw. bedeutet, daß dieser Durchgang ausgeführt wird. Alle Parameter wirken „global", außer die Gruppen „Costs" und „Maximum", die für jeden Durchgang unterschiedlich sein können. Der Menüpunkt „Cancel" bricht den AUTO-Befehl ab, ohne die Änderungen zu speichern. Mit der Check-Box „Continue existing job" entscheiden Sie, ob Sie mit einem existierenden Job weiterarbeiten wollen oder nicht.

Durch Anklicken von „Start" beginnt der Autorouter mit seiner Arbeit und alle nicht verlegten Signale werden bearbeitet. Nach „Select" können Sie gemäß der Syntax des AUTO-Befehls bestimmte Signale autorouten lassen.

Mit „Create Job" erzeugen Sie einen Autorouter-Job und eine Steuerdatei mit den gegenwärtig eingestellten Parametern.

Mit „End Job" wird der Autorouting-Job beendet und das bisherige Routing-Ergebnis geladen.

Nach Abschluss des Routing-Vergangs erscheint *Abb. 1.23* mit der gesperrten Fläche.

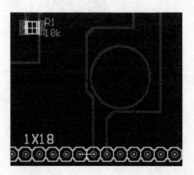

Abb. 1.23: Gesperrte Fläche

2 Entwicklung einseitig kaschierter Platinenlayouts

Gedruckte Schaltungen sind die Träger von elektrischen und elektronischen Bauelementen und stellen heute eines der wichtigsten Komponenten in der Systemtechnik dar. Abb. 2.1 zeigt drei Leiterplatten, die sich für einfache Schaltungen (einseitig kaschiert), industriellen Standard (zweiseitig kaschiert) und für hochwertige Anwendungen im gesamten Konsumerbereich (mehrere Verbindungsebenen) eignen.

Die einfachste Form einer Leiterplatte ist die einseitige Kupferkaschierung. Diese ist für einfache bis mittlere Leiterbahnen- und Bauelementedichten geeignet, denn diese Platinen lassen sich ohne große Probleme herstellen. Das

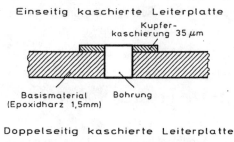

Einseitig kaschierte Leiterplatte

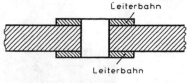

Doppelseitig kaschierte Leiterplatte

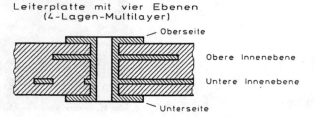

Leiterplatte mit vier Ebenen (4-Lagen-Multilayer)

Abb. 2.1: Querschnitt durch Leiterplatten mit einer Bohrung für die Aufnahme eines Bauelements oder für die Durchkontaktierung (gilt nicht für einseitig kaschierte Platinen)

Basismaterial entscheidet die Qualität für die elektrischen und mechanischen Eigenschaften, denn dieses Material ist nicht nur der Isolationswerkstoff der Platine, sondern auch das Trägermaterial. Ausgangsmaterial für das Basismaterial sind isolierende Schichtpressstoffe, die nach DIN 7735 genormt sind.

2.1 Grundlagen

Heute ist es für Firmen immer wichtiger, Produkte schnell und mit hoher Qualität auf den Markt zu bringen. Ein test- und fertigungsgerechtes Design der Leiterplatte ist ein Schritt zur Senkung der Kosten und zur Reduzierung des Zeitintervalls von der Idee bis zum fertigen Produkt. Zur Definition eines solchen Designs muss man bei dem Fertigungsprozess in der Serienfertigung nicht nur die einzelne Platine, sondern auch später das gesamte System betrachten. Diesen Prozess kann man grob in fünf Aufgaben gliedern:

- Vorfertigung
- Bestücken
- Löten
- Testen
- Transport.

Jede Aufgabe wird in der Praxis von verschiedenen Abteilungen durchgeführt. Zur Vorfertigung zählt das Zuschneiden auf die entsprechende Größe, der gesamte Ätzvorgang und das Säubern der Platine. Gelingt es, das Layout einer Platine so zu gestalten, daß auch unter Qualitätsaspekten, z.B. durch zusätzliche Abdeckungen während des Tests, keine Änderungen beim Arbeitsablauf in der Fertigung durchgeführt werden müssen und dass keine Probleme bei der Bestückung, dem Löten und dem Test auftreten, so spricht man von einem test- und fertigungsgerechten Design. Das lässt sich unter anderem dadurch erreichen, dass das Management alle an der Produktion beteiligten Mitarbeiter frühzeitig in die Planung jeder einzelnen Platine, den Aufbau für eine eingebettete Baugruppe oder des gesamten Systems miteinbezieht, damit alle an der gemeinsamen Zielsetzung arbeiten, nämlich schnelle Produktion und hohe Qualität. In der Praxis dominieren jedoch die Entwicklungsabteilungen für den elektrischen Schaltungsentwurf und geben der Systemfunktion der Baugruppe die höchste Priorität, während den Fertigungs- und Testspezialisten vorrangig die Fertigungsqualität und die Teststrategien interessieren. Die Geschäftsleitung wiederum sieht in erster Linie die Kosten, die Termine und den Umsatz. Daher ist es unbedingt notwendig, dass alle Beteiligten bereits beim Schaltungsdesign und in der Layoutphase zusammen ein Anforderungsprofil für die

Fertigung und das Testprofil erstellen. Somit lassen sich in dieser frühen Phase wichtige Entscheidungen treffen, welche den Produktionsprozess beeinflussen:

- Bauteileauswahl
- Bestückungsart (ein- oder beidseitig)
- spezielle Bauteile (Spulen, SMD-Bauelemente, kundenspezifische Schaltkreise, Leuchtdioden, Steckverbindungen, Anschlussklemmen, Sensoren, Relais usw.) bzw. gemischte Bestückung (mit mechanischen Komponenten, Steckfassungen, Kleinmotoren usw.)
- Teststrategien (In-Circuit-Test, Funktionstest, Scantest, Bist usw.)

2.1.1 Material für Leiterplatten

Je nach Einsatzbereich werden an Leiterplatten verschiedene Anforderungen gestellt. So unterscheidet man zwischen Leiterplattenmaterial für den „low cost"-Bereich und Material für die industriellen bzw. extremen Arbeitsbedingungen. *Tabelle 2.1* zeigt eine Übersicht.

Tabelle 2.1: Übersicht über verschiedene Leiterplattenwerkstoffe. Die Abkürzung UL steht für „Underwriters Laboratories" (Sicherheitsbestimmungen für elektrische Geräte)

- Phenolharz-Hartpapier FR 2:

Grundbasis : Phenolharz
Verstärkungsmaterial : Papier
Verarbeitungskriterien : Leicht stanz- und schneidbar, geringe Stanzmehlbildung
Einsatzkriterien : Geruchsarm durch modifiziertes Phenolharz, Kriechstromfestigkeit nach PTI 250
Flammwidrig nach UL 94
Farbe : Hellbraun transparent
Standardformate : 1160 mm x 1070 mm
Einsatzgebiete : Haushaltsgeräte, Unterhaltungselektronik, einfache Büromaschinen.

- Phenolharz-Hartpapier FR 3:

Grundbasis : Epoxidharz
Verstärkungsmaterial : Papier
Verarbeitungskriterien : Leicht stanz- und schneidbar, geringe Stanzmehlbildung

Einsatzkriterien : Geruchsfrei auch bei höheren Temperaturen, Kriech-
stromfestigkeit nach PTI 300
Flammwidrig nach UL 94
Farbe : beige
Standardformat : 1160 mm x 1070 mm
Einsatzgebiete : hochwertige Unterhaltungselektronik, Industrieelek-
tronik, Computer.

- Composite - Laminate:
Grundbasis : Epoxidharz
Verstärkungsmaterial : Glasgewebeschicht an Ober- und Unterseite, Papier-
kern
Verarbeitungskriterien: Leicht stanz- und schneidbar, hohe Wärmefestigkeit
60 s bei 260 °C, Durchkontaktierbar.
Einsatzkriterien : Kriechstromfestigkeit nach PTI 300
Flammwidrig nach UL 94
Einsatztemperatur bis 130 °C
Farbe: Weiß, grün oder gelb
Standardformate : 1160 mm x 1070 mm
Einsatzgebiete : hochwertige Unterhaltungselektronik, Kfz-Elektro-
nik, Computer, Telekommunikation.

- Epoxidglashartgewebe FR 4: Industriestandard
Grundbasis : Epoxid
Verstärkungsmaterial : Glasfilamentgewebe
Verarbeitungskriterien: Leicht stanz- und schneidbar, gut bohrbar, hohe Plan-
und Dimensionsstabilität, thermisch und chemisch sta-
bil
Einsatzkriterien : Kriechstromfestigkeit nach PTI 400
Flammwidrig nach UL 94
Einsatztemperatur bis 180 °C
Farbe : Weiß oder gelb
Standardformate : 1160 mm x 1070 mm
Einsatzgebiete : Industrieelektronik für erhöhte Anforderungen.

Glasgewebe dienen nicht nur als Trägerwerkstoff der Harzmatrix, sondern
auch als mechanische Verstärkung. Sie werden aus Garnen mit unterschiedlichen Durchmessern gewebt, die man wiederum aus einer definierten Anzahl
von Filamenten herstellt. Das Glasgewebe ist mit einem Haftmittler (Finish)
versehen und damit lässt sich eine optimale Haftung von Glasoberfläche und
Harzmatrix gewährleisten. Das Weben selbst erfolgt unter Einsatz moderner

Webstühle. Bewährt hat sich dabei die sogenannte Leinenbindung mit unter- und übereinanderliegenden Kett- und Schussfäden im Verhältnis 1:1. Diese Webart sorgt für gute Dimensionsstabilität im Laminat.

Die verschiedenen Anwendungen von Leiterplatten erfordern individuelle Trägerstoffe. Deshalb bieten die Hersteller neben den mit Standard-(E)-Glasgewebe gefertigten Laminaten auch Sonderausführungen an, die in Kombination mit verschiedenen Harztypen und besonderen Trägerstoffen (z.B. Aramid-Papier) produziert werden. Tabelle 2.2 zeigt die E-Glasgewebetypen (Elektroglas) mit ihren jeweiligen Konstruktionsmerkmalen.

Tabelle 2.2: E-Glasgewebetypen (Elektroglas) mit ihren jeweiligen Konstruktionsmerkmalen

Kette				Schuss		
Flächengewicht g/m²	**Fadenzahl pro cm**	**Garntyp (EC) g/100 m**	**Filamentdicke μm**	**Fadenzahl pro cm**	**Garntyp (EC) g/100 m**	**Filamentdicke μm**
18	24	5,5	5	20	2,8	5
25	22	5,5	5	22	5,5	5
35	24	5,5	5	20	11	5
47	24	11	7	19	11	5
69	16	22	7	15	22	7
78	24	22	7	22	11	5
88	16	22	7	15	34	6
107	24	22	7	23	22	7
120	24	22	7	20	34	9
203	17	68	9	12	68	9

Die Einsatzmöglichkeiten der Leiterplatten hängen zum großen Teil von den verwendeten Harzsystemen ab, ebenso die Verarbeitbarkeit des Basismaterials (Pressen, Bohren, Rückätzen usw.). Für die Herstellung von Multilayer-Leiterplatten findet man deshalb verschiedene Harzsysteme in der Praxis. Die wichtigsten Grundharze sind:

- Epoxidharz (bifunktionell, multifunktionell)
- Polyimidharz
- Cyanatesterharz
- BT-Harz (Bismaleinmid-Triazin).

Durch die gezielte Zusammenstellung von Harztypen, Härtern und Additiven entstehen anwendungsorientierte und individuelle Eigenschaften. Epoxidharze bzw. Epoxidharzsysteme sind wegen der ausgezeichneten elektrischen und mechanischen Eigenschaften sowie der hohen Beständigkeit gegenüber Chemikalien und Wärme der ideale Werkstoff in der Elektronik. Die rasche Entwicklung in der Elektronik hat dazu geführt, dass diese Standard-FR4-Laminate nicht immer alle Anforderungen optimal erfüllen. In solchen Fällen setzt man dann multifunktionelle Epoxidharzsysteme sowie auf Basis von Polyimid, Cyanatester und Bismaleinmid-Triazin hergestellte Laminate und Prepregs ein. Dabei hat der Umweltschutz einen zentralen Stellenwert. Es ist selbstverständlich, dass man bei der Entwicklung für Imprägnierlösungen keine halogenisierten Lösemittel verwendet. Ebenfalls setzt man keine Flammschutzmittel mehr ein, die bromierte Dioxine oder Dibenzofurane bilden. Auch Asbest oder toxisch relevante Schwermetalle werden nicht mehr als Grundstoffe zur Entwicklung von Harzsystemen eingesetzt. Umweltverträglichkeit ist die zwingende Vorgabe für jedes Entwicklungsprojekt!

Neben der reinen Funktion als elektrisch leitende Verbindung müssen Kupferfolien heute weitere Anforderungen erfüllen. So erfordert beispielsweise die fortschreitende Miniaturisierung eine erhebliche Reduzierung der Leiterbahnbreiten. Eine ausreichende Bruchdehnung ist besonders bei höherlagigen Multilayern gefordert, um dem „foil-cracking"-Effekt (Hülsenabrisse) unter thermischer Belastung vorzubeugen. Die heute eingesetzten elektrolytisch abgeschiedenen Kupferfolien erfüllen alle Anforderungen nach ANSI/IPC-MF-150F. Für die Qualität dieser Kupferfolien sind folgende Eigenschaften von Bedeutung:

- Reinheitsgrad
- elektrischer Widerstand
- Zugfestigkeit
- Bruchdehnung
- Oberflächenbeschaffenheit
- Porosität
- Treatmentprofil.

Die Kupferfolie besteht aus einer glänzenden (Shiny-Seite) und einer speziell strukturierten Seite (Treatment-Seite). Die Treatment-Seite erzielt durch ihre besonders präparierte Oberflächenrauhigkeit eine optimale Haftfestigkeit zum Laminat. Tabelle 2.3 zeigt die Dicken von Standard-Kupferfolien für starre FR-4-Laminate, Composite-Laminate und FR-4-Dünnlaminate.

Die ultradünnen Kupferfolien mit 5 µm bis 70 µm eignen sich besonders für Feinstleiterstrukturen im Bereich der Mikroelektronik. Die mechanisch abziehbare, ca. 70 µm dicke Kupferträgerfolie wird erst nach dem Bohren ent-

Tabelle 2.3: Dicken von Standard-Kupferfolien für starre FR-4-Laminate, Composite-Laminate und FR-4-Dünnlaminate. Dies gilt nicht für die Toleranzen der Dicken von Kupferfolien mit 5 μm, 9 μm und 12 μm

Dicke μm	Flächengewicht (Toleranz: ±10 %) g/m²
5	44,6
9	80,3
12	107
18	153
35	305
70	610
105	916
140	1221
175	1526
210	1831

fernt. Dadurch kann auf die Bohrauflage verzichtet werden. Ebenfalls entfällt das Entfernen des Bohrgrats. Die Kupferträgerfolie ist recyclebar. Die 9-μm-Kupferfolie kann auch ohne Trägerfolie geliefert werden.

HTE-Kupferfolien zeichnen sich durch hohe Bruchdehnungswerte bei erhöhter Temperatur aus. Im Vergleich zum Standard erreichen diese selbst bei 180 °C mehr als doppelt so hohe Dehnungswerte, sodass die Gefahr von Leiterbahn-Hülsenabrissen (foil-cracking) reduziert wird. Daher eignen sich diese Kupferfolien besonders für alle Dünnlaminate mit einer Substratdicke unter 0,3 μm. Neben der erhöhten Bruchdehnung sind bei diesem Kupferfolientyp aufgrund der geringen Treatmentrauhigkeit die Treatmentspitzen (Dendrite) weniger stark ausgebildet und somit weniger tief im Harz eingebettet. Typische Rauhigkeitswerte liegen bei 4,5 μm. Kupferfolien entsprechender Dicke mit Standard-Treatmentprofil weisen dagegen 8 μm auf.

Bei einer Innenlagen-Fertigung von Multilayer-Platinen lassen sich im Ätzprozess optimale Leiterbahnflanken erzeugen. Wegen der kürzeren Ätzzeiten ist mit einer geringeren Unterätzung zu rechnen. Dieser Vorteil sollte bei der Fertigung von impedanzkontrollierten Schaltungen unbedingt genutzt werden. Deshalb setzt man diese Kupferfolien bei ultradünnen Laminaten mit einer Substratdicke unter 0,1 mm ein, insbesondere dann, wenn diese mit nur einem Glasgewebebogen aufgebaut sind. Die verfügbaren Standarddicken sind:

0,5 mm, 0,8 mm, 1,0 mm, 1,2 mm, 1,5 mm, 2,0 mm, 2,4 mm und 3,4 mm

bei einer Kupferkaschierung um ± 10 % nach DIN IEC 249:

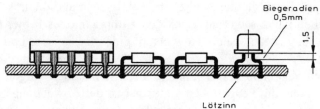

Abb. 2.2: Bestückung einer einseitigen Leiterplatte

- Einseitig: 10 μm, 35 μm, 70 μm und 105 μm
- Doppelseitig: 2 x 10 μm, 2 x 35 μm, 2 x 70 μm und 2 x 105 μm.

Setzt man optimal verarbeitete Leiterplatten in der gesamten Elektronik ein, lässt sich ein hoher Industriestandard erreichen.

Auf der Leiterplatte in *Abb. 2.2* sind zwei Widerstände, eine integrierte Schaltung und ein Transistor gezeigt. Die Bauelemente werden auf der dem Gehäuse abgewandten Plattenseite gelötet. Die Anschlussdrähte und -fahnen sind um 90° nach unten abgebogen und passen in die vorhandenen Bohrungen. Bei den integrierten Schaltungen hat man ein Lochraster von 2,54 mm (1/10 Zoll) bei einem Lochkreisdurchmesser von 0,7 bis 0,9 mm. Der Gehäuseboden von integrierten Schaltungen berührt nach dem Einsetzen nicht die Leiterplatte, weil die Anschlussfahnen kurz vor dem Gehäuse breiter werden. Nach dem Einsetzen des Gehäuses in die Leiterplatte ist es vorteilhaft, zwei Anschlussenden der Pins in einem Winkel von ca. 30° zur Leiterplatte abzubiegen, damit während des Lötvorgangs das Gehäuse nicht auf die Leiterplatte gepresst werden muss.

Bei einem Flachgehäuse arbeitet man mit einem Lochraster von 1,27 mm (1/20 Zoll) und die Verarbeitung erfolgt wie beim Abstand von 2,54 mm. Hat man einen Transistor, ist die Einbaulage des Gehäuses beliebig. Die Anschlussenden dürfen bis zu einem Abstand von 1,5 mm vom Gehäuseboden gekröpft werden. Je nach Transistortyp hat man unterschiedliche Lochkreisdurchmesser zwischen 0,7 und 2,5 mm. Entsprechend muss das Platinenlayout dafür ausgelegt sein.

2.1.2 Elektrische und mechanische Eigenschaften von Leiterplatten

Das Basismaterial ist ein Isolierstoff aus Papier, Baumwollgewebe, Glasgewebe oder Glasmatten. Da man in der Praxis an einseitig kaschierte Platten keine großen Ansprüche an die mechanischen, elektrischen und thermischen Eigenschaften stellen kann, setzt man Epoxidharz-imprägniertes Papier (FR 3) ein. Die Bezeichnung „FR 3" ist ein Hinweis für gute mechanische und elektrische Eigenschaften, große Stabilität, wirkt selbstlöschend und ist gut durchkontaktierbar. Durch Verwendung von Papier ergeben sich jedoch einige Risikofaktoren in Verbindung mit Feuchtigkeit und daher ist der Anwendungsbereich eingeschränkt. *Tabelle 2.4* zeigt die wichtigsten Kenngrößen.

Tabelle 2.4: Kenngrößen der wichtigsten Basismaterialien von Leiterplatten. „CTI" steht für „Comparative Tracking Index" und zeigt ein Maß für den Widerstand gegen Kriechwegbildung. Es handelt sich um einen Zahlenwert der höchsten Spannung, bei dem ein Isolierstoff 50 Auftropfungen ohne Ausfall überstehen muss. Diesen Wert bezeichnet man auch als Vergleichszahl für die Kriechwegbildung.

	Phenolharz-Epoxidharz-Hartpapier		Epoxidharz-Polyimidharz Glashartgewebe	
Oberflächenwiderstand in Ω	10^9	$2 \cdot 10^9$	$50 \cdot 10^9$	$2{,}5 \cdot 10^{12}$
Spezifischer Durchgangswiderstand in Ωm	10^{10}	$8 \cdot 10^{10}$	$500 \cdot 10^9$	$500 \cdot 10^9$
Dielektrischer Verlustfaktor $\tan \delta$ bei 1 MHz	0,05	0,045	0,035	0,009
Permittivitätszahl ε bei 1 MHz	5,5	5	5,5	4,8
Kriechstromfestigkeit nach CTI	150	150	200	-
Grenztemperatur in °C	105	110	120	250

Die unterschiedlichen Trägermaterialien werden mit einzelnen Bindemitteln getränkt und damit ergibt sich eine erhöhte mechanische Festigkeit und bessere elektrische Eigenschaften, z.B. eine hohe Kriechstromfestigkeit.

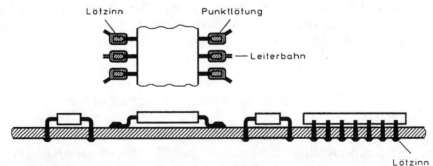

Abb. 2.3: Bestückung einer zweiseitigen Leiterplatte

Bei der zweiseitigen Leiterplatte in *Abb. 2.3* kann man an der Ober- und Unterseite die Bauteile anbringen. In der Praxis bestückt man meistens nur die Oberseite (Bauteilseite), da das Aufbringen an der Unterseite im Wesentlichen nur von Bestückungsautomaten durchgeführt wird.

Zwischen den beiden Widerständen befindet sich ein spezielles Flachgehäuse. Bei Lötungen auf der Plattenseite muss man die Leiterplatte nicht durchbohren. Die Verbindung mit den Leiterbahnen kann durch Kolbenlötung oder Schweißung erfolgen. Die maximale Lötzeit bei einem Lötabstand von 1 mm bis 1,5 mm beträgt bei der Kolbentemperatur von 250 °C bis zu t = 15 s, bei 300 °C bis zu t = 12 s und bei 350 °C bis zu t = 7 s.

Das Problem in der Verarbeitung von zweiseitigen Platinen ist die Durchkontaktierung. Bei den ersten Leiterplatten wurde die Durchkontaktierung mittels eines verlöteten Drahts an der Ober- und Unterseite ausgeführt, aber dieses Verfahren ist sehr zeitintensiv und garantiert auch keine große Sicherheit. Auch die Verwendung von Hohlnieten gestaltet sich in der Praxis als sehr aufwändig, denn die Lötbarkeit stellt in diesem Fall immer ein Problem dar. Selbst der Einsatz von Metallisierungshülsen zwischen der Ober- und Unterseite garantiert noch keine absolute Dichtheit zwischen der Bohrwand und der Außenfläche der Hülse. In jedem Fall hat man andere Bohrungen als bei den Bauelementen und unterscheidet zwischen den Bestückungs- und den Durchverbindungsbohrungen.

In der industriellen Fertigung setzt man das Lochmetallisierungsverfahren ein. Voraussetzung hierfür ist eine Aktivierung des Basismaterials durch einen nasschemischen Prozess auf der gesamten Oberfläche der Platine. In der Praxis kennt man mehrere Möglichkeiten, die subtraktiv, semiadditiv oder volladditiv arbeiten:

• Kupferkaschiertes oder unkaschiertes Basismaterial
• stromlose Abscheidung einer Kupferleitschicht, einer geschlossenen oder einer strukturierten Kupferschicht
• galvanische Abscheidung einer geschlossenen oder einer strukturierten Kupferschicht
• partielle Abtragung einer Kupferleitschicht oder einer Kupferschicht durch den Ätzvorgang.

Zur Herstellung von durchkontaktierten Platten nach dem subtraktiven Verfahren wird die durch den Prozess zur Metallisierung der Lochwandungen ergänzte Metallresistvariante des Folienätzverfahrens eingesetzt. Arbeitet man mit dem Semiadditivverfahren, geht man von unkaschiertem Basismaterial aus, auf dem das Leiterabbild nach der Herstellung einer geschlossenen Kupferleitschicht mittels partieller galvanischer Kupferabscheidung erzeugt wird. Das Abätzen der Kupferleitschicht im Bereich des Nichtleiters erfolgt nach dem Differenzätzverfahren. Das Volladditivverfahren arbeitet abweichend vom Semiadditivverfahren. In diesem Fall erfolgt die Kupferabscheidung zum Leiterbildaufbau von Anfang an selektiv und die Kupferschichten werden in der benötigten Dicke stromlos abgeschieden.

2.1.3 Lötverfahren

Das Löten stellt ein thermisches Verfahren zum stoffschlüssigen Fügen und Beschichten von Werkstoffen dar, wobei eine flüssige Phase durch Schmelzen eines Lots (Lötschmelzen) oder durch Diffusion an den Grenzflächen (Diffusionslöten) entsteht. Die Solidustemperatur (Grenztemperatur, unterhalb der keine Schmelze vorliegt) der Grundwerkstoffe wird nicht erreicht. Die beim Löten anzuwendende Temperatur richtet sich immer nach der Schmelztemperatur des benutzten Lots. Als Arbeitstemperatur bezeichnet man die niedrigste Oberflächentemperatur an der Lötstelle, bei der das Lot benetzt oder durch Grenzflächendiffusion eine flüssige Phase bildet. Bei der Anwendung geeigneter Flussmittel ist diese immer eine vom Lot abhängige Konstante. Hierzu muss das Lot nicht völlig geschmolzen sein. Häufig kann die Arbeitstemperatur zwischen Solidus und Liquidus (Grenztemperatur oberhalb der nur eine Schmelze auftritt) liegen, also im Schmelzbereich des Lots. Diese ist jedoch immer höher als die Solidustemperatur des Lots.

Nach der Liquidustemperatur teilt man die Lötverfahren in Weichlöten (Liquidustemperatur der Lote liegt unterhalb 450 °C) und Hartlöten (Liquidustemperatur liegt oberhalb 450 °C) ein. Hochtemperaturlöten ist das flussmittelfreie Löten unter Luftabschluss (Vakuum, Schutzgas) mit Loten, deren Liquidustemperatur oberhalb 900 °C liegt.

In der Praxis gibt es noch den Begriff der Löttemperatur, worunter man die an der Lötstelle tatsächlich herrschende Temperatur beim Löten versteht. Diese Löttemperatur liegt oberhalb der Arbeitstemperatur. Die maximale Löttemperatur ist der Wert, oberhalb der das Lot oder das Werkstück oder das Flussmittel beschädigt, bzw. im ungünstigsten Fall zerstört wird.

Zu den Lötstoffen zählen u.a. Lote, Flussmittel und Lötatmosphären (Schutzgase). Lote sind metallische Stoffe, und zwar Metalle oder Legierungen in Form von Draht, Stab, Blech, Stangen, Pulver, Schnitzeln, Körner, Paste oder Formteilen. Die charakteristischen Eigenschaften der Lote sind ihre Schmelz-

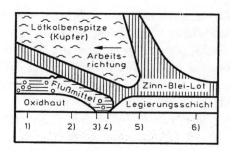

1) Flussmittellösung liegt auf der oxidierten Metalloberfläche

2) Kochende Flussmittellösung entfernt den Oxidfilm (z.B. als Chlorid)

3) Blanke Metalloberfläche in Berührung mit dem geschmolzenen Flussmittel

Abb. 2.4: Schematische Darstellung eines Lötvorgangs. Die Verdrängung des Flussmittels erfolgt durch das geschmolzene Lot:

4) Flüssiges Lot tritt anstelle des geschmolzenen Flussmittels

5) Lot reagiert mit dem Grundmetall unter Legierungsbildung

6) Legierungsschicht erstarrt

bereiche und ihre Arbeitstemperaturen, die von der chemischen Zusammensetzung bestimmt werden. Flussmittel sind nichtmetallische Stoffe, die die Benetzung der Grundwerkstoffe mit Lot sorgen. Unter der Voraussetzung, daß die Lötflächen ausreichend vorgereinigt sind, lösen die Flussmittel noch vorhandene Oberflächenfilme auf und verhindern die erneute Bildung von Oberflächenfilmen, damit das Lot die Lötfläche benetzt. *Abb. 2.4* zeigt die schematische Darstellung eines Lötvorgangs.

- Flussmittellösung liegt auf der oxidierten Metalloberfläche
- Kochende Flussmittellösung entfernt den Oxidfilm (z.B. als Chlorid)
- Blanke Metalloberfläche in Berührung mit dem geschmolzenen Flussmittel
- Flüssiges Lot tritt anstelle des geschmolzenen Flussmittels
- Lot reagiert mit dem Grundmetall unter Legierungsbildung
- Legierungsschicht erstarrt

Für den Lötvorgang benötigt man einen Lötkolben. Bei herkömmlichen Lötkolben wird nur ein kleiner Teil der erzeugten Wärme zum eigentlichen Löten verwendet, denn der Hauptteil der Wärme geht durch die ungünstigen Konstruktionen verloren. Daher hat man Systeme entwickelt, die es erlauben, die gesamte Wärme beim eigentlichen Lötvorgang zur Verfügung zu stellen. Die Temperaturregelung sorgt für einen überdurchschnittlichen Wärmenachschub und begrenzt die Energiezufuhr, wenn das Gerät im Leerlauf arbeitet.

Das Heizelement ist absichtlich so angelegt, damit der Lötkolben eine Spitzentemperatur von mindestens 600 °C erreichen kann. Das ist bei weitem höher als die notwendige Temperatur beim Löten. Sobald die Lötspitze zum Löten benutzt wird, schaltet der Schalter automatisch ein und der Lötkolben wird sehr schnell aufgeheizt. Da das Element für eine Temperatur von 600 °C ausgelegt ist, die Löttemperatur, welche für die auszuführende Arbeit erforderlich ist, aber meistens nur 370 °C beträgt, verbleibt eine Wärmereserve von 230 °C. Auf diese Weise erzielt man eine Energiereserve durch Temperaturregelung. Eine Temperaturregelung verbessert die Standzeit von Heizelement und Lötspitzen, aber auch die Qualität jeder Lötstelle. Das unmittelbare Ergebnis: niedrigere Produktions- und Servicekosten und keine kalten Lötstellen. Ein temperaturgeregeltes Lötgerät mit 50 W ist beispielsweise auch für feine Lötarbeiten geeignet und imstande, den Anforderungen für einen Lötkolben von 100 Watt zu genügen. Wärmeempfindliche Bauteile werden durch die Temperaturregelung weitgehend geschützt.

Abb. 2.5 zeigt den Aufbau eines temperaturgeregelten Lötgeräts. Durch die Temperaturregelung kann man mit einem überdurchschnittlichen Wärmenachschub im Einsatzfall arbeiten. Auf der anderen Seite ergibt sich eine Begrenzung der Energiezufuhr, wenn das Gerät im Leerlauf arbeitet. Bei kalter Spitze wird der Dauermagnet von dem ferromagnetischen Temperaturfühler angezogen. Dadurch schaltet der Schalter ein und der Lötkolben erwärmt sich sehr schnell. Nähert sich der Fühler dem Curiepunkt, d.h. also der vorgewählten Temperatur der Spitze, so ist dieser nicht mehr imstande, den Dauermagneten festzuhalten. Der Magnet fällt ab und bringt den Schalter in den Ausschaltzustand, wodurch die Stromzufuhr zum Heizelement unterbrochen wird. Kühlt sich die Spitze etwas ab, so zieht der Temperaturfühler den Dauermagneten wieder an, der Strom kann fließen und damit wird die erforderliche Energie in der Lötspitze erzeugt.

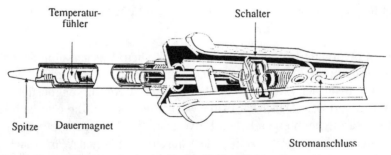

Abb. 2.5: Aufbau eines temperaturgeregelten Lötgeräts

Die Wahl der Ausgangstemperatur erfolgt durch einfaches Wechseln der Lötspitze mit Temperaturfühler. Die „Longlife"-Lötspitzen umfassen die Temperaturbereiche von 260 °C, 310 °C, 370 °C, 400 °C und 480 °C. Diese Spitzen sind aus Kupfer und galvanisch veredelt. Dadurch sind diese besonders wirtschaftlich und stets benetzbar. Der Heizkörper hat einen optimalen Wärmeleitwirkungsgrad zur Spitze. Hohe Präzision von Heizkörpermaterial, Heizwicklung und Isolation ermöglichen dies. Daher darf man die Heizkörper nicht mit der Zange abnehmen oder abklopfen. Zur sicheren Befestigung der Lötspitze genügt das Anziehen der Spitzenhülse von Hand, aber nur im kalten Zustand!!!

Das Lötzinn ist ein wichtiger Faktor für Lötstellenqualität und Lebensdauer der Spitzen. Am besten eignet sich kupferfreies Lötzinn SN60 mit Flussmittelseele. Das Flussmittel soll organisch und höchstens leicht aktiviert sein. Nie halogenhaltige Flussmittel verwenden! Die Löttemperatur kann wegen der leistungsfähigen Wärmeregelung relativ niedrig eingestellt werden. Sie soll je nach Lötzinn und Lötstelle zwischen 300 °C und 380 °C betragen. Höhere Temperaturen bringen nur scheinbar höhere Arbeitsgeschwindigkeiten. Es leiden jedoch Lötqualität und Lebensdauer der Lötkolbenspitze und Bauteile darunter. Der Lötvorgang soll in der Reihenfolge Lötstelle-Lötzinn-Lötspitze erfolgen. Nie Lötzinn auf die Spitze geben und dann die Lötstelle benetzen. Dies ergibt in der Praxis fast immer eine „kalte" Lötstelle.

Abb. 2.6 zeigt die vier typischen Arbeitsvorgänge beim Einlöten eines Bauteils, die in vier Schritten erfolgt:

a) Erwärmen der Lötstelle (Bauteil und Leiterbahn) durch die Lötkolbenspitze
b) Zuführen und Abschmelzen des kupferfreien Lötzinns SN60 mit Flussmittelseele
c) Benetzen, Fließen und Füllen der Lötstelle mit flüssigem Lot
d) Entfernen der Lötkolbenspitze und Erstarren der Lötstelle in fixierter Stellung.

Voraussetzung für das saubere Einlöten eines Bauteils ist immer eine saubere, metallisch blanke Metalloberfläche.

Eine charakteristische Eigenschaft der Flussmittel ist deren Wirktemperaturwert und hierbei handelt es sich um den Bereich, in dem die Flussmittel die vorhandenen Oxidfilme zerstören und so das nachfolgende Benetzen des Werkstückes durch das Lot erlauben. Der Wirkwert ist die Zeitspanne, über die ein Flussmittel während des Lötens wirksam bleibt und diese Zeit ist verfah-

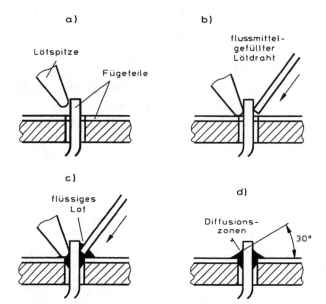

Abb. 2.6: Arbeitsvorgänge beim Einlöten eines Bauteils

renstechnisch abhängig. Die Wirkzeit geschmolzener Flussmittel ist begrenzt, was man bei Verfahren mit langen Lötzeiten beachten muss. Für die sachgemäße Durchführung der Lötung müssen die Wirktemperatur des Flussmittels und der Schmelzbereich (Arbeitstemperatur) des Lots aufeinander abgestimmt sein.

In der Praxis erhält man die Flussmittel als Pulver, Paste und als wäßrige oder alkoholische Lösung. Kombinationen von Lot und Flussmittel sind als Gemische von Lotpulver und Flussmittel (Lotpasten) oder als Röhrenlot mit Flussmittelseele bzw. als Lotstab mit Flussmittelmantel gebräuchlich. Lötatmosphären bewirken, dass die Werkstücke und das Lot beim Aufheizen vor Oxidation geschützt werden und sich gegebenenfalls vorhandene Oxidfilme erheblich reduzieren (Reaktionsgase). Auch diese weisen einen charakteristischen Wirktemperaturbereich auf.

2.1.4 Lötstoffe zum Weichlöten

Die wichtigsten Weichlote für Kupferwerkstoffe sind die Blei-Zinn- und Zinn-Blei-Lote, die man als „Lötzinn" bezeichnet. Die Solidus- und die Liquidustemperatur des Lötzinns weichen aufgrund ihrer Verunreinigungen und zusätzlichen Legierungselemente um einige Grad Celsius von den Werten des Blei-Zinn-Zustandsdiagramms ab. Das hat für die Löttemperatur kaum Bedeutung, jedoch sind geringe Mengen der Verunreinigungs- bzw. Zusatzelemente schon von großem Einfluss auf das Fließvermögen und die Benetzungsfähigkeit des Lots, auf die Lötgeschwindigkeit und auf die mechanischen Eigenschaften der Lötstelle. *Abb. 2.7* zeigt das Zustandsdiagramm für verschiedene Zinn-Blei-Lote mit genormten Weichlotlegierungen. In diesem Zustandsdiagramm wurden zum besseren Verständnis auch einige wichtige antimonhaltige Weichlote eingezeichnet, die streng genommen nicht hierfür geeignet sind, wie auch das Weichlot S-PbSn30Sb.

Die Solidus- und die Liquidustemperatur der technischen Lote weichen aufgrund ihrer Verunreinigungen und zusätzlichen Legierungselemente z.T. um einige Grad Celsius von den Werten des Zinn-Blei-Zustandsdiagramms ab. Das hat aber für die Löttemperatur kaum Bedeutung, jedoch sind geringe Mengen der Verunreinigungen- bzw. Zusatzelemente schon von großem Ein-

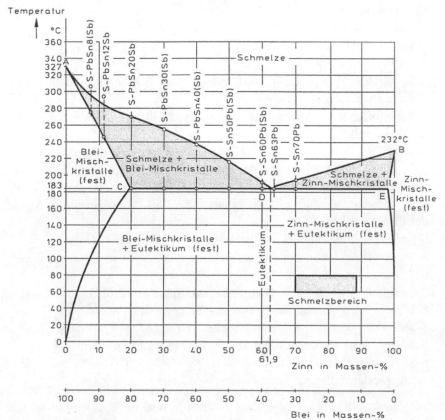

Abb. 2.7: Zustandsdiagramm für Zinn-Blei-Lote

fluss auf das Fließverhalten und die Benutzungsfähigkeit des Lots, auf die Löt-geschwindigkeit und auf die mechanischen Eigenschaften der Lötstelle.

Dementsprechend verwendet man einige der Lote für unterschiedliche An-wendungsbereiche:

- S-PbSn12Sb: antimonhaltiges Weichlot für 295 °C im Kühlerbau
- S-PbSn20Sb: antimonhaltiges Weichlot für 270 °C im Kühlerbau
- S-PbSn8(Sb): antimonarmes Weichlot für 305 °C für Thermostate
- S-PbSn33(Sb): antimonarmes Weichlot für 242 °C für Kabelmantel-Lötun-gen
- S-Sn50Pb(Sb): antimonarmes Weichlot für 215 °C für Feinlötungen
- S-Sn60Pb(Sb): antimonarmes Weichlot für 190 °C im gesamten Bereich der Elektrotechnik
- S-PbSn40: antimonfreies Weichlot für 235 °C für Metallwaren
- S-Sn50Pb: antimonfreies Weichlot für 215 °C im gesamten Bereich der Elektrotechnik
- S-Sn60Pb: antimonfreies Weichlot für 190 °C für Platinen
- S-Sn63Pb: antimonfreies Weichlot für 2183 °C im gesamten Bereich der Elektronik
- S-Sn50PbCu: Weichlot mit Kupferzusatz für 215 °C im gesamten Bereich der Elektrotechnik
- S-Sn60PbCu: Weichlot mit Kupferzusatz für 190 °C im gesamten Bereich der Elektronik
- S-Sn50PbCu2: Weichlot mit Kupferzusatz für 190 °C für Platinen
- S-Sn50PbAg: Weichlot mit Silberzusatz für 210 °C im gesamten Bereich der Elektrotechnik
- S-Sn60PbAg: Weichlot mit Silberzusatz für 180 °C im gesamten Bereich der Elektronik
- S-Sn63PbAg: Weichlot mit Silberzusatz für 178 °C für Platinen
- S-Sn50PbP: Weichlot mit Phosphorzusatz für 215 °C im gesamten Bereich der Elektronik
- S-Sn60PbP: Weichlot mit Phosphorzusatz für 190 °C für Platinen, die im Schlepp-, Schwall- und Tauchlötverfahren hergestellt werden
- S-Sn63PbP: Weichlot mit Phosphorzusatz für 183 °C für Platinen, die im Schlepp-, Schwall- und Tauchlötverfahren hergestellt werden
- S-Sn60PbP: Weichlot mit Phosphorzusatz für 190 °C für Platinen, die im Schlepp-, Schwall- und Tauchlötverfahren hergestellt werden.

Neben diesen Loten verwendet man für Kupferwerkstoffe noch die Sonder-weichlote mit einer höheren oder niedrigeren Arbeitstemperatur. Hierzu gehören auch die indiumhaltigen Weichlote, die sich in der Elektronik gut bewährt haben, und die blei- bzw. antimonfreien Sonderweichlote auf Zinnbasis wie S-SnAg5 und S-SnCu3, die z.B. in der Kupferrohr-Installation für Trinkwasserleitungen Anwendung finden. Die letztgenannten Sonderweichlote erfüllen die hohen Hygieneanforderungen, die heute im Lebensmittelbereich erforderlich sind. Die Sonderweichlote auf Zink- oder Cadmiumbasis werden nur im geringeren Umfang eingesetzt. Bei Verwendung cadmiumhaltiger Weichlote sind die Bestimmungen der Unfallverhütung der Berufsgenossenschaft immer zu beachten.

Die Lote mit der höheren Arbeitstemperatur werden eingesetzt, wenn die Werkstoffe im Gebrauch erhöhten Temperaturen ausgesetzt sind, bei denen die Warmfestigkeit der Lötstellen aus normalen Zinnloten nicht ausreicht. Das Lot mit der niedrigeren Arbeitstemperatur wird für Zweitlötungen oder dann verwendet, wenn die Löttemperatur z.B. mit Rücksicht auf neben der Lötstelle liegende Isolierstoffe möglichst niedrig sein soll. Zum Bau von Geräten für die Lebensmittelindustrie sind nur Zinn-Blei-Lote bis zu einem Bleigehalt von 10 % noch zulässig, was sich aber demnächst ändern soll.

Bei den Flussmitteln zum Weichlöten stehen in der Praxis zwei sich widersprechende Forderungen gegenüber. Die eine Verarbeitungsart benötigt eine schnelle und gründliche Beseitigung der Oxidfilme, d.h. hohe Lötgeschwindigkeit mit entsprechend niedrigen Kosten. Flussmittel, die dieser Forderung genügen, bestehen im wesentlichen aus Zinkchlorid und Ammoniumchlorid. Ihre Rückstände können jedoch an der Lötstelle und ihrer Umgebung Korrosion hervorrufen, wenn man diese nicht gründlich nach der Bearbeitung abwäscht, was in der Praxis oft nicht durchführbar ist oder aus Unkenntnis nicht durchgeführt wird. Daraus ergibt sich die Gegenforderung nach Flussmitteln, deren Reste mit Sicherheit keine Korrosionsgefahr darstellen. Diese Forderung wird vom Kolophonium erfüllt. Da Kolophonium aber wesentlich weniger wirksam ist als die genannten Chloride, gestattet es nur eine erheblich geringere Lötgeschwindigkeit, die sich aber durch Aktivierungszusätze zum fast idealen Flussmittel erhöhen lässt. Unter Berücksichtigung der genannten Forderungen unterscheidet man zwischen drei Gruppen von Flussmitteltypen:

- F-SW11 und F-SW12: Hierbei handelt es sich um Flussmittel, deren Rückstände Korrosion hervorrufen. Diese enthalten hauptsächlich Zink- und ggf. andere Metallchloride und/oder Ammoniumchlorid in wässriger Lösung. Die Rückstände müssen sorgfältig entfernt werden.

- F-SW21 bis F-SW26: Hierbei handelt es sich um Flussmittel, deren Rückstände bedingt korrodierend wirken können. F-SW21 enthält Zink- und ggf.

andere Metallchloride und Ammoniumchlorid mit Zusätzen verschiedener organischer Stoffe. F-SW22 entspricht F-SW21, enthält jedoch kein Ammoniumchlorid. Sowohl bei F-SW21 als auch F-SW22 sind die Flussmittelrückstände mit einem geeigneten Reinigungsverfahren zu beseitigen. Die Typen F-SW23 bis F-SW26 sind aus organischen Komponenten zusammengesetzt, die zum Teil gebundene Halogene enthalten. Ob und inwieweit die Flussmittelrückstände entfernt werden müssen, ist von Fall zu Fall zu entscheiden.

- F-SW31 und F-SW32: Hierbei handelt es sich um Flussmittel, deren Rückstände nicht korrodierend wirken. Diese bestehen hauptsächlich aus Harzen (z.B. Kolophonium) ohne oder mit Aktivierungszusätzen, deren Rückstände auf dem Werkstück verbleiben können.

Die Prüfung, dass Flussmittel nicht korrodierend wirken, erfolgt nach DIN 8527 und DIN 8516. In DIN 8511, Blatt 2, sind auch Lieferformen und Hinweise für die Verwendung der einzelnen Typen angegeben. Diese sind fast immer für das Weichlöten von Kupfer und Kupferlegierungen geeignet. Einzelheiten über die Anwendungsmöglichkeiten der verschiedenen Flussmitteltypen zum Weichlöten sind auch den Anweisungen der Hersteller zu entnehmen.

2.2 Platine für einen zweistufigen Vorverstärker

Ein niederfrequenter Verstärker besteht immer aus mehreren Stufen. Die Eingangsstufen eines NF-Verstärkers müssen in erster Linie den Verstärker an die unterschiedlichen Signalquellen anpassen. Wegen der Verschiedenheit der möglichen Eingangsquellen, wie Kristall- und Magnettonabnehmer für Plattenspieler, elektrodynamische und Kristallmikrofone, Magnetköpfe von Tonbandgeräten oder Demodulatorstufen in Rundfunk- und Fernsehgeräten, müssen diese Stufen unterschiedliche Eingangswiderstände von etwa 100 Ω bis zu mehreren 100 kΩ aufweisen. Diese recht unterschiedlichen Anpassungswerte lassen sich durch die Emitter- oder Kollektorschaltung des Transistors weitgehend realisieren.

Je nach geforderter Verstärkung lässt sich die Eingangsstufe direkt an die Endstufe anschließen. Bei kleinen Signalen jedoch, und besonders für große Ausgangsleistungen, müssen noch eine oder mehrere Vorstufen zwischen Eingangsstufe und Endstufe eingeschaltet werden. Diese Stufen müssen dann die entsprechende Verstärkung mit geringem Klirrgrad erzeugen. Aus diesem Grunde setzt man hier durchweg die Emitterschaltung ein. Außerdem muss natürlich, wie bei allen Transistorstufen, die thermische Stabilität gewährleistet sein.

In den meisten Vorstufen befindet sich ein Klang- bzw. Filternetzwerk mit einer Einstellmöglichkeit für den Bass (B) und die Höhen (H). Es handelt sich meistens um eine passive Filterschaltung mit Widerständen und Kondensatoren, mit der man sehr große Anhebungen bzw. Absenkungen des Signalpegels erreichen kann. Erst in Verbindung mit einem Operationsverstärker lassen sich aktive Filterschaltungen für Klangnetzwerke realisieren, wie dies im PC-Elektroniklabor Teil 3 (Franzis-Verlag) ausführlich beschrieben wird.

Bei NF-Verstärkern sind oft Abweichungen vom linearen Frequenzgang erwünscht und erforderlich. Das Anheben oder Absenken bestimmter Frequenzbereiche geschieht mit Hilfe von RC- oder LC-Gliedern. Um Platz auf magnetischen Aufzeichnungssystemen zu sparen, schneidet man die tiefen Frequenzen nach einer genormten Schneidkennlinie mit einer kleineren Amplitude ab, als dies bei den hohen Frequenzen der Fall ist. Der Wiedergabeverstärker benötigt deshalb einen Frequenzgang, der komplementär zu dieser Schneidkennlinie arbeitet. Diese Entzerrverstärker bestehen aus zwei Stufen in Emitterschaltung, die galvanisch miteinander gekoppelt sind.

Während man mit den Klangreglern die Höhen- und Tiefen einstellen kann, lassen sich mit einem Präsenzfilter die mittleren Frequenzen anheben oder absenken. Bei der Übertragung von Sprache ist es meistens erforderlich, die mittleren Frequenzen zwischen 1 kHz und 7 kHz gegenüber den Höhen und Tiefen zu bevorzugen. Mit Hilfe des Präsenzfilters lässt sich dies durchführen.

Wenn die Eingangsstufe eines NF-Verstärkers keine große Leistung für den direkten Betrieb der Endstufe erzeugen kann, muss man eine Treiberstufe einschalten. Über die Treiberstufe lässt sich die Endstufe optimal an die Schaltung anpassen.

Den Abschluss eines NF-Verstärkers bildet die Endstufe. Die Grundschaltung ist der einfache A-Betrieb (Eintaktverstärker) mit einer sehr guten Übertragungscharakteristik, aber einem extrem schlechten Wirkungsgrad. Der B-Betrieb hat zwar einen sehr hohen Wirkungsgrad, jedoch sind die Signalverzerrungen bei geringer Ausgangsleistung erheblich. Ideal ist der AB-Betrieb, der eine sehr gute Übertragungscharakteristik hat, aber der Wirkungsgrad ist geringer als beim B-Betrieb.

Typische Anforderungen an eine Endstufe sind:

* niederohmiger Ausgangswiderstand und hoher Eingangswiderstand,
* hoher Ausgangsstrom und/oder hohe Ausgangsspannung,
* geringer Leistungsverbrauch, damit ein hoher Wirkungsgrad erreicht wird,
* Kurzschlussfestigkeit und Überlastungsschutz am Ausgang.

Die Aufgabe eines Vorverstärkers ist die Anpassung des Verstärkers an die Signalquelle. Wegen der Verschiedenheit der möglichen Signalquellen, wie Kristall- und Magnettonabnehmer für Plattenspieler, elektrodynamische Mikrofone und Kristallmikrofone, Magnetköpfe von Tonbandgeräten oder Demodulatorstufen in Rundfunk- und Fernsehgeräten, müssen diese Stufen unterschiedliche Eingangswiderstände von etwa 100 Ω bis zu mehreren 100 kΩ aufweisen.

Bei der Schaltung von *Abb. 2.8* arbeitet jede Transistorstufe in Spannungs- und Wechselstromgegenkopplung. Dadurch erreicht man eine optimale Arbeitspunktstabilisierung gegenüber internen und externen Temperaturschwankungen. Der Eingangswiderstand r_{ein} entspricht weitgehend dem Basis-Emitter-Widerstand des Eingangstransistors. Der BC107 hat je nach Typ und externer Beschaltung einen Widerstandswert zwischen 1,5 kΩ und 18 kΩ

Das Problem bei der Kopplung von zwei Transistorstufen ist die Anpassung. Hat man eine optimale Anpassung zwischen dem Ausgang der ersten Transistorstufe und dem Eingang der zweiten Transistorstufe, treten keine Verzerrungen durch eine Fehlanpassung auf. In der analogen Schaltungstechnik kennt man drei Arten der Anpassung:

Spannungsanpassung: $r_{ein} > r_{aus}$

Stromanpassung: $r_{ein} < r_{aus}$

Leistungsanpassung: $r_{ein} = r_{aus}$

Je nach dem Verhältnis zwischen Eingangswiderstand und Ausgangswiderstand ergibt sich eine der drei Anpassungen. In der Verstärkertechnik bei Vorstufen (Kleinsignalverstärker) arbeitet man entweder mit der Spannungs- oder der Stromanpassung. Bei den Endstufen (Großsignalverstärker) setzt man dagegen die Leistungsanpassung ein.

Wenn man zwei Kleinsignalverstärkerstufen koppelt, hat man entweder die Spannungsanpassung, d.h. man arbeitet mit einer Spannungssteuerung, oder mit der Stromanpassung, also mit der Stromsteuerung.

2.2.1 Erstellung des Schaltplans

Bei der Erstellung eines neuen Schaltplans mit EAGLE muss zuerst die Datei geöffnet werden und dann ist mit „Neu" eine entsprechende Datei anzulegen. In unserem Fall, da es sich um einen Vorverstärker handelt, gibt man „Vorver" ein. Die Bedienung von EAGLE ist direkt MS-WINDOWS kompatibel und

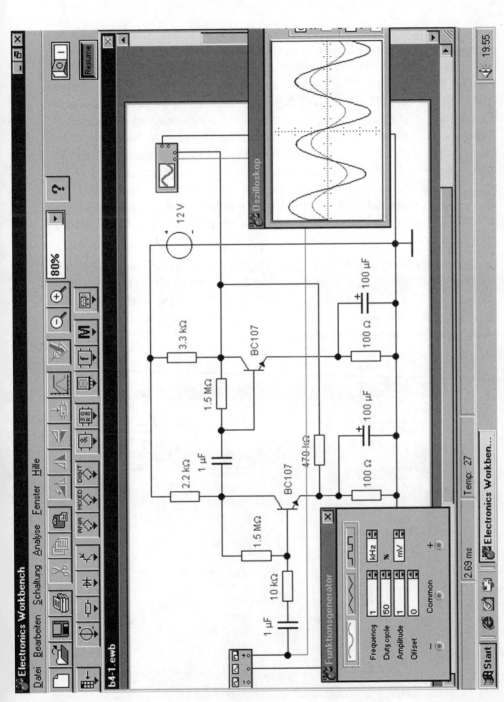

Abb. 2.8: Zweistufiger Vorverstärker mit einem Eingangswiderstand von $r_{ein} \approx 10$ kΩ. Die Eingangsspannung wird von $U_1 = 1$ mV$_S$ auf eine Ausgangsspannung von $U_2 = 2$ V$_S$ verstärkt

damit ergeben sich keine Probleme während der gesamten Arbeitszeit. Es erscheint Abb. 1.1 (wie in Kapitel 1 erklärt wurde) und klicken Sie das Schaltfeld „Schematic" an. Der Bildschirm zeigt die Zeichenoberfläche von Abb.
1.2. Sie klicken das Feld „Edit" an und es erscheint *Abb. 1.3*. Sie klicken
„Add" an und es wird die Bibliothek für das Demobeispiel geöffnet. Klicken
Sie nun das „Use"-Feld an und es erscheinen die Bibliotheken der einzelnen
Bauelementegruppen von den unterschiedlichen Herstellern. Ab diesem Moment beginnt das Problem, denn Sie erhalten ca. 80 Hauptbibliotheken der einzelnen Hersteller. Jede dieser Bibliotheken beinhaltet zwischen 7 und 153 Typen. Normalerweise ist für jede Bibliothek ein umfangreicher Katalog von
dem jeweiligen Hersteller erforderlich, aber durch Probieren kommt man relativ schnell zu seinem richtigen Bauelement, denn EAGLE bietet hierzu mehrere Möglichkeiten, die noch beschrieben werden.

Unter der Bibliothek „FRAMES" finden Sie den richtigen Zeichnungsrahmen
für Ihre Schaltpläne, wie *Abb. 2.9* zeigt. In unserem Fall wählen Sie bitte
„DINA4_L" und Sie erhalten ein Längsformat. Mit „DINA4_P" wählen Sie
ein Querformat. Nach dem Anklicken steht sofort in dem Dokumentationsfeld
unten links der Dateiname „Vorver".

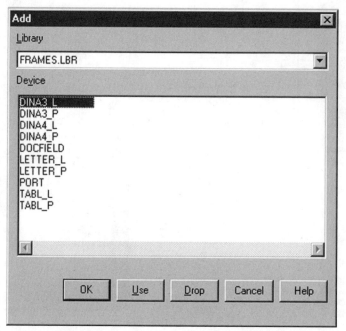

Abb. 2.9: Unterschiedliche Zeichnungsrahmen unter der Bibliothek „FRAMES"

Der Vorverstärker soll über einen 6-poligen Stecker verbunden werden mit

- X1-1: Eingangsspannung
- X1-2: frei
- X1-3: positive Betriebsspannung
- X1-4: Ausgangsspannung
- X1-5: frei
- X1-6: Masse.

Das Problem ist jetzt die Auswahl des richtigen Steckers, wenn man keinen Katalog des Herstellers hat. Sie rufen unter WAGO500 die Bibliothek auf und erhalten 11 verschiedene Klemmleisten der Firma Wago. Danach rufen Sie den Typ W237-6 auf. Dieser erscheint nun im Schaltplan und wenn Sie das Icon für den Board-Befehl anklicken, erhalten Sie *Abb. 2.10*.

Gefällt Ihnen diese Klemmleiste, klicken Sie wieder den Board-Befehl an und Sie kommen in den Schaltplan zurück. Diese Klemmleiste hat sechs Anschlüsse, die mit X1 gekennzeichnet sind. Betätigen Sie jetzt solange die linke Maustaste, bis alle Pins dieser Klemmleiste vorhanden sind. In dem Schaltplan sind jetzt die Anschlusspins von X1-1 bis X1-6 vorhanden. Da Sie die Anschlüsse X1-2 und X1-5 nicht benötigen, löschen Sie diese mit dem Delete-Befehl. Das Platzieren der einzelnen Anschlusspins erfolgt während des Zeichnens. Wenn Sie mit dem Move-Befehl einen Pin selektieren, können Sie den Anschluss durch Betätigung der rechten Maustaste in 90°-Schritten rotieren lassen.

In der Schaltung sind neun Widerstände vorhanden. Sie rufen jetzt wieder die Hauptbibliothek auf. Es sind folgende Widerstandstypen im Programm vorhanden:

- R: bedrahtete Widerstände, 40 Gehäuseformen, 27 Typen
- R-DIL: Widerstandsnetzwerke, 2 Gehäuseformen, 8 Typen
- R-PWR: Lastwiderstände, 32 Gehäuseformen, 33 Typen
- R-SIL: Widerstandsnetzwerke im SIL-Gehäuse, 11 Gehäuseformen, 45 Typen.

Abb. 2.10: Klemmleiste W237-6 der Firma Wago, die Sie unter der Bibliothek WAGO500 finden

Sie wählen aus der Bibiothek R eine Gehäuseform aus, wobei das Problem in der Vielfalt der Gehäuseformen und der Typen liegt. Entweder Sie haben einen Katalog des Herstellers oder Sie betrachten sich nach und nach die einzelnen Typen, die Ihnen das Programm anbietet. Durch den Board-Befehl können Sie sich die Abmessungen der Bauteile immer auf der Platine betrachten und nach dem Zurückschalten in den Schaltplan löschen Sie diesen Widerstandstyp.

Sind die neun Widerstände in dem Schaltplan geladen, sind diese entsprechend auszurichten und zu beschriften. Hierzu dienen die beiden Befehle „Name" und „Value". Beim Editieren von Zeichnungen kann man mit dem Name-Befehl den Namen des selektierten Elements anzeigen und in einem Popup-Menü ändern. Namen dürfen bis zu acht Zeichen lang sein, Namen von Bauteilen und Anschlusspins bis zu zehn Zeichen. Das Programm vergibt automatisch Namen, die Sie dann entsprechend verändern bzw. nach Ihren Vorstellungen modifizieren können. Zumindest in Gehäusen und Symbolen sollte man die Pinbezeichnungen durch gängige Namen ersetzen. Durch den Value-Befehl kann man Elemente mit einem Wert versehen, wobei die Bezeichnung bis zu maximal 14 Zeichen lang sein können. Wenn Sie den Wert eines Elements eintragen, ist das für Widerstände kein Problem, z.B. 10k, 15,3k, 18.7k, d.h. man kann mit einem Komma oder einem Dezimalpunkt arbeiten, nur wenn Sie das Ohmzeichen Ω verwenden, ergeben sich Probleme. Ähnliches gilt auch für Kondensatoren, z.B. 100µ. Das Mikro-Zeichen erhalten Sie direkt, wenn Sie die Taste „Alt Gr" gedrückt halten und dann das µ antippen.

Der nächste Schritt sind die Kondensatoren. In der Schaltung sind vier Kondensatoren vorhanden. Sie rufen jetzt wieder die Hauptbibliothek auf. Es sind folgende Kondensatortypen im Programm vorhanden:

- CAP: Keramik-Kondensatoren, 56 Gehäuseformen, 51 Typen
- CAP-NP: Kondensatoren ohne Polarität, 52 Gehäuseformen, 52 Typen
- CAP-FE: Entstörkondensat-Bauformen, 25 Gehäuseformen, 24 Typen
- CAP-TANT: Tantal-Elkos, 38 Gehäuseformen, 38 Typen
- CAP-WI: Kondensator-Bauformen von WIMA, 50 Gehäuseformen, 49 Typen.

Platzieren Sie die Kondensatoren und dann sind die Transistoren aus der Bibliothek aufzurufen. Es sind folgende Transistortypen im Programm vorhanden:

- TRANS-SM:Kleinleistungstransistoren, 64 Gehäuseformen, 52 Typen
- TRANS-PW:Leistungstransistoren, 53 Gehäuseformen, 39 Typen.

Die beiden Transistoren BC107 sind aus der Bibliothek aufzurufen und im Wesentlichen erhalten Sie die Anordnung der Bauelemente von *Abb. 2.11.*

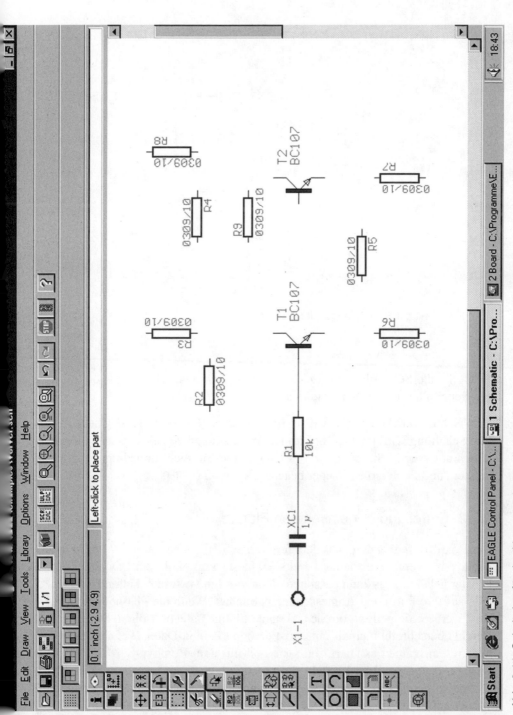

Abb. 2.11: Schaltplan für den Vorverstärker, wobei der Stecker X1-1 für die Eingangsspannung mit dem Kondensator XC1 und dem Widerstand R1 bereits verbunden ist

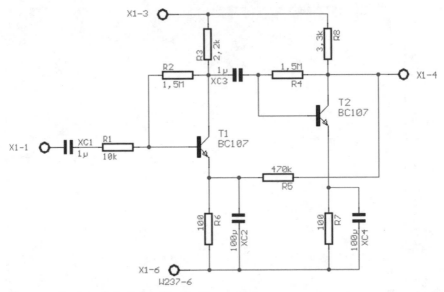

Abb. 2.12: Fertiger Schaltplan für den Vorverstärker

Wenn Sie die Schaltung von *Abb. 2.8* vervollständigen, erhalten Sie den fertigen Schaltplan für den Vorverstärker, wie *Abb. 2.12* zeigt.

Zum Schluss klicken Sie den ERC-Icon für den „Electrical Rule Check" an. Ihre Schaltung wird jetzt auf bestimmte Verletzungen von elektrischen Grundsätzen untersucht. Sie erhalten Warnungen, die Sie nicht unbedingt beachten müssen, und Fehler, die Sie aber beachten sollten.

2.2.2 Erstellung der einseitigen Platine

Der Board-Befehl erzeugt aus dem fertigen Schaltplan von *Abb. 2.12* das Platinenlayout. Wenn eine Platine bereits existiert, wird sie in ein Layout-Editor-Fenster geladen. Das kann passieren, denn von Ihnen wurden laufend die Bauteile auf ihre Form und Abmessungen betrachtet. Wenn die Platine nicht existiert, werden Sie gefragt, ob Sie eine neue Platine anlegen wollen. Der Board-Befehl überschreibt niemals eine existierende Platinen-Datei. Wenn eine Datei mit diesem Namen existiert, muss sie erst mit dem Remove-Befehl gelöscht werden, bevor der Board-Befehl diese neu anlegt. Wenn trotzdem noch eine Platine vorhanden ist, müssen Sie das Programm komplett verlassen und dann wieder aufrufen.

Nach dem Aufruf des Board-Befehls schaltet das Programm vom Schaltplan-Editor auf den Board-Editor um. Im Bildschirm erscheint eine Platine und links von der Platine sind die Bauteile plaziert. Diese sind jetzt auf der Platine zu platzieren, wobei der Move-Befehl das Bewegen von Objekten und Elementen übernimmt. Durch Anklicken der rechten Maustaste lässt sich das selektierte Bauelement in 90°-Schritten rotieren.

Mit dem Move-Befehl können Sie auch die Abmessungen für die Platine festlegen, wenn die Bauelemente platziert sind. Wenn Sie jetzt ein Bauelement über den Move-Befehl selektieren und die rechte Mausraste betätigen, erkennen Sie die Arbeitsweise der Luftlinien.

Über den Circle-Befehl können Sie noch vier Sperrflächen für die Befestigungsbohrungen innerhalb des Gehäuses zeichnen lassen.

Danach rufen Sie den Autorouter auf. Es erscheint das Menü für den Autorouter und jetzt müssen Sie die „Top"-Seite ausschalten. Wenn Sie diesen Vorgang nicht durchführen, berechnet das Programm eine doppelt kaschierte Leiterplatte. Die anderen Funktionen können Sie beibehalten. Wenn Sie auf Start drücken, erscheint in ähnlicher Form das Platinenlayout von *Abb. 2.13*.

Der Verlauf der Leiterbahnen auf der Unterseite der Platine hängt ausschließlich von der Anordnung der Bauelemente ab. Sie können jetzt die Bauteile entsprechend verschieben und dadurch Änderungen am Platinenlayout vornehmen. Wichtig ist hier immer der Ripup-Befehl, der die verdrahteten Leiterbahnen in unverdrahtete Luftlinien verwandelt. Sie müssen nicht exakt die Leitung treffen, sondern können sich „wild" durch das Platinenlayout bewegen. Mit jedem Klick der linken Maustaste erfolgt eine Umwandlung.

2.2.3 Erstellung der Stückliste

Wenn Sie eine Stückliste benötigen, müssen Sie sich mit der Export-Funktion auseinandersetzen. Dieser Befehl dient dazu, EAGLE-Daten in Form von Textdateien (ASCII-Dateien) zur Verfügung zu stellen. Sie können dann mit beliebigen Texteditoren weiterarbeiten. Es sind folgende Möglichkeiten vorhanden:

EXPORT SCRIPT	filename
EXPORT NETLIST	filename
EXPORT PARTLIST	filename
EXPORT PINLIST	filename
EXPORT DIRECTORY	filename
EXPORT NETSCRIPT	filename.

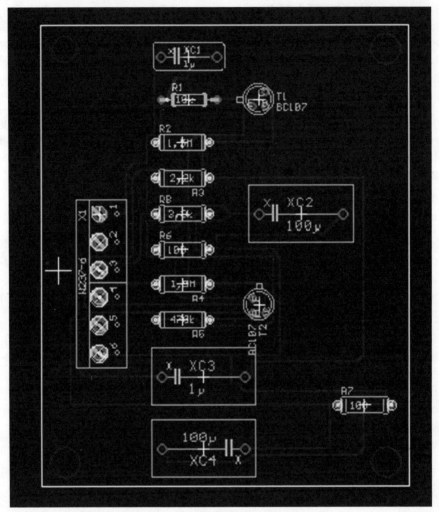

Abb. 2.13: Platinenlayout für einen Vorverstärker

Der EXPORT-Befehl erzeugt folgende Textdateien:

- Script: Die mit OPEN geöffnete Bibliothek wird als Script-Datei ausgegeben. Damit besteht die Möglichkeit, Bibliotheken mit einem Texteditor zu
bearbeiten und anschließend wieder einzulesen. Bitte beachten Sie, dass beim
Exportieren die eingestellten Koordinationsangaben in der gegenwärtigen
Rastereinheit verwendet werden. Wenn Sie also eine Bibliothek in Zoll-Maßen
erstellt haben, sollten Sie beim Exportieren auch Inch als Maßeinheit eingestellt haben. Wenn mit EXPORT eine Bibliothek in ein Script-File verwandelt

und dieses anschließend wieder eingelesen wird, so sollte dafür eine neue (leere!!!) Bibliothek geöffnet werden, da es sonst vorkommen kann, dass Objekte mehrfach definiert werden! Der Vorgang des Script-Einlesens lässt sich u.U. erheblich beschleunigen, wenn vorher „SET Undo_Log Off;" eingegeben wird (nicht vergessen, diesen anschließend wieder einzuschalten, da sonst keine Undo-Funktion möglich ist!).

- Netlist: Gibt eine Netzliste des geladenen Schaltplans oder der geladenen Platine aus. Es werden nur Netze berücksichtigt, die mit Elementen verbunden sind.

- Netscript: Gibt die Netzliste des geladenen Schaltplans in Form eines Script-Files aus, das in eine Platine (mit bereits platzierten Elementen bzw. mit durch DELETE SIGNALS gelöschten Signalen) eingelesen werden kann.

- Partlist: Gibt eine Bauteileliste des Schaltplans oder der Platine aus. Es werden nur Bauteile mit Pins/Pads berücksichtigt.

- Directory: Gibt das Inhaltsverzeichnis der gerade geöffneten Bibliothek aus.

In der Stückliste von Abb. *2.14* ist eine klare Trennung zwischen den einzelnen Bauelementen vorhanden. Unter „Part" sind die Bauelemente alphabetisch ausgelistet, vom Widerstand R über die Transistoren T, der Steckerleiste X1 und den Kondensatoren XC. Unter „Value" finden Sie die Werte der einzelnen Bauelemente. Danach folgt das „Package" und die Angabe der „Library", damit Sie einen Hinweis auf die verwendeten Gehäuse und der Bibliothek erhalten. Danach erkennen Sie die Position des Bauelements auf der Platine, wobei die Angaben in Inch erfolgen, da keine Voreinstellung in Millimeter definiert wurde.

Der Parameter „Orientation" gibt die Ausrichtung des Bibliothekselements in der Zeichnung an. Normalerweise rotiert man das Element mit der rechten Maustaste. In Script-Dateien verwendet man die textuellen Angaben für diesen Parameter. Als Orientation sind zulässig:

- R0:   keine Rotation
- R90:   einmal rotiert um 90° gegen den Uhrzeigersinn
- R180:   zweimal rotiert um 180° gegen den Uhrzeigersinn
- R270:   dreimal rotiert um 270° gegen den Uhrzeigersinn
- MR0:   an der y-Achse gespiegelt
- MR90:   einmal rotiert gegen den Uhrzeigersinn und an der y-Achse gespiegelt

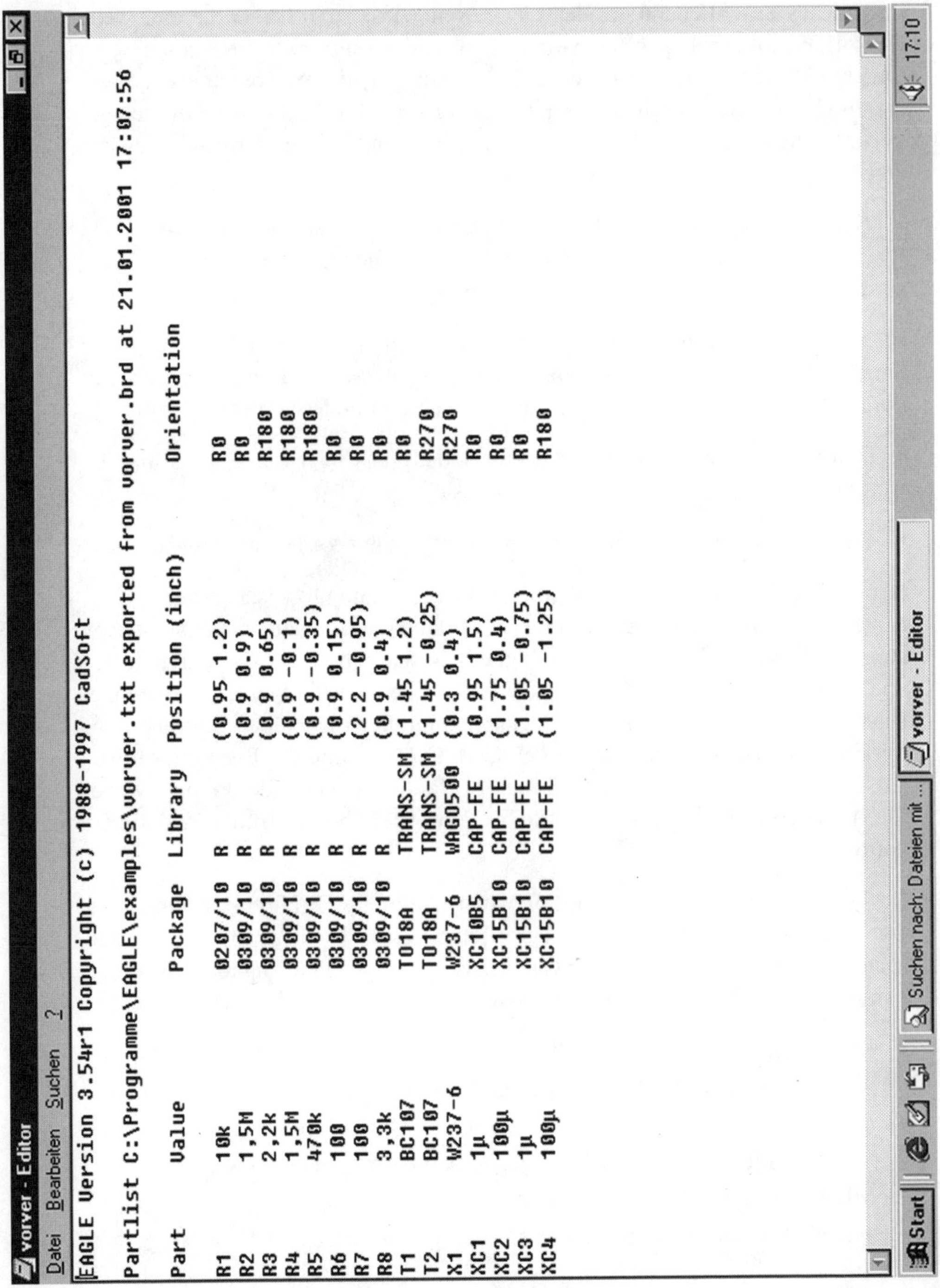
vorver - Editor
Datei Bearbeiten Suchen ?
Start
Suchen nach: Dateien mit ...
vorver - Editor
17:10

EAGLE Version 3.54r1 Copyright (c) 1988-1997 CadSoft

Partlist C:\Programme\EAGLE\examples\vorver.txt exported from vorver.brd at 21.01.2001 17:07:56

Part	Value	Package	Library	Position (inch)	Orientation
R1	10k	0207/10	R	(0.95 1.2)	R0
R2	1,5M	0309/10	R	(0.9 0.9)	R0
R3	2,2k	0309/10	R	(0.9 0.65)	R180
R4	1,5M	0309/10	R	(0.9 -0.1)	R180
R5	470k	0309/10	R	(0.9 -0.35)	R180
R6	100	0309/10	R	(0.9 0.15)	R0
R7	100	0309/10	R	(2.2 -0.95)	R0
R8	3,3k	0309/10	R	(0.9 0.4)	R0
T1	BC107	TO18A	TRANS-SM	(1.45 1.2)	R0
T2	BC107	TO18A	TRANS-SM	(1.45 -0.25)	R270
X1	W237-6	W237-6	WAGO500	(0.3 0.4)	R270
XC1	1µ	XC10B5	CAP-FE	(0.95 1.5)	R0
XC2	100µ	XC15B10	CAP-FE	(1.75 0.4)	R0
XC3	1µ	XC15B10	CAP-FE	(1.05 -0.75)	R0
XC4	100µ	XC15B10	CAP-FE	(1.05 -1.25)	R180

Abb. 2.14: Stückliste des Vorverstärkers

- MR180: zweimal rotiert gegen den Uhrzeigersinn und an der y-Achse gespiegelt
- MR270: dreimal rotiert gegen den Uhrzeigersinn und an der y-Achse gespiegelt.

Default: R0.

Wie kommen Sie zur Stückliste von *Abb. 2.14*?

- Sie klicken das File-Feld an und es erscheint der EXPORT-Befehl, den Sie anklicken.
- Es erscheinen die sechs Möglichkeiten für den EXPORT-Befehl, wobei Sie dann das Feld „Partlist" anklicken und mit „OK" die Funktion abschließen.
- Es öffnet sich ein Fenster und hier geben Sie „Vorver.txt" ein.
- Verlassen Sie EAGLE und rufen Sie die Windows-Funktion „Suchen" mit „Datei/Ordner" auf. Es erscheint das Suchen-Fenster und hier geben Sie „Vorver.txt" ein. Der Dateiname erscheint und wenn Sie diesen anklicken, wird die Stückliste ausgegeben.

2.2.4 Nachträgliche Änderungen

Nach dem Aufbau des Vorverstärkers erkennen Sie einige Nachteile in der Schaltung. Die Rückkopplung über den Widerstand R5 lässt sich nicht beeinflussen und daher soll noch in Reihe mit diesem Widerstand ein Einsteller P1 geschaltet werden. Auch die Stromversorgung ist noch durch einen Elektrolytkondensator abzublocken. *Abb. 2.15* zeigt die modifizierte Schaltung.

In der Schaltung wurde der Widerstand R5 mit einem Wert von 100 kΩ versehen und in Reihe dazu liegt der Einsteller mit P1 = 500 kΩ. Damit ergibt sich ein Einstellbereich von 100 kΩ, wenn der Schleifer 2 mit Anschluss 3 verbunden ist, oder von 600 kΩ, wenn der Schleifer 2 auf den Anschluss 1 gedreht wurde. Nach dem Einfügen des Einstellers P1 sind die Leitungen entsprechend mit dem Delete-Befehl „aufzubrechen" und dann sind die neuen Verbindungen mit dem Wire-Befehl herzustellen. Dies gilt auch für den Kondensator C5. Bitte vergessen Sie nicht die Punkte für die „Junction".

Bevor Sie die Umwandlung durch den Route-Befehl vornehmen, ist die vorherige Platine zu löschen. Hierzu geben Sie ein „remove vorver.brd" ein und damit ist die Platine gelöscht. Jetzt können Sie die Umsetzung vornehmen. Abb. 2.16 zeigt einen Platinenentwurf, bei dem die Bauteile nicht nur ungünstig angeordnet sind, sondern auch die Abmessungen der Platine sehr eng gewählt

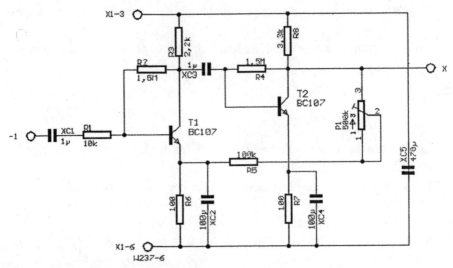

Abb. 2.15: Modifizierte Schaltung des Vorverstärkers

wurden. Bitte bedenken Sie, dass es sich um eine einfach kaschierte Platine handelt.

Mit dem Ripup-Befehl können Sie jetzt wieder die verlegten Leiterbahnen in Luftlinien umwandeln. Jetzt vergrößern Sie die Abmessungen der Platine etwas und platzieren die Bauelemente erneut. Bitte beachten Sie beim Platzieren auch die Luftlinien. Durch Verschieben der einzelnen Widerstände lassen sich die Luftlinien optimal verlegen, denn die Luftlinien werden interaktiv zwischen den Bauteilen bewegt. Sie können auch jedes Bauteil durch den Move-Befehl drehen. Je weniger Kreuzungen der Luftlinien vorhanden sind, um so besser für den Autorouter.

Die Bauteile von der Platine in *Abb. 2.16* wurden anders angeordnet und daher zeigt das Platinenlayout von *Abb. 2.17* sauber verlegte Leiterbahnen. Wenn man sich den Zeitvergleich betrachtet, arbeitete der Autorouter in *Abb. 2.16* etwa 20 Sekunden, in *Abb. 2.17* nur vier Sekunden.

2.3   Platine für einen NF-Vorverstärker mit Klangnetzwerk

Für einen Vorverstärker mit Klangregler benötigt man eine hochwertige Verstärkerstufe, wenn man ein niederohmiges Klangnetzwerk nachschaltet zum Anheben bzw. Absenken der Höhen und Tiefen.

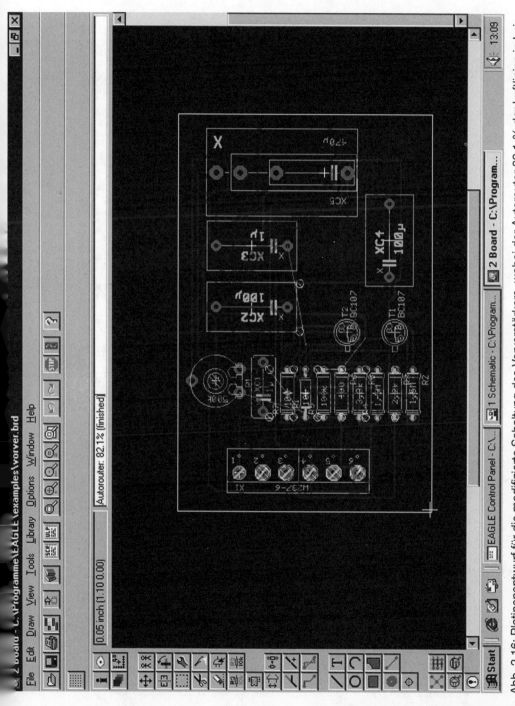

Abb. 2.16: Platinenentwurf für die modifizierte Schaltung des Vorverstärkers, wobei der Autorouter 82,1 % der Luftlinien in Leiterbahnen umwandeln konnte

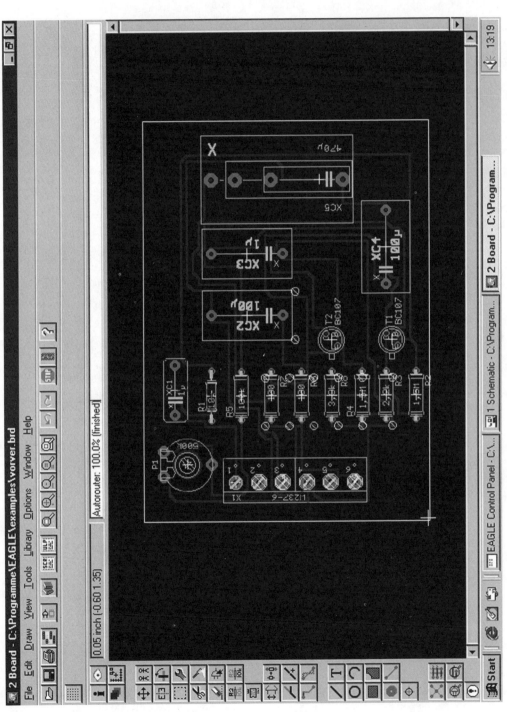

Abb. 2.17: Vergrößerter Platinenentwurf für die modifizierte Schaltung des Vorverstärkers, wobei der Autorouter jetzt 100 % der Leiterbahnen umwandeln konnte

Das Klangnetzwerk aus *Abb. 2.18* besteht aus zwei Netzwerken (passive Filterschaltung), wobei der linke Teil für das Anheben bzw. Absenken der tiefen Frequenzen und der rechte Teil für das Anheben bzw. Absenken der hohen Frequenzen verantwortlich ist. Sowohl der Bassregler (T) als auch der Höhenregler (H) ermöglichen eine Absenkung bzw. Anhebung um etwa 30 dB.

Die Eingangsspannung U_1 liegt direkt an dem nichtinvertierenden Eingang des Operationsverstärkers, während über eine RC-Kombination die Ausgangsspannung auf den nichtinvertierenden Eingang einwirkt. Am Ausgang befindet sich das Klangnetzwerk mit den beiden Potentiometern und die Schleifer sind über zwei Widerstände mit dem invertierenden Eingang verbunden. Damit ergibt sich eine Addiererschaltung bzw. Summierer. Je nach Stellung des einzelnen Potentiometers lassen sich die Frequenzkorrekturen durchführen.

Mittels eines Bode-Plotters kann man die Wirkungsweise des Klangreglers untersuchen. Es sind die Umhüllungskurven für den einstellbaren Frequenzgang dargestellt, wenn beide Potentiometer auf 50 % (25 kΩ) eingestellt sind. Mit Hilfe der Fadenkreuzsteuerung des Bode-Plotters erhält man charakteristische Merkmale für die Umhüllungskurven, wie diese in Tabelle 2.5 aufgelistet sind.

Tabelle 2.5: Charakteristische Messpunkte in Dezibel (dB) aus dem Frequenzgang des Klangnetzwerks von Abb. 2.18. Die Höhen und Tiefen lassen sich separat einstellen

	50 Hz	100 Hz	500 Hz	1 kHz	5 kHz	10 kHz	50 kHz
T = 100 % H = 50 %	1,8	4	12,3	13,4	13,1	13	13
T = 75 % H = 50 %	7,3	11,2	14,9	14	13,1	13	13
T = 50 % H = 50 %	10,7	13,5	14,5	13,8	13,1	13	13
T = 25 % H = 50 %	13,3	14,2	14,3	13,7	13,1	13	13
T = 0 % H = 50 %	29	25,6	16,2	14,1	13,1	13	13
T = 50 % H = 100 %	10,6	13,2	14,7	14,9	20,5	25,5	32,5
T = 50 % H = 75 %	10,6	13,3	14,9	14,6	14,3	14,2	14,1
T = 50 % H = 25 %	10,7	13,3	14,5	13,5	11,4	11,2	11,1
T = 50 % H = 0 %	10,7	13,3	14,6	14	7,9	4,3	1,1
T = 100 % H = 0 %	1,8	4	12,6	14,3	8,1	4	1,1
T = 100 % H = 100 %	1,7	3,8	12,1	14	20,4	25,6	32,2
T = 0 % H = 100 %	28,9	25,4	16,1	14,9	20,4	25,6	32,2

Die Schaltung von *Abb. 2.18* hat einen Eingangswiderstand in der Größenordnung von $r_{ein} \approx 10$ kΩ.

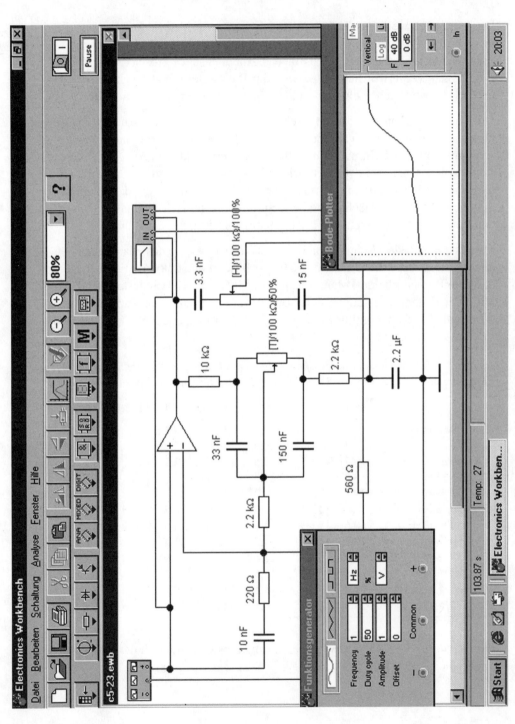

Abb. 2.18: NF-Vorverstärker mit Klangnetzwerk zum Anheben bzw. Absenken der Höhen (H) und der Tiefen (T)

2.3.1 Aufrufe für die Bauteile-Bibliotheken

Bei der Realisierung des Schaltplans sind wieder einige Besonderheiten zu beachten, wenn man keine Datenbücher der einzelnen Hersteller hat. Für den Operationsverstärker ist der MAX412 aus der MAXIM-Bibliothek zu wählen. Wenn sich dieser Baustein im Schaltplan befindet, lassen sich über das INFO-Icon (oben links, „i") die Eigenschaften des Objekts anzeigen, wie *Abb. 2.19* zeigt.

Wenn man das Anschlussschema betrachtet, ist der erste Operationsverstärker an den Anschlüssen 1, 2 und 3 verbunden, der zweite mit 5, 6 und 7. Die positive Betriebsspannung ($+U_B = 5$ V) liegt an Pin 8 und die negative ($-U_B = 5$ V) an Pin 4. Es ist beim MAX412 kein Masseanschluss (0V) vorhanden, da keine Masse für die internen Funktionen des Operationsverstärkers benötigt wird. Für die einzelnen Bezeichnungen von *Abb. 2.19* gilt:

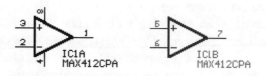

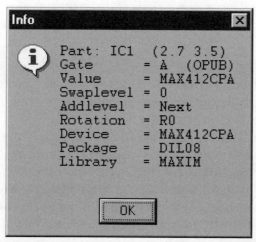

Abb. 2.19: Informationen über den MAX412, der zwei Operationsverstärker beinhaltet

- Part: Um die Bauelemente im Layout von denen im Schaltplan zu unterscheiden, wird dieser Begriff an verschiedenen Stellen für die Bauelemente im Schaltplan verwendet. Wenn aus dem Kontext eindeutig hervorgeht, was „gemeint" ist, werden normalerweise die Definitionen von „Element" oder „Symbol" verwendet. Lediglich in der „User Language" muss in jedem Fall exakt unterschieden werden. Ein Baustein im Schaltplan wird mit „Instance" bezeichnet.

- Gate: Bei dieser CAD-Software wird an verschiedenen Stellen mit dem Begriff „Gate" gearbeitet, da der Aufbau einer Bibliothek am Beispiel eines Bausteins (Device) mit mehreren Gattern (Gates) einfach zu begreifen ist. Ein Gate ist der Teil eines Bausteins, der sich individuell in einem Schaltplan platzieren lässt, also z.B. ein Gatter eines Logikbausteins. Die beiden Eingänge (invertierende und nichtinvertierende) eines Operationsverstärkers, aber auch die Spule eines Relais, muss man dagegen immer getrennt platzieren.

- Value: Hier befindet sich der Name des Bauelements.

- Swaplevel: Diese Definition gibt an, ob im Schaltplan ein Pin dieses Symbols gegen ein anderes getauscht wrden darf. Hat man z.B. ein NAND-Gatter mit zwei Eingängen, so darf man diese ohne Probleme tauschen. Die Zahl darf zwischen 0 und 255 liegen. Die Zahl 0 bedeutet, dass der Pin nicht gegen einen anderen des gleichen Gates getauscht werden darf. Jede Zahl, die größer als 0 ist, bedeutet, dass der Pin mit einem anderen Pin getauscht werden kann, die den gleichen Swaplevel aufweisen und im gleichen Symbol definiert sind. Die beiden Anschlüsse eines Operationsverstärkers darf man also nicht tauschen, da es sich um einen invertierenden und einen nichtinvertierenden Eingang handelt.

- Addlevel: Bei der Definition eines Bauteils legt man den Addlevel fest, der darüber entscheidet, auf welche Weise ein Bauelement in die Schaltung geholt werden darf und ob es als Baustein mitgezählt wird. Die folgenden Beispiele verdeutlichen, wann welcher Addlevel zu benutzen ist:
  - Next: Für alle Bauelemente, die der Reihe nach geholt werden sollen (z.B. die NAND-Gatter eines 7400, die beiden Operationsverstärker im MAX412). Auch für Devices mit einem einzigen Gate ist das immer sinnvoll.
  - Must: Für Gates, die vorhanden sein müssen, wenn irgendein anderes Gate des Bausteins vorhanden ist. Typisches Beispiel: die Spule eines Relais. Must-Gates lassen sich nicht löschen, bevor alle anderen Gates dieses Bausteins gelöscht sind.
  - Can: Für Gates, die nur bei Bedarf platziert werden. Bei einem Relais lassen sich die Kontakte mit Addlevel „Can" definieren. In diesem Fall lässt

sich jeder einzelne Kontakt gezielt mit INVOKE holen und mit DELETE wieder löschen.

– Always: Für Gates, die sich normalerweise auf jeden Fall in der Schaltung befinden, sobald der Baustein verwendet wird. Beispiel: Kontakte eines Relais mit vielen Kontakten, bei dem manchmal einige wenige nicht benutzt werden. Diese Kontakte lassen sich mit DELETE löschen, falls sie mit Addlevel „Always" definiert wurden.

– Request: Nur für Versorgungs-Gates von Bausteinen, also $+U_B$, $-U_B$ und GND bzw. Masse. Unterschied zu „Can": Sie zählen bei der Namensgebung nicht mit, also nicht IC1A und IC1B bei einem Device mit Next-Gate plus Request-Gate.

• Rotation: Der Parameter „Orientation" gibt die Ausrichtung des Bibliothekselements in der Zeichnung an. Normalerweise rotiert man das Element mit der rechten Maustaste. In Script-Dateien verwendet man die textuellen Angaben für diesen Parameter. Es sind zulässig: R0, R90, R180, R270, MR0, MR90, MR180 und MR270. Der Wert „R0" ist die Grundeinstellung (Default).

• Device: Ein Device (nur im Schaltplan-Modul vorhanden) wird in der Bauteile-Bibliothek definiert. Es besteht aus einem oder mehreren Symbolen (etwa zwei Operationsverstärker, wie beim MAX412, oder die vier NAND-Gatter und ein Stromversorgungssymbol beim 7400). Der Inhalt eines Device entspricht dem eine kompletten Bausteins. Im Device lassen sich die Namen der „Gates" (etwa A, B,...) festlegen, die dann den Bauteilnamen im Schaltplan ergänzen (IC1A, IC1B,...). Im Device wird auch definiert, welches Package zum Baustein gehört und welcher Pin mit welchem Pad (im Package) zu verbinden ist. Für den MAX412CPA gilt:

MAX412CPA
      └ Lead Count
    └── Package Designator
  └──── Operating Temperature.

Für die Temperaturbereiche (Operating Temperature) gelten folgende Abkürzungen:

„C": 0° bis +70°C

„I": -20° bis +85°C

„E": -40° bis +85°C

„M": -55° bis +125°C.

Für die Gehäuseabmessungen (Package Designator) gelten folgende Abkürzungen:

„A": TO-237
„C": TO-220
„D": Ceramic Sidebraze
„F": Ceramic Flat-Pack
„H": TO-66
„J": CERDIP Dual-In-Line
„K": TO-3
„L": Leadless, Ceramic
„M": Plastic Flat Pack
„N": Narrow Plastic Dual-In-Line
„P": Plastic Dual-In-Line
„Q": Plastic Chip Carrier (Quad Pack)
„R": Narrow CERDIP (24 pin, 0,3" wide)
„S": Small Qutline, Slim (8 oder größer)
„S": TO-52 (zwei oder drei Pins)
„T": TO-5 (auch TO-78, T099, TO-100)
„U": TO-72 (auch TO-18, TO-71)
„V": TO-39
„W": Small Outline, Wide (300 mil)
„Z": TO-92
„/D": Dice
„/W": Wafer
„-1": Hybrid Circuit.

Für die Nummerierung und Anzahl der Pins (Lead Count) gilt:

„A":	8-polig	„N":	18-polig
„B":	10-polig	„P":	20-polig
„C":	12-polig	„Q":	2-polig
„D":	14-polig	„R":	3-polig
„E":	16-polig	„S":	4-polig
„F":	22-polig	„T":	6-polig
„G":	24-polig	„U":	60-polig
„H":	44-polig	„V":	8-polig (0,200" Pinabstand, isoliertes Gehäuse)
„I":	28-polig	„W":	10-polig (0,230" Pinabstand, isoliertes Gehäuse)
„J":	32-polig	„Y":	8-polig (0,200" Pinabstand, Gehäuse an Pin 4)
„L":	40-polig	„Z":	10-polig (0,230" Pinabstand, Gehäuse an Pin 5).
„M":	48-polig		

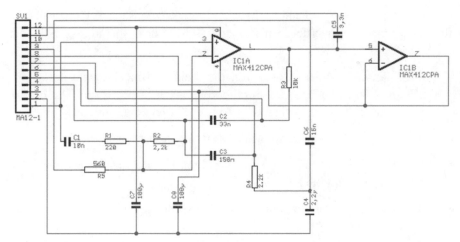

Abb. 2.20: Schaltplan für einen NF-Vorverstärker mit Klangnetzwerk zum Anheben bzw. Absenken der Höhen und Tiefen

- Package: Definition der Gehäuseformen, die in der Bauteile-Bibliothek gespeichert ist. Ein Package enthält alle Informationen, die zu einem bestimmten Gehäusetyp gehören.

- Library: Durch die Angabe von MAXIM erhalten Sie Aufschluss, in welcher Datei dieses Bauelement abgespeichert ist.

Wenn die Operationsverstärker platziert sind, holen Sie bitte aus der Bibliothek CON-LSTB die Steckerstiftleiste MA12-1. Danach sind die Widerstände und Kondensatoren aus ihren Bibliotheken zu holen. Entsprechend ist anschließend die Verdrahtung vorzunehmen, damit der Schaltplan von *Abb. 2.20* vorhanden ist.

2.3.2 Erstellung des Schaltplans

Wenn Sie die Vorlage von Abb. 2.19 nach Ihren Vorstellungen umsetzen, dürfte der Schaltplan in etwa Abb. 2.20 entsprechen. Über die Leiste MA12-1 wird der NF-Vorverstärker mit Klangnetzwerk mit der externen Stromversorgung von ±5 V und Masse verbunden. Das gilt auch für die beiden Potentiometer von 100 kΩ, die sich an der Frontplatte befinden. Es ergibt sich folgende Steckerbelegung:

- Pin 1: Die Eingangsspannung liegt an dem Kondensator C1 (10 nF) und direkt an dem nichtinvertierenen Eingang (Pin 3) des Operationsverstärkers IC1A (MAX412).

- Pin 2: Anschluss der Masse für die beiden Blockkondensatoren C7 (100 µF) und C8 (100 µF), und dem Filterkondensator C4 (2,2 µF). Die Blockkondensatoren sind in der Vorlage von Abb. 2.19 nicht eingezeichnet.

- Pin 3: frei oder kann auch mit Masse verbunden werden.

- Pin 4: Anschluss des Schleifers für das Potentiometer des Tiefeneinstellers, der sich an der Frontplatte befindet.

- Pin 5: Anschluss des Potentiometers für den Tiefeneinsteller, der sich an der Frontplatte befindet.

- Pin 6: Anschluss des Potentiometers für den Tiefeneinsteller, der sich an der Frontplatte befindet.

- Pin 7: Anschluss für die negative Betriebsspannung für den MAX412 über Pin 4 des OP-Gehäuses.

- Pin 8: Ausgangsspannung des NF-Vorverstärkers.

- Pin 9: Anschluss des Schleifers für das Potentiometer des Höheneinstellers, der sich an der Frontplatte befindet.

- Pin 10: Anschluss des Potentiometers für den Höheneinsteller, der sich an der Frontplatte befindet.

- Pin 11: Anschluss des Potentiometers für den Höheneinsteller, der sich an der Frontplatte befindet.

- Pin 12: Anschluss für die positive Betriebsspannung für den MAX412 über Pin 8 des OP-Gehäuses.

Ist die Schaltung komplett, ist der ERC-Befehl für die Prüfung auf elektrische Fehler aufzurufen. Die Ergebnisse werden in eine Textdatei geschrieben, die in einem Texteditorfenster angezeigt wird. Es werden Warnungen und Fehler ausgegeben. Wenn Warnungen und Fehler vorhanden sind, so sollen diese unbedingt beseitigt werden.

Eine Besonderheit ist der DISPLAY-Befehl, den Sie direkt über den Icon (oben links) aufrufen können. Mit diesem Befehl wählt man diejenigen Layer aus, die auf dem Bildschirm sichtbar sein sollen. Es sind folgende Layer vorhanden:

- Nets: Wenn das Häkchen gesetzt ist, zeichnet der NET-Befehl die Einzelverbindungen (Netze) in den Net-Layer eines Schaltplans. Der erste Mausklick gibt den Startpunkt des Netzes an, der zweite setzt die Linie ab. Ein weiterer Mausklick an der gleichen Stelle legt den Endpunkt fest. Diese Funktion lässt sich ein- und ausschalten.

- Busses: Wenn das Häkchen gesetzt ist, zeichnet der BUS-Befehl die entsprechenden Bussysteme in den Bus-Layer seines Schaltplans. Diese Funktion lässt sich ein- und ausschalten.

- Pins: Wenn das Häkchen gesetzt ist, zeichnet der PIN-Befehl die Anschlusspunkte für Netze (Pins). Normalerweise ist dieser Befehl nicht aktiviert, denn an allen passiven und aktiven Bauteilen sind die Anschlüsse dann gekennzeichnet. Wenn Sie diesen Befehl durch ein Häkchen setzen und weiterarbeiten, wird die Zeichnung zwar ergänzt, jedoch der Schaltplan gestaltet sich recht unübersichtlich.

- Symbols: Wenn das Häkchen gesetzt ist, werden alle Symbole innerhalb des Schaltplans angezeigt. Normalerweise ist dieser Befehl immer gesetzt.

- Names: Wenn das Häkchen gesetzt ist, werden alle Namen der Bauelemente innerhalb des Schaltplans angezeigt. Dieser Befehl ist immer eingeschaltet.

- Values: Wenn das Häkchen gesetzt ist, werden alle Werte der einzelnen Bauelemente innerhalb des Schaltplans angezeigt. Normalerweise ist dieser Befehl immer gesetzt.

2.3.3 Erstellung der einseitigen Platine

Der Schaltplan für den NF-Vorverstärker mit Klangnetzwerk erscheint auf den ersten Blick als nicht problematisch, wenn vom Schaltplan-Editor durch den Board-Befehl in den Layout-Editor umgesetzt wird. Durch den MOVE-Befehl sind die Bauteile in die Platine zu bewegen und die Abmessungen möglichst nah heranzuschieben. *Abb. 2.21* zeigt ein Beispiel für die Platzierung der Bauelemente auf der Platine.

Wenn Sie diese Platzierung nach diesem Beispiel durchgeführt haben und auf den Autorouter klicken, arbeitet der Rechner etwa 25 s und erreicht ein Ergebnis von 79,3 %. Anhand der Rechenzeit kann man bereits erkennen, daß die Bauteile nicht optimal platziert sind. Auch der Platz für die Bauelemente wird durch die Abmessungen der Platinenumrisse stark eingeschränkt.

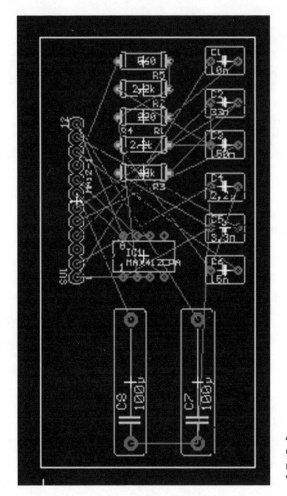

Abb. 2.21: Beispiel für eine nicht-optimierte Platzierung der Bauelemente auf der Platine für den NF-Vorverstärker

Abb. 2.22 zeigt die optimierte Platzierung der Bauelemente auf einer einseitig kaschierten Leiterplatte mit einem Ergebnis von 100 %.

2.3.4 DRC-Befehl zur Überprüfung der Platine

Durch den DRC-Befehl lässt sich der Aufbau einer Platine überprüfen und zwar nach folgenden Kriterien:

- Mindest- und Maximal-Bohrdurchmesser (MinDrill/MaxDrill)
- Mindest- und Maximal-Leiterbahnbreite (MinWidth/MaxWidth)
- Mindest- und Maximal-Pad-Durchmesser (MinDiameter/MaxDiameter)

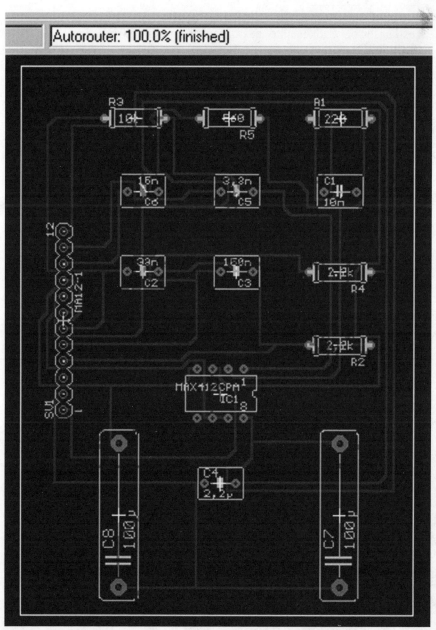

Abb. 2.22: : Beispiel für eine optimierte Platzierung der Bauelemente auf einer einseitig kaschierten Leiterplatte für den NF-Vorversärker

- Mindestabstand zwischen Signalen (MinDist)
- Restkupfer bei Pads nach dem Bohren (Ringbreite, MinPad)
- Mindestbreite von SMD-Pads (MinSmd)
- Überlappung von Signalen (Kurzschlüssen, Overlap)
- Abweichungen vom 45°-Winkelraster (Angle)
- Elemente außerhalb des gegenwärtigen Rasters (OffGrid).

Wenn Sie das DRC-Icon anklicken, erscheint *Abb. 2.23*.

Die Syntax für den DRC-Befehl lautet:

- SetParameter
- MaxErrors = 50
- MinDist = 10
- MinDiameter = 40
- MaxDiameter = 255
- MinDrill = 24
- MaxDrill = 255
- MinWidth = 10
- MaxWidth = 255
- MinPad = 8
- MinSmd = 10
- Overlap

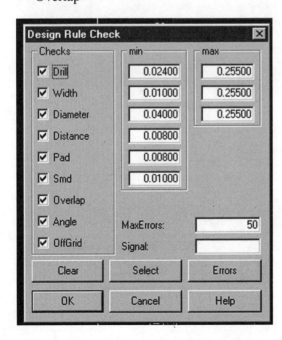

Abb. 2.23: Fenster für den DRC-Befehl (Design Rule Check), wobei alle Funktionen eingeschaltet sind

- Angle
- OffGrid
- Clear
- Signal = name.

Standardmäßig sind alle Prüfungen eingeschaltet und mit diesen Werten belegt. Gibt man beim Aufruf des DRC-Befehls die einzelnen Parameter an, so werden nur die so angegebenen Prüfungen durchgeführt!

Geprüft werden die Layer Top, Bottom, Pads, Vias und Route 2...15, wobei nur die jeweils eingeblendeten Layer berücksichtigt werden. Für eine Prüfung muss mindestens einer der Layer Bottom oder Top bzw. Route 2...15 eingeblendet sein. Sind beide eingeblendet, werden sie (sinnvollerweise) getrennt voneinander geprüft.

Der DRC-Befehl prüft jedoch nicht, ob in einem Versorgungs-Layer jedes durch ein Thermal-Symbol angeschlossene Pad auch wirklich elektrisch verbunden ist. Durch unglückliche Wahl der Thermal-/Annulus-Parameter kann es in Ausnahmefällen dazu kommen, dass alle vier „Stege" des Thermal-Symbols durch Annulus-Symbole überdeckt sind und das Pad damit isoliert ist. Dieser Fall ist zwar unwahrscheinlich, Sie sollten jedoch immer einen Ausdruck der Versorgungs-Layer daraufhin prüfen, bevor Sie die Platine fertigen lassen. Um sicherzugehen, dass eine Platine in Ordnung ist, empfiehlt sich folgende Vorgehensweise:

- Die (mitgelieferte) Script-Datei DRCSET.SCR den speziellen Anforderungen anpassen, z.B. mit einem Text-Editor.
- Top-, Bottom-, Pad- und Via-Layer einblenden, bei Multilayer-Platinen auch die verwendeten Route-Layer, mit dem Display-Befehl.
- Die Script-Datei DRCSET ausführen und zwar mit dem Script-Befehl.
- Den DRC-Befehl ohne weitere Parameter aufrufen mit „DRC" oder das Icon anklicken.

Natürlich kann man sich auch eine Script-Datei zusammenstellen, die diese Schritte auf einmal ausführt.

Der DRC-Befehl legt seine Ergebnisse in der (nicht lesbaren!!!) Datei „platinenname.DRC" ab. Die Ergebnisse lassen sich mit dem Errors-Befehl oder durch Anklicken des Icons grafisch darstellen, und zwar mit folgendem Beispiel:

Drc SetParameter MaxErrors=9999 MinDist=20 Angle;

wird die maximale Fehlerzahl auf 9999 gesetzt, schaltet die Mindestabstandsprüfung mit einem Wert von 20 Mil ein und aktiviert die Winkelprüfung. Es wird kein DRC-Befehl gestartet (wenn SetParameter im Befehl erscheint, werden nur die Parameter eingestellt!).

Drc;

startet den DRC-Befehl mit den eingestellten Werten.

Drc · ·

startet den DRC-Befehl in dem mit den beiden Mausklicks definierten Rechteck (dazu ist das dem DRC-Menü „Select" auszuwählen).

Grid MM;
Drc Signal = GND MinDist = 7 MinWidth = 5 Angle;

startet den DRC-Befehl für das Signal „GND" und es wird geprüft, ob GND von jedem anderen Signal den Mindestabstand von 7 mm einhält und ob jeder zum GND-Signal gehörende Wire mindestens 5 mm breit ist. Ferner wird auf Einhaltung der 45°-Winkel und auf Überlappungen (Kurzschlüsse!!!) geprüft (die Mindestabstandsprüfung bewirkt auch immer eine Kurzschlussprüfung!!!).

Drc Clear;

startet den DRC-Befehl und führt die Prüfungen auf Mindestabstände sowie auf minimale und maximale Pad- bzw. Via-Durchmesser aus. Da die Parameter ohne „= wert" angegeben wurden, werden die vorher eingestellten bzw. Default-Werte verwendet.

Drc Clear;

löscht alls DRC-Fehlermeldungen vom Bildschirm und löscht die zugehörige „name.DRC"-Datei.

Für die Bedeutung der einzelnen Parameter gilt:

• SetParameter: Die angegebenen Parameter werden entsprechend gesetzt, es wird jedoch keine DRC-Funktion gestartet. Bei folgenden DRC-Aufrufen (ohne Parameter) verwendet das Programm die eingestellten Werte. Dies ist vor allem dann sinnvoll, um sich eine Script-Datei zu erstellen, in der die persönlichen Design-Kriterien definiert sind, um sie nicht jedesmal erneut eingeben zu müssen (siehe DRCSET.SCR).

• MaxErrors: Hiermit lassen sich die maximale Anzahl von Fehlern definieren. Bei Überschreitung dieser Zahl wird die DRC-Funktion abgebrochen. Default: 50 Fehler.

- MinDist: Legt den minimalen Abstand zwischen jeweils zwei Kupferflächen mit unterschiedlichem Potential fest. Der Wert ist in der gerade eingestellten Grid-Einheit (Inch, Millimeter bzw. Mil) anzugeben! „MinDist" ohne Wert schaltet die Mindestabstandsprüfung ein, ohne den Wert zu verändern (dies gilt entsprechend auch für alle anderen Min-/Max-Parameter!). Die Mindestabstandsprüfung bewirkt auch immer eine Überlappungsprüfung! Default: 10 Mil.

- Overlap: Schaltet die Überlappungsprüfung ein.

- Angle: Die Winkelprüfung wird eingeschaltet. Alle Wires, die nicht in Vielfachen von 45° verlaufen, werden als Fehler erkannt.

- MinDiameter: Hier wird der minimale Durchmesser von Pads und Vias festlegt (weiteres siehe MinDist). Default: 40 Mil.

- MaxDiameter: Die maximalen Durchmesser von Pads und Vias werden festgelegt (weiteres siehe MinDist). Default: 255 Mil.

- MinDrill: Festlegung des minimalen Bohrdurchmessers von Pads und Vias (weiteres siehe MinDist). Default: 24 Mil.

- MaxDrill: Festlegung des maximalen Bohrdurchmessers von Pads und Vias (weiteres siehe MinDist). Default: 255 Mil.

- MinWidth: Hier wird die minimale Breite von Wires (Leiterverbindungsbahnen) bestimmt (weiteres siehe MinDist). Default: 10 Mil.

- MaxWidth: Hier wird die maximale Breite von Wires (Leiterverbindungsbahnen) bestimmt (weiteres siehe MinDist). Default: 255 Mil.

- MinPad: Legt die minimale Breite der Kupferfläche fest, die nach dem Bohren eines Pads oder Vias stehenbleiben muss (weiteres siehe MinDist). Default: 8 Mil.

- MinSmd: Bestimmt die minimale Abmessung eines SMD-Bauelements (weiteres siehe MinDist). Default: 10 Mil.

- OffGrid: Schaltet die Prüfung auf Einhaltung des Rasters ein. Alle Objekte, die nicht auf dem gerade eingestellten Raster liegen, werden gemeldet.

- Clear: Löscht alle DRC-Fehlermeldungen. Dies erfolgt auch automatisch bei einem erneuten Aufruf des DRC-Befehls.

- Signal: Legt den Namen eines Signals fest, das geprüft werden soll. Damit ist es z.B. möglich, ein bestimmtes Signal (etwa eine 230-V-Leitung) auf Einhaltung eines Mindestabstands (z.B. 7 mm) gegenüber allen anderen Signalen zu überprüfen. Ist ein Signal angegeben, so beziehen sich auch alle anderen Prüfungen (Min/MaxWidth, Min/MaxDiameter usw.) nur auf dieses Signal.

- „· ·“: Zwei Mausklicks legen ein Rechteckfenster fest, innerhalb dessen geprüft werden soll. Es werden nur Fehler gemeldet, die ganz oder teilweise in diesem Rechteck liegen. Auf diese Weise lässt sich die Prüfung auf den gerade bearbeiteten Bereich begrenzen, was die DRC-Funktion wesentlich beschleunigt. Nach der Definiton eines Bearbeitungsrechtecks wird der DRC-Befehl sofort eingeschaltet (ohne abschließendes „;“) und ausgeführt.

- „;“: Der abschließende Strichpunkt (Semikolon) startet die DRC-Funktion.

Der SET-Befehl lässt sich dazu verwenden, um das Verhalten des DRC-Befehls zu verändern:

SET DRC_SHOW ON;
SET DRC_SHOW OFF;

schaltet die Anzeige des gerade bearbeitenden Bereichs (Rechteck) bei der Kurzschluss- und Überlappungsprüfung ein bzw. aus. Default: On.

Mit der Befehlsfolge:

SET DRC_COLOR color_word;

lässt sich die Farbe für das oben erwähnte Rechteck festlegen, Default: LGray.

Mit der Befehlsfolge

SET DRC_FILL fil_name;

kann man das verwendete Füllmuster für die DRC-Fehlerpolygone festlegen. Default: LtSlash.

Zur Auswertung der vom DRC-Befehl gefundenen Fehler dient der Befehl ERRORS, dessen Icon unten links vorhanden ist. Er kann auch aus dem DRC-Popup-Menü heraus durch Anklicken aktiviert werden. Wird er aktiviert, dann öffnet sich ein Popup-Menü, in dem alle Fehler aufgelistet sind, die im gegenwärtigen Bildausschnitt sichtbar sind. Selektiert man einen Eintrag in der Fehlerliste, wird der jeweilige Fehler durch ein umschließendes Rechteck markiert. Mit der linken Maustaste kann man den markierten Fehler vergrößern. Mit dem Befehl

SET MAX_ERROR_ZOOM value;

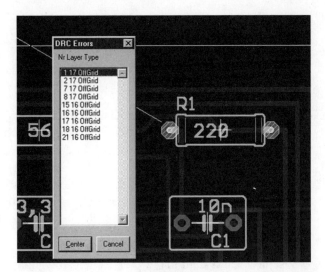

Abb. 2.24: Fehlerausgabe nach dem ERRORS-Befehl. OffGrid bedeutet, dass die Einhaltung des Rasters nicht gewährleistet ist

legt man fest, wie stark vergrößert werden soll. Der Standardwert für Value ist 1 Zoll, d.h. auf dem Bildschirm wird eine Fläche von mindestens 1-Zoll-Kantenlänge dargestellt.

Über den ERRORS-Befehl lassen sich die Fehler ausgeben, die vom DRC-Befehl ermittelt wurden. Klicken Sie diesen Icon an, so wird dieser aktiviert. Es öffnet sich ein Popup-Menü, in dem alle Fehler aufgelistet sind, die im gegenwärtigen Bildausschnitt sichtbar sind. Selektiert man einen Eintrag in der Fehlerliste, wird der jeweilige Fehler durch ein umschließendes Rechteck und eine Bezugslinie markiert. Mit einem Doppelklick auf den Eintrag oder Betätigung von „OK", kann man den markierten Fehler ins Bildzentrum bringen, wie *Abb. 2.24* zeigt.

Im Layer 16 (Leiterbahn unten) sind mehrere Anschlüsse „absichtlich" verschoben worden, damit eine Fehlerausgabe möglich war. Dies gilt auch für den Layer 17 mit seinen Pads für die verdrahteten Bauelemente, denn auch diese wurden „absichtlich" verschoben.

2.4 Platine für ein 3½-stelliges Digitalvoltmeter mit Flüssigkeitsanzeige

Die Schaltkreise ICL7106 und ICL7107 von Intersil (heute MAXIM) sind monolithische AD-Wandler des integrierenden Typs in CMOS-Technologie, bei denen alle notwendigen aktiven Elemente wie BCD-7-Segment-Decoder, Treiberstufen für die Anzeigeeinheit, Referenzspannung und Takterzeugung auf dem Baustein realisiert sind. Der ICL7106 ist für den Betrieb mit einer Flüssigkristallanzeige ausgelegt, der ICL7107 steuert dagegen direkt eine 7-Segment-LED-Anzeige an.

Diese Schaltkreise sind eine gute Kombination von hoher Genauigkeit, universeller Einsatzmöglichkeit und Wirtschaftlichkeit. Die hohe Genauigkeit wird durch mehrere Zusatzfunktionen, wie die Verwendung eines automatischen Nullabgleichs bis auf weniger als 10 µV, die Realisierung einer Nullpunktdrift von weniger als 1 µV pro Grad Celsius, die Reduzierung des Eingangsstroms auf 10 pA und die Begrenzung des „Roll-Over"-Fehlers auf weniger als eine Stelle erreicht.

Die Differenzverstärkereingänge, die Referenzspannung und die jeweilige Beschaltung des Eingangs erlauben eine recht flexible Gestaltung für das gewünschte Messsystem in der praktischen Anwendung. Sie geben dem Anwender die Möglichkeit von Brückenmessungen, wie es z.B. bei der Verwendung in Temperaturfühlern, Drucksensoren, Dehnungsmessstreifen, lichtempfindlichen Sensoren usw. erforderlich ist.

Extern werden nur sieben passive Elemente, die Anzeige und eine Betriebsspannung (9-V-Batterie) benötigt, um ein komplettes 3½-stelliges Digitalvoltmeter zu realisieren. *Abb. 2.25* zeigt den Baustein ICL7106 für die Ansteuerung einer 7-Segment-Flüssigkeitsanzeige.

Jeder Messzyklus des ICL7106 oder ICL7107 wird in drei Phasen aufgeteilt:

- Automatischer Nullabgleich
- Signalintegration
- Referenzintegration oder Deintegration.

Beim automatischen Nullabgleich werden die Differenzeingänge des Signaleingangs intern von den Anschlüssen getrennt und mit „Analog Common" (Pin 32) kurzgeschlossen. Der Referenzkondensator C_1 wird dadurch auf die Referenzspannung aufgeladen. Eine Rückkopplungsschleife zwischen dem Komparatorausgang und dem invertierenden Eingang des Integrators wird geschlossen, um den „Auto-Zero"-Kondensator C_2 derart aufzuladen, sodass sich die Offset-Spannungen des Eingangsverstärkers, des Integrators und des Komparators kompensieren lassen. Da auch der Komparator in dieser Rückkopplungsschleife mit eingeschlossen ist, ist die Genauigkeit des automatischen Nullabgleichs nur durch das Rauschen des Systems begrenzt. Die auf den Eingang bezogene Offsetspannung liegt in jedem Fall unter 10 µV.

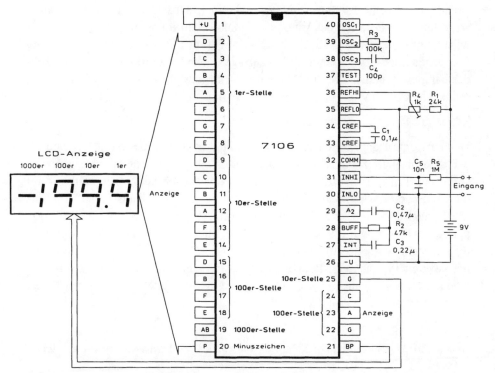

Abb. 2.25: 3½-stelliges Digitalvoltmeter mit LCD-Anzeige

Während der Signalintegrationsphase wird die Nullabgleich-Rückkopplung geöffnet, die internen Kurzschlüsse aufgehoben und der Eingang mit den externen Anschlüssen verbunden. Danach integriert das System die Differenzeingangsspannung zwischen den Pinanschlüssen „IN HI" und „IN LO" für ein festes Zeitintervall. Diese Differenz der Eingangsspannung kann im gesamten Gleichtaktspannungsbereich des Systems liegen. Wenn andererseits das Eingangssignal keinen Bezug zur Betriebsspannung hat, kann die Leitung „IN LO" mit „COM" (Analog Common) verbunden sein, um die korrekte Gleichtaktspannung einzustellen. Am Ende der Signalintegrationsphase wird die Polarität des Eingangssignals bestimmt.

Die letzte Phase des Messzyklus ist die Referenzintegration oder Deintegration. Der Eingang „IN LO" wird intern mit „COM" verbunden und „IN HI" wird an den in der „Auto-Zero"-Phase aufgeladenen Referenzkondensator angeschlossen. Eine interne Logik sorgt dafür, dass dieser Kondensator mit der korrekten Polarität mit dem Eingang verbunden wird. Diese korrekte Polarität wird durch die Polarität des Eingangssignals bestimmt, denn die Deintegration wird automatisch in Richtung „0 V" durchgeführt. Die Zeit, die der Integrationsausgang benötigt, um auf „0 V" zurückzugehen, ist proportional der Größe des Eingangssignals. Die digitale Darstellung liegt in der Größenordnung von 1000 (U_{in}/U_{ref}) und ist damit optimal für die praktische Messtechnik ausgelegt.

Der Analogteil der beiden Bausteine beinhaltet neben mehreren Operationsverstärkern auch zahlreiche Analogschalter. Der Integrationskondensator C_I sollte ein Typ mit niedrigen dielektrischen Verlusten sein. Langzeitkonstanz und Temperaturkoeffizient sind nicht wichtig, da die „Dual-Slope"-Technik diese unerwünschten Änderungen eliminiert. Als geeignet haben sich Polypylen-Kondensatoren erwiesen, denn diese sind preiswert und weisen geringe dielektrische Verluste auf. Das muss aber nicht bedeuten, daß dies die einzig preiswerten Typen sind. Mylar-Kondensatoren sind ausreichend für die beiden Kondensatoren C_1 und C_2. Tabelle 2.6 zeigt die Bauelementewerte für die Endwerte von 200 mV und 2000 mV.

Tabelle 2.6: Werte der Kondensatoren für die maximalen Endwerte von 200 mV und 2000 mV

Bauelemente	Endbereich 200 mV	Endbereich 2000 mV
C_2	470 nF	47 nF
R_1	24 kΩ	1,5 kΩ
R_2	47 kΩ	470 kΩ

An den Differenzeingang lassen sich entsprechende Spannungen innerhalb des Gleichtaktspannungsbereichs des Eingangsverstärkers anlegen. Dieser Bereich liegt zwischen der positiven und negativen Betriebsspannung und in diesem Bereich besitzt das Messsystem eine Gleichtaktspannungsunterdrückung von typisch 86 dB. Da jedoch der Integratorausgang auch in dem Gleichtaktspannungsbereich schwingt, muss dafür gesorgt werden, dass der Integrationsausgang nicht in den Sättigungsbereich kommt. Der ungünstigste Fall ist der, bei dem eine große positive Gleichtaktspannung verbunden mit einer negativen Differenzeingangsspannung im Bereich des Endwerts am Eingang liegt. Die negative Differenzeingangsspannung treibt den Integratorausgang zusätzlich zu der positiven Gleichtaktspannung weiter in Richtung der positiven Betriebsspannung. Bei diesen kritischen Anwendungen lässt sich die Ausgangsamplitude des Integrators ohne großen Genauigkeitsverlust von den empfohlenen $U_e = 2$ V auf einen geringeren Wert reduzieren. Der Integratorausgang kann sich bis auf 0,3 V an jede Betriebsspannung annähern, ohne dass Verluste in der Linearität auftreten.

Die Referenzspannung lässt sich irgendwo im Betriebsspannungsbereich des Wandlers erzeugen. Hauptursache eines Gleichtaktspannungsfehlers ist ein „Roll-Over"-Fehler (abweichende Anzeigen bei Umpolung der gleichen Eingangsspannung), der dadurch entsteht, dass der Referenzkondensator durch die Streukapazitäten an seinen Anschlüssen auf- bzw. entladen wird. Liegt eine hohe Gleichtaktspannung an, lädt sich der Referenzkondensator auf, d.h. die Spannung steigt, wenn er angeschlossen ist, um ein positives Signal zu deintegrieren. Andererseits entlädt er sich, wenn ein negatives Eingangssignal zu deintegrieren ist. Dieses unterschiedliche Verhalten für positive und negative Eingangsspannungen ergibt einen „Roll-Over"-Fehler. Wählt man jedoch den Wert der Referenzkapazität groß genug, so lässt sich dieser Fehler bis auf weniger als eine halbe Stelle reduzieren.

Der „Analog Common"- oder „COMM"-Anschluss ist in erster Linie dafür vorgesehen, die Gleichtaktspannung für den Batteriebetrieb mit nur einer Betriebsspannung an den „schwimmenden" Eingängen zu bestimmen. Der Eingang liegt typisch ca. 2,8 V unterhalb der positiven Betriebsspannung. Dieser Wert ist deshalb so gewählt, um bei einer entladenen Batterie eine Spannung von 6 V zu gewährleisten. Darüber hinaus hat dieser Anschluss eine gewisse Ähnlichkeit mit einer Referenzspannung. Ist nämlich die Betriebsspannung groß genug, um die Regeleigenschaften der internen Z-Diode auszunutzen (≈ 7 V), besitzt die Spannung am „COMM"-Anschluss einen niedrigen Spannungskoeffizienten.

Andererseits sollten die Grenzen dieser integrierten Referenz dem Anwender immer bekannt sein. Beim ICL7107 kann die interne Aufheizung durch die Ströme der LED-Treiber die konstanten Eigenschaften ungünstig beeinflussen. Aufgrund des höheren thermischen Widerstands sind plastikgekapselte Schaltkreise in dieser Beziehung ungünstiger als solche im Keramikgehäuse. Bei Verwendung einer externen Referenz treten auch beim ICL7107 keine Probleme auf. In der Schaltung von *Abb. 2.25* wurde die interne Referenz eingesetzt, die sich durch den Einsteller R_4 beeinflussen lässt.

Die Spannung an dem „COMM"-Pin ist die, mit der der Eingang während der Phase des automatischen Nullabgleichs und der Deintegration beaufschlagt wird. Wird der Anschluss „IN LO" mit einer anderen Spannung als „Analog COMMON" verbunden, ergibt sich eine Gleichtaktspannung in dem System, die aber von der ausgezeichneten Gleichtaktspannungsunterdrückung des Systems kompensiert wird. In einigen Anwendungen wird man den „IN LO"-Anschluss auf eine feste Spannung legen, z.B. Bezug der Betriebsspannungen. Hierbei sollte man den Anschluss „COMM" mit demselben Punkt verbinden, um auf diese Weise die Gleichtaktspannung für den Wandler zu eliminieren.

Dasselbe gilt für die Referenzspannung. Wenn man die Referenz mit Bezug zu „Analog Common" bzw. „COMM" ohne Schwierigkeiten anlegen kann, sollte man dies auch realisieren, um Gleichtaktspannungen für das Referenzsystem auszuschalten. Innerhalb des Schaltkreises ist der „COMM"-Anschluss mit einem N-Kanal-Feldeffekt-Transistor verbunden, der in der Lage ist, auch bei Eingangsströmen von 30 mA oder mehr den Anschluss unterhalb der 2,8 V der Betriebsspannung zu halten, wenn z.B. eine Last versucht, diesen Anschluss „hochzuziehen". Andererseits liefert dieser Anschluss nur 10 µA als Ausgangsstrom, sodass man ihn auch mit einer negativen Spannung verbinden kann, um auf diese Weise die interne Referenz auszuschalten.

Der Anschluss „Test" (Pin 37) hat zwei Funktionen. Beim ICL7106 ist er über einen 500-Ω-Widerstand mit der intern erzeugten Betriebsspannung verbunden. Damit lässt er sich auch als negative Betriebsspannung für externe zusätzliche Segmenttreiber (Dezimalpunkte usw.) verwenden. Die zweite Funktion ist die des „Lampen-Tests". Wird dieser Anschluss auf die positive Betriebsspannung gelegt, sind alle Segmente der Anzeige eingeschaltet und das Display zeigt den Wert „-1888" an. Vorsicht: Beim ICL7106 liegt in dieser Betriebsart an den Segmenten eine Gleichspannung (keine Rechteckspannung). Belässt man die Schaltung für einige Minuten in dieser Betriebsart, wird die Flüssigkeitskristallanzeige durch elektrolytische Prozesse unleserlich bzw. zerstört.

Beim ICL7106 wird der interne Bezug der digitalen Betriebsspannung durch eine 6-V-Z-Diode und einen P-Kanal-Source-Folger erzeugt. Diese Spannung ist stabil ausgelegt, um in der Lage zu sein, die relativ großen kapazitiven Ströme zu liefern, die dann auftreten, wenn die rückwärtige Ebene (Backplane) der LCD-Anzeige angesteuert wird.

Die Frequenz der Rechteckschwingung, mit der die rückwärtige Ebene der Anzeige angesteuert wird, erzeugt der Baustein aus der Taktfrequenz durch Teilung um den Faktor 800. Bei einer empfohlenen externen Taktfrequenz von 50 kHz hat dieses Signal eine Frequenz von 62,5 Hz mit einer nominellen

Amplitude von 5 V. Die Segmente werden mit derselben Frequenz und Amplitude angesteuert und sind, wenn die Segmente ausgeschaltet sind, in Phase mit dem BP-Signal (Backplan) oder, bei eingeschalteten Segmenten, gegenphasig. In jedem Fall liegt eine vernachlässigbare Gleichspannung über den Segmenten vor, die eine lange Lebensdauer ermöglichen.

Bei der Takterzeugung des ICL7106 und ICL7107 lassen sich grundsätzlich drei Methoden verwenden:

- Verwendung eines externen Oszillators an Pin 40
- eines Quarzes zwischen Pin 39 und Pin 40
- eines RC-Oszillators, der die Pins 38, 39 und 40 benutzt.

Die Oszillatorfrequenz wird durch 4 geteilt, bevor sich diese als Takt für die Dekadenzähler einsetzen lässt. Die Frequenz wird dann weiter heruntergeteilt, um die drei Zyklusphasen abzuleiten. Dies sind die Signalintegration (1000 Takte), die Referenzintegration (0 bis 2000 Takte) und der automatische Nullabgleich (1000 bis 3000 Takte). Für Signale, die kleiner sind als der Eingangsbereichsendwert, wird für den automatischen Nullabgleich der nicht benutzte Teil der Referenzintegrationsphase verwendet. Es ergibt sich damit die Gesamtdauer eines Messzyklus zu 4000 (internen) Taktperioden (entspricht 16000 externen Taktperioden), unabhängig von der Größe der Eingangsspannung. Für ca. drei Messungen pro Sekunde wird deshalb eine Taktfrequenz von ca. 50 kHz gewählt.

Um eine maximale Unterdrückung der Netzfrequenzanteile zu erhalten, sollte man das Integrationsintervall so wählen, dass es einem Vielfachen der Netzfrequenzperiode von 20 ms (bei 50-Hz-Netzfrequenz) entspricht. Um diese Eigenschaft zu erreichen, sollte man die Taktfrequenzen von 200 kHz ($t_i = 20$ ms), 100 kHz ($t_i = 40$ ms), 50 kHz ($t_i = 80$ ms) oder 40 kHz ($t_i = 100$ ms) wählen. Es sei darauf hingewiesen, dass bei einer 40-kHz-Taktfrequenz nicht nur die Netzfrequenz von 50 Hz, sondern sich auch weitere Störfrequenzen mit 60 Hz, 400 Hz und 440 Hz wirksam unterdrücken lassen.

Sowohl der Eingangsverstärker als auch der Integrationsverstärker im ICL7107 besitzen eine Ausgangsstufe der Klasse A mit einem Ruhestrom von 100 μA. Sie sind in der Lage, einen Strom von 20 μA mit vernachlässigbarer Nichtlinearität zu liefern.

Der Integrationswiderstand R_{10} sollte möglichst hochohmig sein, um für den gesamten Eingangsspannungsbereich in diesem sehr linearen Bereich arbeiten zu können. Andererseits sollte er so niederohmig sein, um den Einfluss unvermeidbarer Leckströme auf der Leiterplatine nicht signifikant werden zu lassen.

Für einen Eingangsspannungsbereich von $U_e = 2$ V wird ein Wert von 470 kΩ und für 200 mV einer mit 47 kΩ empfohlen.

Der Integrationskondensator C_3 sollte so bemessen sein, dass unter Berücksichtigung seiner Toleranzen der Ausgang des Integrators nicht in den Sättigungsbereich kommt, d.h. der Abstand zu den beiden Betriebsspannungen soll 0,3 V betragen. Bei der Benutzung der „internen Referenz" (Analog Common oder COMM) ist ein Spannungshub von ±2 V am Integratorausgang optimal. Für drei Messungen pro Sekunde werden die Kapazitätswerte von 220 nF beim ICL7106 und 100 nF beim ICL7107 empfohlen. Bei der Wahl einer anderen Taktfrequenz müssen diese Werte geändert werden, um den gleichen Ausgangsspannungshub zu erreichen.

Eine zusätzliche Anforderung an den Integrationskondensator ist ein geringer dielektrischer Verlust, um den „Roll-Over"-Fehler zu minimieren. Polypropylen-Kondensatoren ergeben bei relativ geringen Kosten die besten Ergebnisse.

Der Wert des „Auto-Zero"-Kondensators C_2 hat Einfluss auf das Rauschen des Systems. Bei einem Bereichsendwert der Eingangsspannung von $U_e = 200$ mV, wobei ein geringes Rauschen sehr wichtig ist, wird ein Wert von 0,47 µF empfohlen. In den Anwendungsfällen bei einer Eingangsspannung von $U_e = 2$ V lässt sich dieser Wert auf 47 nF reduzieren, um die Erholzeit von Überspannungsbedingungen am Eingang zu verringern.

Ein Wert von 0,1 µF für den Referenzkondensator C_1 zwischen Pin 33 und 34 zeigt in den meisten Anwendungen die besten Ergebnisse. In solchen Fällen, in denen eine relativ hohe Gleichtaktspannung anliegt, wenn z.B. „REF LOW" und „COMM" nicht verbunden sind, muss man bei einem Eingangsspannungsbereichsendwert von $U_e = 200$ mV einen größeren Wert wählen, um den „Roll-Over"-Fehler zu vermeiden. Ein Wert von 1 µF hält in diesen Fällen den „Roll-Over"-Fehler kleiner als ½ Digit.

Für alle Frequenzen des Oszillators sollte man einen Widerstand von 100 kΩ wählen. Der Kondensator lässt sich nach der Funktion

$$f = \frac{0,45}{R \cdot C}$$

bestimmen. Ein Wert von 100 pF ergibt eine Frequenz von etwa 48 kHz.

Um den Bereichsendwert von 2000 internen Takten zu erreichen, muss eine Eingangsspannung von $U_e = 2 \cdot U_{ref}$ anliegen. Daher muss man für die Referenzspannung des Eingangsspannungsbereichs von $U_e = 200$ mV einen Wert von $U_{ref} = 100$ mV und für $U_e = 2$ V den von $U_{ref} = 1$ V wählen.

2.4.1 Schaltplan für den analogen Teil

Für den analogen Teil des digitalen Voltmeters benötigt man zuerst den ICL7106, den Sie in der Bibliothek von MAXIM finden. Bei der LCD-Anzeige klicken Sie die Bibliothek von DataModul an und die Bezeichnung H1331C. Für die Einstellung der internen Referenzspannungsquelle benötigt man ein 10-Gang-Trimmpotentiometer und das erhalten Sie unter der Bibliothek RESVAR mit der Bezeichnung SP19L. Die Platine wird in einem kleinen Gehäuse untergebracht und daher soll auf der Platine eine Batterie vorhanden sein. In der Bibliothek „Battery" finden Sie unter der Bezeichnung „AB9V" das richtige Bauelement. Der Anschluss der beiden Messklemmen erfolgt über den Typ LSP10, den Sie in der Bibliothek „Solpad" finden.

Für den Schaltplan von *Abb. 2.26* sind noch mehrere Widerstände und Kondensatoren erforderlich, die Sie wieder in den bekannten Bibliotheken finden. Danach sind die Verbindungsleitungen zu legen und die Verbindungspunkte zu setzen.

2.4.2 Schaltplan für den digitalen Teil

Bei dem digitalen Teil können Sie die einzelnen Pins des ICL7106 mit der Flüssigkeitsanzeige direkt verbinden, wobei Folgendes einzuhalten ist:

• 1er-Stelle (xxxX) für den Segmentbus A[0..6]: Ausgänge A1 bis G1 des ICL7106 sind mit den Eingängen 1A bis 1G an der rechten 7-Segment-Anzeige der LCD-Einheit zu verbinden.

• 10er-Stelle (xxXx) für den Segmentbus B[0..6]: Ausgänge A2 bis G2 des ICL7106 sind mit den Eingängen 2A bis 2G der LCD-Einheit zu verbinden.

• 100er-Stelle (xXxx) für den Segmentbus C[0..6]: Ausgänge A3 bis G3 des ICL7106 sind mit den Eingängen 3A bis 3G der LCD-Einheit zu verbinden.

• 1000er-Stelle (Xxxx) für den Segmentbus D[0..2]: Ausgang AB (Pin 19) des ICL7106 ist mit dem Eingang BC (Pin 3) der LCD-Einheit zu verbinden.

• Polarität: Minus-Ausgang (Pin 20) des ICL7106 ist mit Eingang „-" (Pin 2) der LCD-Einheit zur verbinden.

• Backplane: BP-Ausgang (Pin 21) des ICL7106 ist mit den beiden COM-Eingängen (Pin 1 und Pin 40) der LCD-Anzeige zu verbinden. Der Backplane-Ausgang dient zur rechteckförmigen Ansteuerung der Flüssigkeitsanzeige. Wird an die Anzeige eine Gleichspannung gelegt, kommt es zu einem elektrolytischen Effekt, der das Bauelement unweigerlich zerstört.

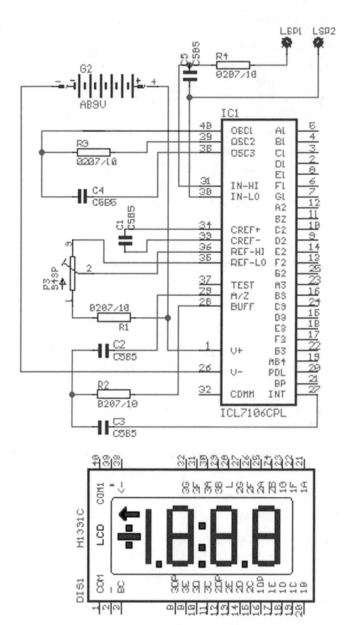

Abb. 2.26: Schaltplan für den analogen Teil mit dem ICL7106

In der Anzeige sind noch Dezimalpunkte 1DP (Pin 16), 2DP (Pin 12) und 3DP (Pin 8) vorhanden, die aber nicht angeschlossen werden dürfen. Dies gilt auch für den Pfeil (Pin 38) und für die beiden Doppelpunkte von Pin 28 und Pin 39.

Um einen übersichtlichen Schaltplan zu erhalten, wird jetzt mit dem BUS-Befehl gearbeitet. Klicken Sie dieses Icon für den BUS-Befehl an, können Sie eine komplette, etwas breitere Buslinie zeichnen und die Anschlussleitungen sind einfach anzuklicken. Geben Sie bitte folgenden Text in die Parameter-Toolbar ein:

BUS:A[0..6],B[0..6],C[0..6],D[0..2]

Legen Sie die Busleitung so, wie *Abb. 2.27* zeigt.

Klicken Sie, wenn Sie nicht sicher sind, den Info-Icon an und dann die Busleitung. Sie erhalten direkte Informationen über Ihre eingegebenen Daten.

Jetzt kommt der NET-Befehl zum Zeichnen von Netzen im Schaltplan. Mit dem NET-Befehl zeichnet man Einzelverbindungen in den Net-Layer eines Schaltplans. Der erste Mausklick gibt den Startpunkt des Netzes an, der zweite setzt die Linie ab. Ein weiterer Mausklick an der gleichen Stelle legt den Endpunkt fest, wenn man mit einem Bussystem arbeitet.

In *Abb. 2.28* ist bereits der Pin 5 vom Segmentausgang A1 mit dem Bussystem verbunden. Wenn Sie den Pin 4 (B1) anklicken, ist der Startpunkt gesetzt. Jetzt klicken Sie das bereits gezeichnete Bussystem an, es erscheint das Popup-Menü mit den vier Busnamen für jede Anzeige und dann noch die sieben Busleitungen für die einzelnen Segmente. Da der Netzname bereits vergeben ist, müssen Sie nur nach und nach die einzelnen Segmentausgänge auf das Bussystem schalten, bis das Anschlussschema von *Abb. 2.29* vorhanden ist.

Durch die Vergrößerung des Schaltplans erhält man die Einzelheiten der Schaltung, wie *Abb. 2.30* zeigt. Man erkennt in der 7-Segment-Anzeige die Bezeichnungen der einzelnen Segmente mit den Buchstaben von a bis g. Links von den 7-Segment-Anzeigen befinden sich die Dezimalpunkte. Zwischen der 10er- und der 100er-Stelle ist ein Doppelpunkt angeordnet, der erforderlich ist, wenn diese Anzeige für eine Digitaluhr mit 12-Stunden-Anzeige eingesetzt wird.

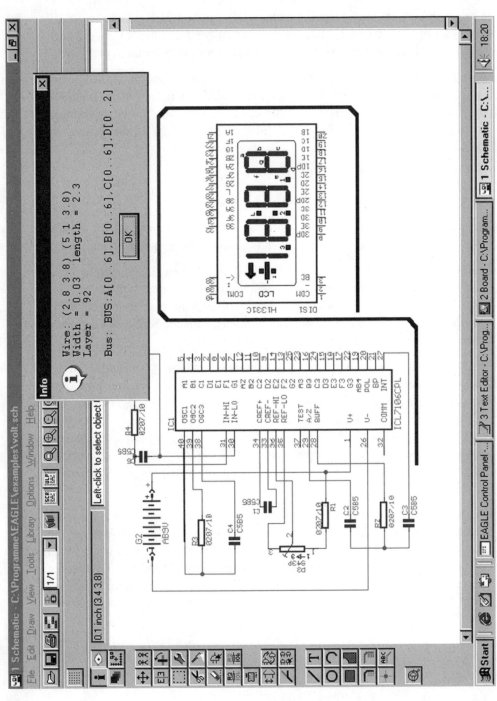

Abb. 2.27: Verlegung der Busleitung zum Zeichnen eines kompletten Bussystems für die Verbindungsleitungen zwischen dem ICL7106 und der LCD-Einheit

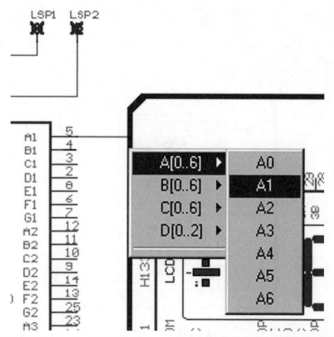

Abb. 2.28: Arbeitsweise des NET-Befehls, wenn ein Pin mit dem Bussystem verbunden wird

2.4.3 Umwandlung des Schaltplans in die Platine

Die Umwandlung des Schaltplans in ein Platinenlayout verläuft wieder nach dem bekannten Schema. *Abb. 2.31* zeigt die Anordnung der Bauelemente, bevor diese auf der Platine durch den Move-Befehl verschoben werden.

Eigentlich ist die Anordnung der Bauelemente auf der Platine kein Problem, wenn mit einer doppelseitig kaschierten Leiterplatte gearbeitet wird. Bei einer einfach kaschierten Platine ergeben sich aber durch die zahlreichen Verbindungslinien größere Probleme, die Sie jetzt nach und nach untersuchen können.

Wenn man sich die Luftlinien von *Abb. 2.32* betrachtet, erkennt der Fachmann bereits, dass eine vollständige Auflösung durch den Autorouter kaum möglich ist.

Nach ca. 35 Sekunden (Wert ist von der Verarbeitungsgeschwindigkeit des PCs abhängig) erhält man ein Ergebnis von 65,9 %. Man erkennt deutlich die noch vorhandenen Luftlinien und *Abb. 2.33* zeigt das Ergebnis der Auflösung

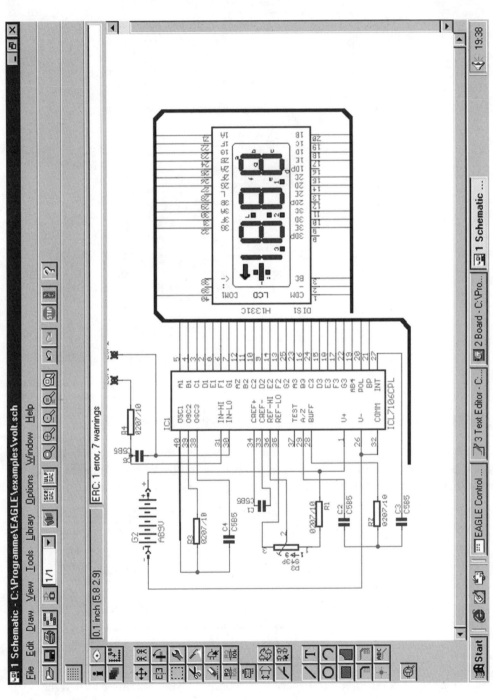

Abb. 2.29: Komplettes Bussystem zwischen dem Baustein ICL7106 und der LCD-Anzeige. Die Fehlermeldung entstand, da der COM-Anschluss zuvor noch nicht mit Masse verbunden war

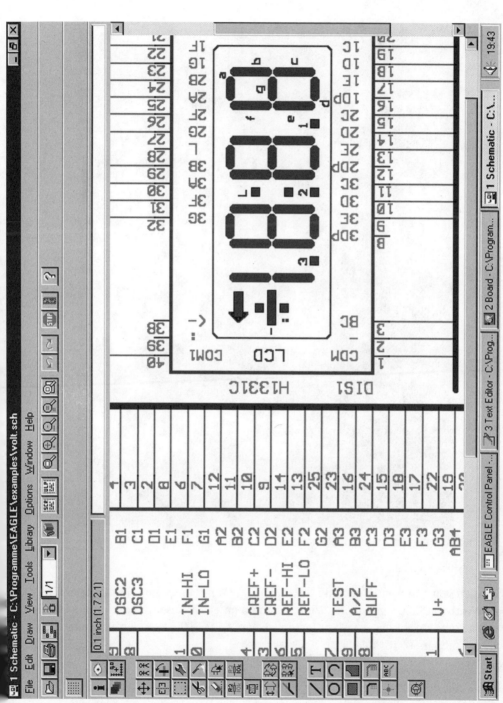

Abb. 2.30: Vergrößerung des Schaltplans, damit Einzelheiten sichtbar werden

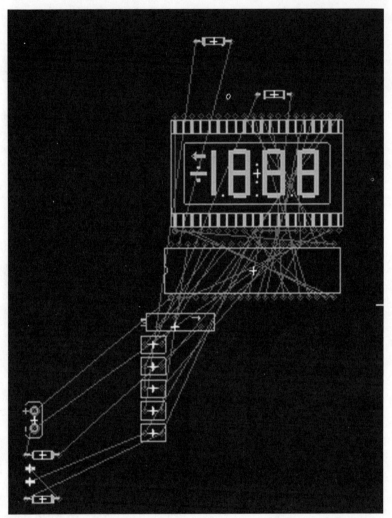

Abb. 2.31: Standorte der Bauelemente, unmittelbar nach dem Board-Befehl

durch den Autorouter nach 35 Sekunden, wenn mit einer Leiterbahnverlegung (Wire) von 0,008 gearbeitet wird. Würde man ein zweiseitig kaschiertes Layout vom Autorouter erstellen lassen, dauert es ca. 10 Sekunden und man hat ein Ergebnis von 100 %.

Wenn man jetzt die Leiterbahnverlegung (Wire) von 0,008 auf 0,004 reduziert und mit der Standardeinstellung arbeitet, lässt sich nach 80 Sekunden ein Ergebnis von 75,0 % erzielen, vorausgesetzt, die Bauelemente wurden entspre-

Abb. 2.32: Beispiel für eine unkontrollierte Anordnung der Bauelemente auf einer einseitig kaschierten Platine

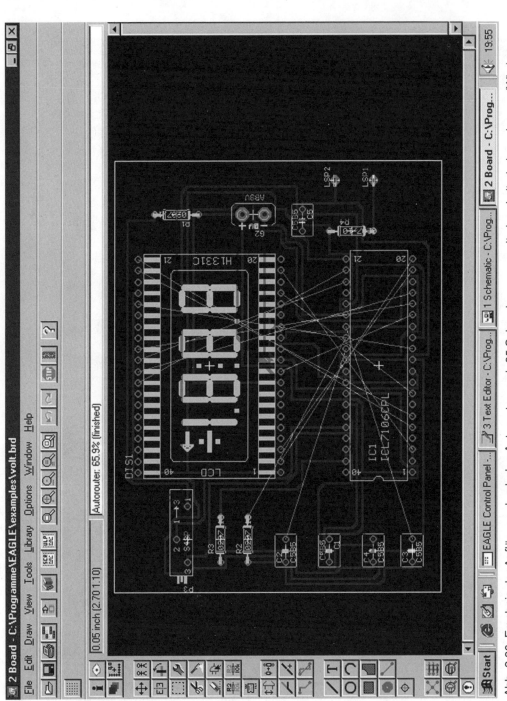

Abb. 2.33: Ergebnis der Auflösung durch den Autorouter nach 35 Sekunden, wenn mit einer Leiterbahnverlegung (Wire) von 0,008 gearbeitet wird

chend verschoben. *Abb. 2.34* zeigt das Ergebnis der Auflösung, wenn mit einer Leiterbahnverlegung (Wire) von 0,008 gearbeitet wird.

Das Problem bei dieser Platine sind die zahlreichen Verbindungslinien und der geringe Platzbedarf. Wenn zwischen dem ICL7106 und der Flüssigkeitskristallanzeige ein größerer Platz vorhanden wäre, könnte man 100 % erreichen. Auch können Sie die Anzeige um 90° rotieren lassen und erreichen ein ähnliches Ergebnis.

2.4.4 Einfügen von Drahtbrücken

Bevor mit Drahtbrücken gearbeitet wird, soll die LCD-Einheit um 90° gedreht werden, wie *Abb. 2.35* zeigt.

Durch den Autorouter lässt sich nun ein Ergebnis von 97.8 % erreichen, wobei mit „normalen" Werten gearbeitet wurde. Es ist nur noch eine Luftlinie vorhanden, die Pin 16 (B3) des ICL7106 mit dem Pin 29 der LCD-Einheit verbindet. Nun ist auf den Schaltplan zurückzuschalten und die Verbindung zwischen den beiden Schaltkreisen aufzutrennen, wie *Abb. 2.36* zeigt.

Ohne Nachbearbeitung tritt sofort ein elektrischer Fehler auf, denn alle nichtangeschlossenen Pins werden vom CAD-Programm erkannt und entsprechend den elektrischen Regeln ausgegeben. Die beiden Linien sind einfach etwas zu verlängern und mit einem Markierungspunkt zu kennzeichnen.

Wenn Sie jetzt den Board-Befehl ausführen, werden diese beiden Markierungspunkte im Platinenlayout gesetzt. Jetzt ist der eine Markierungspunkt mit dem Pin 16 zu verschieben und anschließend zu verbinden. Gegenüber den Leiterbahnen ist dann der nächste Punkt zu setzen und mit Wires (Linien) mit dem Pin 29 zu verbinden, wie *Abb. 2.37* zeigt.

Zum manuellen Verlegen der Verbindung schaltet man das Raster ein. Mit dem Grid-Befehl definiert man, ob und wie das Raster auf dem Bildschirm dargestellt wird. Außerdem legt dieser Befehl die verwendete Rastereinheit fest. Klicken Sie den Icon an, erscheint das Raster und Sie können problemlos die Leitung verlegen.

Tritt während der Verlegung eine Kreuzung mit einer anderen Leitungsbahn auf, so ist diese durch den Ripup-Befehl in eine Luftlinie umzuwandeln. Auf diese Weise dominiert die manuell verlegte Leitung, wenn der Autorouter aufgerufen wird. Wenn Sie mit den Änderungen fertig sind, klicken die „RATSNEST" an und die Luftlinien werden neu berechnet. Damit berechnet das Pro-

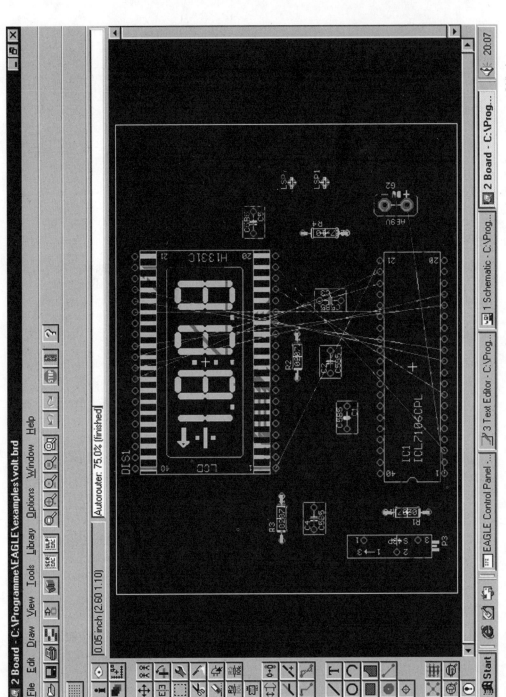

Abb. 2.34: Ergebnis der Auflösung durch den Autorouter nach 80 Sekunden, wenn mit einer Leiterbahnverlegung (Wire) von 0,008 gearbeitet wird

Abb. 2.35: Realisierung des Platinenlayouts, wenn die LCD-Einheit mit dem Move-Befehl um 90° gedreht wurde

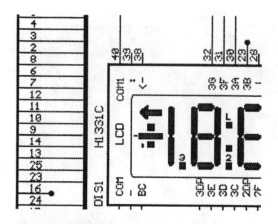

Abb. 2.36: Auftrennung der Busverbindung zwischen Pin 16 (B3) des ICL7106 und dem Pin 29 der LCD-Einheit

Abb. 2.37: Setzen der Markierungspunkte am Pin 16. Die Verbindungsleitung vom unteren Markierungspunkt zum Pin 29 erfolgt durch manuelles Verlegen der Leitung

gramm wieder die kürzesten Verbindungen. Jetzt können Sie den Autorouter aufrufen und erreichen mit größter Wahrscheinlichkeit einen Wert von 100 %.

Wichtig für die Nachbearbeitung des Platinenlayouts ist das Platzieren von Durchkontaktierungen in Platinen mit dem VIA-Befehl. Durch diesen Befehl lässt sich der Markierungspunkt auf der Platine entsprechend gestalten. Es lassen sich folgende Formen aufrufen:

- Square => quadratisch
- Round => rund
- Octagon => achteckig.

Die Auswahl zwischen den Formen erfolgt direkt über die Parameter-Toolbar, wie *Abb. 2.38* zeigt.

Die Eingabe des Durchmessers vor dem Platzieren ändert die Größe der Durchkontaktierung. Der Durchmesser wird in der aktuellen Maßeinheit angegeben und er darf maximal 0,51602 Zoll (≈ 13,1 mm) betragen. Die eingege-

Abb. 2.38: Parameter-Toolbar für die Durchkontaktierungen mit dem Außendurchmesser (Diameter) und dem Bohrdurchmesser (Drill)

bene Größe bleibt für nachfolgende Operationen so lange erhalten, bis ein neuer Wert eingegeben wird. Der Bohrdurchmesser entspricht dem Durchmesser, der für Pads eingestellt ist. Er lässt sich entsprechend ändern. Wenn Sie den Pfeil links vom Fenster anklicken, öffnet sich ein Popup-Menü mit zahlreichen Werten, die bestimmte Vorgaben beinhalten.

Durch den MARK-Befehl (oben links im Viererblock) lässt sich eine Marke in der Zeichenfläche definieren, wie *Abb. 2.39* zeigt. Die Koordinaten relativ zu diesem Punkt werden in der gegenwärtig eingestellten Einheit (GRID) links

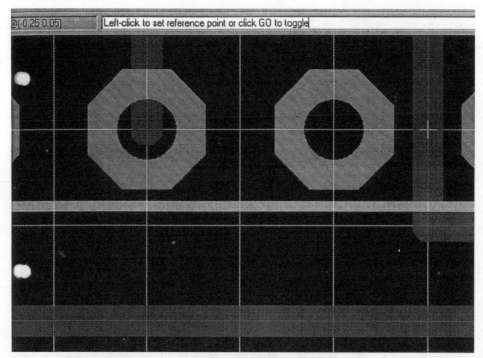

Abb. 2.39: MARK-Befehl, mit dem sich ein Punkt in der Zeichenfläche definieren lässt, der als Bezugspunkt zum Ausmessen von Strecken dient

oben auf dem Bildschirm mit vorangestelltem @-Zeichen angezeigt. Der Bezugspunkt wird als weißes Kreuz gekennzeichnet. Um genau messen zu können, sollten Sie vorher ein Raster einstellen, das fein genug ist.

2.4.5 Leiterbahnverlegung durch „clever mogeln"

Wenn Sie einige Zeit mit der Verschiebung der Bauelemente experimentieren und die Abmessungen entsprechend vergrößern, kommen Sie auf ein Ergebnis von 100 %. Der Fachmann setzt hier einfachheitshalber „0-Ω-Widerstände" ein, d.h. in dem Schaltbild werden mehrere Widerstände („virtuelle" Bauelemente) platziert und dann nicht als verdrahteter Widerstand ausgeführt, sondern als Drahtbrücke. Drahtbrücken bezeichnet man als „0-Ω-Widerstände".

Die Einfügung der Drahtbrücken in eine Schaltung definiert man als Leiterbahnverlegung durch „clever mogeln". Die Widerstände werden zwischen der Anzeige und dem Bussystem eingefügt, wie *Abb. 2.40* zeigt. Während des Routens verlegt das Programm unter den Drahtbrücken ungehindert die Leiterbahnen. Das Verlegen der Drahtbrücken ist in der Fertigung auch kein Problem.

Bei dem Platinenlayout von *Abb. 2.41* erkennt man deutlich die fünf „0-Ω-Widerstände". Drei der Drahtbrücken befinden sich oberhalb des ICL7106, eine

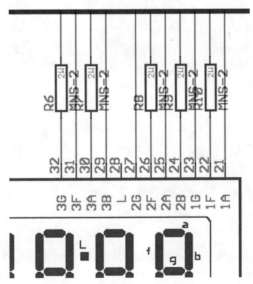

Abb. 2.40: Einfügung von „0-Ω-Widerständen" (Drahtbrücken) in die Schaltung

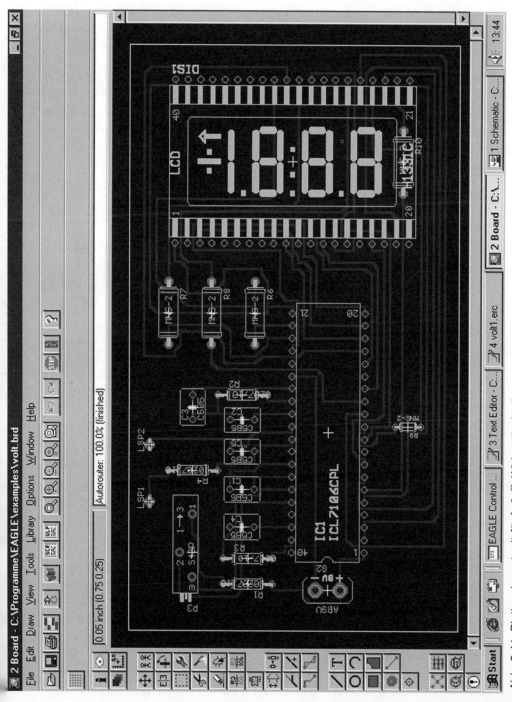

Abb. 2.41: Platinenlayout mit fünf „0–Ω–Widerständen"

unterhalb und eine unter der LCD-Einheit. Das Problem sind die mechanischen Abmessungen der verdrahteten Widerstände, denn welcher Abstand ist zwischen den beiden Anschlüssen vorhanden?

EAGLE kennt zum schnellen Ändern der Bauelemente im Platinenlayout den REPLACE-Befehl. Entweder Sie rufen diesen über das Edit-Fenster auf oder Sie klicken den richtigen Icon an. Der REPLACE-Befehl kennt zwei verschiedene Betriebsarten, die mit dem SET-Befehl eingestellt werden. In beiden ist es möglich, ein Bauelement auf der Platine durch ein anderes aus einer beliebigen Bibliothek zu ersetzen.

Die erste Betriebsart wird mit

SET REPLACE_SAME NAMES;

aktiviert und diese ist bereits durch die Voreinstellung gegeben. In dieser Betriebsart kann man einem Element in einer Schaltung ein anderes Package zuweisen, bei dem gleiche Pad- und Smd-Namen vorhanden sind. Die Lage der Anschlüsse im neuen Package ist beliebig.

Die zweite Betriebsart wird mit

SET REPLACE_SAME COORDS;

aktiviert. Sie erlaubt es, einem Element in einer Schaltung ein anderes Package zuzuweisen, bei dem auf den gleichen Koordinaten (relativ zum Ursprung des Package) Pads oder Smds liegen müssen. Die Namen dürfen unterschiedlich sein.

In beiden Betriebsarten gilt: Das neue Package kann aus einer anderen Bibliothek sein, es darf zusätzliche Pads und Smds enthalten. Anschlüsse des alten Package, die mit Signalen verbunden sind, müssen entsprechend auch im neuen Package vorhanden sein. Das neue Package darf auch weniger Anschlüsse aufweisen, solange diese Bedingung erfüllt ist.

In *Abb. 2.40* wurden fünf verdrahtete Widerstände vom Typ 0204/5 verwendet, d.h. der Abstand zwischen den beiden Anschlussbohrungen liegt bei 5 mm. Wenn Sie den Autorouter starten, erkennen Sie, dass unterhalb dieses Bauelements maximal zwei Leiterbahnen verlaufen können. Müssen Sie nun einen Widerstand ändern, so sind zuerst mit dem Ripup-Befehl die verlegten Leiterbahnen in Luftlinien umzuwandeln. Wenn Sie einen anderen Abstand benötigen, aktivieren Sie zuerst den REPLACE-Befehl und es öffnet sich die Bibliothek. Jetzt können Sie einen anderen verdrahteten Widerstand auswählen und klicken dann den Widerstand an, den Sie verändern wollen. Dieser Widerstand übernimmt sofort die neuen mechanischen Abmessungen.

Nach dem Auswechseln des Widerstands können Sie wieder den Autorouter starten und erreichen das Platinenlayout von *Abb. 2.41.* Sie können jederzeit die Widerstände in Abb. 2.40 ändern, z.B. andere Anschlüsse zu der LCD-Einheit herstellen, bis Sie nur noch einen einzigen „0-Ω-Widerstand" benötigen.

2.5 Aktive Universalfilterschaltung mit Netzgerät

Die Wirkungsweise von passiven Filterschaltungen lässt sich durch den Einsatz von Operationsverstärkern erheblich verbessern. Mit Hilfe von Operationsverstärkern und verschiedenen RC-Kombinationen können aktive Filterschaltungen mit gewünschten Bandbreiten und Flankensteilheiten aufgebaut werden.

In der Praxis wird zwischen mehreren Filterklassen unterschieden:

- analoge Filter (aktiv oder passiv),
- geschaltete oder kontinuierliche IC-Filter,
- analoge Abtastfilter aus der computerunterstützten PC-Messtechnik mit nachfolgender Umsetzung mittels AD-Wandler, Speicherung des Messergebnisses auf einer Festplatte mit anschließender Berechnung und Ausgabe auf einem Bildschirm oder Drucker,
- digitale Filter in Verbindung mit den Funktionen der Computertechnik bzw. den Signalprozessoren und
- mechanische Filter, bei denen ein elektromechanischer Energiewandler in den einzelnen Baugruppen eingesetzt wird.

Eine weitere Unterteilung der einzelnen Klassen in verschiedene Untergruppen ist für den Praktiker interessant, wie die Anwendungen in dem Elektronik-Labor Teil 3 (Franzis-Verlag) zeigen.

Der Einsatz aktiver und analoger Filterschaltungen ist heute kein Problem, da die Signale amplituden- und zeitkontinuierlich von der nachfolgenden Elektronik verarbeitet werden. Bei den analogen Abtastfiltern lassen sich die Signale amplitudenkontinuierlich und zeitdiskret in Verbindung mit einem PC-System verarbeiten. In den digitalen Filtern wird die Eingangsspannung amplituden- und zeitdiskret verarbeitet, entweder langsam durch diverse Standard-Mikroprozessoren oder sehr schnell in einem Signalprozessor, der speziell für diese Funktionen ausgelegt ist. Während für aktive Filterschaltungen der Schaltungsaufwand unter 10.- DM liegt, wird bei anderen Verfahren schnell die Grenze von 10.000.- DM, je nach Hard- und Software, erreicht.

Passive Hoch- und Tiefpassfilter lassen sich durch drei Kenngrößen beschreiben:

- durch die Grenzfrequenz (das ist die Frequenz, bei der sich die Amplitude in der Übertragungsfunktion um 3 dB reduziert hat),
- durch die Ordnungszahl,
- durch den Filtertyp.

Die Ordnungszahl n des Filters wird vom Filtertyp der entsprechenden Spannungsreduzierung im Amplitudengang des Sperrbereichs der Grenzfrequenz bestimmt. Es gilt: (n · 20 dB/Dekade). Der Filtertyp bestimmt dagegen den Verlauf des Amplitudengangs in der Umgebung der Grenzfrequenz und im Durchlassbereich. Durch den Filtertyp lässt sich der Frequenzgang nach verschiedenen Gesichtspunkten optimieren. Die Schaltungen aller Filtertypen sind identisch. Der gewünschte Filtertyp wird lediglich durch eine unterschiedliche Dimensionierung der einzelnen RC-Werte eingestellt.

Bei den aktiven RC-Filtern unterscheidet man im Wesentlichen zwischen vier Typen:

- Gauß-Filter
- Bessel-Filter
- Butterworth-Filter
- Tschebyscheff-Filter.

Für die schaltungstechnische Realisierung aktiver Filter in Verbindung mit Operationsverstärkern gibt es zahlreiche Möglichkeiten, wobei entweder die Einfach- oder die Mehrfachgegenkopplung bzw. die Einfachmitkopplung verwendet werden. Legt man die OP-Schaltung mit einer Gegenkopplung oder Mitkopplung aus, weisen die Filterschaltungen alle gleiches Frequenzverhalten auf. Die Toleranzen der einzelnen Bauelemente müssen in der Praxis kleiner als ±1 % sein, andernfalls müssen für den Abgleich entsprechende Einsteller verwendet werden.

Filterschaltungen sind Vierpole, die überwiegend aus frequenzabhängigen Widerständen bestehen, wobei im Wesentlichen fünf Filterschaltungen bekannt sind:

- Tiefpassfilter
- Hochpassfilter
- Bandpassfilter
- Bandsperrfilter
- Allpassfilter.

Die vier ersten Filterschaltungen sollen die Signale in bestimmten Frequenzbereichen möglichst wenig bedämpfen und hierbei handelt es sich um den Durchlassbereich der Filterkurve. Wenn bestimmte Frequenzbereiche möglichst stark bedämpft werden sollen, befindet man sich im Sperrbereich der Filterkurve. Durch ein Filter hat man die Möglichkeit, aus einem vorhandenen Frequenzspektrum bestimmte Frequenzen herauszufiltern. Das Allpassfilter ist dagegen nicht frequenzabhängig, wodurch das gesamte Frequenzspektrum diese Schaltung passieren kann. Wichtig bei diesem Filtertyp ist nur die Signallaufzeit oder die Verzögerungszeit zwischen dem Ein- und Ausgangssignal.

Filter wirken auf elektrische Signale in verschiedener Hinsicht und haben Einfluss auf

- die Signalamplitude
- die Signalform (zeitlicher Verlauf)
- die Laufzeit (Signalverzögerung).

Bei reinen Sinusspannungen verändern lineare Filter die Spannungsform kaum. In Abhängigkeit der Frequenz f oder der Kreisfrequenz $\omega = 2 \cdot \pi \cdot f$ ändern sie aber das Amplitudenverhältnis zwischen Eingangs- und Ausgangsspannung $a = U_2/U_1$ bzw. U_a/U_e, sowie der Phasenwinkel zwischen Eingangs- und Ausgangsspannung mit $\varphi = \tan U_2/U_1$. Bei modulierten Sinusspannungen ist außerdem die Gruppenlaufzeit $\tau = d\,\beta/d\,\omega$ zu beachten, wobei β der Übertragungswinkel ist. Bei schnellen Spannungsänderungen, wie bei Rechteckimpulsen, spielen die Zeit der Anstiegsgeschwindigkeit und die Einstellzeit eine wichtige Rolle.

Normalerweise werden Filter in Bezug auf ihr Frequenzverhalten beurteilt und dementsprechend bezeichnet. Man unterscheidet zwischen Tiefpass, Hochpass, Bandpass und Bandsperre, je nach ihrem frequenzabhängigen Übertragungsverhalten. Die komplexe Übertragungsfunktion beschreibt dabei vollständig das Filter. Aus ihr lassen sich das Amplitudenübertragungsmaß a, der Übertragungswinkel β und die Gruppenlaufzeit τ berechnen. Der Wert „a" wird rechnerisch und zeichnerisch in einem Diagramm in Abhängigkeit der Frequenz angegeben. Da die Frequenz einen großen Wertebereich umfassen kann, empfiehlt sich die zeichnerische Darstellung des Übertragungsverhaltens von Filtern für eine „normierte" Darstellung. Dabei wird auf der Frequenzachse das dimensionslose Verhältnis der Frequenz zu einer Bezugsfrequenz aufgetragen, wobei man sich zweckmäßigerweise auf die Grenz-, Eck- bzw. Mittenfrequenz des jeweiligen Filters bezieht.

Für die Berechnung und Handhabung von Vierpolen und Filtern sind einige Definitionen wichtig:

- Übertragungsfunktion: Die Übertragungsfunktion U_2/U_1 ist das komplexe Verhältnis der Ausgangsspannung U_2 im Leerlauf zur angelegten Eingangsspannung U_1.

- Amplitudengang: Als Amplitudengang bezeichnet man die Abhängigkeit der Übertragungsfunktion von der Frequenz.

- Phasengang: Als Phasengang bezeichnet man die Frequenzabhängigkeit des Phasenwinkels φ.

Ein-Verstärker-Filter nach Sallen-Key sind zeit- und amplitudenkontinuierliche Analogfiltersysteme, die Amplituden- oder Phasenspektren eines Signals eingrenzen. Analogfilter mit identischem Verhalten können durch verschiedenartig aktive Schaltungen realisiert werden. Bei der Kaskadierung aktiver Filter wird die Impedanzbelastung vor- und nachgeschalteter Filterstufen entkoppelt und damit die Entwicklung von Filtern höherer Ordnungsgrade erleichtert. Die nutzbare Bandbreite der Analogfilter lässt sich durch aktive Bauelemente begrenzen.

Geschaltete Kapazitätsfilter werden oft als Analogsysteme betrachtet, sind jedoch streng genommen zeitdiskrete Systeme mit ähnlichen Strukturen wie Analogfilter. SC-Filter (Switched-Capacitor-Filter) ersetzen lediglich Widerstände aktiver Filter durch Kondensatoren und getaktete Schalter. So werden „Ladungspakete" mit einer Geschwindigkeit proportional zur Taktrate des Analogschalters weitergegeben, entsprechend der Wirkung eines Widerstands. Um diesen zeitdiskreten Vorgang dem Analogsignal gegenüber transparent zu gestalten, werden die Ladungsschalter mit einer weit höheren Rate (50 bis 100-fach) als die maximale Signalfrequenz getaktet. Das Verhalten von integrierten SC-Filtern ist von der Toleranz der Kapazitätswerte und der Taktfrequenzstabilität abhängig. Dadurch eignet sich das Verfahren für die monolithische Integration. Wegen der Möglichkeit, SC-Filter in CMOS-Technologie zu integrieren, erfreuen sich die SC-Filter besonderer Beliebtheit bei den Anwendern.

Im Unterschied zu SC-Filtern ist mit integrierten RC-Filtern eine derart hohe Genauigkeit nicht realisierbar. Da SC-Filter aber Abtastsysteme sind, müssen gewisse Einschränkungen bezüglich Signalbandbreite und Dynamik hingenommen werden. In der Praxis muss man häufig ein Antialiasing-Filter vorschalten, um die Nyquistgrenze einzuhalten. Außerdem sind auch üblicherweise nachgeschaltete Glättungsfilter erforderlich.

Analogfilter weisen gegenüber SC-Filtern folgende Vorteile auf: verbesserter Signal-Rauschabstand, höhere Bandbreite, Vermeidung elektromagnetischer Einstreuungen, kein erforderliches Taktsignal, genau abstufbare Filtercharakteristik, kein Antialiasing-Filter bzw. kein Glättungsfilter und geringere Offsetspannungen bei Verwendung bipolarer Operationsverstärker sind erforderlich.

Digitale Filter gewinnen in den letzten Jahren zunehmend an Bedeutung wegen ihrer großen Flexibilität. Trotzdem sind bei der Anwendung bestimmte Grenzen gesetzt.

Vorteile von Analogfiltern gegenüber den digitalen Filtern sind: weniger aufwändig bei der technischen Realisierung, da Antialiasing-Filter, Abtast-Halte-Glieder, AD-Wandler, DA-Wandler und DSP-Schaltkreise nicht erforderlich sind, eine Kompensation von Abtasteffekten wird nicht benötigt und es ist kein spezielles Entwicklungssystem notwendig.

Digitale Filter und SC-Filter weisen aber auch Vorteile gegenüber Analogfiltern auf. Insbesondere gilt dies für die digitalen Filterschaltungen in integrierter Technik. Es sind konstantere Gruppenlaufzeiten möglich, und höhere Ordnungsgrade sind genauer reproduzierbar. Es besteht auch eine Unabhängigkeit von Temperatur- und Alterungsdrift oder Exemplarstreuungstoleranzen. Außerdem sind adaptive Filter realisierbar.

Die Ein-Verstärker-Filter (EVF) enthalten nur einen Spannungsverstärker im Vergleich zu Mehr-Verstärker-Filtern (MVF). Das „Sallen-Key"-Filter ist wahrscheinlich das gebräuchlichste aktive Analog-EVF, da es einfach zu entwickeln ist. Die biquadratische Funktion (Zähler und Nenner der Übertragungsfunktion sind Polynome 2. Grades) wird mit Hilfe eines Spannungsverstärkers, vier Widerständen und zwei Kondensatoren realisiert. Durch den Austausch der Widerstände mit den Kondensatoren und umgekehrt wird das „Sallen-Key"-Filter zum Tiefpass, Hochpass, Bandpass und zur Bandsperre.

Nachteile des Sallen-Key-Filters sind eine hohe Empfindlichkeit des Filters gegenüber den Operationsverstärkern, die Begrenzung auf Filter niedriger Güte (Q < 5), da die Leerlaufverstärkung von Operationsverstärkern $V_0 = \infty$ ergibt und diese praktisch nicht steuerbar ist.

Das „Friend"-Universalfilter, auch ein EVF, ist den gerade aufgezählten Nachteilen des Sallen-Key-Filters gegenüber etwas günstiger. Dieses Filter ist jedoch auch nicht steuerbar. Hochpass, Bandpass und Bandsperre werden mit identischen Strukturen realisiert. Ein Tiefpass lässt sich jedoch nicht aufbauen. Eine höhere Anzahl passiver Bauelemente ist ein Nachteil gegenüber dem Sallen-Key-Filter.

Multiverstärkerfilter sind flexibler und weisen etliche Vorteile gegenüber den EVF-Schaltungen auf. Zwei MVF-Strukturen, die eine biquadratische Funktion implementieren, sind das „State-Variable"-Filter und die „Tow"-Schaltung. Beide werden als Universalfilter bezeichnet, da sich die drei Funktionen wie Hochpass, Bandpass und Bandsperre mit der gleichen Schaltung aufbauen lassen.

Das State-Variable-Filter (SVF) besteht aus einem invertierenden Summierer mit zwei in Reihe geschalteten Integratoren mit Gegenkopplung. Ein zweiter Rückkopplungspfad besteht zwischen dem Ausgang des ersten Integrators zum Filtereingang und dabei wird das Signal entsprechend bedämpft.

Das 4-Verstärker-State-Variable-Filter besitzt einen zusätzlichen invertierenden Verstärker in der inneren Rückkopplungsschleife, wodurch getrennte Dämpfungs- und Verstärkungseinstellungen möglich sind. Alle Verstärker arbeiten im invertierenden Betrieb, also immer in der Gegenkopplung.

Die kompakte Form des 4-Verstärker-SVF ist die 3-Verstärker-Ausführung, welche in der Praxis sehr häufig eingesetzt wird, da diese wenige Bauteile benötigt und die Abhängigkeit zwischen Dämpfung und Verstärkung meist an anderer Stelle ohne großen Aufwand ausgeglichen werden kann. Der Differenzverstärker am Eingang reagiert auf Gleichtaktsignale, weshalb sich bei der Auswahl der Operationsverstärker häufig Probleme ergeben.

Beide Varianten des State-Variable-Filters bieten Ausgänge für Hochpass-, Bandpass- und Tiefpass-Funktionen. Das „Tow"-Universalfilter besteht prinzipiell aus einem „leckenden" Integrator in Reihe mit einem Umkehrintegrator. Der invertierende Verstärker ist nur dazu da, um die Signalinvertierung des Integrators zu kompensieren, d.h. sein Ausgang ist zum Eingang rückgekoppelt. Durch eine weitere Beschaltung mit einem Addierer werden Hochpass, Bandsperre und Allpass erzeugt.

Universalfilter bestehen im Allgemeinen aus drei oder vier Operationsverstärkern, die als Summierverstärker oder Integratoren geschaltet sind. Sie stellen mindestens einen Hochpass-, Tiefpass- und Bandpassausgang zur Verfügung. Die Blockschaltung von *Abb. 2.42* zeigt die hier verwendeten Filtereinheiten.

Wie man sieht, werden hier zwei invertierende Integratoren verwendet, deren RC-Kombination die Grenzfrequenz bestimmt. Der Summierverstärker ist je nach Filter aus ein oder zwei Operationsverstärkern aufgebaut, die die Güte und die Verstärkung bestimmen.

Der Vorteil dieser Filterstruktur liegt darin, dass sich die Grenzfrequenz, die Güte und die Verstärkung unabhängig voneinander durch Widerstandsänderungen in weiten Grenzen linear mit dem Widerstandswert einstellen lassen. Der zweite Vorteil ergibt sich durch die Tatsache, dass alle Filterparameter für jeden Ausgang identisch sind, d.h. der Hochpass hat die identische Grenzfrequenz, Güte und Verstärkung wie der Tiefpass bzw. der Bandpass. Im Vergleich mit den kapazitätsgeschalteten Filtern besitzt diese Filterstruktur den Vorteil, dass sie nicht zeitdiskret arbeitet. Dadurch benötigen sie kein weiteres analoges Antialiasing-Filter im Eingang und auch keines im Ausgang.

Ein Nachteil dieser Filter darf aber nicht verschwiegen werden: Bedingt durch die große Anzahl von Operationsverstärkern addieren sich deren Fehler speziell bei Filtern höherer Ordnung in einer nicht zu vernachlässigenden Art und Weise. Die Folge davon sind unter anderem Frequenzgangfehler, die je nach Anforderung kompensiert werden müssen. Ein weiterer Nachteil ist der hohe schaltungstechnische Aufwand, der sich aber durch Verwendung von Universalfilter-Schaltkreisen, wie dem UAF42, in Grenzen hält.

Ein Universalfilter 2. Ordnung mit vier Operationsverstärkern ist in *Abb. 2.43* gezeigt. Was das Filter interessant macht, ist die universelle Verwendbarkeit. Je nach Operationsverstärkerausgang erhält man einen Hochpass (Ausgang von A_2), einen Tiefpass (Ausgang von A_4), eine Bandsperre (Ausgang von A_1) oder einen Bandpass (Ausgang von A_3).

Durch die Dimensionierung der Widerstände und Kondensatoren ergeben sich Grenzfrequenzen von 3 kHz. Vergrößert man die Kapazitäten der Kondensatoren von 5,6 nF auf 16 nF, erhöhen sich die Grenzfrequenzen auf 10 kHz. Die Grenzfrequenzen errechnen sich aus

$$f_g = \frac{1}{2 \cdot \pi \cdot R \cdot C}$$

wenn die Werte der Widerstände und Kondensatoren gleich groß gewählt wurden.

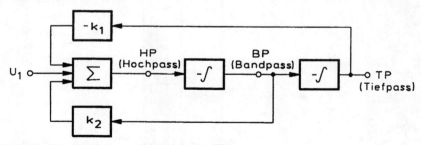

Abb. 2.42: Prinzipschaltung eines Universalfilters

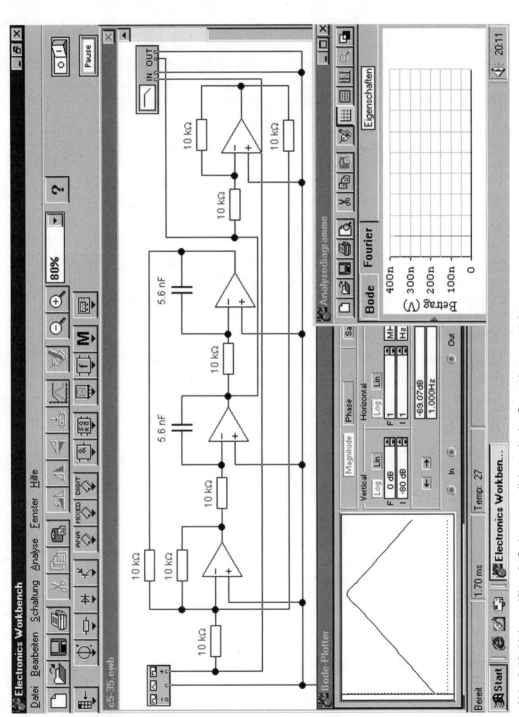

Abb. 2.43: Universalfilter 2. Ordnung, realisiert mit vier Operationsverstärkern

2.5.1 Erstellung der Schaltung

Die Schaltung besteht im Wesentlichen aus drei Teilen:

- Netzgerät für die Erzeugung der positiven Betriebsspannung von +12 V
- Netzgerät für die Erzeugung der negativen Betriebsspannung von -12 V
- Filterschaltung mit dem Operationsverstärker ICL7641.

Für die Erzeugung der beiden Betriebsspannungen für den Operationsverstärker benötigt man einen Transformator, zwei Gleichrichter, vier Elektrolytkondensatoren und zwei IC-Spannungsregler vom Typ 7812S. Durch die beiden Leuchtdioden lässt sich erkennen, ob die Betriebsspannungen vorhanden sind. Den Transformator finden Sie in der Bibliothek TRAFO-B (Bautypen der Firma Block), TRAFO-E (Bautypen der Firma ERA), verschiedene Ringkerntransformatoren unter TRAFO-R, IND-A (ETD29-Transformatoren von Siemens) und weitere Typen finden Sie noch unter SPECIAL. *Abb. 2.44* zeigt den unvollständigen Schaltplan, da noch die Verdrahtung des ICL7641 für die beiden Betriebsspannungen fehlt. Als Klemmleiste können Sie die Bibliothek PHO500 (Produkte der Firma Phoenix) aufrufen und hier finden Sie fünf verschiedene Gehäuseformen für acht unterschiedliche Typen.

Die beiden Stromversorgungen sind im Schaltungsaufbau identisch. Die Verbindung wird durch eine Klemmleiste von Phoenix hergestellt, wobei die Anschlüsse 1 und 3 für die 230 VAC dienen. Der Anschluss 2 wird nicht benötigt und ist daher zu löschen. Die Wechselspannung liegt an dem Transformator und auf der Sekundärseite sind zwei Wicklungen vorhanden. Durch die beiden Brückengleichrichter entstehen zwei unstabilisierte Gleichspannungen, die von den Elektrolytkondensatoren gesiebt werden. Durch die Spannungsregler entsteht eine stabilisierte Betriebsspannung für den hochwertigen Operationsverstärker ICL7641 (Bibliothek MAXIM), der vier einzelne Verstärkereinheiten beinhaltet.

Über den Anschluss 7 liegt die Eingangsspannung an der Filterbaugruppe an. Der erste Operationsverstärker arbeitet als invertierender Verstärker, der zweite und der dritte als aktiver Tiefpass. Nach dem zweiten Operationsverstärker steht der Ausgang für das Universalfilter zur Verfügung und dieser ist mit dem Anschluss 8 zu verbinden. Der vierte Operationsverstärker arbeitet wieder als invertierender Verstärker. Der Anschluss 6 dient als Masseverbindung und ist mit allen vier Operationsverstärkern und der Masse der beiden Netzgeräte verbunden.

Abb. 2.44 zeigt ein unvollständiges Schaltbild, da die Stromversorgung des ICL7641 noch nicht vorhanden ist. Durch den Invoke-Befehl können Sie sich

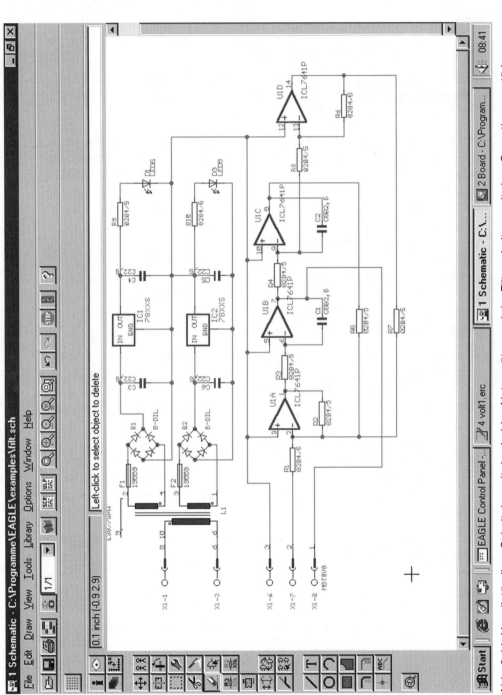

Abb. 2.44: Unvollständiger Schaltplan mit den beiden Netzgeräten und der Filterschaltung mit dem Operationsverstärker ICL7641, denn die Anschlüsse für die Stromversorgung des ICL7641 fehlen noch

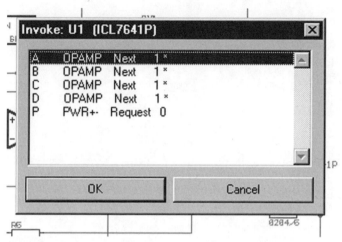

Abb. 2.45: Fenster für den Invoke-Befehl

die Anordnung der einzelnen Funktionen eines Bausteins betrachten, wie *Abb. 2.45* zeigt. Wenn Sie diesen Befehl oder das entsprechende Icon anklicken, erscheint das Fenster mit den vier Operationsverstärkern und der Stromversorgung. Wenn Sie den Balken auf „P" (Power) verschieben und „OK" anklicken, erhalten Sie die Stromversorgungsanschlüsse, wie *Abb. 2.46* zeigt.

In diesem Beispiel werden die beiden Anschlüsse an den vierten Operationsverstärker angelegt. An Anschluss 4 liegt die positive Betriebsspannung von +12 V, an Anschluss 11 die negative von -12 V.

Aus der Bibliothek SUPPLY1 können Sie die Versorgungssymbole aufrufen und dann entsprechend *Abb. 2.47* platzieren. Damit kann EAGLE automatisch

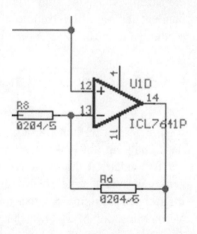

Abb. 2.46: Anschlüsse der Stromversorgungen für
den ICL7641

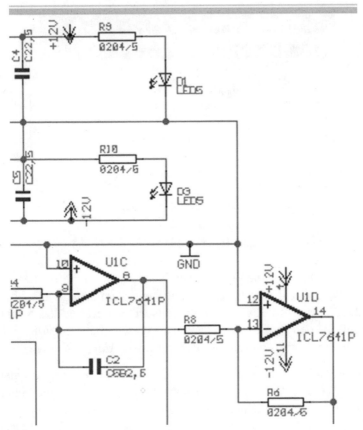

Abb. 2.47: Platzierung der Versorgungssymbole

die Stromversorgung durchführen, d.h. alle Symbole mit +12V werden verbunden, separat alle Symbole mit -12 V. Man muss also nicht unbedingt Verbindungslinien für gleiche Spannungspotentiale zeichnen.

2.5.2 Erstellung der Platine

Die Umwandlung von der Schaltung in das Platinenlayout übernimmt das Programm. Zuvor sollten Sie aber noch die ERC-Funktion für die Überprüfung
der Schaltung auf elektrische Fehler durchführen. Hier werden Sie dann auf
die Besonderheit dieser Schaltung hingewiesen, denn die beiden Netzgeräte
erzeugen jeweils eine positive Spannung, aber durch die besondere Verschaltung ergibt sich eine positive und eine negative Betriebsspannung. Durch die
Verbindung der Masse mit der positiven Betriebsspannung erhält man diese

Spannungswerte. *Abb. 2.48* zeigt die Platzierung der Bauelemente und das Ergebnis des Autorouters.

Die Schwierigkeit, erfolgreich eine analoge Schaltung zu entwickeln, liegt nicht etwa am Systemdesign (Platzierung der Bauelemente) und im Arbeiten des Autorouters, sondern darin, ein ausschließlich rationales System so zu gestalten, dass es auch unter den Bedingungen der realen Umwelt korrekt funktioniert. Dies scheitert häufig daran, dass der Anwender das Ohmsche Gesetz und die Kirchhoffschen Gesetze aus den Grundlagen der Elektrotechnik nicht beachtet, dass passive Bauelemente keine idealen Eigenschaften aufweisen und dass die Masse häufig in der analogen Schaltungstechnik zur „Grabstätte" von optimal verlegten Signalleitungen wird.

Leider scheinen viele Techniker und Ingenieure einfach nicht an das Ohmsche Gesetz zu glauben. Selbst wenn sie diese Tatsache keineswegs zugeben würden, akzeptieren sie zwar $I = U/R$, nicht aber $U = I \cdot R$. Anders ausgedrückt: Es ist unstrittig, dass ein Strom durch einen Widerstand fließt, wenn man eine Spannung anlegt, jedoch bleibt bei einem Schaltungsdesign und Layout von analogen Schaltungen häufig unberücksichtigt, dass an einem Widerstand eine Spannung abfällt, wenn dieser von einem Strom durchflossen wird. Gerade diese Tatsache aber kann alle möglichen Probleme in der Praxis auslösen.

Der Widerstand zwischen zwei Punkten auf einer gedruckten Schaltung errechnet sich aus

$$R_L = \frac{l \cdot \rho}{A} = \frac{l}{A \cdot \gamma}$$

Bei der linken Formel setzt man den spezifischen Widerstand ρ ein, bei der rechten Formel dagegen die Leitfähigkeit γ des Werkstoffs. Zur Ermittlung des Leiterbahnwiderstands wird der Flächenwiderstand mit dem Verhältnis Länge l zur Breite b multipliziert. Nach DIN 40801 findet man bei Leiterplatten drei Kaschierungsstärken (Vorzugswerte): $d_{Cu} = 35\ \mu m$, 70 μm und 105 μm. Bei einer Leiterbahnbreite von b = 1 mm ergibt sich bei einer Leiterbahndicke von d = 70 μm ein Leiterquerschnitt von A = 0,007 mm².

Die meisten Computerfreaks mit ihren PC-Hilfsmitteln zur analogen bzw. digitalen Schaltungsentwicklung, der Simulation von kompletten Schaltungen und Leiterbahnentflechtung behandeln normalerweise alle Anschlüsse auf einer Leiterbahn als Knoten und setzen voraus, dass sich alle aktiven bzw. passiven Bauelemente auf ein und demselben Potential befinden. Dies ist bei Logikschaltungen in der digitalen Elektronik eine durchaus zulässige Annahme, da Spannungsschwankungen von einem Volt oder mehr hier keine dominieren-

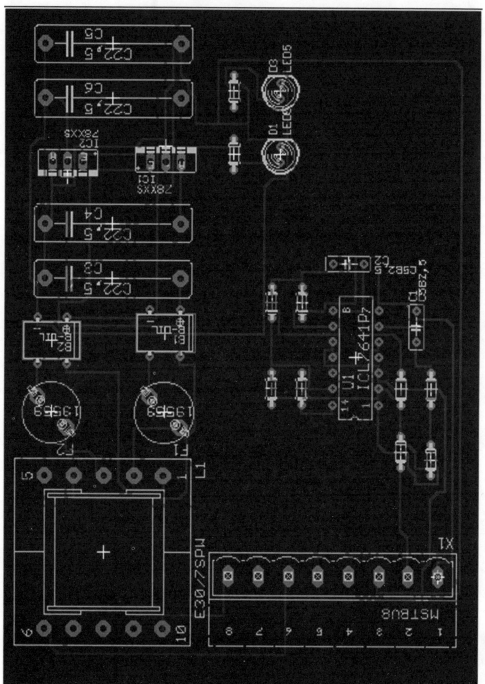

Abb. 2.48: Platzierung der Bauelemente und das Ergebnis des Autorouters

de Rolle spielen. In analogen Präzisionsschaltungen ist die Vorgehensweise jedoch wenig hilfreich. Bedenkt man einmal die Folgen, die durch eine geringfügige Änderung in der Verbindung zwischen den beiden Punkten A und B auftreten können. Ein CAD-Programm für das Leiterplatten-Design würde beide Punkte wahrscheinlich mit einem beliebigen Leiterbahnverlauf verbinden und die vorherige Bahn um die neue herum verlegen. Es versteht sich von selbst, dass eine solche Lösung in einer präzisen Analog- oder Hochfrequenzschaltung katastrophale Folgen hätte.

Es gibt verschiedene Möglichkeiten zur Abhilfe dieses Problems. Am besten sorgt man dafür, dass die Signalbahnen möglichst kurz und breit sind. Auch kann man die Eingangsimpedanz sensibler Schaltungen erhöhen, jedoch vergrößert man hierdurch möglicherweise die Empfindlichkeit gegenüber kapazitiv gekoppelter Störungen.

Aus den gerade beschriebenen Fällen lässt sich eine Lehre ziehen: Im Verlauf der Entwicklung analoger Präzisionsschaltungen kommt man nicht darum herum, in irgendeinem Stadium alle Leitungswiderstände in den Schaltplan einzufügen, um ihre Auswirkung auf die Genauigkeit des Systems auszurechnen. In den meisten Fällen stellt sich dabei heraus dass man diese Widerstände vernachlässigen kann. Manchmal jedoch stellt man fest, daß diese einen entscheidenden Einfluss auf die Präzision der Schaltung aufweisen.

Auch die Nichtbeachtung der Kirchhoffschen Gesetze kann verheerende Folgen für die Entwicklung einer analogen Schaltung bringen. Im Allgemeinen scheint die Meinung vorzuherrschen, diese Gesetzmäßigkeiten hätten nur für die Analyse von Strömen eine Gültigkeit, die in Netzwerken mit mehreren Knoten fließen. Jedoch sind diese Gesetze ebenso relevant, wenn eine Signalquelle mehrere Verbraucher ansteuert.

Das erste Kirchhoffsche Gesetz besagt, dass die Summe aller in einen Knoten einfließenden und ausfließenden Ströme zu jedem Zeitpunkt den Wert 0 aufweisen muss. Daraus folgt, dass ein Strom, der von einer Signalquelle an den Verbraucher fließt, auch wieder zu seiner Quelle zurückfließen muss, sodass sämtliche Signale differentieller Natur sind. Der Rücklaufweg des Signals hat für die Genauigkeit eines Systems die gleiche Bedeutung wie der sogenannte Signalweg, wird aber bei der Systementwicklung häufig nicht beachtet. Allzu viele Entwickler gehen einfach davon aus, dass die Masse als Rücklaufweg für die Signale fungiert, und berücksichtigen deshalb diesen Aspekt nicht oder nur ungenügend.

Es ist jedoch sehr gefährlich, allen Massepunkten ein identisches Potential zuzumessen. Ein Punkt ist schließlich nichts weiter als eine mathematische Abstraktion und liefert somit keine Aussage über einen „gemeinsamen Massepunkt". Die Masse als einen Punkt mit dem Potential Null und unendlich hoher Leitfähigkeit anzusehen, mag in der Theorie sehr attraktiv sein und sich auch für die ersten Entwicklungsphasen eignen. In realen Systemen kann diese Vorgehensweise jedoch zu entscheidenden Fehlern führen.

Dieser Fehler kann aber für die auf der gleichen Leiterplatte angeordneten Präzisions-Analogschaltungen ernsthafte Probleme aufwerfen. Abhilfe schafft ein Schlitz in der Massefläche, der verhindert, dass der Strom der digitalen Elektronik, z.B. von geschalteten Netzgeräten oder einer Leistungselektronik, durch den Bereich der Präzisionsschaltungen fließt. Selbst wenn sich der Spannungsabfall in der jetzt kleiner gewordenen stromdurchflossenen Zone erhöht, verbessert sich die Situation insgesamt erheblich.

2.5.3 Nachbearbeitung der Platine

Wird ein analoges Präzisionssystem auf einer Leiterplatte zusammengefasst, so lassen sich die bis hierher angesprochenen Probleme im Allgemeinen vermeiden. Um für eine spezifikationsgemäße Funktion der Schaltung zu sorgen, sollte dabei folgende Vorgehensweise beachtet werden:

1. Untersuchen Sie Ihre Schaltung auf Spannungsdifferenzen, die innerhalb der Schaltung präzise übertragen werden müssen, und stellen Sie die dabei auftretenden Stromstärken fest.
2. Modifizieren Sie den Schaltplan so, dass differentiell gehandhabe „Ausgangs"-Spannungen mit den ebenfalls differentiell gehandhabten „Eingangs"-Spannungen verbunden sind, d.h. verdrahten Sie die wichtigsten Signalverbindungen ohne Verbindung zur Masse oder zum Schaltungsnullpunkt. Dieser Punkt ist wichtig, wenn man mit CAD-Systemen für die Leiterplattenherstellung arbeitet.
3. Stellen Sie gemeinsam benutzte Signalleitungen im System fest und entfernen Sie alle nicht benötigten Leitungen.
4. Stellen Sie fest, über welche Signalwege hohe Ströme fließen, und sorgen Sie dafür, dass diese Leitungen bei den gegebenen Signalfrequenzen niedrige Impedanzen aufweisen.
5. Fügen Sie jetzt die Stromversorgungen in den Schaltplan ein. Identifizieren Sie die neu gebildeten Signalverbindungen und vergewissern Sie sich, ob diese tolerierbar sind. Um an dieser Stelle auftretende Probleme zu umgehen, müssen eventuell Isolations- oder Instrumentenverstärker eingesetzt werden.

6. Beseitigen Sie alle weiteren noch vorhandenen Problemquellen (Schutzschaltungen, Anordnung von digitalen Schaltungen, Umleitung hochfrequenter Ströme mit Kondensatoren usw.) und stellen Sie erneut deren Auswirkungen auf das unter Punkt 2 entwickelte Schaltbild fest. Irgendwelche Ungereimtheiten sind jetzt sofort zu korrigieren.

7. Bauen Sie die Schaltung entsprechend Ihrem Entwurf auf und probieren Sie diese aus. Mit ein wenig Glück sind die Probleme so einfach, dass sich diese ohne größere Schwierigkeiten beseitigen lassen. Lassen Sie bitte den Schritt 7 niemals aus!

So einfach und leicht verständlich die gerade aufgezählten Schritte auch scheinen mögen, gehen doch nicht weniger als 60 % der festgestellten Probleme auf deren Nichtbeachtung zurück. Insbesondere der Schritt 7 ist unbedingt notwendig. Jeder Techniker und Ingenieur, der eine Entwicklung zur Produktion freigibt, ohne diese zunächst eingehend getestet zu haben, ist seinen Titel nicht wert. Dennoch wird genau dieser Fehler von den meisten Technikern und Ingenieuren zum Teil unbewusst in der Praxis gemacht.

Die Abschirmung zwischen Netzgerät und Filterschaltung lässt sich schnell lösen. Die Masseleitung von *Abb. 2.48* ist in eine Luftlinie umzuwandeln. Danach ist mit der Wire-Funktion die Abschirmung einzuzeichnen, wie *Abb. 2.49* zeigt. Die Breite der Abschirmung ist zuvor auf den Wert von 0.1 zu stellen. Danach ist der Autorouter aufzurufen, der die Masseleitung wieder in eine Leiterbahn zurückwandelt, wie *Abb. 2.50* zeigt.

Wenn sich Systeme über mehr als eine Leiterplatte erstrecken oder verschiedene Systeme auf unterschiedliche Konfigurationen von Standard-Karten zusammengesetzt werden können, ist die zuvor beschriebene Vorgehensweise bedeutend schwieriger einzuhalten, da sich dann separate Signal- und Masseleitungen nur schwer realisieren lassen. Wenn irgend möglich, sollte man natürlich die gleichen Grundregeln beachten, jedoch sind möglicherweise Schutzvorkehrungen notwendig, um zu verhindern, dass das Entfernen einer Karte benachbarte Module durch Unterbrechen ihrer Masseleitungen beschädigen. Einige Schottky-Dioden bilden eine geeignete Abhilfe in allen Anwendungen, in denen die Potentiale der analogen und der digitalen Masse mit großer Wahrscheinlichkeit nicht mehr als 250 mV voneinander abweichen werden.

Die aus den zuvor beschriebenen Gründen resultierenden Genauigkeits- und Stabilitätsprobleme können häufig schon dadurch vermieden werden, dass der Techniker und Ingenieur diese Möglichkeiten kennt und dass er bereits während der System- und der Leiterplatten-Entwicklung die richtigen Maßnahmen zu deren Vermeidung trifft. Treten diese Probleme dagegen bei der Abände-

Abb. 2.49: Abschirmung zwischen Netzgerät und Filterschaltung

rung bestehender Systeme auf, so sind diese unter Umständen äußerst schwierig in den Griff zu bekommen, nicht zuletzt, da die Potentialdifferenzen von wenigen Mikrovolt an den Masseleitungen überaus schwierig zu messen sind.

Ein einfaches Prüfinstrument reicht allerdings bereits aus, um geringe und dennoch bedeutsame Spannungsabfälle an Masse- oder Signalleitungen aufzuspüren. Es handelt sich dabei um einen Instrumentenverstärker, der hier als rein differentielle Eingangsstufe für ein Oszilloskop eingesetzt wird. Da sich Instrumentenverstärker durch geringes Rauschen, eine hohe Gleichtaktunterdrückung und Verstärkungsfaktoren bis zu 1000 auszeichnen, eignen sich diese zum Messen von Spannungsabfällen von wenigen Mikrovolt bei Bandbreiten bis zu 50 kHz. Spannungsabfälle in Masse- oder Signalleitungen lassen sich einfach feststellen und messen, indem man die Tastköpfe an verschiedenen Stellen der Leiterbahnen aufsetzt. Dieses Verfahren eignet sich überdies ausgezeichnet zum Erkennen von Kurzschlüssen. Die hohe Eingangsimpedanz und der geringe Eingangsstrom des Verstärkers sorgen dafür, dass man die Messungen bei geringster Belastung für die vermessene Schaltung durchführen kann, wenngleich dies bei Messungen an Masseleitungen ohne Einflüsse ist.

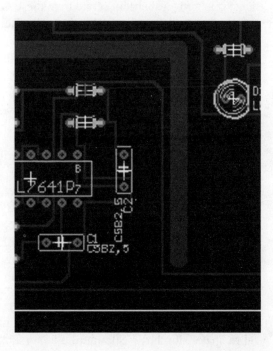

Abb. 2.50: Abschirmung und neu
verlegte Masseleitung

2.6 Schwingungspaketsteuerung

Halbleiterbauelemente mit mehr als drei PN-Übergängen bezeichnet man als Mehrschichthalbleiter und diese bilden die Grundlagen für Thyristoren und TRIACs. Diese Bauelemente werden prinzipiell nur in der Leistungselektronik eingesetzt. Das Basissystem der Mehrschichthalbleiter ist im Wesentlichen die Vierschichtstruktur und aus dieser wurden verschiedene Bauelemente für die elektronische Steuerungs- und Regelungstechnik entwickelt.

Die heutige Leistungselektronik entstand aus der Stromrichtertechnik, die eine jahrzehntelange Tradition in der praktischen Anwendung hat. Bereits 1930 setzte man Stromrichteranlagen mit Quecksilberdampfventilen vorwiegend als nicht steuerbare und kurze Zeit später als steuerbare Gleichrichter mit Leistungen bis in den Megawatt-Bereich ein. Zunächst handelte es sich um einfachste Stromrichter, nämlich ungesteuerte Gleichrichter, zum Zweck der Batterieladung aus einphasigen oder dreiphasigen Wechselstromnetzen. Im Laufe der weiteren Entwicklungen kamen immer neue Anwendungsgebiete hinzu, die von der Speisung in Gleichstromverbrauchern mittlerer Leistungen (Licht- und Motorensteuerungen) über Gleichrichterunterwerke in städtische Stromnetze reichten. Außerdem setzte man diese Gleichrichter noch bei den Gleichstrombahnen und in der Elektrolyse ein. Bei den Gleichstromzügen handelte es sich um Straßenbahnen, Hoch- und Untergrundbahnen sowie Vorortszüge, bei denen Gleichstrommotoren wegen der guten Anfahreigenschaften und einfachen Steuerbarkeit verwendet wurden. Auch heute arbeitet man auf dieser Basis, aber mit Halbleiterbauelementen, die nicht nur erheblich kleiner und betriebssicherer sind, sondern auch einen wesentlich besseren Wirkungsgrad ermöglichen.

Dioden, Thyristoren und TRIACs sind im Prinzip „Ventile", also Funktionselemente, die periodisch abwechselnd in den elektrisch leitenden und in den nichtleitenden Zustand versetzt werden. Echte Ventile verfügen über eine richtungsabhängige Leitfähigkeit, wie dies bei den Halbleiterbauelementen der Fall ist. Bei unechten Ventilen tritt dagegen keine richtungsabhängige Leitfähigkeit auf, wie dies bei mechanischen Schaltern der Fall ist. Unechte Ventile sind periodische mechanische Schalter, die auch als Kommutatoren in elektrischen Maschinen benutzt werden, also eine mechanische Polwendung verursachen.

1950 gelang die Entwicklung von Halbleiterdioden aus einkristallinem Halbleitermaterial. Zunächst setzte man die Germaniumdioden ein, die dann einige Jahre später durch die Siliziumdioden ersetzt wurden, denn mit diesen lassen sich erheblich höhere Sperrspannungen erreichen. Im Jahre 1958 wurde dann von General Electric in USA der erste Thyristor entwickelt, den man damals als steuerbaren Siliziumgleichrichter SCR (Silicon Controlled Rectifier) bezeichnete. Diese steuerbaren Leistungshalbleiter leiteten in der elektrischen Energietechnik eine vergleichbare Entwicklung ein, wie die Erfindung des Transistors in der Nachrichtentechnik und die integrierte Schaltung in der Computertechnik. Um 1965 wurde der Begriff der Stromrichtertechnik zu der heutigen Definition der Leistungselektronik erweitert.

Aus der Vierschichtdiode entstand der Thyristor (Kunstwort aus **Thyr**atron und Trans**istor**) und stellt damit im Prinzip eine steuerbare Vierschichtdiode dar. Thyristoren wurden ursprünglich auch als „Silicon Controlled Rectifier" bezeichnet, also steuerbare Siliziumgleichrichter und seit 1965 hat man sich auf den heutigen Begriff des Thyristors geeinigt.

Für die Realisierung eines Thyristors gibt es drei Möglichkeiten, die im wesentlichen von der Art der Ansteuerung der Halbleiterschichten bestimmt werden:

- Katodenseitig gesteuerter Thyristor mit Gateanschluss an P2
- Anodenseitig gesteuerter Thyristor mit Gateanschluss an N1
- Thyristortetrode mit zwei Gateanschlüssen an P2 und N1.

In der Praxis kennt man als einzelnes Bauelement nur den katodenseitig gesteuerten Thyristor und damit entfällt immer der Hinweis auf die katodenseitige Ansteuerung. Der TRIAC beinhaltet dagegen immer einen katoden- und anodenseitig gesteuerten Thyristor, die gegeneinander geschaltet sind.

Ein Thyristor besitzt neben den beiden Anschlüssen Anode und Katode noch ein Gate (Ansteuerungselektrode). Mit Hilfe dieses Anschlusses kann der Thyristor in Flussrichtung vor dem Erreichen der Schaltspannung als Eigenzündung durch eine Fremdzündung vom blockierten in den leitenden Zustand gesteuert werden.

Zur Fremdzündung dieses Thyristors ist eine positive Gatespannung U_G erforderlich, wobei man diese auch als Steuerspannung U_{St} bzw. Zündspannung U_Z bezeichnet. Deshalb definiert man Thyristoren mit katodenseitigem Gateanschluss auch als P-gesteuerte Thyristoren. Hat man einen anodenseitig-gesteuerten Thyristor, so ist für diesen eine negative Spannung zur Ansteuerung erforderlich und daher definiert man diesen als N-gesteuerten Thyristor. Eine Thyristortetrode wird mit positiven und negativen Steuerspannungen in den leitenden Zustand gebracht und damit sind für dieses Bauelement zwei Gateanschlüsse notwendig. Der anodenseitig-gesteuerte Thyristor hat wie die Thyristortetrode keine praktische Anwendung erreicht und ist daher nicht erhältlich.

Ein einmal gezündeter Thyristor lässt sich über das Gate nicht wieder löschen. Erst wenn der Anodenstrom durch Änderungen im äußeren Stromkreis den Haltestrom I_H unterschreitet, sperrt der Thyristor wieder.

2.6.1 Schaltung

Unter dem Begriff „Leistungsschalter" verbirgt sich stets eine komplette und funktionstüchtige Schaltung, die in der Praxis aus drei Hauptteilen besteht: dem eigentlichen Leistungsteil mit dem mechanischen bzw. elektronischen Schalter, dem Ansteuerungsteil mit dem analogen bzw. digitalen Verstärker und dann noch dem entsprechenden Entstörfilter.

In der Praxis unterscheidet man zwischen einem Wechselstrom- und einem Gleichstromsteller. Bei einem Wechselstromsteller wird der Verbraucher R_L von einem in der Richtung wechselnden Strom durchflossen, d.h. der Leistungsteil muss einen wechselnden Strom schalten können. Setzt man hier einen Thyristor ein, lässt sich diese Art von Leistungsteil nicht realisieren, denn der Thyristor arbeitet wie eine Diode. Abhilfe kann man durch eine Antiparallelschaltung von zwei Thyristoren oder durch einen TRIAC erreichen.

Setzt man einen Gleichstromsteller ein, benötigt man am Eingang der Schaltung einen Gleichrichter und am Ausgang erhält man eine pulsierende Gleichspannung. Schließt man den Schalter S, fließt durch den Verbraucher immer ein Strom in gleicher Richtung. In diesem Fall lässt sich ein Thyristor ohne Probleme einsetzen.

Durch einen schaltenden Ausgang einer Steuerung oder Regelung lässt sich eine Energiezufuhr nahezu kontinuierlich, d.h. stufenlos dosieren: Es bleibt letztlich in der Praxis gleich, ob ein Ofen mit 50 % des Heizstroms betrieben wird oder mit voller Leistung (100 %), diese aber nur die Hälfte der Zeit am Verbraucher anliegen. Ändert man in seiner Steuerung statt des Einschaltverhältnisses bzw. Tastverhältnisses die Größe des Stroms, ergibt sich eine Leistungssteuerung. Ein Tastverhältnis von T = 1 erlaubt eine Leistung von P = 100 %, ein T = 0,5 von P = 50 % und T = 0,25 von P = 25 %. Das Tastverhältnis für schaltende Steuerungen und Regelungen (Zwei- und Dreipunktregler) berechnet sich aus

$$T = \frac{t_e}{t_e + t_a}$$

Wählt man die Einschaltzeit t_e wesentlich größer als die Ausschaltzeit t_a, erreicht man P = 100 % für den Verbraucher. Durch Multiplikation mit 100 % ergibt sich die relative Einschaltdauer von

T (%) = T · 100 %.

Die Definition des Tastverhältnisses bzw. der relativen Einschaltdauer besagt, wie lange die Energiezufuhr bei einer Steuerung oder Regelung mit schaltendem Ausgang eingeschaltet ist, z.B. ein Tastverhältnis von 0,25 bedeutet, dass die Energiezufuhr 25 % einer Gesamtzeit eingeschaltet und 75 % ausgeschaltet ist. Es wird hierbei aber keine Aussage über die Dauer des Zeitraums vorgenommen, d.h. ob sich dieser Vorgang innerhalb einer Sekunde, mehrerer Sekunden, Minuten oder Stunden abspielt. Daher definiert man die sogenannte Schaltperiodendauer T_S, die diesen Zeitraum festlegt. Die Schaltperiodendauer spiegelt den Zeitraum wieder, in dem einmal geschaltet wird, d.h. dieser Wert setzt sich aus der Summe von Ein- und Ausschaltzeiten zusammen. Die Schaltfrequenz errechnet sich aus dem Kehrwert der Schaltperiodendauer.

Beträgt bei dem gegebenen Tastverhältnis von 0,25 · T_S = 20 s, so bedeutet dies, dass die Energiezufuhr für 5 s eingeschaltet und für 15 s ausgeschaltet ist. Bei einer Periodendauer von 10 s ist dann die Energiezufuhr für 2,5 s eingeschaltet und für 7,5 s ausgeschaltet. In beiden Fällen beträgt jedoch die zugeführte Leistung 25 %, aber sie wird bei T_S = 10 s „feiner" dosiert. In der Theorie ergibt sich dann für die Einschaltzeit t_e der Steuerung oder Regelung folgender Zusammenhang:

$$t_e = \frac{\text{Stellgröße y (\%)} \cdot \text{Schaltperiodendauer Ts (\%)}}{100\,\%}.$$

Dies bedeutet in der Praxis, bei einer kleinen Periodendauer wird die zugeführte Energie „feiner" dosiert. Demgegenüber steht jedoch ein häufiges Schalten des Stellglieds (Relais bzw. Schütz). Aus der Periodendauer lässt sich die Schalthäufigkeit einfach ermitteln.

Beispiel: Die Periodendauer einer Steuerung oder Regelung beträgt T_S = 20 s. Das verwendete Relais hat eine Kontaktlebensdauer von 1 Mio. Schaltungen. Bei dem gegebenen Wert von T_S ergeben sich drei Schaltspiele pro Minute, d.h. 180/h. Bei 1. Mio. Schaltungen errechnet sich eine Lebensdauer von 5555 Stunden = 231 Tage. Legt man eine Betriebsdauer von 8 h/Tag zu Grunde, ergeben sich ca. 690 Tage. Bei ca. 230 Arbeitstagen pro Jahr erreicht das Relais eine Lebensdauer von ca. 3 Jahren.

Hat man einen Nullspannungsschalter zum Ein- und Ausschalten eines Verbrauchers, wird immer nur im Augenblick des Nulldurchgangs der Wechselspannung der Verbraucher eingeschaltet. Dies bewirkt folgende Vorteile gegenüber einem undefinierten Einschaltzeitpunkt, wie das beim Phasenanschnitt immer der Fall ist:

- Kleine Steuerleistung, da im Einschaltmoment die Spannung am Schalter den Wert von $U \approx 0$ V hat und damit kein Stromfluss durch den Verbraucher vorhanden ist.

- Keine Störspannungen, da im Einschaltmoment keine steilen und damit oberwellenhaltigen Stromanstiege vorhanden sind. In der Praxis sind meistens keine oder nur sehr einfache Entstörfilter erforderlich.

Der Nachteil des Nullspannungsschalters liegt darin, dass sich nur ganze Halbwellen ansteuern lassen. Aus diesem Grunde eignet sich der Nullspannungsschalter nicht für Lampen und Motoren, sondern nur für elektrische Heizungsanlagen.

Eine Schwingungspaketsteuerung ist eine sinnvolle Weiterentwicklung bzw. Ergänzung des Nullspannungsschalters.

Abb. 2.51 zeigt die Schaltung eines Nullspannungsschalters mit dem 555; man erhält eine einfache, aber hochwirksame Schwingungspaketsteuerung. Die Wechselspannung am Verbraucher kann je nach Einschaltzeitpunkt mit positiven oder negativen Halbwellen beginnen. Ebenso während des Ausschaltvorgangs, denn die letzte am Verbraucher wirksame Halbwelle kann einen positiven oder negativen Wert aufweisen.

Der 555 wird in diesem Fall als Rechteckgenerator eingesetzt. Über den Widerstand R_1 und Widerstand R_2 lädt sich der Kondensator nach einer e-Funktion von

$$t_1 = 0{,}7 \, (R_1 + R_2) \, C$$
$$= 0{,}7 \, (10 \text{ k}\Omega + 10 \text{ k}\Omega) \cdot 22 \text{ µF}$$
$$= 0{,}3 \text{ s}$$

auf. Während dieser Ladezeit hat der Ausgang (Pin 3) ein 1-Signal und damit kann für das Gate ein entsprechender Strom fließen. Erreicht die Spannung an dem Kondensator etwa 2/3 der Betriebsspannung, reagiert der interne Operationsverstärker, der mit Pin 6 verbunden ist. Der Ausgang (Pin 3) schaltet auf 0-Signal und damit erhält das Gate keinen Strom mehr. Gleichzeitig schaltet der 555 einen internen Transistor mit offenem KollektorAnschluss (Pin 7) durch und damit kann sich der Kondensator über den Widerstand R_2 nach einer e-Funktion mit

$$t_2 = 0{,}7 \, R_2 \, C$$
$$= 0{,}7 \cdot 10 \text{ k}\Omega \cdot 22 \text{ µF}$$
$$= 0{,}15 \text{ s}$$

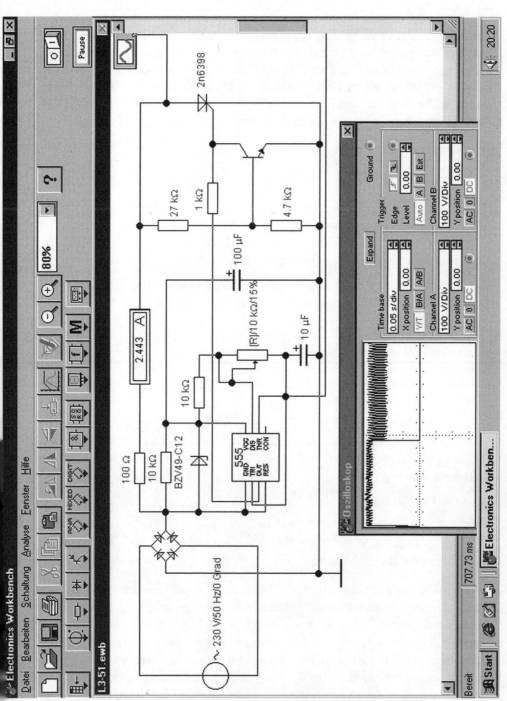

Abb. 2.51: Nullspannungsschalter mit dem 555, wodurch sich eine Schwingungspaketsteuerung ergibt

entladen. Erreicht die Spannung an dem Kondensator etwa 1/3 der Betriebsspannung, reagiert der interne Operationsverstärker, der mit Pin 2 verbunden ist. Der Ausgang (Pin 3) schaltet auf 1-Signal und damit erhält das Gate des Thyristors ein 1-Signal und kann wieder durchschalten. Gleichzeitig wird der interne Entladetransistor (Pin 7) gesperrt und der Kondensator lädt sich über beide Widerstände R_1 und R_2 nach einer e-Funktion auf, bis die Spannung den Wert 2/3 der Betriebsspannung erreicht hat. Dies ergibt eine Zeit von

$$T_S = t_1 + t_2$$
$$= 0,3 \text{ s} + 0,15 \text{ s}$$
$$= 0,45 \text{ s}.$$

Bei dieser Dimensionierung der Widerstände erhält der Thyristor für 300 ms ein 1-Signal und damit können etwa 15 vollständige Sinusschwingungen den Thyristor passieren. Für 150 ms hat der 555 ein 0-Signal und damit ist der Thyristor für etwa 7,5 Sinusschwingungen gesperrt.

Die Einschaltdauer t_e (t_1) und die Ausschaltdauer t_a (t_2) bestimmen den Mittelwert der im Verbraucher umgesetzten Leistung P_{eff}. Es gilt:

$$P_{eff} = \frac{t_e}{t_e + t_a} = \frac{0,3 \text{ s}}{0,3 \text{ s} + 0,15 \text{ s}} = 0,67$$

Hat man einen Heizofen mit $P_{max} = 1000$ W, ergibt sich bei dieser Ein- und Ausschaltdauer eine Leistung von $P_{eff} = 670$ W.

Bei $t_a = 0$ beträgt $P_{eff} = 100$ %. Je größer t_a und kleiner t_e wird, um so kleiner wird auch P_{eff}. Bei $t_e = 0$ ist auch $P_{eff} = 0$ W. In der Praxis verwendet man für beide Zeiten auch die Anzahl der ein- und ausgeschalteten Halbwellen der Wechselspannung.

Aus der Simulation von *Abb. 2.51* lässt sich die Zeichnung von *Abb. 2.52* erstellen.

2.6.2 Entwurf der Platine

Die Umsetzung der Schaltung von *Abb. 2.52* ist relativ einfach, denn auf der Platine befinden sich nicht viele Bauteile. Über eine dreipolige Klemmleiste (Bibilothek: PHO508A von Phoenix) erhält die Schwingungspaketsteuerung die Wechselspannung von 230 V, wobei der PE-Leiter direkt zur anderen Klemmleiste durchgeschleift ist. Danach folgt der Gleichrichter, der mit der Klemmleiste verbunden ist, an der die Ausgangslast angeschlossen wird. Der positive Anschluss des Gleichrichters ist über den 10-kΩ-Widerstand mit dem

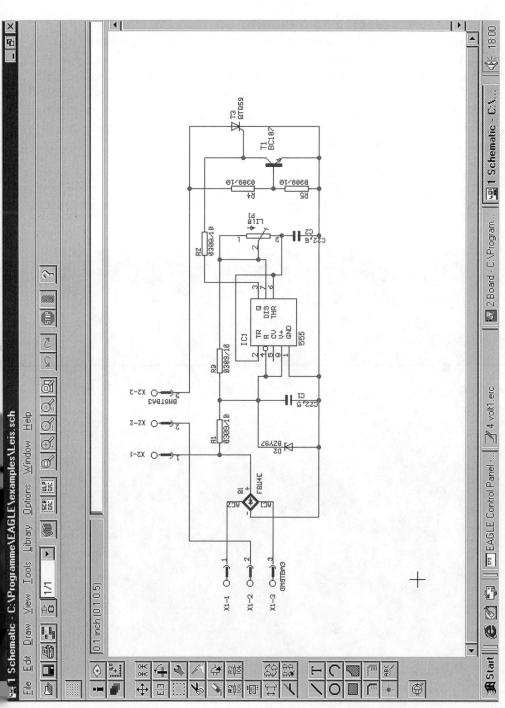

Abb. 2.52: Schaltung für die Schwingungspaketsteuerung mit dem 555 und einem Nullspannungsschalter

Anschluss der positiven Betriebsspannung des 555 verbunden. Die Z-Diode erzeugt eine stabile Gleichspannung, die von den 100-µF-Kondensator geglättet wird. Über den 10-kΩ-Widerstand und dem 10-kΩ-Einsteller kann sich der 10-µF-Kondensator aufladen, wobei durch den Einsteller die Lade- und auch die Entladezeit bestimmt wird. Über den 1-kΩ-Widerstand ist der Ausgang des 555 mit dem Gate des Thyristors und dem Kollektor des Transistors verbunden. In Verbindung mit dem Spannungsteiler an der Basis des Transistors ergibt sich der Nullspannungsschalter.

Sind die Bauteile entsprechend dem Schaltbild angeordnet, kann mit dem Umsetzen und Platzieren der Bauelemente auf der Platine begonnen werden, wie *Abb. 2.53* zeigt. Normalerweise erscheint das Platinenformat im Europakarten-

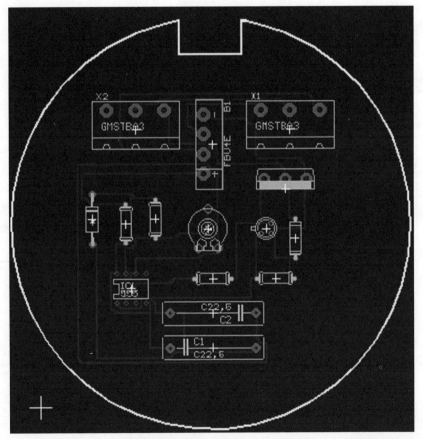

Abb. 2.53: Schwingungspaketsteuerung in einer runden Platine mit Zentriernase für den Einbau in eine Unterputzdose

format. Mittels des Delete-Befehls können Sie dieses Format löschen. Danach schalten Sie in den Layer um und zwar auf Layer 20 „Dimension" (Umrisse der Platine). Jetzt zeichnen Sie mittels des Wire-Befehls die Zentriernase nach den vorgegebenen Abmessungen. Mit dem ARC-Befehl können Sie nun den Kreisbogen zeichnen. Der erste und zweite Mausklick (linke Maustaste) definieren zwei gegenüberliegende Punkte auf dem Kreisumfang. Danach lässt sich mit der rechten Maustaste festlegen, ob der Bogen im Uhrzeigersinn oder im Gegenuhrzeigersinn dargestellt werden kann. Mit dem abschließenden Mausklick legt man den Winkel des Bogens fest. Mit den Parametern CW (Clockwise) und CCW (Counterclockwise) kann man ebenfalls festlegen, ob der Bogen im Uhrzeigersinn oder im Gegenuhrzeigersinn dargestellt werden soll. Sie können auch mit dem Parameter „Width" die Strichstärke angeben. Kreisbögen mit einem Winkel von 0° oder 360°, bzw. einem Radius von 0 werden nicht akzeptiert. Nach dem Zeichnen der neuen Abmessungen ist wieder in den Layer 16 „Bottom" (Leiterbahnen unten) zurückzuschalten.

Danach sind die Bauelemente auf der runden Platine unterzubringen, wie Abb. 2.53 zeigt. Rechts und links neben der Zentriernase befinden sich die beiden Anschlussklemmen und in der Mitte von diesen beiden der Brückengleichrichter. Unterhalb der rechten Anschlussklemme ist der Thyristor untergebracht, damit die Anschlussleitungen für die 230-V-Verbindungen möglichst kurz gehalten werden. In der Mitte der Platine befindet sich das Potentiometer und hier wird durch eine Verlängerung der Achsenzugriff nach Außen geführt. Rechts neben dem Potentiometer befindet sich der Transistor für den Nullspannungsschalter.

2.6.3 Anpassungen und Ergänzungen

Bei der Betrachtung der Platine in Abb. 2.53 erkennt man die beiden Leiterbahnen, die in der Nähe der Abgrenzung verlaufen. Mit dem Ripup-Befehl lässt sich diese Leiterbahn wieder in eine Luftlinie umwandeln. Durch den Route-Befehl hat man jetzt die Möglichkeit, unverdrahtete in verdrahtete Signale umzuwandeln. Mit der rechten Maustaste kann man den Knickwinkel jederzeit verändern.

Nachdem der ROUTE-Befehl aktiviert ist, setzt man den ersten Punkt an einem Ende der Luftlinie an und bewegt den Cursor in die Richtung, in die man die Leitung legen will. EAGLE ersetzt dann die Luftlinie durch einen Wire oder zwei Wire-Stücke (je nach eingestelltem Knickwinkel) im gerade aktiven Signal-Layer. Die linke Maustaste erneut betätigt, setzt das Leitungsstück ab.

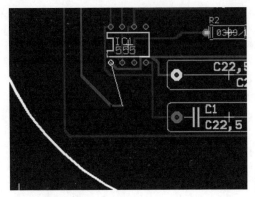

Abb. 2.54: Nachbearbeitung der Leiterbahn

Bei der Nachbearbeitung in *Abb. 2.54* wurde die Leiterbahn am Widerstand etwas verlängert und knickt dann unter 45° nach rechts ab. Danach beginnt wieder die Luftlinie. Wenn Sie jetzt den Autorouter ansteuern, wird der Rest dieser Leiterbahn durch EAGLE verlegt.

An elektronischen Leistungsschaltern und mechanischen Schaltern können
Überspannungen aus dem Netz und solche, die durch das Schaltverhalten verursacht werden, auftreten. Ebenso ist auch mit Überströmen infolge von Über-
lastungen bzw. Kurzschlüssen zu rechnen. Beim Übergang vom leitenden in
den sperrenden Zustand eines elektronischen Schalters müssen die Sperr-
schichten von freien Ladungsträgern geräumt werden. Dies geschieht, indem
ein Rückstrom fließt, der nach wenigen Mikrosekunden, sobald die Ladungs-
träger ausgeräumt sind, abbricht. Diese steile Stromänderung kann insbesondere beim Schalten von Induktivitäten und Kapazitäten enorme Spannungsspitzen erzeugen, die dann, da sie der anliegenden Sperrspannung überlagert
werden, zur Zerstörung des elektronischen Bauelements (Transistor, Thyristor) oder des mechanischen Schalters (Relais, Schütz) führen. Zur Begrenzung
dieser Spannungsspitzen schaltet man parallel zum Bauelement eine RC-Kombination. Diese Schutzschaltung bezeichnet man als „TSE“-Beschaltung (Trä-
gerstaueffekt bzw. Trägerspeichereffekt).

Der Kondensator in einer TSE-Beschaltung bildet mit der Spule einen Reihen-
schwingkreis, der beim Abreißen des Rückstroms entsteht und durch seinen
Einschwingvorgang die Spannungsspitze am Thyristor verhindert. Der Kondensator bestimmt die Resonanzfrequenz und damit das Einschwingverhalten.
Durch dieses Verhalten lässt sich die schädliche Spannungsspitze weitgehend
unterdrücken. Der Widerstand begrenzt den Entladestrom des Kondensators,
der bei der Wiedereinschaltung über den Thyristor fließt. Sein minimaler Wert
ist also vom zulässigen Spitzendurchlassstrom des Thyristors abhängig. Wenn

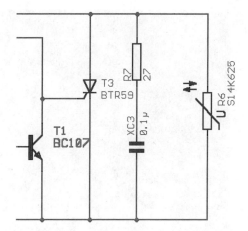

Abb. 2.55: Überspannungsschutzbeschaltung für einen Thyristor mit TSE-
Beschaltung und VDR-Widerstand

man z.B. in einer Schaltung den Thyristor BRY 42 einsetzt, findet man im Datenblatt folgende Werte für die TSE-Beschaltung:

R = 27 Ω/1 W
C = 0,1 μF/330 V.

Diese Werte für das RC-Entstörglied gelten für Anwendungen in Netzwerken mit 230 V/50 Hz.

Wenn in einem Netz eine Überspannung auftritt, lässt sich der Thyristor durch die Überkopfzündung in den leitenden Zustand bringen. Dies kann man verhindern, wenn man parallel zum Thyristor, und damit auch zur TSE-Beschaltung, noch einen VDR-Widerstand schaltet.

Abb. 2.55 zeigt eine Überspannungsschutzbeschaltung für einen Thyristor mit der Kombination von einer TSE-Beschaltung und einem VDR-Widerstand. Die Dimensionierung des VDR-Widerstands wird von der Spitzensperrspannung U_{DRM} bzw. U_{RRM} des verwendeten Thyristors bestimmt. Der Thyristor BRY 42 hat einen Wert von $U_{RRM} = 600$ V und wird als Schalter für P = 800 W bei einer Netzspannung von 230 V eingesetzt. Nach dem Datenblatt wird als Überspannungsschutz ein VDR-Widerstand mit der Typenbezeichnung OVW-A10-SL 441 und $U_{Nenn} = 440$ V empfohlen. *Abb. 2.56* zeigt drei Ergänzungsbausteine auf der Platine mit den Leiterbahnen für die TSE-Beschaltung und für den VDR-Widerstand.

Für den Kondensator der TSE-Beschaltung finden Sie in der Bibliothek „CAP-FE" (Entstörkondensatoren). Der Widerstand ist aus der Bibliothek „R" zu entnehmen. Den VDR-Widerstand finden Sie in „VARIST". Nach dem Um-

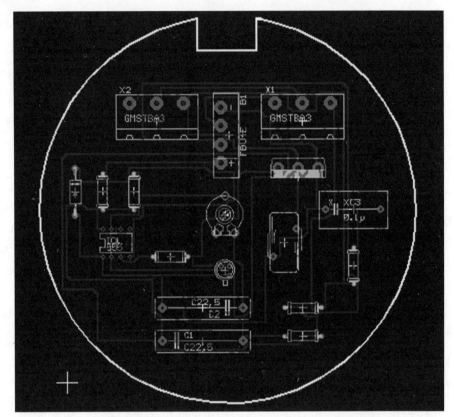

Abb. 2.56: Ergänzung der Platinen mit den Leiterbahnen für die TSE-Beschaltung und für den VDR-Widerstand

schalten von der Schaltung in *Abb. 2.55* sind diese drei Bauteile außerhalb der Platine. Wandeln Sie die Verbindungen der Bauteile, die bereits auf der Platine sind, in Luftlinien um, und platzieren Sie alle Bauteile auf der Platine. Danach ist RATSNEST aufzurufen, und kontrollieren Sie bitte nochmals die Angaben dieser Funktion. Jetzt können Sie den Autorouter aufrufen und innerhalb von zwei Sekunden ist die Platine fertig.

Ein weiteres Problem bei den Thyristoren sind die Überströme und diese entstehen durch zu hohe Belastung während des Schaltvorgangs. Die Schutzmaßnahmen bestehen darin, dass die verursachenden Lasten abgeschaltet werden. In der Praxis unterscheidet man zwischen zwei Belastungsfällen:

- Kurzschluss, dessen Wirkung im Zeitbereich t < 10 ms bemerkbar wird. Diese schnell ansteigenden hohen Stromstöße gefährden nicht nur den Thyristor erheblich, und daher müssen in dem Laststromkreis immer superschnelle Schmelzsicherungen vorhanden sein.

• Überlastströme im Langzeitbereich führen ebenfalls zu unerwünschten Belastungsfällen. Diese Ströme überschreiten den zulässigen Dauerstrom oft nur geringfügig. Die für den Kurzschlussfall eingesetzten Schmelzsicherungen reagieren daher nur sehr langsam. Da aber die Thyristoren durch diese Überströme unzulässig erwärmt werden, kann eine thermische Zerstörung auftreten. Aus diesem Grunde setzt man für diesen Belastungsfall mechanische Bimetallschalter oder andere thermisch beeinflussbare Schalter (Thermo-Auslöser) ein. Durch den Einsatz eines NTC-Widerstands und eines Verstärkers ist es auch möglich, eine Kühlung einzuschalten. Setzt man integrierte Schutzschaltungen ein, erhält man nicht nur eine Regelung für den Ventilator oder eine Umwälzpumpe, sondern es lässt sich ein akustischer bzw. optischer Alarm auslösen, wenn ein entsprechender Grenzwert überschritten worden ist.

3 Entwicklung von zweiseitig kaschierten Leiterplatten

Zweiseitig kaschierte Leiterplatten lassen sich mit herkömmlichen, den bedrahteten Bauelementen bestücken oder man arbeitet mit SMD-Bauteilen. Die Abkürzung SMD steht für „Surface Mounted Devices" und bedeutet die Oberflächenmontage von Bauteilen auf Leiterplatten bzw. anderen Trägermaterialien. Eine erhebliche Preisentwicklung nach unten und neue Produktionsverfahren führten seit 1985 zum Durchbruch der SMD-Technik. Diese Technologie hat gegenüber der konventionellen Elektronik-Produktion mit bedrahteten Bauteilen entscheidende Vorteile. Bei vielen Anwendern steht fast immer der Wunsch nach Miniaturisierung im Vordergrund, wenn mit dem Einstieg in die SMD-Technik begonnen wird. Außerdem lassen sich die Fertigungskosten bei großen Stückzahlen drastisch reduzieren, wobei gleichzeitig die Qualität erheblich gesteigert wird.

In erster Linie ist die hohe Wirtschaftlichkeit auf die einfache Verarbeitung der SMD-Bauteile zurückzuführen. Moderne Bestückungsmaschinen schaffen heute zwischen 4000 und 100000 Bauteile in der Stunde, je nach Investitionsvolumen. Aber selbst bei manueller Bestückung mit der Vakuumpipette sind Einsparungen von 60 % und mehr möglich. Bei manueller Bestückung lassen sich 800 bis 1200 Bauteile in der Stunde montieren, wenn die Bausteine aus einem Dispenser vom Gurt entnommen werden. Als weitere wichtige Einsparung ist der Leiterplattenpreis zu nennen. Bei der SMD-Technik sind Flächenreduzierungen von 50 % bis 75 % möglich. Zusätzlich werden Bohrungen für konventionelle Bauelemente eingespart, die im Allgemeinen mit etwa einem Pfennig pro Bohrung anzusetzen sind.

3.1 SMD-Technik in der Praxis

Gegenüber der konventionellen Technik ist mit einer Qualitätssteigerung um den Faktor 10 bis 20 zu rechnen. Insbesondere bei der Verwendung des Reflow-Lötverfahrens betragen die Lötstellen nur noch 20 ppm bis 50 ppm. Diese Werte sind bei dem SMD-Reflowsystem garantiert, wenn Leiterplattende-sign, Lotpastendruck, Lotpaste und Bauteile entsprechend aufeinander abge-stimmt sind. Die Oberflächenspannung des Lötzinns sorgt dafür, dass selbst schräg bestückte Bauteile sich in die ideale Position zentrieren und auch bei ICs mit extrem engen Pinabständen, z.B. bei einem Rasterabstand von 0,25 mm, keine Brückenbildung zwischen den Leiterbahnen auftritt. Das Löt-zinn nimmt dabei die typische Meniskusform einer idealen Lötstelle an.

Ein weiterer Punkt ist die erheblich verbesserte Null-Stunden-Qualität der ge-gurteten Bauteile. Jedes Bauteil wird heute drei- bis viermal getestet, bevor es in den Gurt kommt. Dadurch garantieren die Hersteller heute Fehlerraten von 2 ppm für diese Bauteile. Daher verzichten viele Elektronikproduzenten auf einen Bauteiletest vor der Bestückung und auf einen aufwändigen „Incircuit"-Test nach der Bestückung. Die fertig bestückten und gelöteten Leiterplatten werden dafür einer sorgfältigen Funktionsprüfung bei der Endkontrolle unter-worfen.

Eine Reinigung der reflowgelöteten SMD-Platinen ist nicht erforderlich, da nur geringe Mengen des Flussmittels vorhanden sind und auf die Lötstellen begrenzt bleiben. Bei einer Reinigung würden die Flussmittelreste in verdünn-ter Form in die Mikroporen der Bauelemente, wie Trimmer, Relais und Steck-verbindungen, eindringen und diese negativ beeinflussen. Als Beispiel für die Pasten- und Flussmittelmenge soll eine Platine in der Größenordnung von etwa 200 Lötstellen dienen. Für diese Lötstellen werden nur 0,8 Gramm an Lotpaste benötigt. Etwa 11 % davon sind schwach aktivierendes, halogenfreies Flussmittel.

Es ist nicht möglich, einen genauen Prozentsatz über die eingesparte Baugröße zu definieren, denn dies ist sehr stark von der Anzahl und Vielfalt der verschie-denen Bauteile auf der Platine abhängig. Wenn viele ICs im SOP-Gehäuse auf der Mutterplatine eines PCs eingesetzt werden, ist die Einsparung gegenüber den konventionellen DIP- oder DIL-Gehäusen am größten. Werden jedoch überwiegend Widerstände, Kondensatoren und andere passive Bauelemente verwendet, ist der Vorteil nicht so groß. Als Faustregel kann man einen Wert zwischen 50 % bis 75 % annehmen.

Wenn man mit der SMD-Technik arbeitet, ergeben sich Probleme mit der Löt-barkeit. Unter Lötbarkeit versteht der Praktiker die Eignung von Bauelemen-ten und die entsprechende Metallisierung der Leiterplatten für technisch übli-che Lötverfahren. Kennzeichnende Größen sind dabei die notwendige Erwär-mung, die Benetzbarkeit und die Widerstandsfähigkeit gegen das Auflösen bzw. Ablegieren der lötfähigen Oberfläche (Metallisierung).

Die zu lötende Stelle darf nur in einer begrenzten Zeitspanne auf die erforderliche Löttemperatur aufgeheizt werden, ohne dass dabei die Bauelemente selbst angegriffen oder zerstört werden. SMD-Flachbaugruppen lassen sich auf verschiedene Weisen löten, z.B. mit einer einfachen oder doppelten Lötwelle, im Reflow-Verfahren mit Infrarotheizung oder nach der Kondensationsmethode (Dampfphasenlöten). Jedes Verfahren ist mit anderen Anforderungen an die bestückte Leiterplatte verknüpft. Bereits in der Entwurfsphase einer Flachbaugruppe sind thermische Anforderungen und Widerstandsfähigkeit der verwendeten Bauelemente und Werkstoffe abzuwägen, kurz gesagt, das Lötverfahren muss unmittelbar zur individuellen Flachbaugruppenkonstruktion passen.

Die Bauelementeanschlüsse und Leiterplattenmetallisierungen müssen flüssiges Lot annehmen, also die Eigenschaften zur Ausbildung einer Lötstelle bieten. Die Benetzbarkeit einer Oberfläche kann durch „Alterung" als Folge von unsachgemäßer Lagerung, schadhaftem Transport und ungünstiger Handhabung beeinträchtigt werden. In der Praxis sind zwischen Lieferanten und Anwendern entsprechende Verabredungen über optimale Behandlung zu treffen.

SMD-Anschlüsse und Leiterbahnplattenmetallisierungen müssen für eine Lötbeanspruchung (Temperatur und Zeit) geeignet sein, ohne dass sich die lötbare Oberfläche im geschmolzenen Lot, z.B. in der Lötwelle, auflöst. Dieser Auflösungsprozess, den man auch als „Ablegieren" bezeichnet, kann die Beschaffenheit eines Lötanschlusses und damit die Lötverbindung erheblich beeinträchtigen. Die Ablegierungsrate lässt sich vom Bauelementehersteller durch Anwendung spezifischer Metalle (Metallschichten) oder Metalllegierungen stark reduzieren oder geht im Idealfall gegen Null.

Im Allgemeinen ist es für einen Anwender nicht so einfach, die Lötbarkeit von SMDs zu prüfen und zu beurteilen. Dieses liegt vor allem daran, daß Bauelemente und speziell ihre Lötanschlüsse äußerst klein sind und konventionelle Prüfverfahren zur quantitativen Beurteilung nicht ohne weiteres anwendbar sind. Unter praktischen Gesichtspunkten scheidet z.B. das Prüfverfahren mit einer Benetzungswaage aus. Allenfalls unter Laborbedingungen ist dies durchführbar, wobei jedoch die quantitative Auswertung weitere Probleme bereitet. Die bei herkömmlichen Bauelementen gelegentlich angewandte Lotkugelmethode scheidet für die SMD-Prüfung ebenfalls aus. So ist heute der übliche und praktikabelste Test derjenige nach dem Tauchverfahren. Die Bauelemente werden dabei in flüssiges Lot mit einer Temperatur von 235 °C eingetaucht mit einer Einwirkzeit von 2 s. Im Anschluss daran unterzieht man die Anschlüsse einer Sichtprüfung. Als gut wird die Lötbarkeit dann beurteilt, wenn

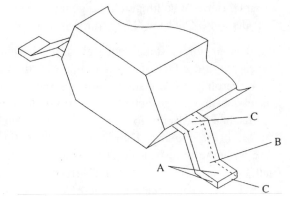

Abb. 3.1: Darstellung der drei Zonen mit den unterschiedlichen Anforderungen unter den Löt- aspekten bei einem „Gull- wring"-Anschlusspin eines SMD-Bauteils

mehr als 95 % der Oberfläche von frischem, glänzenden Lot bedeckt ist. *Abb. 3.1* zeigt drei Zonen für die unterschiedlichen Anforderungen.

Die drei Zonen für unterschiedliche Anforderungen sind:

• Zone A: Seitenflächen und Unterseite im flach aufliegenden Teil sowie Biegung (Übergang) auf der Unterseite bis zu einer Höhe entsprechend der Anschlusspins. Hier müssen an die Benetzbarkeit sehr hohe Ansprüche gestellt werden. Die bezeichneten Flächen müssen mit frischem, glänzenden Lot bedeckt sein. Es sind nur geringfügige Störstellen erlaubt.

• Zone B: Oberseite im flach aufliegenden Teil. Hier sollte man mit dem blo-ßen Auge eine Benetzung erkennen können. Eine geschlossene Lötschicht ist nicht unbedingt notwendig.

• Zone C: Unterseite im oberen Übergangsteil bis zum Gehäuse und die Stirnseite des Pins. Für diese Flächenstücke gibt es keine definierten Festle-gungen. Falls diese Teile aber nicht gelötet werden, so liegt es oft daran, dass die lötbare Oberfläche der Anschlüsse nicht über die gesamte Länge einwand-frei beschaffen ist.

3.1.1 Gehäusetechnolgie

Die Gehäuse der integrierten Schaltkreise werden immer dünner, gleichzeitig aber robuster und sind in der praktischen Verarbeitung einfacher zu handha-ben. Außerdem sollten sich diese für eine große Zahl von I/O-Leitungen eig-nen, die eine Oberflächenmontage mit standardisierten Verarbeitungstechni-ken ermöglichen, rasch zu konstruieren bzw. zu fertigen sind und sich für größere integrierte Schaltungen mit eigenem Anschlussraster (1/20 Zoll bzw. 1,37 mm oder 1/40 Zoll bzw. 0,685 mm) eignen.

Dem Endanwender stehen zur Zeit drei Alternativen zur Verfügung, was die Verbesserung der Gehäusetechnologie betrifft. Erstens können die Entwickler von Leiterplatten die Bauteile mit kompakterem Design einsetzen. Zweitens lassen sich integrierte Schaltungen zu kundenspezifischen oder semi-kundenspezifischen Konfigurationen kombinieren. Drittens kann der Kunde die auf dem Markt angebotenen Hybrid- und Multi-Chip-Modul-Techniken (MCM) in seine Systeme einsetzen. Vom Umstieg auf kleinere oberflächenmontierbare Bauteile verspricht man sich im Allgemeinen eine Verbesserung der elektrischen Leistungsfähigkeit bei kleineren Abmessungen und geringerem Gewicht, eine verbesserte Zuverlässigkeit und Prüfbarkeit als bei den Vorgängerprodukten, eine günstigere Verfügbarkeit und vor allem niedrigere Kosten. *Abb. 3.2* zeigt die wichtigsten Gehäusetypen mit ihren Anschlusspins.

Eine der wichtigsten Anforderungen an digitale Schaltkreise ist die zuverlässige Adaptierbarkeit auf einer Platine oder in einer Fassung. Jeder Anschlusspin für die Betriebsspannung, Masse und Signalleitungen muss an jeder beliebigen Stelle bedienbar sein. Das ist wichtig bei den Gehäusen für LCC (Leaded Chip Carrier), PLCC (Plastic Leaded Chip Carrier) und PGA (Pin Grid Array), bei denen es keine einheitliche Zuordnung von $+U_B$- und 0-V-Anschlusspins gibt. Aber auch bei den DIP-Gehäusen (Dual-In-Line-Package) geht inzwischen der

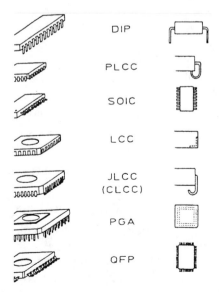

Abb. 3.2: Gehäusetypen der digitalen Schaltkreise mit ihren Anschlusspins

Trend dahin, die Anschlüsse von $+U_B$ und 0 V nicht wie bisher an gegenüberliegenden Ecken des Bausteins zuzuführen, sondern in der Mitte.

Thermisch verbesserte und leistungsorientierte oberflächenmontierbare Gehäuse werden fortlaufend entworfen und für den Einsatz in Systemen simuliert, die eine Mikro-Miniaturisierung erfordern. Leistungs-IC-Gehäuse sind für Anwendungen in der Kfz-Elektronik und im Konsumerbereich bereits vorhanden und werden dort auch eingesetzt. Pad-Array-Gehäuse wie das PBGA (Plastic Ball Grid Array) und das CBGA (Ceramic Ball Grid Array) mit Array- und Lotkugel-Techniken benötigt man in der Telekommunikation und in anderen Anwendungen mit einer großen Zahl von Anschlüssen. Flip-Chip-Technologien für die DCA-Technik (Direct Chip Attach) sind für die nächste Stufe der Kostenreduzierung und die weitere Miniaturisierung der Systeme nötig.

In der Industrie gibt es den Trend hin zu immer kleineren Gehäuseabmessungen. Verkleinerte Chipgrößen in Flachprofil-Konfigurationen ermöglichen kompaktere Systeme, Verbesserungen von Funktionsdichte und Schaltgeschwindigkeit, einen Gewinn an Leistungsfähigkeit und Zuverlässigkeit sowie kleinere und leichtere Produkte. Ist die Zahl der Anschlüsse gering (32 Anschlusspins oder weniger), erscheint eine DIP-Konfiguration in SO-Bausteinen vorteilhafter und wirtschaftlicher als das Quad-Format. In diesem Bereich sind die Aspekte von Herstellbarkeit, Prüfbarkeit, Verdrahtbarkeit und Verfügbarkeit am wichtigsten. Bei Gehäusen mit weniger als 208 Anschlüssen dürfen in Zukunft das QFP (Quad Flat Package), das FQFP (Fine Pitch Quad Flat Package), das TQFP (Thin Quad Flat Package), das SSOP (Shrink-Small Outline Package) und das TSSOP (Thin Shrink-Small Outline Package) dominierende Rollen spielen.

Die Gehäuse bei integrierten Standardschaltkreisen werden immer dünner, d.h. die Höhe mit 2,0 mm verringerte sich inzwischen unter 1,0 mm. Auch das Anschlussraster reduziert sich weiter, von 0,8 mm auf inzwischen 0,3 mm. Diese Änderungen erfordern jedoch teurere Montageanlagen, sodass der Endanwender mehr Geld investieren muss. Auch die Austauschbarkeit von defekten Bauelementen im Service gestaltet sich erheblich schwieriger und in der Praxis ist häufig keine Reparatur mehr möglich.

In der industriellen Elektronik setzt man das PBGA (Plastic Ball Grid Array) oder das CBGA (Ceramic Ball Grid Array) mit ihren unterschiedlichen Wirebond- und Flipchip-Versionen ein. Ursache hierfür ist, daß QFP- und TAB-Gehäuse (Quad Flat Package bzw. Tape Automated Bonding) mit feineren Anschlussrastern komplexe und schwierige Prozesse bei Leiterplattenmontage erfordern, was Zuverlässigkeitsprobleme und hohe Kosten mit sich bringt. BGA-Gehäuse entschärfen diese Probleme im Zusammenhang mit der „Coplanarität" und dem Versatz der Anschlüsse. Gleichzeitig konnte man erhebliche Ausbeutesteigerungen bei der Leiterplattenfertigung erzielen und man kommt im Vergleich zu QFP-Gehäusen mit wesentlich weniger Platinenfläche aus. Außerdem kann man nach dem Einbau auf einer Platine diese ersetzen, sofern keine Unterfütterung vorgenommen wurde. So lassen sich bei der Montage von BGA-Gehäusen bereits Defektraten von 0,3 ppm erzielen, während die Defektrate bei QFPs mit 208 Anschlüssen zwischen 60 ppm und 80 ppm liegen. Die Anwendung und die Erfahrung in Verbindung mit BGA-Gehäusen werden sich ebenfalls auszahlen, wenn die Flip-Chip- und die DCA-Technologie (Dual Chip Array) an Verbreitung gewinnen. Unter anderem betrifft dies Änderungen an den Entwurfsregeln der Platinen zur Anpassung an die Lotkugel-Technologie sowie die Realisierung von Verbesserungen bei der Kontrolle des Montageprozesses. Fortschritte wurden auch in dem Bestreben erzielt, Speicherbausteine mit engeren Abständen zu montieren, um Fläche auf der Platine einzusparen.

So genannte Chip-Size- und Near-Chip-Size-Gehäuse bzw. TFPBGA (Thin Fine Pitch Ball Grid Array) nähern sich der echten Flip-Chip-Technologie um einen weiteren Schritt. Diese sehr kleinen Gehäuse reduzieren die Abmessungen des Gesamtsystems, bieten aber in Bezug auf Handhabung immer noch die Robustheit von Bauteilen mit klassischen Gehäusestrukturen. Man unterscheidet verschiedene Arten nach Art der Struktur, die der Verbindung zwischen den Bond-Pads des Chips und den Anschlusspins des Gehäuses dient. Eingesetzt werden hier flexible „Interposer", also feste Substrat-Interposer auf keramischer oder organischer Basis, die über einen kundenspezifischen Anschlussrahmen, gepresste Kunststoffgehäuse, Wafer-Montage oder TAP-Tapes verfügen. Hier wird außerdem nicht umgehend eine erhebliche Erhöhung der Substrat- und Leiterplattenverbindungsdichte benötigt, doch nimmt der Druck auf das Gehäuse während der Montage zu.

Abb. 3.3 zeigt einen allgemeinen Vergleich zwischen verschiedenen Gehäusen in Bezug auf Fläche, Gewicht sowie elektrische und thermische Parameter. Durch geringe Zahl der Verbindungsstellen verbessert sich die Zuverlässigkeit des Gesamtsystems. Die Kostensenkung hat sich als wichtige Größe für den Erfolg von Flip-Chip-Konzepten erwiesen. Es ist zu erkennen, dass die große Zahl der Fertigungsschritte zwischen dem letzten Prozess der Waferherstellung und der Leiterplattenmontage geringer werden wird, wenn die Montage- und Endprüfungsmaßnahmen im Zusammenhang mit dem Einbau in das Gehäuse entfallen.

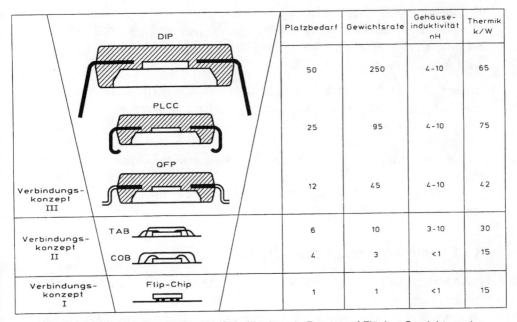

	Platzbedarf	Gewichtsrate	Gehäuse-induktivität nH	Thermik k/W
DIP	50	250	4-10	65
PLCC	25	95	4-10	75
QFP	12	45	4-10	42
TAB	6	10	3-10	30
COB	4	3	<1	15
Flip-Chip	1	1	<1	15

Abb. 3.3: Vergleich von integrierten Schaltkreisen in Bezug auf Fläche, Gewicht sowie elektrische und thermische Parameter

Bei allen IC-Familien gibt es die Tendenz zu höherer Funktionsdichte, was eine größere Zahl von Verbindungen zu den externen Schaltungen mit sich bringt. Besonders deutlich wird dies bei ASIC-Schaltkreisen (Application Specific Integrated Circuit), bei denen in naher Zukunft bis zu 1000 Anschluss-pins zu erwarten sind. Trotz der zunehmenden Zahl der Anschlüsse werden Chips infolge des immer höher werdenden Integrationsgrads kleiner. In vielen Fällen bestimmt nicht mehr der Funktionsumfang die Chipfläche, sondern die Anzahl der Bondflächen, die am Rand des Chips in einem gleichbleibenden Raster von 100 µm angeordnet sind. Beispielsweise besitzt ein Chip mit einer Kantenlänge von 10 mm ein optimales Design, wenn an jeder Seite nicht mehr als etwa 100 Anschlussflächen vorhanden sind, d.h. insgesamt etwa 400 Pins. Werden bei gleicher Chipfläche mehr als 400 Anschlüsse benötigt, muss man die Fläche wegen der Anschlüsse vergrößern. Der Chip weist folglich gewisse leere Flächen auf, die die Kosten erhöhen, obwohl diese keine aktiven Funktionen beinhalten. Eine solche Situation tritt bereits bei der 0,5-µm-Technologie häufig auf und wird bei den kommenden Generationen mit 0,35 µm, 0,25 µm und unter 0,1 µm an der Tagesordnung sein.

Um dieses Problem zu entschärfen, entwickelte man die Drahtbondierungstechnik weiter, damit kleinere Pad-Raster möglich sind, nämlich 100 µm, 80 µm und schließlich auf 50 µm. Ein Chip mit der Fläche von 10 x 10 mm² wird dann mit bis zu 800 Anschlüssen versehen sein.

In der Praxis werden jedoch unter dem Bond-Pad keine aktiven Strukturen angeordnet, um Zuverlässigkeitsprobleme zu vermeiden, wenn die Struktur im Zuge des Bondungsprozesses mechanisch beschädigt wird. Aus diesem Grund sind die Bondfläche selbst und ein kleiner Bereich in der Umgebung passiv, was die Schaltung und die Kosten angeht. Setzt man die Größe der passiven Fläche eines Pads mit 10000 µm² an, so erreicht die passive Fläche bei einem 10 x 10 mm² großen Chip mit 400 Anschlüssen insgesamt etwa 4 mm² aus, und dies sind etwa 4 % der Chipfläche und Kosten.

3.1.2 Bauelemente für die SMD-Technik

Die SMD-Technik ist eine sehr komplexe Technologie, die im Wesentlichen aus drei bestimmenden Teilen besteht: den SMD-Bauteilen, den Bestückungssystemen und dem eigentlichen Fertigungsprozess. Erst das einwandfreie Zusammenspiel dieser drei Faktoren erlaubt es, ein einwandfreies Produkt herzustellen. Die Missachtung einer dieser Punkte kann die gesamte Entwicklung und Produktion einer Baugruppe zu einem teuren Disaster werden lassen. Aus der Notwendigkeit dieses Zusammenspiels entsteht nahezu die gesamte Problematik in der Fertigungstechnik.

Einige Vorteile der SMD-Technik erkennt man bereits beim Aufbau der Reflowlötstelle in *Abb. 3.4*. Die Packungsdichte entsteht durch geringe Baugröße, und durch konsequente Anwendung der SMD-Technik kann dies bis zu einer

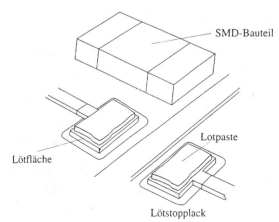

Abb. 3.4: Typischer Aufbau einer Reflowlötstelle aus den Lötflächen, dem Lötstopplack und der Lotpaste

zwei- bis fünffachen Flächennutzung führen. Bei Bestückung beider Oberflächen erreicht man sogar eine vier- bis achtfache Flächennutzung. Der Nutzungsgrad reduziert sich etwas durch die Notwendigkeit der Durchkontaktierungen. Durch Verringerung von Gewicht und Volumen bei den einzelnen Bauteilen reduziert sich das Systemgewicht und die Baugröße des Geräts erheblich. Mittels der automatisierungsgerechteren Handhabung verbessert sich während des gesamten Bestückungsvorgangs die Fehlerquote.

Wichtig für den Entwickler sind die Verbesserungen der elektrischen Eigenschaften durch die SMD-Technik. Damit hat man kürzere Signallaufzeiten durch kleinere Leitungswege zwischen den Baugruppen auf einer Platine. Auch entstehen durch den Aufbau geringere parasitäre Kapazitäten, Induktivitäten und Widerstände bzw. Leitwerte. Dieses ist besonders für den diskreten Aufbau von HF-Verstärkern interessant. Gleichzeitig verbessert sich die elektromagnetische Verträglichkeit, denn die Anschlüsse der Bauteile sind kürzer. Es tritt eine Verschiebung des Störspektrums zu höheren Frequenzen bzw. Energien auf.

Die Bauelemente für die Oberflächenmontagetechnik unterscheidet sich nicht nur durch ihre Baugröße wesentlich von den bisher verwendeten, sondern vor allem durch ihre Anschlusssysteme. Passive elektronische Bauelemente, wie Widerstände, alle Arten von Kondensatoren und Spulen werden in diversen Quadergehäusen angeboten. Diskrete Bauelemente, wie Dioden und Transistoren findet man in SOD- (Small Outline Diode) oder SOT-Gehäusen (Small Outline Transistor). Integrierte analoge und digitale Schaltkreise mit bis zu 20 Anschlüssen sind in SO-Gullwing-Gehäusen (DIL-Bauform) erhältlich. Integrierte Schaltungen mit darüber hinausgehenden Anschlusszahlen bieten die Hersteller in quadratischen Gehäusen wie Flat-Pack, SO-J, PLCC und LCCC an.

Komplette Netzwerke mit Widerständen, Kondensatoren und Dioden sind in den unterschiedlichsten Bauformen vorhanden. Einstellbare Widerstände und Kondensatoren sind als Bauform verfügbar, die sich inzwischen mit der Welle löten lassen. Es ist derzeit jedoch schwierig, Trimmer als reine SMD-Bauteile in Multiturn-Ausführung zu erhalten. Auch Induktivitäten gibt es in großer Typenvielfalt und fast alle sind relativ problemlos mit der Welle zu löten. Große Vorsicht ist bei LEDs geboten, da bei weitem nicht alle in das Lot getaucht werden dürfen. Es kann zur Zerstörung oder Trübung der Kunststoffumhüllung kommen. Ebenso problematisch ist die Verwendung von mechanischen Schaltern, die direkt auf einer Leiterplatte montiert sind. Hierbei ist besonders darauf zu achten, dass das Flussmittel nicht in das Gehäuse eindringen kann.

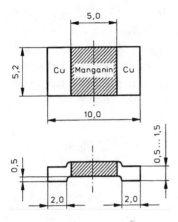

Abb. 3.5: Aufbau und Abmessungen (in mm) eines SMD-Widerstands

Es kommt sonst zu Funktionsbeeinträchtigungen oder zur Zerstörung der Kontakte. Das gleiche gilt auch für das elektromechanische Relais und aus diesem Grunde findet man immer mehr die hermetisch abgeschlossenen Halbleiterrelais.

Die Widerstandsschicht und der Kontakt bestimmen die wesentlichen Eigenschaften eines SMD-Widerstands. Der SMD-Widerstand von *Abb. 3.5* besteht aus einem reinen Stanz-Biege-Teil mit einem längsnahtgeschweißten Materialverbund aus Kupfer-Manganin-Kupfer. Die als Zuleitung und Lotfläche ausgeführten extrem niederohmigen Cu-Endstücke garantieren eine gute Lötbarkeit, eine Unempfindlichkeit des Widerstandswerts gegen leichte Benetzungschwankungen beim Löten sowie einen für Zweileiterwiderstände extrem niedrigen TK-Wert. Die kleine Bauform sowie die relativ dicke Folie sorgen für eine gute Wärmeableitung zur Platine hin und ermöglichen so eine hohe Belastbarkeit. Aufgrund der extrem geringen Induktivität ist der Widerstand optimal auch für hochfrequente Anwendungen geeignet.

Die beiden, auf der Leiterplatte aufliegenden, abgekröpften Cu-Endstücke garantieren eine sehr gute Lötbarkeit und, wegen der extrem niedrigen Zuleitungswiderstände, eine nahezu völlige Unabhängigkeit des Widerstandswerts von der Lötqualität. Die elektromagnetische Einstreuung ist bereits durch die niedrige Eigeninduktivität sehr gering. Bei dieser Bauform ist das Kupfer-Substrat gleichzeitig Gehäuse, elektrischer Anschluss und Wärmesenke. Das Resultat ist ein extrem flacher Widerstand mit vergleichsweise sehr großen Stromzuführungen und einem äußerst niedrigen thermischen Innenwiderstand von ≈ 15 K/W. Dies ist ein entscheidender Vorteil speziell in Geräten, wo Umgebungstemperaturen bis zu 120 °C auftreten.

Das Bauteil wird großflächig auf den entsprechend ausgebildeten Pads aufge-lötet. Mehr als 80 % der Bauteileunterseite sind Kontaktfläche, wodurch „Grabsteineffekte" ausgeschlossen sind. Fehlende Übergangswiderstände er-lauben es, dass man extrem große Dauer- bzw. Impulsströme in das Bauteil einkoppeln kann. Bedingt durch sehr niederohmige Anschlüsse wird trotz Zwei-Leiter-Ausführung ein sehr niedriger TK-Wert erreicht. Leichte Fehlpo-sitionierungen des Bauteils bei der Bestückung werden bei optimaler Padgeo-metrie durch den auftretenden Kapillareffekt beim Löten automatisch korri-giert. Der beim Verlöten von SMD-Bauteilen beobachtete und gefürchtete „Grabsteineffekt" tritt bei den meisten SMD-Bauteilen nicht auf.

Bedingt durch den massiven Aufbau wird die entstehende Verlustwärme effek-tiv zu den Kupferkontakten hin und von dort auf die Leiterplatte abgeleitet. Das Ergebnis ist ein hochbelastbares Bauteil, dessen Einsatz im Prinzip nur durch das Auslöten bei Überlastung begrenzt ist.

3.1.3 Reflowlöten für die SMD-Technik

Mit dem Begriff des Reflowlötens werden alle Verfahren bezeichnet, bei de-nen die Bauteile in die vorher auf die Platine aufgebrachte Lotpaste gesetzt und durch Erhitzen bis zur Schmelztemperatur des Lötzinns gebracht werden.

Seit 1975 stellt man auf diese Weise Hybridschaltungen her. Dabei wird zu-meist das Keramikträgermaterial über verschiedene untere Heizzonen trans-portiert und bis zur Löttemperatur erhitzt. Keramikmaterial ist ein guter Wär-meleiter und bringt die Temperatur fast ohne Verluste an die Lötstelle. Dieses Verfahren eignet sich nicht beim Einsatz von handelsüblichen Leiterplatten, da zwischen der Unterseite und der Bauteileseite der Platine eine Temperaturdif-ferenz zwischen 60 °C bis 80 °C besteht.

Die zahlreichen Bauteile weisen einen unterschiedlichen Wärmebedarf auf, d.h. kleinere Bauteile sind schneller auf Löttemperatur gebracht als große. Ein Tantalkondensator nimmt bis zur Erreichung der Löttemperatur erheblich mehr Wärme auf als eine vielleicht benachbarte Z-Diode. Damit man am Tan-talkondensator eine zuverlässige Lötung garantieren kann, ist eine vielfach größere Wärmeenergie erforderlich, als dies bei einem Widerstand oder einem temperaturempfindlichen Halbleiterbauelement der Fall ist. Einfach ausge-drückt, wenn man einen Tantalkondensator auf der Platine einlöten soll, sind kleinere Transistoren, Dioden oder ICs bereits zerstört.

Durch das Reflowlöten hat man eine praktische Lösung entwickelt, die sowohl große Bauteile, als auch mit den temperaturempfindlichen Z-Dioden, Transistoren, integrierten Schaltkreisen der Standardtypen und der hochintegrierten Technik optimal löten kann. Das Reflowlöten ist eine Kombination von Unterhitze und Infrarotwärmestrahlen an der Oberseite. Beim Durchlaufen durch den Reflowofen wird zunächst das Lösungsmittel in der Lotpaste verdampft, das Flussmittel aktiviert und im letzten Drittel werden die Bauteile verlötet. Die maximale Temperatur beträgt für etwa zwei bis drei Sekunden etwa 205 °C. Damit ist garantiert, daß auch temperaturempfindlichste Bauteile keinen Schaden erleiden.

In der Praxis findet man nur selten Reflowsysteme, die auf reiner Infrarotbasis arbeiten. Dabei hat man in Versuchen festgestellt, dass diese Geräte bei einer gemischten Bestückung, also mit ICs, Kondensatoren, Widerständen, Spulen usw. versagen müssen. Jeder weiß aus dem Physikunterricht, dass Infrarotwärmestrahlung undefinierbar ist, d.h. ein schwarzer Körper erwärmt sich stärker als ein helles Gehäuse.

Die Hersteller bieten ihre traditionellen Bauteile auch als SMD-Bauelemente an. Der Anteil an SMDs, der nur für den Refloweinsatz geeignet ist, nimmt dabei täglich zu. So sind Trimmer, Leuchtdioden, Dual-In-Line-Schalter (Mäuseklaviere), Relais, Steckverbinder, Taster, Folienkondensatoren, Induktivitäten, NF-Transformatoren und HF-Spulen als Bauteile für Reflowlötung auf dem Markt.

Einer der entscheidenden Punkte beim Reflowverfahren ist der exakte Lotpastendruck. Nach den praktischen Erfahrungen ist ein Pastenauftrag in einer Stärke von etwa 150 µm erforderlich, um die unterschiedlichen Bauteile, wie zum Beispiel einen 52-poligen Schaltkreis, genauso wie einen Keramikkondensator optimal zu verlöten. In der Praxis setzt man ein Stahlsieb mit 80 mesh (80 Maschen auf 1 Zoll Gewebebreite) ein. Die Schichtstärke der aufzudruckenden Lotpaste wird dabei von der auf das Sieb aufgetragenen lichtempfindlichen Fotoschicht bestimmt. Normalerweise weisen diese Schichten eine Stärke von etwa 12 µm bis 20 µm auf und das ist für Lotpastenaufdruck zu wenig. Deshalb setzt man in der Praxis Fotofilmschichten mit einer genau definierten Stärke von 45 µm ein. Zusammen mit dem Drahtdurchmesser des Gewebes von 0,1 mm erreicht man die gewünschte Stärke von 150 µm.

Beim Siebdruck lassen sich die Lotpaste durch Maschen des Siebs drücken und auf die darunterliegende Leiterplatine bringen. Das Sieb hat einen Abstand von etwa 1 mm bis 1,5 mm von der Leiterplatine. Das Rakel mit einer scharfen Kante drückt das Sieb auf die Platine und wird in eine Richtung gezogen. Der Winkel hinter der Rakelkante (Absprung) besorgt das Drucken. Die durchgedrückte Paste erhält Kontakt mit der Platine und der Absprung sorgt dafür, dass sich die Paste aus den Maschen des Siebes heraus auf die Platine überträgt.

Die Stahlsiebe kann man beliebig oft mit einer Fotoschicht beschichten, belichten und für den Pastendruck einsetzen. Wenn sich der Schaltungsentwurf, das Design, ändert, wird die Schicht einfach abgelöst und eine neue Fotoschicht aufgetragen. Somit lässt sich ein Sieb mehrmals verwenden, wenn man dieses beim Reinigen und während des Betriebs nicht mechanisch beschädigt.

Genauso wichtig wie der Lotpastendruck oder das Leiterplattendesign ist die Auswahl der Lotpaste. Dabei ist der Preis einer Lotpaste nicht ausschlaggebend für die Lötqualität und eine teure Paste bringt nicht unbedingt bessere Ergebnisse. Vielmehr ist die richtige Abstimmung der Metallteile, der Flussmittelkomponenten und das Lösungsmittel entscheidend. Eine Metallmischung von 62 % an Zinn, 36 % an Blei und 2 % an Silber hat sich in der Praxis für nahezu alle Bauteile und Leiterbahnen, einschließlich vergoldeter Platinen, vergoldeter Anschlusspins oder versilberter Leiterbahnen, bewährt.

Die Salze des Flussmittels müssen einen niedrigeren Schmelzpunkt aufweisen, als bei vergleichbaren Lotpasten für die Hybridtechnik oder Flussmittel für die Wellenlötung. Die Verarbeitungstemperatur bei diesem Verfahren liegt weit über 200 °C, während beim Reflowverfahren maximal und nur kurzzeitig 205 °C erreichbar sind. Eine Lotpaste, die sich in der Hybridtechnik gut bewährt hat, muss daher auch nicht in der SMD-Technik mit Leiterplatten gute Ergebnisse bringen. Neben der Metallmischung und dem Flussmittel hat das Lösungsmittel in der Paste, das die pastöse Beschaffenheit für den Siebdruck und die Klebung der Bauteile bewirkt, eine wichtige Bedeutung. Auf der einen Seite soll das Lösungsmittel schwer flüchtig sein, damit die Lotpaste, die in dünner Schicht oft stundenlang auf dem Sieb verteilt ist, nicht austrocknet. Auch sollen beispielsweise die morgens bedruckten Platinen noch nachmittags bestückungsfähig sein.

Auf der anderen Seite muss das Lösungsmittel in der kurzen Zeit des Durchlaufs mittels der beiden Vorheizzonen restlos verdunstet sein. Wenn das Lötzinn den Schmelzpunkt erreicht, dürfen keine Lösungsmittelreste in der Paste vorhanden sein, sonst gibt es einseitig aufstehende Bauteile, insbesondere bei Widerständen und Kondensatoren, oder man hat winzige Lötperlen, die auf der gesamten Platine verteilt sind.

Eine erfolgreiche Verarbeitung in der SMD-Technik stellt bestimmte Anforderungen an die Platine. Es sollte grundsätzlich eine Bleiverzinnung der Kupferbahnen von 5 µm bis 10 µm vorhanden sein. Das Mischungsverhältnis des

Blei-Zinn-Anteils kann 60:40, 62:38 oder ähnlich sein. Es ist nicht zu empfehlen, eine Glanzverzinnung auf der Platine vorzunehmen, da der Schmelzpunkt des reinen Zinns bei über 240 °C liegt und somit weit entfernt ist vom eutektischen Schmelzpunkt der Lotpaste von etwa 180 °C.

Die Lötflecken für die Bauteile sollten so breit wie das Bauteil sein und an der Stirnseite eine Zugabe von 1 mm bis 2 mm aufweisen, damit sich die typische Meniskusform der Lötstelle ausbilden kann und die Oberflächenspannung des Lötzinns das Bauteil zentriert. Die aufgedruckte Lotpaste soll auf das Bauteil konzentriert sein, darf aber auf den Leiterbahnen etwas „wandern". Deshalb müssen Leiterbahnen vom Lötfleck weg erheblich dünner sein. Zwei elektrisch miteinander verbundene Bauteile, beispielsweise zwei in Reihe geschaltete Widerstände, dürfen in der Mitte keinen gemeinsamen großen Lötfleck aufweisen, sondern getrennte, gleich große Flecken, die durch einen kleinen Steg verbunden sind. Die Oberflächenspannung des Lötzinns, die auch die Zentrierung der Bauteile bewirkt, setzt gleich große Lötflecken auf allen Seiten voraus. Bei ungleicher Ausführung der Lötflecken wird das Bauteil immer zum größeren Fleck gezogen. Bohrungen von Durchkontaktierungen dürfen nicht unmittelbar am Lötfleck angeordnet sein, da das Zinn von der Lötstelle in das Bohrloch gezogen wird.

3.1.4 Klebetechnik bei SMD-Bauteilen

Die Fixierung der SMD-Bauteile mittels Kleber ist vor allem bei einer Mischbestückung und anschließendem Wellenlöten erforderlich. Dagegen kann man bei der Verwendung von Keramiksubstraten mit einem Reflowlötvorgang auf den Kleber verzichten. Hier genügt es, das Bauelement in die vorher aufgetragene Lotpaste zu drücken. Die Haftwirkung ist dann groß genug, um das Bauelement bis zum eigentlichen Lötvorgang und während des Reflowlötens in Position zu halten. Für die Auftragung der Lotpaste sind folgende drei Verfahren verbreitet:

- Stempelverfahren
- Siebdrucktechnik
- Auftragung mit Dosierpipette.

Die folgenden Überlegungen zum Kleberauftrag gelten für den Fall, dass ein SMD-Anwender z.B. während der Entwicklungsphase oder in der Vorserie den Kleber per Hand aufträgt. Diese Überlegungen sind auch dann zu beachten, wenn sich ein Gerätehersteller den SMD-Bestückungsplatz im Eigenbau einrichtet. Dagegen sind alle Fragen der Kleberaufbringung und -dosierung bei Bestückungsautomaten praktisch gelöst. Hier könnten die Überlegungen eventuell zur Definierung von Anforderungen an einen Automaten beitragen, bevor man sich zum Kauf entschließt, und auch bei Störungsfällen eine Rolle spielen.

Hintergrund für die breite Behandlung des Themas „Kleben" ist zum einen, dass man eine äußerst zuverlässige Klebeverbindung anzustreben hat. Ein Klebefehler kann nämlich vor oder während des Lötens zum Verlust des Bauelements, d.h. zu einer Fehlbestückung führen. Andererseits muss die Dosierung so gewählt werden, dass der Kleber auf gar keinen Fall die Lötfläche beschmutzen kann, denn diese würde ebenfalls zu einer unbrauchbaren Lötung, d.h. wiederum zu einem Bestückungsfehler, führen.

Der Auftrag für den Kleber - entweder auf die Unterseite des Bauelements oder auf die Leiterplatte - lässt sich in seinen kritischen Grenzen anhand von *Abb. 3.6* verdeutlichen: Die Höhe C muss größer sein als die Summe aus Leiterbahnstärke A und lichter Höhe B des Bauelements. Nur dann ist eine Klebeverbindung überhaupt möglich. Wird andererseits eine zu große Klebermenge aufgetragen, besteht die Gefahr, dass überflüssiger Kleber beim Bestücken auf die Lötfläche gequetscht und so eine einwandfreie Lötung verhindert. Man muss also nach dem Grundsatz „so wenig wie möglich, aber so viel als nötig" verfahren.

In *Abb. 3.6* erkennt man die Höhe des Kleberauftrags. Dieser Kleber ist eine stabile, homogene und sollte eine blasenfreie Mischung aus zwei Komponenten sein, die man vor der Verarbeitung mischen muss. Im Gegensatz zu Lotschichten ist bei leitenden Klebschichten der Aufbau der mechanischen Festigkeit getrennt von der elektrischen Leitfähigkeit zu betrachten. Elektrisch leitende Klebstoffe sind Mischungen aus leitenden Füllstoffen (Metallpartikel) und nichtleitendem Klebstoff (Polymer). Die Stromleitfähigkeit metallgefüllter Klebstoffe beruht auf der Bildung langer Ketten von sich berührenden metallischen Partikeln, die mechanische Festigkeit auf die Ausbildung von Adhäsions- und Kohäsionskräften der Klebschicht.

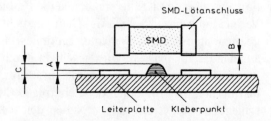

Abb. 3.6: SMD-Bauelemente lassen sich nur fixieren, wenn die Bedingung C > A + B für den Kleberauftrag erfüllt ist

- Vorteile des Klebens: Mögliche Verbindung nichtlötbarer Oberfläche, Aushärtung auch bei Raumtemperatur möglich; somit keine Temperaturbelastung der Bauteile, hohe kurzzeitige Temperaturbeständigkeit der Klebschicht (ca. 300 °C) und hohe Stabilität gegen Temperaturwechselbeanspruchungen infolge der Elastizität der Fügeschicht.

- Nachteile des Klebens: Geringere thermische Leitfähigkeit der Fügeschicht als bei metallischen Fügeschichten, begrenzte Verwendbarkeit des Klebstoffs (Topf- und Lagerzeit), sehr lange Aushärtezeiten bei niedrigen Temperaturen und geringere Strombelastbarkeit der Klebschicht als bei metallischen Fügeschichten.

Die mechanische Festigkeit der SMD-Bauelemente und ihrer Lötverbindungen wird im Wesentlichen durch vier Problemkreise bestimmt: unterschiedliche seitliche Kräfte an den X- und Y-Achsen, thermische Ausdehnung der SMD-Bauteile und der Platine, Instabilitäten der seitlichen Abmessungen bei den Substraten infolge unterschiedlicher Herstellungsprozesse, Biegeprozesse und diverse Lötprobleme, wie sie immer in der Praxis existieren. Alle Problembereiche stehen in Wechselwirkung zueinander.

Die Änderung der Abmessungen von Bauteilen und Platinen bzw. Substraten in Abhängigkeit der Temperatur (Temperaturkoeffizient) sind von zahlreichen Faktoren abhängig und können sehr stark streuen, besonders bei billigen Bauelementen. Daher kann es vorkommen (bei nichtangepassten TK-Werten zwischen den einzelnen Komponenten), dass sich das Bauteil stärker ausdehnt als das darunter befindliche Trägermaterial oder umgekehrt. Da Lötungen keine kraftschlüssigen Verbindungen darstellen, verändern diese Belastungen die Festigkeit der Fügeschicht, und es kann zu Unterbrechungen der leitenden Verbindung kommen. Je geringer die Verformungsgeschwindigkeit (z.B. durch Temperatur oder gespannte Lagerung der Platine im Gerät) ist, desto geringer wird die Festigkeit der Verbindung. Solche Stressbedingungen entstehen durch thermische Hochbelastung während des Lötens bzw. thermische Zyklusbelastung während der Qualitätssicherungstests oder thermische Wechselbelastung durch Ein-/Ausschalten des Geräts. Die durch Schock und Vibration angreifenden Kräfte ergeben keine Probleme mit den Kriechströmen. Zur Vermeidung dieser Schwierigkeiten versucht man, thermische Ausdehnungskoeffizienten der Bauelemente (zumindest der größeren) und der Leiterplatte aneinander anzupassen. Dies geschieht durch Auswahl geeigneter Materialien für die Bauelemente bzw. der Gehäuseform, sowie durch Beeinflussung des thermischen Koeffizienten der Leiterplatte (Materialauswahl, Laminieren verschiedener Werkstoffe usw.). Neben den thermischen Ausdehnungen in den

X- und Y-Achsen hat das Substrat auch solche in der Dicke, d.h. der Z-Achse. Da diese aber in der Mehrzahl der Fälle unberücksichtigt bleiben können, soll die Erwähnung genügen.

Die Biegeprozesse sind dynamisch, d.h. mit wesentlich höherer Verformungsgeschwindigkeit als bei Kriechprozessen (die bei statisch verformter Leiterplatte auftreten). Hierzu zählen Vibrationen und Schockvorgänge. Die Hauptproblematik entsteht hierbei durch das Material der Bauelemente, die Qualität ihrer mechanischen Verarbeitung sowie die Güte der Lötungen zum Trägermaterial. Der Bauteilekörper kann brechen oder an den Kappen (lötfähige Kontaktierungen) abreißen und das gesamte Bauelement hebt von der Leiterplatte ab (bei ungenügenden Fügeschichten). Da sich nach Beendigung eines Biegevorgangs die abgerissenen Verbindungen und damit die durch das Abreißen entstandene Zackenbildung an der Bruchstelle wieder fügen können, sollte man diesbezügliche Tests immer während des Biegevorgangs durchführen.

Die Lötproblematik mit ihren Besonderheiten wie Kleben zur mechanischen Fixierung der Bauelemente, Lotpasten, ihrer Legierungen und Flussmittel, Reinigungsmöglichkeiten (Flussmittel), der komplexen Metallurgie und ihren unerschöpflichen Fehlerquellen soll hier nur oberflächlich behandelt werden, da es sich um einen komplexen Rahmen der Verfahrenstechnik handelt. Die nachfolgende Aufzählung mit einer kurzen Beschreibung der häufigsten und wesentlichsten Fehlerquellen, erhebt keinen Anspruch auf Vollständigkeit:

• Der Tombstone-Effekt entsteht durch Fehler im Entwurf des Layouts (Anschlüsse des Bauteils nicht 90° zur Transportrichtung der Leiterplatte) oder verdrehte Lage gegenüber der Transportrichtung.

• „Solderballing" wird hervorgerufen durch schlechte sowie nicht vollständig oder durch lange Lötzeiten zu sehr ausgetrocknete Lotpasten.

• Eine Lotbrückenbildung tritt bei zu großen Lotmengen an dicht nebeneinanderliegenden Anschlüssen (zu kleine Rasterabmessungen oder Layout-Fehler) sowie bei Abschattungen auf. Diese werden durch die nicht fertigungsgerechte Auslegung des Layouts (Bauteile zu dicht zusammen oder nicht 90° zur Transportrichtung, sondern parallel, Lötpad im Verhältnis zur Höhe des Bauelements zu klein) hervorgerufen und treten überwiegend beim Einsatz in der Wellenlöttechnik auf.

• Eine Gasung in oder an einer Lötstelle (Lunker) tritt auf, wenn die flüssige Phase des Lots während des Lötvorgangs zu kurz ist, sodass das Flussmittel nicht vollständig ausgasen kann. Dies geschieht gelegentlich auch beim Überkopflöten des SMD-Bauteils in einer Welle durch den Druck des Lots. Dieses lässt sich jedoch durch Bohrungen in den Pads weitgehend verhindern. Während der Erstarrungsphase hat das Lot nicht mehr die erforderliche Viskosität, um Gase entweichen zu lassen, sodass sich Blasen im Lot bilden und infolgedessen die Festigkeit der Verbindung drastisch reduziert wird. Platzende Blasen hinterlassen in der Lotschicht kleine Krater (Lunker), in denen die Oxidation verstärkt stattfinden kann.

• Schlechte Kleberhärtung bewirkt ein Abfallen der Bauteile vom Substrat durch den Druck des strömenden Lotes.

• Eine Ablösung der Bauelemente - Metallisierung - wird durch zu lange Lötzeiten hervorgerufen. Die Metallisierung ist zur Verbesserung ihrer Lötbarkeit mit silberhaltigem Lot versehen. Silber hat jedoch die große Neigung, in das Lot überzutreten, sodass es zu einem Silbertransport vom Bauteil zur Paste kommt. Dieses führt zur Zerstörung der Metallisierung und zu reduzierter Festigung der Fügeschicht. Da dieser Prozess mit dem Löten einsetzt, sollte man die Lötzeit gering halten. Um diese Probleme auf ein Minimum zu reduzieren, wird den Lotpasten Silber zugesetzt.

• Ungleichmäßiger Lotpastenauftrag führt zu teilweise schlechten Lötergebnissen und kann für den Tombstone-Effekt bzw. zur Lotbrückenbildung ebenso verantwortlich sein wie für fehlende Verbindungen zwischen Bauteil und Substrat.

Abb. 3.7 zeigt eine typische Leiterbahnstärke für eine einseitige und *Abb. 3.8* für eine durchkontaktierte Leiterplatte. In *Tabelle 3.1* wird der Aufbau solcher Leiterbahnen im Detail dargestellt (einseitig geätzt = NDK, durchkontaktierte Metallisierung = DK). Somit ist die Leiterbahnstärke A für NDK-Leiterbahnen von 35 μm und für DK-Leiterbahnen liegen sie im Bereich zwischen 75 μm bis 135 μm.

In der SMD-Technik wird der Kleber nach einem der folgenden drei Verfahren aufgetragen:

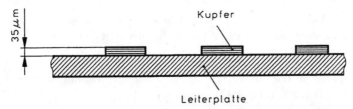

Abb. 3.7: Bei einer Leiterbahnstärke von 35 μm handelt es sich um einseitig kaschierte Platinen für die Verwendung von NDK-Substraten

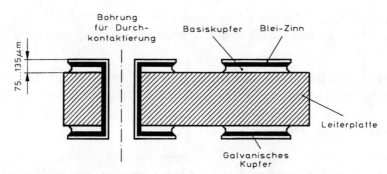

Abb. 3.8: Bei einer Leiterbahnstärke zwischen 75 µm bis 135 µm handelt es sich um zweiseitig kaschierte Platinen, die sich auch durchkontaktieren lassen

Tabelle 3.1: Dicke der Metallisierung für den Aufbau von Leiterbahnen (einseitig geätzt = NDK, durchkontaktierte Metallisierung = DK)

Dicke der Metallisierung (µm)

	NDK	**DK**
Basiskupfer	35	35
galvanisches Kupfer	-	30...60
Blei/Zinn, galvanisch	-	10...20
(Reflow)		(20...40)
Total	35	75...135

• Stempelverfahren (pin transfer): Ein Stift wird in eine mit Kleber enthaltene Wanne eingetaucht, wobei jeweils vorher die Kleberoberfläche mit einem Rakel geglättet und auf die erforderliche Höhe gebracht wird. Abhängig von Stiftform und der Viskosität des Klebers bleibt ein Tropfen hängen, der dann - in der Art eines Stempelvorgangs - auf der Leiterplatte abgesetzt wird.

Eine für die Massenfertigung effizientere Variante ist dadurch gekennzeichnet, dass mehrere nach dem Muster der SMD-Bausteine auf der Leiterplatte angeordnete Stifte in die Klebewanne eintauchen und Klebepunkte auf die Leiterplatte simultan absetzen. Beim Simultan-Stempelverfahren arbeitet man mit bis zu 100 Stempeln und daher ist klar, dass man bei diesem Verfahren für jede SMD-Platine eine passende Stempeleinheit benötigt.

Um größere Flexibilität und Unabhängigkeit der SMD-Verteilung auf der Leiterplatte zu erreichen, ist eine weitere Variante des Stempelverfahrens möglich. Die Stifte bewegen sich aufwärts durch eine Klebewanne, und die auf der

Kuppe verbleibende Portion wird auf die Unterseite des SMD-Bauteils übertragen. Diese Methode findet man bei programmierbaren Automaten in der Fertigung.

Alle Stempelverfahren sind für Leiterplatten auch in gemischter Technik geeignet. Die Klebestifte oder beklebten SMD-Bauteile können zwischen den bereits montierten Bauelementen mit Drahtanschlüssen abgesetzt werden. Man setzt folgende Techniken ein:

- Mit Hilfe eines einstellbaren (programmierbaren) Dosierzylinders (Dispenser): Der Vorteil dieses Verfahrens besteht darin, dass durch Variieren von Luftdruck und/oder Einwirkzeit sehr unterschiedliche Dosierungen, d.h. im Vergleich zum Stempelverfahren auch größere Klebepunkte möglich sind. Die auf dem Markt angebotenen „Pick an Place"-Automaten verwenden in der Regel einen programmierbaren Dosierzylinder. Das Absetzen der Klebtropfen ist ein serieller Vorgang. Mit diesem Verfahren kann man sehr hohe Produktionsraten erreichen. Durch die Form der Dosierzylinder ist auch das Absetzen von Klebtropfen auf Leiterplatten mit bereits bestückten Bauelementen möglich.

- Siebdrucktechnik: Diese Methode ist mit höherem Umrüstaufwand verbunden, da man für jede SMD-Konfiguration ein passendes Sieb (Schablone) benötigt. Außerdem scheidet diese Methode aus, wenn zuerst mit bedrahteten Bauelementen bestückt wird und deren Drahtenden im Wege stehen.

Die Auswahl des geeigneten Klebers ist immer vom Typ des Bestückungsautomaten sowie von einigen Produktionsbedingungen auf der Anwenderseite abhängig. Es werden inzwischen diverse Kleber von den Firmen angeboten.

3.1.5 Lotpasten und deren Verarbeitung

Die Stabilität der Lotpasten ist der Kernpunkt für die Verarbeitung von SMD-Bauteilen. Unter Stabilität versteht man eine stabile und homogene Mischung aus Lotpulver mit einer Flux-Binder-Chemie, die eine Separierung eliminiert. Diese Lotpasten dürfen nicht hygroskopisch sein und bleiben über einen extrem langen Zeitraum stabil und effektiv. Auf eine präzise Definition bei Sieb- und Schablonendruck oder für genaue wiederholbare Dosierung ist unbedingt zu achten.

Durch die Stabilität und der konstanten Viskosität ergibt sich bei der Verarbeitung ein berechenbarer Sieb- und Schablonendruck. Die Lotpasten sind so gemischt, dass ein Separieren von Metall und dem Flux-Bildersystem verhindert wird, sowie ein Austrocknen in der Dosierungspumpe durch eine Klebrigkeit (Tackytime) von über 48 Stunden. Die Lotpasten mit den entsprechenden rheologischen Eigenschaften verhindern ein Weglaufen (slumping) und bieten eine Verarbeitungszeit von über acht Stunden in der Dosierungspumpe. Ebenso ist ein Verklumpen nicht möglich. *Tabelle 3.2* zeigt einige Legierungen mit ihren Schmelzpunkten.

Tabelle 3.2: Unterschiedliche Legierungen von Lotpasten mit ihren definierten Schmelzpunkten und sind lieferbar in den Flussmittelsystemen R, RMA und RA nach DIN 8511

Legierung	Schmelzpunkt
Sn62Pb36Ag2	179 °C
Sn63Pb37	183 °C
Sn96Ag4	221 °C
Sn10Pb88Ag2	290 °C
Bi14Sn43Pb43	163 °C
Bi58Sn42	138 °C

Der verwendete Metallpuder ist kugelförmig mit einem minimalen Oxidgehalt und einer Korngröße von 45 µm bis 75 µm. Für den Siebdruck werden diese Lotpasten mit einem Metallgehalt von 88 % und einer Viskosität mit 500 KcPs bis 600 KcPs geliefert, für Schablonendruck beträgt der Metallgehalt ebenfalls 88 %, die Viskosität jedoch 700 KcPs bis 800 KcPs. Für die Dosierung mit rechnergesteuerten X-Y-Tischen, Lotpastendosierventilen oder elektropneumatischen Dosiersystemen sind Lotpasten in Kartuschen mit einem Metallgehalt von 85 % und einer Viskosität zwischen 350 KcPs bis 450 KcPs lieferbar. Diese Lotpasten sind so formuliert, daß keine Separierung auftritt und Nadeldurchmesser zwischen 0,5 mm bis 1,0 mm für konstante Dosierungen möglich sind.

Die Fine-Pitch-Lotpasten wurden speziell für eine dichte Bestückung mit Abständen zwischen den Lötstellen bis zu 0,4 mm entwickelt. Die Lotpasten lassen sich für Sieb- bzw. Schablonendruck und für die Dosiertechnik verwenden. Das spezielle Flussmittelsystem mit selektiver Ausbreitung bietet alle wünschenswerten Eigenschaften einer Lotpaste für die Fine-Pitch-Technik, d.h. kein Slumping, eine Druckverarbeitbarkeit bis zu acht Stunden und eine Klebrigkeit über 48 Stunden. Damit kann die Verarbeitung ähnlich wie bei den Klebewerkstoffen erfolgen. Durch geringe Ausbreitung verhindert man Brücken, Kurzschlüsse oder Lotkugelbildung. Diese Lotpasten sind halogen- und halogenidfrei. Der verwendete Metallpuder ist kugelförmig mit geringstem Oxidgehalt und einer Korngröße zwischen 45 μm bis 75 μm. Diese Lotpasten weisen einen Metallgehalt von 88 % auf. Die Viskosität für Siebdruck beträgt 500 KcPs bis 600 KcPs und für Schablonendruck 700 KcPs bis 800 KcPs.

Die Extra-Fine-Pitch-Lotpasten sind für Lötstellenabstände bis zu 0,2 mm entwickelt worden. Diese Lotpasten lassen sich aber nur mittels Schablonendruck und Dosiertechnik verarbeiten. Das spezielle Flussmittelsystem bietet sämtliche Eigenschaften für extrem enge Lötstellen und Bestückung, d.h. kein Slumping. Diese Lotpasten sind halogen- und halogenidfrei. Der verwendete Metallpuder ist kugelförmig mit geringstem Oxidgehalt und es stehen drei Korngrößen zur Auswahl: 25 μm bis 45 μm, 25 μm bis 38 μm und 38 μm bis 53 μm. Mit dieser feinen Metallkörnung ist es möglich, Dosiernadeln mit einem Innendurchmesser von 0,25 mm zu verwenden. Diese Lotpasten mit selektivem Flussmittelsystem sind als Legierung Sn62Pb36Ag2 mit einem Schmelzpunkt von 179 °C lieferbar.

No-Clean-Lotpasten sind auf Kolophonium basierende Lotpasten, und werden nur dann in der Praxis eingesetzt, wenn eine Reinigung nach der Fertigung vermieden werden soll. Die Konditionen nach dem Löten in Bezug auf Oberflächenwiderstand, Korrosionsverhalten usw. sind denen gut gereinigter Baugruppen gleich oder besser. Die Flussmittelrückstände der No-Clean-Flussmittel sind nach dem Löten sehr gering, verhalten sich nicht spröde und sind neutral.

Die No-Clean-Lotpasten besitzen eine restruktive Flussmitteleigenschaft wie die Fine-Pitch-Flussmittel und lassen sich genauso verarbeiten. Diese Lotpasten werden vorzugsweise in der Legierung Sn62Pb36Ag2 mit einem Schmelzpunkt von 179 °C geliefert. Der verwendete Metallpuder ist kugelförmig mit geringstem Oxidgehalt und steht in drei Korngrößen zur Auswahl: 25 μm bis 38 μm, 38 μm bis 53 μm und 45 μm bis 75 μm. Für Siebdruck werden diese Lotpasten mit einem Metallgehalt von 88 % und einer Viskosität von 600 KcPs hergestellt und für den Schablonendruck mit einem Metallgehalt von 90 % und einer Viskosität von 1 MsPs. Diese Serie ist aber auch für die Dosiertechnik mit einem Metallgehalt von 85 % und einer Viskosität zwischen 350 KcPs und 450 KcPs erhältlich, wobei die Viskosität abhängig ist von der verwendeten Korngröße.

Wasserabwaschbare Lotpasten schließen die Verwendung von FCKW oder anderen Lösungsmitteln zur Reinigung von Flussmittelrückständen aus, sofern eine Reinigung vor, während bzw. nach den einzelnen Verarbeitungsschritten erforderlich ist. Diese Lotpasten sind halogenfrei. Die wasserlöslichen Rückstände lassen sich mit warmem Wasser entfernen, sodass die Spezifikationen in Bezug auf Oberflächenwiderstand usw. erfüllt sind. Die Reinigung sollte man durch Spülen mit warmem Wasser durchführen, anschließendem Sprayauftrag bei ca. 60 °C die Oberfläche verschließen und den Abschluss bildet eine Nachspülung mit Di-Wasser. Diverse Benetzungszusätze oder andere Zugaben sind in diesem Fall nicht erforderlich.

Die wasserabwaschbaren Lotpasten sind im Druck- und Aufschmelzverhalten ähnlich wie die Fine-Pitch-Lotpasten aufzutragen. Die thixotropen Eigenschaften dieser Flussmittel lassen Drucke „auf einer Stelle" ohne Slumping zu. Die selektive Ausbreitung dieses Flussmittelsystems erlaubt den Einsatz dieser Lotpaste auch für Fine-Pitch-Anwendung. Wie andere SMD-Lotpasten ist diese wasserabwaschbare Lotpaste für Sieb- und Schablonendruck erhältlich, ebenso zur Dosieranwendung. Diese sind nicht hygroskopisch und formuliert für eine Verarbeitungsdauer bis zu acht Stunden und mehr als 48 Stunden für die Klebrigkeit. Das verwendete Metallpuder ist kugelförmig mit minimalem Oxidgehalt und einer Korngröße zwischen 45 µm bis 75 µm.

Die Flussmittelpasten lassen sich über die Dosiertechnik mittels Sieb- oder Schablonendruck in präzisen Mengen auftragen. Die thixotropen Eigenschaften des Flussmittels stellen sicher, daß diese Paste auch am aufgetragenen Punkt verbleibt. Diese Paste trocknet während der Verarbeitung nicht aus und verkohlt auch nicht bei Einhaltung der empfohlenen Löttemperatur. Diese Flussmittelpasten sind erhältlich auf Kolophonium- oder wasserlöslicher Basis. Die auf Kolophonium basierenden können mit den üblichen Lösungsmitteln oder mit Wasserwaschsystemen unter Hinzufügung von Verseifungsmitteln entfernt werden, bei den Wasserlöslichen reicht Warmwasser völlig aus. Die No-Clean-Paste eignet sich auf Grund ihrer harten Rückstände nicht zur Reinigung und ist auch nicht hierfür vorgesehen.

Die Anwendung von Flussmittelpasten liegt hauptsächlich in der Reparaturtechnik. Ein dünner Strich an Flussmittelpaste über die Lötstelle des Bauelements bewirkt, dass beim Ablöten des Bauteils der größte Anteil des Lots auf der Platine verbleibt und ein gleichmäßiger Überzug auf den Bauteileanschlüssen. Verschiedene Platinen und flexible Schaltungen lassen sich so herstellen, daß zuerst Lotpaste aufgedruckt und umgeschmolzen wird. Die Schaltung wird gereinigt, danach Flussmittelpaste aufgedruckt und erst dann bestückt und gelötet. Die Klebrigkeit des Flussmittels hält die Bauelemente während der gesamten Verarbeitungsdauer sicher in der vorgegebenen Position.

Um eine sichere Lötverbindung herzustellen, sollten Lotpasten bei Temperaturen von 27 °C bis 44 °C über dem Schmelzpunkt des Lots umgeschmolzen werden. Alle herkömmlichen Methoden des Reflowlötens - Heißluft, Infrarot, Dampfphase, Laser, Heizplatten, Durchlauföfen, Widerstandslöten, Lötkolben - lassen sich ohne Einschränkung einsetzen.

Die meisten Lotpasten enthalten Blei, Lösungsmittel und Flussmittelaktivatoren. Vorsicht ist immer beim Umgang mit Lotpasten angebracht, um Verschlucken von Bleipartikeln zu vermeiden. Ebenso sollte man Haut- und Augenkontakt mit Flussmitteln und deren Resten verhindern und daher sind Handschuhe und Brille zu tragen. Bei der Anwendung und beim Löten mit Lotpasten können Dämpfe freiwerden, die die Gesundheit beeinträchtigen. Aus diesem Grund ist eine entsprechende Ventilation mit Abluftfiltern dringend empfohlen. Nach Hautkontakt diese Stellen gut mit Wasser und Seife abwaschen. Lotpastenbehälter nicht wiederverwenden und vorschriftsmäßig als Sondermüll entsorgen.

Bei der Oberflächenmontage von Bauelementen ist es nun notwendig, das Lot auf die Oberfläche aufzubringen und zwar nur an den Stellen, an denen sich auch Bauelemente befinden. Je nach Bauelement muss ein Lotpastenauftrag von 0,1 mm bis 0,3 mm realisiert werden. Hierzu gibt es folgende Verfahren:

• Lotpastenauftrag per Siebdruck: Der Siebrahmen wird mit dem entsprechenden Gewebe bespannt und mit einer fotoempfindlichen Schicht getränkt. Der Padfilm aus der CAD-Anlage wird auf das Sieb gelegt und unter Vakuum belichtet. Nach dem Belichten wäscht man das Sieb aus und die Stellen für den Lotpastenauftrag sind entfernt. Das Sieb wird nun in eine Maschine eingespannt. In das Sieb wird Lotpaste eingebracht und mittels einem Rakel drückt man Lotpaste auf die darunter befindliche Platine durch. Nach dem Abheben des Siebs ist der Auftrag des Lotes vollzogen.

• Schablonendruck: Für übliche Anforderungen benötigt man einen Lotpastenauftrag von 0,2 mm. Diesen Auftrag erreicht man am besten mit einer Schablone aus Messing oder Kupferbronze. Um schnell eine Schablone zu erstellen, wird eine Platine „geopfert". Diese Platine wird auf eine Messingfolie von 0,2 mm gelegt und entsprechende Padflächen werden mit einem Bohrer von ca. 0,2 mm bearbeitet. Danach ist die Schablone gebrauchsfertig. Eine bessere Schablone erreicht man auf dem fotographischen Wege, indem man die Kupferbronze beidseitig mit Fotolack beschichtet (positiv). Der Padfilm aus der CAD-Anlage wird nun negativ umkopiert und zwar zweimal. Mit diesen beiden Filmen erstellt man eine deckungsgleiche Filmtasche. In diesem Zustand ist die Padfläche offen. Nach dem Entwickeln der Folie kommt diese in eine

Vertikalsprühätzanlage, um offene Stellen von beiden Seiten auszuätzen. Nach dem Entfernen des restlichen Fotolacks ist die Schablone gebrauchsfertig. Diese wird dann in eine Spannvorrichtung eingespannt und mittels Rakel oder Japanspachtel erfolgt eine gleichmäßige Verteilung der Lotpaste. Nach dem Abheben ist die Platine für die Bestückung bereit. Mit diesem Verfahren kann man auch kostengünstig den Kleber aufbringen.

- Dispenser: Bei dieser Art wird das Lot direkt in der Bestückungsmaschine oder in einer separaten Maschine aufgebracht. Das Programm führt den Dispenser an die Pads heran und eine Kartusche mit Lotpaste wird über dem Pad positioniert. Mittels Druckluft wird nun aus der Kartusche eine dem Bauteil entsprechende Menge an Lotpaste ausgedrückt. Somit lässt sich je nach Bauteil die Lotpaste individuell einstellen. Nachteil dieser Art der Lotpastenaufbringung ist der zeitliche Aufwand in der Maschine. Statt Lotpaste kann man mit diesem Verfahren auch einen Kleber für Bauelemente aufbringen.

3.1.6 Gehäuseformen von SMD-Bauteilen

Nahezu alle aktiven Komponenten, wie digitale und lineare Schaltkreise, Mikroprozessoren, Speicherbausteine und integrierte Spezialschaltungen sind heute in oberflächenmontierbaren Gehäusen verfügbar. Je nach Pinanzahl und Komplexität hat man verschiedene Gehäuseformen. Moderne Technologien, wie beispielsweise Oxid-Isolation oder Impact-Prozess bzw. Impact-X-Prozess werden in SMD-Technik gefertigt. Diese Technologien bieten neben hohen Schaltgeschwindigkeiten auch geringe Leistungsaufnahme, sodass sich aufgrund der kleinen Gehäuseabmessungen nicht nur kürzere Signalwege ergeben, sondern auch geringere Wärmebelastungen der Systeme erreichen lassen. Am Beispiel eines Advanced-Low-Power-Schottky- (74ALS-Reihe) bzw. Advanced-Schottky- (74AS-Reihe) Bausteins soll dies näher erläutert werden. Während die 74LS-Serie (Low Power Schottky) eine Verzögerungszeit von 9 ns bei einer Verlustleistung von 2 mW/Gatter hat, erreicht man mit der ALS-Familie eine Verzögerungszeit von 4 ns bei 1 mW/Gatter. AS-Bausteine weisen gegenüber der Schottky-Technik (74S-Familie) nur noch eine Verzögerungszeit von 1,7 ns bei etwa 8 mW/Gatter auf. Die durch die neuen Gehäuse kürzeren Wege und höhere Packungsdichten erlauben, von einer Steigerung der Systemleistungsfähigkeit oder einer Integrationserhöhung auf Platinenebene zu sprechen.

Weitere gemeinsame Kriterien aller SMD-Gehäuse sind neben den bereits erwähnten Möglichkeiten, wie geringerer Platzbedarf und verbesserte Schaltparameter, die automatische Bestückbarkeit, Anschlüsse auf der Platinenobersei-

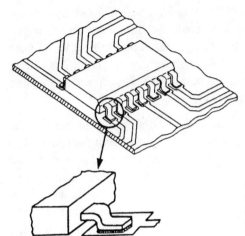

Abb. 3.9: Charakteristische Merkmale für ein „Small-Outline-Package", kurz SOP, und wie man integrierte Schaltkreise in SMD-Technik verarbeiten kann

te, Kostenreduzierung in der Fertigung und optimale Anpassung an verschiedenste Technologien bzw. Produkte. In der Praxis sind die drei gängigsten SMD-Gehäuse der „Chip-Carrier-Device", das SO-Gehäuse und das „Quad-Flat-Package".

Abb. 3.9 zeigt charakteristische Merkmale für ein „Small-Outline-Package" (SOP), wie man ICs in SMD-Technik verarbeitet. Die Besonderheiten der SOP-Technik sind zunächst die sogenannten „Gull-Wing"-Anschlusspins. Das Gehäuse ist sehr kostengünstig zu produzieren und es hat die gleiche Pinbelegung wie die Schaltkreise in DIP-Technik. Beim SOP-Gehäuse ist die Lötstelle sichtbar und somit leichter optisch prüfbar, und wird daher von vielen Anwendern als besser testbar angesehen. Aufgrund seiner axialen Symmetrie der Anschlusspins ist es auch für das Wellenlöten geeignet. Als Nachteil des SOP-Gehäuses spricht, dass sich bei ICs mit mehr als 24 Pins der Flächenbedarf gegenüber den anderen Gehäuseformen vergrößert. Um die Verlustleistung abführen zu können, setzt man Materialien mit guten thermischen Eigenschaften ein, d.h. die Anschlusspins sind stark kupferhaltig und demzufolge auch relativ weich und leicht deformierbar, ein Problem im Vor-Ort-Service.

Das SOP-Gehäuse ist von JEDEC (Joint Electronic Devices Engineering Council) standardisiert, d.h. alle amerikanischen und europäischen Hersteller liefern die Gehäuse nach den Standards MS-012AA-AC oder MS-013AA-AE. Die beiden Standards unterscheiden sich durch die Gehäusebreite. Der Standard MS012 ist für das sogenannte 150-mil-Gehäuse (1 mil = 25,4 μm) und der Standard MS013 für das 300-mil-Gehäuse. 150 mil und 300 mil sind heute das gängige Format für die Gehäusebreite. Leider besteht zur Zeit keine Einigung zwischen Japan und USA/Europa über SO-Standards. „Small Outline"-Gehäuse aus japanischer Fertigung sind nicht mit ICs gemäß JEDEC-Standard kompatibel.

Das „Plastic-Leaded-Chip-Carrier" oder PLCC ist eine Entwicklung von Texas Instruments (TI) und man kennt diese Gehäuseform seit 1982. Das PLCC-Gehäuse wurde speziell für höher integrierte Schaltkreise als kostengünstige Alternative zum bereits länger bekannten „Leadless-Ceramic-Chip-Carrier" oder LCCC-Gehäuse angesehen, d.h. dass in erster Linie die heutigen ICs mit mehr als 24 Pins in diesem Gehäuse angeboten werden. Das PLCC-Gehäuse ist auch von JEDEC standardisiert und es werden quadratische und rechteckige Gehäuse, rechteckige mit einer ungleichen Anschlusszahl an den vier Seiten, und quadratische mit gleicher Anschlusszahl an jeder der vier Seiten angeboten. Die rechteckige Version gibt es mit 18, 22, 32, 40 oder mehr Anschlüssen.

Die quadratischen Versionen weisen 20, 28, 44, 52, 68 oder 84 Anschlüsse auf. In diesen Gehäusen findet man bipolare Speicher der neuesten Generation, programmierbare Logik-Arrays (PAL), Mikroprozessoren und Mikrocontroller, anwenderspezifische Schaltkreise (ASICs), Anzeigentreiber und andere Sonderbausteine, die man als LSI (Large Scale Integration oder Großintegration mit weniger als 100.000 Transistoren oder bis zu 50.000 Gatterfunktionen) oder VLSI (Very Large Scale Integration oder Großintegration mit über 100.000 Transistoren oder über 50.000 Gatterfunktionen) bezeichnen kann. Auch Standard-ICs können in PLCC geliefert werden, jedoch stehen einer weiten Verbreitung dieser Schaltkreise einige dem PLCC anhaftenden typischen Merkmale entgegen.

Das PLCC-Gehäuse ist im Verhältnis zum SOP-Gehäuse in der Herstellung teurer. Das Kosten-Nutzungsverhältnis ist somit für Massenprodukte, deren durchschnittliche Preise unter 100 Mark liegen, problematisch. Das SOP-Gehäuse ist hier also im Vorteil. Dazu kommt, dass bei PLCC und LCCC die Pinbelegung völlig vom Dual-In-Line-Gehäuse abweicht. Dieser Umstand im Besonderen lässt viele Anwender zögern, das PLCC für Standardserien einzusetzen. Da aber das PLCC bei größeren ICs platzsparender ist als das SOP-Gehäuse, ist der Einsatz bei höherer Pinzahl praktisch unumgänglich. Ein weiterer Vorzug des PLCC-Gehäuses ist, dass die Anschlusspins gut gegen Verformung geschützt sind. Diese sind unter das Gehäuse eingerollt und verfügen über eine kleine Nut, die einen zusätzlichen Raum zur Verfügung stellt, um Ungenauigkeiten ausgleichen zu können, wenn z.B. mechanische Spannungen zwischen Platine und Bauelement aufgrund verschiedener Temperaturkoeffizienten auftreten. Das PLCC-Gehäuse hat gegenüber DIP- oder auch SOP-Gehäuse hervorragende HF-Eigenschaften, ein Grund mehr, es bei schnellen ICs hoher Integration zum Einsatz zu bringen.

Als Nachteil muss man dem PLCC anlasten, dass es keinen ungehinderten Blick auf Lötstellen zulässt und damit nur erschwert prüf- und testbar ist. Von vornherein müssen andere Lötverfahren, wie das Reflowlöten, zur Anwendung kommen, da das Wellenlöten speziell bei größeren Chipträgern (Carriers) nicht mehr empfehlenswert oder auch praktisch nicht möglich ist. Die Gefahr von Lötschatten oder Lotbrücken ist doch erheblich größer als beim SOP- oder DIP-Gehäuse.

Das SOJ-Gehäuse wurde speziell für DRAM-Bausteine ab einer Speicherkapazität von 4 Mbit entwickelt. Dieses Gehäuse stellt eine Sonderform dar, da es die seitlichen Anordnungen der Anschlüsse hat wie ein SO-Gehäuse, aber die platzsparende Form der Pins wie das PLCC-Gehäuse aufweist. Das SOJ-Gehäuse eignet sich damit hervorragend für die bei Speichersystemen notwendigen Matrixverdrahtungen. Das SOJ-Gehäuse wird zur Standardisierung durch JEDEC unterstützt, sodass auch hier eine gemeinsame Weiterentwicklung zu erwarten ist.

Das Quad-Flat-Pack-Gehäuse (QFP) ist ein quadratisches Carrier-Gehäuse mit den vom SO-Gehäuse bekannten „Gull-Wing"-Anschlüssen an allen vier Seiten. Es stellt eine praktische und kostengünstige Alternative zu teuren und aufwändigen Gehäusen dar, wie beispielsweise den Pin-Grid-Arrays. QFP-Gehäuse werden mit 44, 64, 80 und 100 Anschlüssen gemäß einem in Japan entwickelten Standard der EIJA (Electronic Industry of Japan Association) hergestellt. Die QFP-Gehäuse stellen allerdings besondere Anforderungen an die Bestückung und Lötung in der Leiterplatten-Fertigung dar, da zum einen eine Anlieferung in kostengünstigen Stangenmagazinen oder in gegurteter Form wegen der Empfindlichkeit der Anschlusspins nicht oder nur bedingt möglich ist. Handbestückung und Stempellötung sind bei diesen Gehäusen notwendig.

3.2 NF-Verstärker mit Leistungsendstufe

Ein NF-Verstärker, der im Frequenzbereich zwischen 10 Hz und 25 kHz arbeitet, besteht immer aus mehreren Stufen. Die Eingangsstufen eines Verstärkers haben in erster Linie die Aufgabe, den jeweiligen Eingang an die unterschiedlichen Signalquellen anzupassen. Wegen der Verschiedenheit der möglichen Steuerquellen, wie Kristall- und Magnettonabnehmer für hochwertige Platten-

spieler, elektrodynamische und Kristallmikrofone, Magnetköpfe von Tonbandgeräten oder Demodulatorstufen in Rundfunk- und Fernsehgeräten, CD- bzw.
DVD-Abspielgeräte oder Walkmansysteme, müssen diese Stufen unterschiedliche Eingangswiderstände von etwa 100 Ω bis zu mehreren 100 kΩ aufweisen. Diese recht unterschiedlichen Anpassungswerte lassen sich durch die
Emitter- oder Kollektorschaltung eines Transistors in der Eingangsstufe weitgehend realisieren.

Je nach geforderter Verstärkung lässt sich die Eingangsstufe direkt an die Endstufe anschließen. Bei kleinen Signalen jedoch, und besonders für große Ausgangsleistungen, müssen noch eine oder mehrere Vorstufen zwischen Eingangsstufe und Endstufe eingeschaltet werden. Diese Stufen müssen dann die
entsprechende Verstärkung mit geringem Klirrgrad erzeugen. Aus diesem
Grunde setzt man hier durchweg die Emitterschaltung ein. Außerdem muss
natürlich, wie bei allen Transistorstufen, die thermische Stabilität gewährleistet sein.

Wenn die Eingangsstufe eines NF-Verstärkers keine große Leistung für den direkten Betrieb der Endstufe erzeugen kann, muss man eine Treiberstufe einschalten. Über die Treiberstufe lässt sich die Endstufe optimal an die Schaltung anpassen. *Abb. 3.10* zeigt das Prinzip eines Verstärkers.

Den Abschluss eines NF-Verstärkers bildet die Endstufe. Die Grundschaltung
ist der einfache A-Betrieb (Eintaktverstärker) mit einer sehr guten Übertragungscharakteristik, aber einem extrem ungünstigen Wirkungsgrad. Der B-Betrieb hat zwar einen sehr hohen Wirkungsgrad, jedoch sind die Signalverzerrungen bei geringer Ausgangsleistung erheblich. Ideal ist der AB-Betrieb, der
eine sehr gute Übertragungscharakteristik hat, aber der Wirkungsgrad ist geringer als beim B-Betrieb. Typische Anforderungen an eine Endstufe sind:

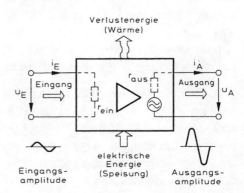

Abb. 3.10: Prinzip eines Verstärkers

- hoher Eingangswiderstand und niederohmiger Ausgangswiderstand
- hoher Ausgangsstrom und/oder hohe Ausgangsspannung
- geringer Leistungsverbrauch, damit sich ein hoher Wirkungsgrad erreichen lässt
- Kurzschlussfestigkeit und Überlastungsschutz am Ausgang.

Aufgabe eines NF-Leistungsverstärkers ist es, eine bestimmte Ausgangssignalleistung an eine meist ohmsche oder ohmsche-induktive Last (Lautsprecher) zu erzeugen. Typische Ausgangsleistungen von Transistorendstufen liegen im Bereich von Milliwatt im Hörgerät bis zu 200 W für Stereoanlagen und über 10000 W in Diskotheken. Die Spannungsverstärkung der Endstufen hat dagegen nur eine untergeordnete Funktion, denn in der Praxis kommt es fast immer nur auf die Stromverstärkung an. Bei den Leistungsverstärkern unterscheidet man zwischen vier Arbeitspunkten:

- A-Betrieb: Der Arbeitspunkt befindet sich hier immer in der Mitte der Arbeitsgeraden oder in der Mitte des Aussteuerbereichs. Die Aussteuerung erfolgt symmetrisch zum Arbeitspunkt innerhalb des aktiven Bereichs. Charakteristisch sind der hohe Ruhestrom und die damit verbundene große Verlustleistung. Der A-Betrieb hat einen geringen Wirkungsgrad, aber dafür einen niedrigen Klirrfaktor. Eine optimale Übertragung ist in dieser Betriebsart garantiert.

- B-Betrieb: Der Arbeitspunkt liegt im untersten Teil des Aussteuerbereichs bei $U_{BE} = 0$ V. Es fließt daher nur ein sehr geringer Ruhestrom. Der Wirkungsgrad ist erheblich höher als im A-Betrieb, aber durch den relativ hohen Klirrfaktor ergibt sich eine ungenügende Übertragung. Es treten am Ausgang nichtlineare Verzerrungen auf, die bei kleinen Spannungsamplituden sehr störend wirken, besonders bei HiFi-Anlagen.

- AB-Betrieb: Durch einen Vorstrom an der Basis der Transistoren erhält man einen gleitenden Arbeitspunkt. Im unausgesteuerten Zustand befindet sich der Arbeitspunkt auf dem nichtlinearen Teil der Arbeitsgeraden und bei Aussteuerung verschiebt er sich automatisch in Richtung des linearen Teils der Arbeitsgeraden. Durch den gleitenden Arbeitspunkt vermeidet man die Übernahmeverzerrungen, wie dies im B-Betrieb der Fall ist.

- C-Betrieb: Der Arbeitspunkt befindet sich im Sperrbereich der Kennlinie, nahe bei $U_{BE} = 0$ V. Verschiebt sich der Arbeitspunkt weiter in den Sperrbereich, spricht man vom D-Betrieb. Die Transistoren müssen bei einer Ansteuerung erst durch ein Steuersignal impulsförmig aufgetastet werden. Für NF-Verstärker ist dieses Verfahren nicht geeignet, nur für die Sendetechnik. Es ergibt sich ein hoher Wirkungsgrad, aber es treten starke nichtlineare Verzerrungen auf.

3.2.1 Schaltung für den Vorverstärker

Die einfache Art für die Verbindung zwischen zwei Verstärkerstufen ist die kapazitive Kopplung. Die Ausgangsspannung der ersten Stufe besteht aus einer verstärkten Signalspannung, die einem bestimmten Gleichspannungsanteil überlagert ist. Während bei der galvanischen Kopplung der Gleichspannungsanteil der ersten Stufe in die nachfolgende Transistorschaltung einwirkt, wird der Gleichspannungsanteil bei der kapazitiven Kopplung gesperrt. Nur die überlagerte Signalspannung passiert den Koppelkondensator und wirkt auf die nachgeschaltete Transistorstufe ein.

Für die untere Grenzfrequenz f_u muss man den Koppelkondensator C_K und den Eingangswiderstand r_{ein} betrachten. Es gilt

$$f_u = \frac{1}{2\,\pi \cdot C_K \cdot r_{ein}}.$$

Der Koppel- und der Emitterkondensator jeder Stufe beeinflussen die untere Grenzfrequenz und damit auch die gesamte untere Grenzfrequenz. Für die untere Grenzfrequenz eines mehrstufigen Verstärkers muss man die Grenzfrequenzen der einzelnen Stufen berücksichtigen mit

$$f_{uges} = 0{,}7 \cdot f_{u1} \cdot 0{,}7 \cdot f_{u2} \cdot 0{,}7 \cdot f_{u3} \cdot \dots$$

d.h. die untere Gesamtfrequenz f_{uges} eines mehrstufigen Verstärkers ist nicht identisch mit den unteren Frequenzen der einzelnen Stufen. Wenn man gleiche Einzelverstärkerstufen hat, kann man auch mit

$$f_{uges} = \sqrt{n} \cdot f_u$$

rechnen. Dies gilt auch sinngemäß für die obere Grenzfrequenz einer gesamten Schaltung:

$$f_{oges} = \frac{1}{\sqrt{n}} \cdot f_o.$$

Hat man beispielsweise einen dreistufigen Verstärker mit jeweils $f_u \approx 50$ Hz und $f_o \approx 40$ kHz, erhält man

$$f_{uges} = \sqrt{3} \cdot 50\ \text{Hz} = 86{,}6\ \text{Hz}$$

und

$$f_{oges} = \frac{1}{\sqrt{3}} \cdot 40\ \text{kHz} = 23\ \text{kHz}.$$

Wenn man einen zweistufigen Verstärker benötigt, der eine hohe Verstärkung und eine optimale Arbeitspunktstabilisierung hat, verwendet man eine Gegenkopplung über zwei Stufen.

Setzt man einen npn- und einen pnp-Transistor in einer zweistufigen Schaltung ein, spricht man vom komplementären Betrieb. Wenn die beiden Stufen kapazitiv gekoppelt werden, muss der pnp-Transistor ebenfalls einen Spannungsteiler erhalten, damit ein Basisvorstrom fließen kann.

Bei der Schaltung von *Abb. 3.11* arbeitet die Eingangsstufe mit einem npn-Transistor und die zweite Stufe mit einem pnp-Transistor. Die Kopplung zwischen den beiden Stufen erfolgt über den Kondensator. Da jetzt eine kapazitive Kopplung vorhanden ist, kann die Kollektor-Emitter-Strecke des ersten Transistors nicht mehr als Spannungsteiler arbeiten. Aus diesem Grunde ist für den pnp-Transistor BC212 ein Spannungsteiler für die Erzeugung des Basisstroms erforderlich.

Die Eingangsspannung hat einen Wert von $U_{1s} = 100$ mV und das Ozilloskop zeigt für die Ausgangsspannung einen Wert von $U_{2s} = 4,6$ V, d.h. es tritt eine Gesamtverstärkung von $v_{ges} = 46$ auf. Die Ausgangsspannung wird über den Kopplungswiderstand auf die Basis des npn-Transistors BC107 gegengekoppelt. Damit ergibt sich eine gemeinsame Arbeitspunktstabilisierung für den zweistufigen Verstärker. Die Verstärkung errechnet sich aus

$$v = \frac{U_a}{U_e} = \frac{4,6 \text{ V}}{100 \text{ mV}} = 46$$

oder

$$v_{dB} = 20 \cdot \lg \frac{U_a}{U_e} = 20 \cdot \lg \frac{4,6 \text{ V}}{100 \text{ mV}} = 20 \cdot \lg 46 = 33,26 \text{ dB}.$$

3.2.2 Schaltung eines komplementären Leistungsverstärkers

In der Praxis stellt der komplementäre Leistungsverstärker normalerweise die ideale schaltungstechnische Lösung dar, denn man benötigt keinen Übertrager. Außerdem lässt sich bei dieser Schaltungsvariante in der Vollaussteuerung ein maximaler Wirkungsgrad bis zu $\eta = 78,5$ % erreichen.

Für den Betrieb des Leistungsverstärkers sind zwei Betriebsspannungen erforderlich. Beide Transistoren arbeiten in Kollektorschaltung, d.h. es tritt eine Spannungsverstärkung von $v_U < 1$ auf. Die beiden Emitter sind zusammengefasst und steuern den Lastwiderstand an. Die Kollektoren der beiden Transis-

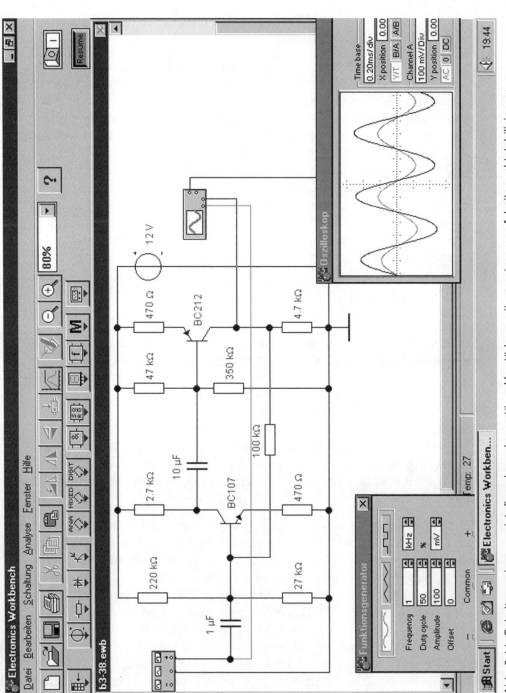

Abb. 3.11: Schaltung eines zweistufigen komplementären Verstärkers mit gemeinsamer Arbeitspunktstabilisierung

toren sind mit der positiven (npn-Transistor) und mit der negativen (pnp-Transistor) Betriebsspannung verbunden.

In der Praxis verwendet man keine zwei Netzgeräte, sondern einen Kondensator, der als Ersatzstromquelle arbeitet. Ist der obere Transistor leitend, kann ein Strom von der Betriebsspannung über den Transistor, Kondensator und Lastwiderstand nach Masse abfließen. Dabei lädt sich der Kondensator entsprechend auf. Ist der untere Transistor dagegen leitend, arbeitet der Kondensator als Ersatzstromquelle und kann über den Transistor seine gespeicherte Energie entladen. Bedingt durch den Ladestrom fließt nach dem ohmschen Gesetz auch ein Strom durch den Lastwiderstand. Die Kapazität des Kondensators muss also groß genug gewählt werden, damit auch bei niedrigen Frequenzen noch keine allzugroße Änderung der Lade- und Entladespannung auftritt. Dies würde sonst zu merklichen linearen Verzerrungen, d.h. Amplitudenverlusten des Ausgangssignals bei tiefen Frequenzen führen. Die Berechnung erfolgt nach

$$C_L = \frac{1}{2\,\pi \cdot f_u \cdot R_L} \,.$$

Hat man einen Widerstand von $R_L = 4\ \Omega$ (Impedanz eines Lautsprechers) und die untere Grenzfrequenz soll $f_u = 15$ Hz betragen, erhält man einen Wert von

$$= \frac{1}{2 \cdot 3,14 \cdot 15\ \mathrm{Hz} \cdot 4\ \Omega} = 2653\ \mu F\,(2,2\ mF\ oder\ 3,3mF)\,.$$

Bei NF-Verstärkern mit eisenloser Endstufe entfällt die sonst durch den Ausgangsübertrager gegebene Möglichkeit, die Wechselspannung am Verstärkerausgang auf einen gewünschten, von der Betriebsspannung unabhängigen Wert zu transformieren bzw. den Wechselstrom entsprechend dem Widerstand (Impedanz) des Lautsprechers festzulegen.

Ein komplementärer Leistungsverstärker arbeitet mit zwei Betriebsspannungen. Zwischen diesen beiden Betriebsspannungen befindet sich auch der Spannungsteiler, der aus zwei Widerständen und zwei Dioden besteht. Hat die Eingangsspannung den Wert $U_1 = 0$ V, bewirkt der Spannungsteiler an der oberen Diode einen Wert von $U_D \approx 0,7$ V und an der unteren Diode von $U_D \approx -0,7$ V. Damit sind die beiden Transistoren vorgespannt, da ein entsprechender Basisstrom bereits im Ruhestand fließen kann. Die beiden Dioden bewirken, dass die Basis-Emitter-Spannung der Transistoren bereits auf ±0,7 V angehoben bzw. abgesenkt ist. Ändert sich durch die Eingangsspannung das Stromverhältnis im Spannungsteiler, ist die Spannung an der Basis des oberen Transistors immer um 0,7 V größer als die Eingangsspannung bzw. die Spannung an der Basis des unteren Transistors immer um –0,7 V geringer als die Eingangs-spannung. Da im nichtangesteuerten Zustand nur ein geringer Ruhestrom durch den Spannungsteiler fließt, reduziert sich der Wirkungsgrad von 78,5 % beim B-Betrieb auf etwa 70 % beim AB-Betrieb, wenn eine Vollaussteuerung vorliegt.

Eine Darlingtonstufe stellt eine Sonderform des direkt gekoppelten Verstärkers dar, denn der erste Transistor wirkt unmittelbar auf den zweiten Transistor ein. Bei den Darlingtonstufen unterscheidet man zwischen der „normalen" und der komplementären Bauform. Besteht eine Darlingtonstufe aus zwei npn-Transis-toren, spricht man von der Standardschaltung, während die komplementäre Darlingtonstufe aus einem npn- und pnp-Transistor besteht. Der erste Transis-tor verstärkt den Basisstrom und damit entsteht ein bestimmter Kollektor-Emitter-Strom, der den Basisstrom für den zweiten Transistor darstellt. Dieser Basisstrom wird vom zweiten Transistor nochmals verstärkt und danach ergibt sich erst der Ausgangsstrom I_C. Es lassen sich folgende Gleichungen aufstel-len:

$$I_{C1} = I_{E1} = I_{B2} = I_{B1} \cdot B$$

$$I_{C2} = I_{E2} = I_{B2} \cdot B$$

mit der Bedingung $I_C \approx I_E$ für beide Transistoren. Für die Gesamtverstärkung gilt

$$B_{ges} = B_1 \cdot B_2.$$

Diese Darlingtonstufe entspricht einem Transistor mit großer Verstärkung. Der Transistor T_1 soll eine Verstärkung von $B_1 = 250$ und der T_2 von $B_2 = 100$ auf-weisen. Man erhält eine Gesamtverstärkung von

$$B_{ges} = 250 \cdot 100 = 25000$$

d.h. eine Basisstromänderung von $I_B = 1\ \mu A$ an der Basis des ersten Transistors bewirkt eine Kollektorstromänderung von $I_C = 25\ mA$ am Ausgang. Die Span-nungsverstärkung ist dagegen von der Grundschaltung abhängig. Arbeitet die Darlingtonstufe in Emitterschaltung, ergibt sich eine hohe Spannungsverstär-kung, und in Kollektorschaltung ein $v_U \approx 1$. Dabei muss man beide Basis-Emitter-Spannungen addieren und erhält $U_{BEges} = 1,4\ V$.

Durch diesen kleinen Basisstrom ergibt sich auch ein geändertes Verhalten des Eingangswiderstands:

$$r'_{ein} = 2 \cdot r_{ein.}$$

Durch eine Darlingtonstufe lässt sich der Eingangswiderstand ohne Probleme auf $r_{ein} > 1$ MΩ erhöhen.

Eine „normale" Darlingtonstufe kann aus zwei npn- oder pnp-Transistoren bestehen, ohne dass sich das Verhalten ändert. Hat man dagegen npn- und pnp-Transistoren in einer Darlingtonstufe, definiert man diese als „komplementäre" (gegenseitig ergänzen) Verstärkerstufe.

Wenn man in der Praxis die entsprechenden Leistungstransistoren einsetzt, lassen sich HiFi-Endstufen bis zu einer Ausgangsleistung von P = 100 W realisieren. Diese Schaltungen kann man im Rechner weitgehend simulieren.

Die Schaltung in *Abb. 3.12* verwendet beide Arten von Darlingtonstufen. Während die obere aus zwei npn-Transistoren besteht, hat die untere einen pnp- und einen npn-Transistor. Die Wirkungsweise der beiden Stufen ist daher unterschiedlich. Für beide Stufen gilt, dass der Eingangstransistor fast immer ein Kleinsignaltyp (Kleinleistungstransistor unter 1 W) mit einer hohen Verstärkung ist, während der Ausgangstransistor ein Großsignaltyp (Großleistungstransistor über 50 W) mit relativ geringer Verstärkung darstellt.

Wenn diese Schaltung realisiert wird, muss zwischen der Basis des oberen Transistors BC107 und dem unteren Transistor BC177 ein Heißleiter vom Typ K25 mit einem Wert von $R_{NTC} = 6$ kΩ eingeschaltet sein. Dieser Heißleiter muss auf dem Kühlkörper der beiden Endstufentransistoren angebracht sein, um eine gute thermische Verbindung herstellen zu können. Steigt die Temperatur an den Endtransistoren, verringert der NTC-Widerstand seinen ohmschen Wert, fließt weniger Basisstrom und an den Leistungstransistoren wird eine geringere Leistung umgesetzt, bis diese wieder die richtige Betriebstemperatur erreicht haben. Bei hohen Frequenzen und bei Übersteuerung tritt an den Leistungstransistoren eine höhere Verlustleistung auf, die durch diese Schaltung kompensiert werden muss. Deshalb sollte der Kühlkörper für jeden Endstufentransistor einen Wärmewiderstand von höchstens 3,5 °/W aufweisen. Für die beiden Treibertransistoren genügen bereits einfache Kühlkörper mit einem Wärmewiderstand von 35 °/W.

3.2.3 Erstellung der Schaltung

Die Schaltung des Leistungsverstärkers wird mit EAGLE in zwei Teilen erstellt:

- Vorverstärker (*Abb. 3.13*)
- Leistungsverstärker (*Abb. 3.14*)

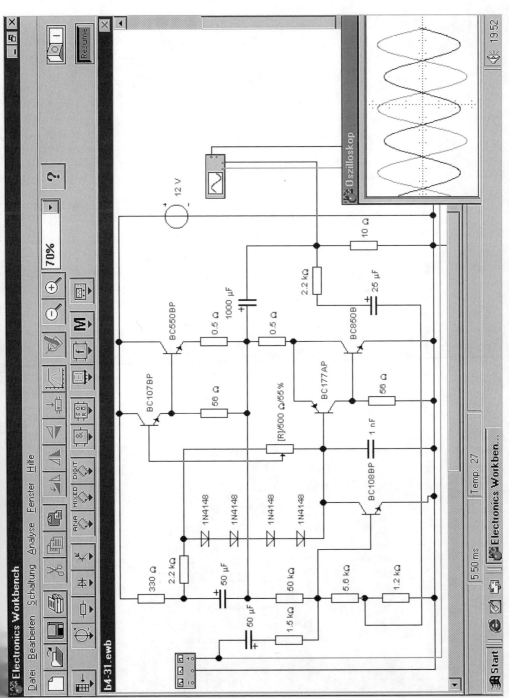

Abb. 3.12: AB-Leistungsverstärker mit „normaler" (oben) und einer komplementären Darlingtonstufe

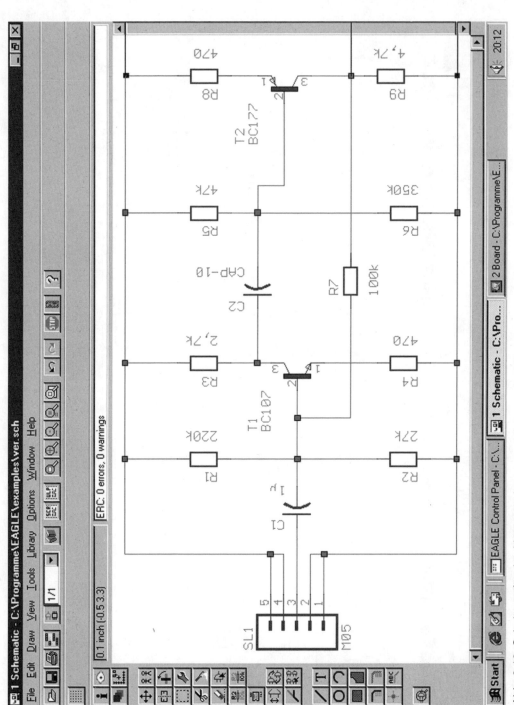

Abb. 3.13: Schaltung für den Vorverstärker

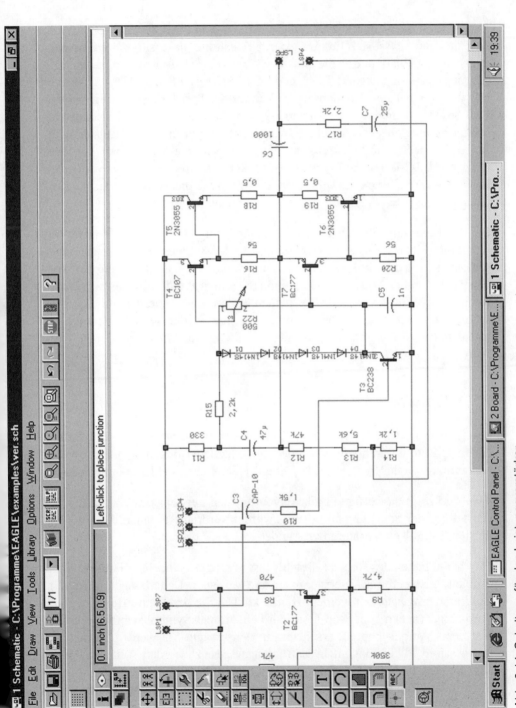

Abb. 3.14: Schaltung für den Leistungsverstärker

Der Vorverstärker erhält die Eingangsspannung von Pin 3 des Steckers MA05. An Pin 4 und 5 lässt sich für eine externe Schaltung die positive Betriebsspannung und an Pin 1 und 2 die Masse für externe Schaltungen abgreifen. Die Eingangsspannung steuert über den Kondensator C1 den NPN-Transistor BC107 an. Über den Kondensator C2 erhält der PNP-Transistor sein Signal. Das Ausgangssignal des Vorverstärkers ist nicht direkt mit dem Leistungsverstärker verbunden, sondern über einen Anschlusspin mit dem Lautstärkeeinsteller. Wenn Sie die Schaltung des Vorverstärkers realisiert haben, ist unbedingt der ERC-Befehl aufzurufen. Wenn kein elektrischer Fehler vorhanden ist, können Sie „beruhigt" weiterarbeiten. Wenn Sie diesen Befehl nicht aufrufen, kann es später zu erheblichen Nacharbeiten kommen.

Bei der Schaltung für den Leistungsverstärker erkennt man die Eingangsbeschaltung. Über die drei Anschlusspins wird der Lautstärkeeinsteller angeschlossen. Auf dem linken Pin befindet sich die Ausgangsspannung des Vorverstärkers, in der Mitte die Masse und am rechten Pin die Eingangsspannung für den Leistungsverstärker. Die beiden anderen Pins werden für den Anschluss des Netzgeräts benötigt. Führen Sie nun wieder den ERC-Befehl aus und damit wird die Schaltung wieder auf alle elektrischen Funktionen überprüft.

3.2.4 Erstellung der Platine

Die Erstellung der Schaltung ist kein Problem, wenn vor dem Board-Befehl der ERC-Befehl durchgeführt worden ist. Trotzdem können noch Fehler vorhanden sein, da der ERC-Befehl nicht alle elektrischen Fehler erkennen kann.

Abb. 3.15 zeigt das fertige Platinenlayout für den Leistungsverstärker. Bei der Einstellung der Schaltung und Platine wurden verdrahtete Bauteile für die Widerstände und Kondensatoren verwendet.

Durch Anklicken des Replace-Befehls lassen sich die einzelnen Bauteile ohne Problem auswechseln. Zuerst müssen die verlegten Leiterbahnen wieder in Luftlinien umgewandelt werden. Hierzu klicken Sie den Ripup-Befehl an und oben rechts (neben dem Stop-Icon) wird ein Ampel-Symbol sichtbar. Klicken Sie dieses Ampel-Icon an, erscheint ein Fenster und Sie werden gefragt, ob das gesamte Platinenlayout in Luftlinien umgesetzt werden soll. Antworten Sie mit „Yes", erfolgt sofort die Umwandlung in Luftlinien. Erst jetzt können Sie mit dem Replace-Befehl einen verdrahteten Widerstand oder Kondensator in ein SMD-Bauelement umsetzen.

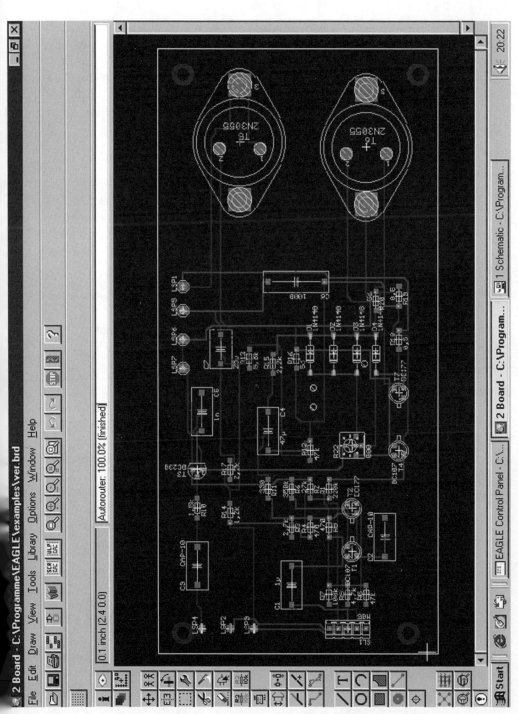

Abb. 3.15: Zweiseitig kaschierte Leiterplatte eines Leistungsverstärkers mit Vorverstärkerstufe

Durch den Replace-Befehl ist es möglich, direkt auf der Platine einem Element innerhalb einer Schaltung ein anderes Gehäuse zuzuweisen, bei dem jedoch auf den gleichen Koordinaten relativ zum Ursprung des Gehäuses die Pads oder SMDs liegen müssen. Die Namen dürfen dagegen unterschiedlich sein. Wenn Sie die entsprechenden Bauteile auf der Platine ausgetauscht haben, können Sie diese wieder verschieben und den Autorouter aufrufen, damit EAGLE ein neues Platinenlayout erstellt.

3.2.5 Zeichnen von Polygon-Flächen

Beim Erstellen von zweiseitigen Platinenlayouts müssen häufig Polygon-Flächen auf der Ober- bzw. Unterseite eingezeichnet werden. Man kann auch Polygon-Flächen in den einzelnen Layern definieren und diese Flächen werden in den Layern TRestrict, BRestrict und VRestrict als Sperrflächen für den Autorouter verwendet.

Mit einem Doppelklick der linken Maustaste wird das Polygon geschlossen, mit der mittleren der Layer gewählt und mit der rechten der Knickwinkel geändert. *Abb. 3.16* zeigt die Möglichkeiten für die Erstellung von Polygon-Flächen.

Durch Anklicken dieses Icons lassen sich Polygon-Flächen in den Layern Top, Bottom und Route 2...15 zeichnen. Polygone in den Layern T/B/VRestrict sind Sperrflächen für den Autorouter. Ein freigerechnetes Polygon kann durch Anklicken des Ripup-Icons wieder in den Urzustand zurückversetzt werden. Bei Change-Operationen wird ein Polygon neu freigerechnet, wenn es vor dem CHANGE bereits freigerechnet war. Polygone werden an den vom Benutzer definierten Kanten selektiert, wie normale Wires. Es gelten folgende Möglichkeiten:

- SPLIT: Diese Funktion fügt neue Polygonkanten ein.

- DELETE: Durch diesen Befehl lässt sich eine Polygonecke löschen. Falls nur noch drei Ecken vorhanden sind, wird das ganze Polygon gelöscht.

- CHANGE LAYER: Damit kann man den Layer des gesamten Polygons ändern.

- CHANGE WIDTH: Mit dieser Funktion wird der Parameter „Width", also die Strichbreite für den gesamten Polygon geändert.

- MOVE: Durch diesen Befehl lässt sich eine Polygonkante oder -ecke, wie bei normalen Wire-Zügen, ändern.

- COPY: Diese Funktion kopiert ein ganzes Polygon.

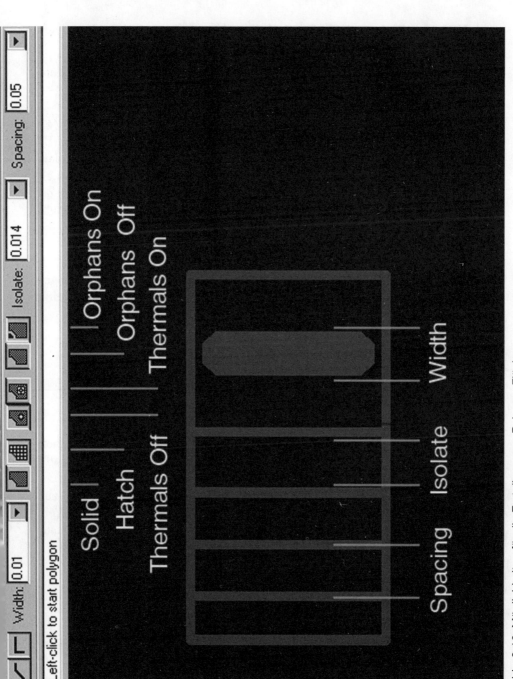

Abb. 3.16: Möglichkeiten für die Erstellung von Polygon-Flächen

- NAME: Falls das Polygon in einem Signal-Layer liegt, wird der Name des Signals geändert.

- WIDTH: Hier lässt sich die Linienbreite der Polygonkanten einstellen, wird auch zum Ausfüllen verwendet.

Für die Polygon-Parameter stehen noch folgende Möglichkeiten zur Verfügung:

- Layer: Polygone lassen sich in jedem Layer zeichnen. Polygone in Signal-Layern sind Bestandteil eines Signals und werden freigestellt, d.h. potential-fremde Anteile werden gelöscht. Von Polygonen im Top-Layer werden auch Objekte im Layer TRestrict abgezogen (entsprechendes gilt für Bottom und BRestrict). Damit ist es z.B. möglich, eine negative Beschriftung innerhalb einer Massefläche zu erzeugen.

- Pour: Füllmodus (Solid = ganz gefüllt [Default], Hatch = schraffiert).

- Thermals: bestimmt darüber, wie potentialgleiche Pads und Smds ange-schlossen werden (On = es werden Thermals generiert [Default], Off = keine Thermals).

- Spacing: Abstand der Mittellinien der Fülllinien bei Pour = Hatch (Default: 50 Mil).

- Isolate: Abstand der freigestellten Polygonkanten zu potentialfremdem Kupfer (Default: 14 Mil).

- Orphans: Beim Freistellen von Polygonen kann es passieren, dass das ursprüngliche Polygon im mehrere Teile zerfällt. Falls sich in einem solchen Teil kein Pad, Via, Smd oder Wire eines Signals befindet, entsteht eine „Insel" ohne elektrische Verbindung zum zugehörigen Signal. Sollen solche Inseln oder „verwaiste" Flächen erhalten bleiben, ist der Parameter „Orphans" auf „On" zu setzen. Bei Orphans = Off [Default] werden sie eliminiert. Beim Frei-stellen (insbesondere mit Orphans = Off) kann es passieren, dass das gesamte ursprüngliche Polygon verschwindet. Die Breite der Stege bei Thermals ist:
  - bei Pads gleich dem halben Bohrdurchmesser des Pads
  - bei Smds gleich der Hälfte der kleineren Kante
  - mindestens gleich der Linienbreite (Width) des Polygons
  - maximal zweimal die Linienbreite (Width) des Polygons.

Der Polygon-Befehl wird in Verbindung mit den Befehlen Change, Delete, Ratsnest und Ripup verwendet.

Die Sperrflächen in *Abb. 3.17* befinden sich auf der unteren und oberen Leiter-bahnseite. Die oberen Sperrflächen wurden mit dem Polygon-Befehl erstellt

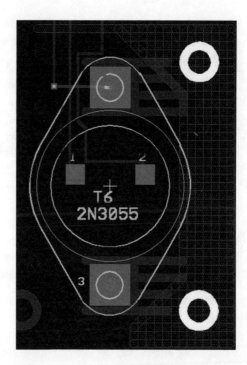

Abb. 3.17: Sperrflächen um den Leistungstransistor 2N3055 mit den Befestigungsbohrungen für den Kühlkörper

und zwar in dem Layer TRestrict. Für die unteren Sperrflächen wurde dagegen der Wire-Befehl verwendet.

3.3 Vierstellige 24-Stundenuhr mit Quarz

Mit der Schaltung für eine vierstellige 24-Uhr mit Quarz werden Sie die Leistungsfähigkeit von EAGLE kennenlernen. Da die Schaltung sehr umfangreich ist, werden mehrere Details einzeln besprochen.

3.3.1 7-Segment-LED-Anzeige und Decoder

In der Optoelektronik arbeitet man mit LED-Anzeigen, wobei man im Wesentlichen zwischen vier Typen unterscheidet, der 7-, 9-, 14- und 16-Segment-Anzeige. Bei einer 7-Segment-Anzeige lassen sich die Zahlen von 0 bis 9 stilisiert, aber sehr übersichtlich darstellen. Eine Darstellung von Buchstaben ist auch möglich, aber nicht für das gesamte Alphabet. Der Zeichenvorrat einer 7-Segment-Anzeige ist sehr eingeschränkt und man hat etwa 20 ablesbare Charakter. Wesentlich effektvoller ist dagegen die 9-Segment-Anzeige, die aber kaum in der Praxis eingesetzt wird. Hier sind zwei Segmente in der Mitte eingefügt. Für die Ansteuerung dieser Anzeige ist ein spezieller Decodierer erforderlich, der meistens in Verbindung mit einem EPROM-Baustein und einem eigenen Mikrocontroller arbeitet.

Für intelligente Anzeigen verwendet man entweder 14- oder 16-Segment-Anzeigen. In der Optoelektronik setzt man meistens die 16-Segment-Anzeigen ein, denn mit diesen lassen sich Zahlen, Buchstaben und Sonderzeichen darstellen, wenn man einen geeigneten Decodierer zur Verfügung hat. Die Ansteuerung ist aber ein Problem, das meistens nur in Verbindung mit einem Mikroprozessor mit spezieller Schnittstelle oder Mikrocontroller, der entsprechend hierfür ausgelegt ist, zu lösen. Dieser erzeugt die einzelnen „Charakter" im ASCII-Code und ein nachgeschalteter Charakter-Generator setzt diese Zeichen für die Anzeigeeinheit um. In der digitalen Schaltungstechnik verbindet man mehrere Anzeigen direkt zu einer Einheit und betreibt diese nicht mit einzelnen Bausteinen, sondern im Multiplexbetrieb, um den Aufwand an Charakter-Generatoren möglichst klein zu halten.

Steuert man die 7-Segment-Anzeige von *Abb. 3.18* an, lassen sich die Zahlen von 0 bis 9 und sechs weitere, jedoch undefinierbare Charakter ausgeben. Hierbei handelt es sich um einen dualcodierten Treiberbaustein mit anschließender 7-Segment-Anzeige. Aus der Segmentidentifizierung und der Zifferndarstellung lässt sich Funktionstabelle 3.3 eines 7-Segment-Decodierers aufstellen.

Tabelle 3.3: Funktionstabelle für einen 7-Segment-Decodierer

Wertigkeit	Eingänge D C B A	Ausgänge a b c d e f g
0	0 0 0 0	1 1 1 1 1 1 0
1	0 0 0 1	0 1 1 0 0 0 0
2	0 0 1 0	1 1 0 1 1 0 1
3	0 0 1 1	1 1 1 1 0 0 1
4	0 1 0 0	0 1 1 0 0 1 1
5	0 1 0 1	1 0 1 1 0 1 1
6	0 1 1 0	1 0 1 1 1 1 1
7	0 1 1 1	1 1 1 0 0 0 0
8	1 0 0 0	1 1 1 1 1 1 1
9	1 0 0 1	1 1 1 1 0 1 1

Prinzipiell unterscheidet man bei den 7-Segment-Anzeigen zwischen folgenden Typen:

- CA (Common Anode oder mit gemeinsamer Anode)
- CC (Common Cathode oder mit gemeinsamer Katode).

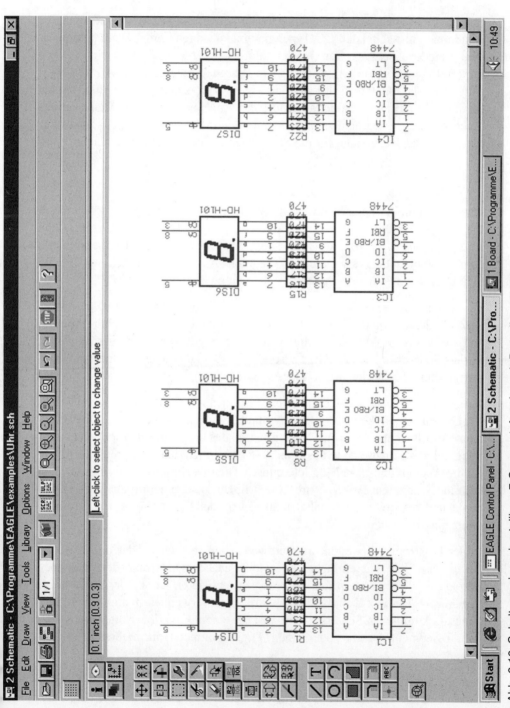

Abb. 3.18: Schaltung einer vierstelligen 7-Segment-Anzeige mit Decodierer 7448

Bei den CA-Typen sind die Anoden zusammengefasst zu einem gemeinsamen Anodenanschluss, bei den CC-Typen hat man dagegen immer einen gemeinsamen Katodenanschluss. Für die Schaltung von *Abb. 3.18* muss ein CC-Typ verwendet werden, da am Ausgang ein 0-Signal erzeugt wird. An den Ausgang des UND-Gatters schließt man einen Widerstand an und über diesen fließt ein Strom zum Anodenanschluss der Anzeige. Der Strom fließt danach durch das Leuchtsegment und über den gemeinsamen Katodenanschluss zur Masse ab. Der Widerstand für die Strombegrenzung berechnet sich aus

$$R = \frac{+U_B - U_F}{I_F}.$$

Je nach Halbleitermaterial hat man eine Durchlassspannung zwischen $U_D = 1{,}6...2{,}4$ V. Der Durchlassstrom ist abhängig von der Größe des Segments und liegt zwischen $I_D = 10...100$ mA. Diese Spezifikationen sind unbedingt aus dem Datenblatt der verwendeten 7-Segment-Anzeige zu entnehmen. In der Schaltung werden Widerstände mit 470 Ω eingesetzt.

Verwendet man einen CA-Typ für diesen 7-Segment-Decodierer, bleibt die Anzeige dunkel, da die Leuchtdioden in der Anzeige in Sperrrichtung betrieben werden. Der Widerstand dient zur Strombegrenzung und es sind sieben Widerstände erforderlich, d.h. zwischen jedem Gatterausgang und dem Segmentanschluss befindet sich immer ein Widerstand.

Neben der CC- oder CA-Charakteristik ist auch die Größe der Anzeige wichtig. Die Elektronik kennt 8, 13, 16, 20 und 26 mm hohe Anzeigen. Die 7-Segment-Anzeige hat eine Größe von 8 mm und das Gehäuse entspricht einem 14-poligen DIL-Gehäuse. Wie aus *Abb. 3.18* ersichtlich, hat man drei Anschlüsse für die Anoden und zwei Möglichkeiten für den Dezimalpunkt. Entweder man hat eine 7-Segment-Anzeige mit einem linken oder einem rechten Dezimalpunkt und entsprechend schaltet man Pin 6 oder Pin 9 über einen Strombegrenzungswiderstand auf Masse.

In der Elektronik verwendet man entweder den statischen oder dynamischen Anzeigenbetrieb. Für einfache Anwendungen bevorzugt man den statischen Betrieb, da dieser wesentlich einfacher zu realisieren ist, als der aufwendige dynamische Betrieb. Den dynamischen Betrieb verwendet man nur in Verbindung mit komplexen Schaltkreisen, z.B. bei einem Funktionszähler mit 8-stelliger 7-Segment-Anzeige oder einem Digitalvoltmeter mit mehrstelliger Anzeige.

Am Eingang befindet sich der 7-Segment-Decoder, der aus dem BCD- oder Dual-Code die Ausgangssignale für die sieben Segmente erzeugt. Jeder Ausgang hat einen offenen Kollektoranschluss, d.h. schaltet die Eintaktendstufe durch, fließt ein Strom von der Betriebsspannung über das Leuchtsegment, dem Strombegrenzungswiderstand durch den Decoder nach Masse ab.

In der Praxis verwendet man den 7-Segment-Decoder 7448 mit seinen vier Dateneingängen, seinen drei Steuereingängen und den sieben Treiberausgängen. *Tabelle 3.4* zeigt die Arbeitsweise des TTL-Bausteins 7448.

Tabelle 3.4: Arbeitsweise für den TTL-Baustein 7448. Es sind folgende Anmerkungen zu beachten:
[1] Bei der automatischen Nullausblendung muss der Übertragseingang RBI auf 1-Signal liegen
[2] Hat der Eingang BI für die Dunkelschaltung (Ausblendung eines Nullwerts) der Anzeige ein 0-Signal, erhalten die Segmentausgänge ein 1-Signal, unabhängig von den Eingangssignalen
[3] Wenn ein 0-Signal am Übertragseingang RBI zur Nullausblendung liegt, erhalten die Segmentausgänge ein 1-Signal und am Übertragsausgang RBQ zur Nullausblendung entsteht ein 0-Signal, vorausgesetzt, die Dateneingänge A, B, C und D liegen auf 0-Signal (Nullbindung oder Nullwert)
[4] Hat der Eingang LT für den Lampentest ein 0-Signal, erhalten alle Segmentausgänge ein 0-Signal und alle sieben Segmente der Anzeige leuchten auf, vorausgesetzt, an BI/RBQ liegt ein 1-Signal, unabhängig von den Eingängen A, B, C, D und RBI

Funktion	LT	RBI	D C B A	BI/RBQ	a b c d e f g
0[1]	1	1	0 0 0 0	1	0 0 0 0 0 0 1
1	1	X	0 0 0 1	1	1 0 0 1 1 1 1
2	1	X	0 0 1 0	1	0 0 1 0 0 1 0
3	1	X	0 0 1 1	1	0 0 0 0 1 1 0
4	1	X	0 1 0 0	1	1 0 0 1 1 0 0
5	1	X	0 1 0 1	1	0 1 0 0 1 0 0
6	1	X	0 1 1 0	1	0 1 0 0 0 0 0
7	1	X	0 1 1 1	1	0 0 0 1 1 1 1
8	1	X	1 0 0 0	1	0 0 0 0 0 0 0
9	1	X	1 0 0 1	1	0 0 0 0 1 0 0
10	1	X	1 0 1 0	1	1 1 1 0 0 1 0
11	1	X	1 0 1 1	1	1 1 0 0 1 1 0
12	1	X	1 1 0 0	1	1 0 1 1 1 0 0
13	1	X	1 1 0 1	1	0 1 1 0 1 0 0
14	1	X	1 1 1 0	1	1 1 1 0 0 0 0
15	1	X	1 1 1 1	1	1 1 1 1 1 1 1
BI[2]	X	X	X X X X	0	1 1 1 1 1 1 1
RBI[3]	1	0	0 0 0 0	0	1 1 1 1 1 1 1
LT[4]	1	X	X X X X	1	0 0 0 0 0 0 0

Wichtig bei der Schaltung von *Abb. 3.18* sind die drei Steuereingänge. Liegt an dem Eingang LT ein 0-Signal, schalten alle Ausgänge auf 0-Signal, d.h. alle Leuchtsegmente in der 7-Segment-Anzeige leuchten auf und es wird die Zahl 8 dargestellt. Damit kann man kontrollieren, ob alle Leuchtsegmente in Ordnung sind. Der Lampentest ist besonders wichtig, wenn in der Ansteuerungselektronik ein Fehler auftritt. In diesem Fall lässt sich sofort feststellen, ob der Fehler in der Anzeige oder in der Ansteuerung zu suchen ist.

Durch den Übertragseingang RBI zur Nullausblendung wird bei einem 0-Signal automatisch die Nullanzeige unterdrückt. Bei mehrstelligen Zahlen ist durch den Übertragsausgang RBQ (mit dem Eingang BI intern verbunden) eine automatische Nullaustastung über mehrere Dekaden möglich. Durch den Eingang BI erfolgt eine generelle Dunkeltastung der Anzeige.

In der Praxis verwendet man die TTL-Spannung von $+U_B = +5$ V. Die Transistoren des 7448 sind jedoch für Spannungen bis zu 15 V zugelassen. Entweder man verbindet die gemeinsame Katode mit einer unstabilisierten oder mit der stabilisierten Betriebsspannung. Im ersten Fall wird der Spannungsregler entlastet, da bei einer vierstelligen 7-Segment-Anzeige ein maximaler Strom von 500 mA fließen kann, wenn durch jedes Segment ein Strom von 20 mA fließt.

3.3.2 Aufbau von Zählereinheiten und Frequenzteilern

Die Aufgabe von Frequenzteilern ist die Verringerung einer bestimmten Eingangsfrequenz auf eine gewünschte Ausgangsfrequenz, d.h. durch Hintereinanderschalten von beliebig vielen Flipflops lässt sich eine vorhandene Frequenz entsprechend oft halbieren. So wird z.B. die quarzstabile Uhrenfrequenz von 32,768 kHz durch 15 Flipflops auf die Sekundenanzeige heruntergeteilt. Frequenzteiler bestehen aus einer beliebigen Anzahl von hintereinandergeschalteten Flipflops, die man durch entsprechende Rücksetzbedingungen beeinflussen kann, sodass man nicht mehr an eine direkte Frequenzhalbierung durch die einzelnen Flipflops gebunden ist. Frequenzteiler arbeiten fast immer asynchron und dadurch ergibt sich ein sehr einfacher Aufbau.

Unter dem Begriff „Zählen" versteht man eine fortlaufende Addition und Zwischenspeicherung von Eingangsimpulsen, die z.B. von einem Sensor innerhalb einer Abfüllanlage geliefert werden. Jede Flasche, die den Sensor passiert, erzeugt ein Signal, das dann den Zählerstand um +1 erhöht. Gleichzeitig wird dieser Zählerstand bis zum nächsten Zählerimpuls zwischengespeichert. Bei den Zählern kann man zwischen asynchroner und synchroner Betriebsart wählen. Normalerweise setzt man asynchrone Zähler ein, die unkompliziert aufzubauen sind, da die Flipflops wie bei den Frequenzteilern einfach hintereinander betrieben werden. Arbeitet ein Zähler in synchroner Betriebsart, werden alle Flipflops mit dem gleichen Taktsignal betrieben und damit treten keine Verzögerungszeiten zwischen den einzelnen Flipflops auf, wie dies bei der asynchronen Betriebsart der Fall ist. Die Realisierung von synchronen Zählereinheiten bedeutet für den Anwender wesentlich mehr theoretischen Aufwand bei der Berechnung der Schaltung.

Der TTL-Baustein 7490, der nicht mehr für Neuentwicklungen verwendet werden soll, sondern nur noch der 74290, beinhaltet vier Flipflops und zwei NAND-Gatter. Die beiden Dezimalzähler sind nicht pinkompatibel, denn das Anschlussschema des 74290 wurde den anderen TTL-Bausteinen angepasst. Beide Bausteine sind aber funktionskompatibel.

Die vier internen Flipflops sind durch eine gemeinsame Reset-Leitung verbunden, über diese kann man alle Flipflops jederzeit auf 0 zurücksetzen. Für den normalen Betrieb verbindet man jeweils einen der Reset-Eingänge $R_{0(1)}$ oder $R_{0(2)}$ und $R_{9(1)}$ oder $R_{9(2)}$ mit Masse, damit keine externen Störungen über diese Eingänge die internen Funktionseinheiten beeinflussen können. Das Flipflop A ist intern nicht mit den anderen drei Flipflops verbunden, wodurch verschiedene Teilerfolgen möglich sind. Bei einer Frequenzteilung oder als Dezimalzähler wird der Ausgang Q_A mit dem Takteingang „Clock B" verbunden. Der Eingangstakt liegt am Pin „Clock A" und der Ausgangsimpuls wird am Ausgang Q_D abgenommen. Der Baustein arbeitet im Dualcode von 0 bis 9 und setzt sich nach dem 10. Impuls auf 0 zurück. Die Pins 1, 3, 12 und 13 müssen hierbei mit Masse verbunden sein.

Normalerweise verwendet man für den Uhrenbetrieb eine 23-Stundenanzeige, d.h. nach diesem Zählerstand schaltet die gesamte Stundenanzeige auf 00 zurück. Bei der Zähleinheit arbeitet der rechte Zähler 7490 als Einereinheit und der linke als Zehnereinheit. Die Rückstellung erfolgt, wenn der linke Zähler den Wert 2 erreicht hat und sich der rechte Zähler von 3 auf 4 ändert. Für den Zähler lautet die Rückstellbedingung:

0 0 1 0   0 0 1 1   =   23

0 0 1 0   0 1 0 0   =   24

⬆ ⬆——— Auslösung für die Rückstellung

——— bereits gesetzt

Aus der Rückstellbedingung erkennt man die Arbeitsweise. Der linke 7490 ist bereits gesetzt und die UND-Bedingung ist erfüllt, wenn sich das interne

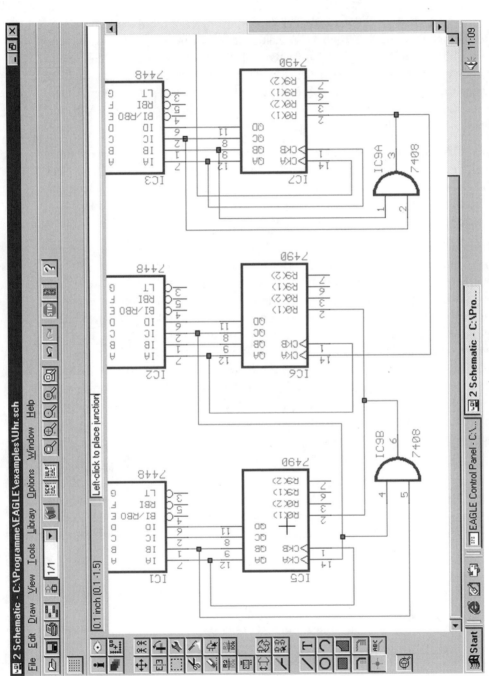

Abb. 3.19: Schaltung für die 24-Stundenuhr mit den Zählerbausteinen 7490. Die vier Ausgänge der Zählerbausteine sind entsprechend mit den Eingängen des 7-Segment-Decoders 7448 verbunden. Die UND-Gatter werden für die automatische Rückstellung benötigt.

Flipflop FF_C auf 1-Signal setzt. Beide 7490 erhalten ein 1-Signal an dem Rückstelleingang $R_{0(1)}$ und werden auf 0 zurückgesetzt.

Muss man die Minuten und Sekunden für einen Uhrenbetrieb anzeigen, ist jeweils eine separate Zählereinheit notwendig, die von 0 bis 59 arbeitet. Ist der Zählerstand für die Einerminuten erreicht, setzt sich dieser Zähler automatisch auf 0 zurück und während dieses Vorganges erhöht sich der Zähler für die Zehnerminuten auf 6. Ist dieser Zählerstand errechnet, setzt die Rückstellung den Zähler für die Zehnerminuten auf 0 zurück, sodass in der Anzeige 00 vorhanden ist. Für den Zähler lautet die Rückstellbedingung:

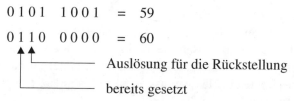

Bei der Schaltung hat man eine Zähleinheit von 0 bis 59. Der Einerzähler stellt sich von 9 auf 0 automatisch zurück und deshalb ist keine Rückstellung erforderlich. Nach dem Zählerstand 5 setzt sich der Minutenzähler auf 6 und damit ist die Rückstellbedingung an den beiden Eingängen $R_{0(1)}$ und $R_{0(2)}$ erfüllt, denn diese beiden Eingänge sind mit den Flipflops FF_B und FF_C verbunden. Beim Zählerstand 5 hat man die Wertigkeit 0101 am 7490 und beim Zählerstand 6 ist mit 0110 die Rückstellbedingung erfüllt. Diese Schaltung eignet sich auch für die Sekundenanzeige bei einer Uhr.

Kombiniert man die Schaltungen für einen Minuten-Zähler und einen Stunden-Zähler, erhält man eine Uhrenschaltung für die Darstellung der Stunden (linke Anzeige) und Minuten (rechte Anzeige). Die Anzeige beginnt bei 00:00 und endet bei 23:59. Nach diesem Zählerstand steht in der Anzeige wieder 00:00.

3.3.3 Zeitbasis mit Quarzgenerator

Digitale Schaltkreise eignen sich nur bedingt für die Realisierung eines quarzstabilisierten Rechteckgenerators mit CMOS- oder TTL-Bausteinen, da diese nur bedingt für die analoge Schaltungstechnik geeignet sind. Digitale Schaltungsglieder werden normalerweise nicht im aktiven Bereich der Transistoren betrieben und daher muss man mit einem äußeren Widerstand den Arbeitspunkt für den Oszillator einstellen. Setzt man einen CMOS-Baustein ein, kann man für den Rückkopplungswiderstand einen sehr hochohmigen Wert wählen, bei TTL-Bausteinen darf der Wert nicht größer als 4,7 kΩ sein, da sonst kein

Anschwingen möglich ist. Wichtig ist auch noch die Auskopplung über ein weiteres Gatter, damit man die internen Funktionen des Rechteckgenerators nicht zu stark belastet.

Bei der Realisierung eines quarzstabilisierten Rechteckgenerators lassen sich zwei Schaltungsvarianten einsetzen. Hauptmerkmal bei einem Oszillator mit CMOS-Bausteinen ist der hochohmige Widerstand in der Rückkopplung, denn diese ist nur in Verbindung mit einem CMOS-Baustein oder einem Operationsverstärker möglich. Die Schwingbedingung wird dadurch erreicht, dass der Quarz im Resonanzfall eine Phasendrehung von 180° erzeugt, die dann vom NICHT-Gatter invertiert wird.

Arbeitet man mit TTL-Bausteinen, muss die Schaltung von *Abb. 3.20* verwendet werden. Dies erkennt man sofort in den niederohmigen Widerständen in der Rückkopplung an den NICHT-Gattern. Die Schaltung arbeitet unproblematisch, nur der Kondensator nach Masse muss je nach Frequenz entsprechend dimensioniert werden, wie *Tabelle 3.5* zeigt.

Tabelle 3.5: Kondensatorwerte für quarzstabilisierte Rechteckgeneratoren mit TTL-Bausteinen

f	200 kHz	500 kHz	1 MHz	2 MHz	5 MHz
C	3,3 nF	1,2 nF	680 pF	330 pF	120 pF

Wenn man die Schaltung aufbaut, ergeben sich sehr gute Ergebnisse im Bereich von 100 kHz bis 10 MHz.

Die Frequenz von 1 MHz muss durch mehrere Bausteine auf 1 Hz (1 s) und dann durch einen Sekundenzähler auf 60 weitergeteilt werden. Der Entwurf des Frequenzteilers basiert auf einer Zerlegung des Teilerverhältnisses. Ist das Teilerverhältnis eine gerade Zahl, so kann man durch 2 dividieren. Wenn das Teilerverhältnis eine ungerade Zahl ist, kann man die Summe aus einer geraden Zahl und 1 aufspalten. Der gerade Anteil ist wieder durch 2 teilbar. Nach der Division durch 2 verbleibt eine Zahl, die wiederum gerade oder ungerade sein kann und in gleicher Weise aufzutrennen ist, z.B.:

$$50 = 2 \cdot 25$$
$$= 2 \cdot (24 + 1)$$
$$= 2 \cdot (2 \cdot 12 + 1)$$
$$= 2 \cdot (2 \cdot 2 \cdot 6 + 1)$$
$$= 2 \cdot (2 \cdot 2 \cdot 2 \cdot 3 + 1)$$
$$= 2 \cdot [2 \cdot 2 \cdot 2 \cdot (2 + 1) + 1].$$

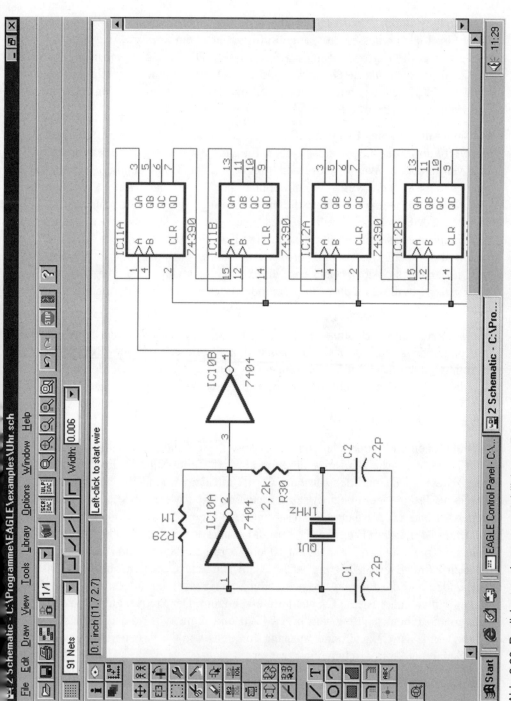

Abb. 3.20: Realisierung eines quarzstabilisierten Rechteckgenerators mit TTL-Bausteinen

Eine Teilung durch 2 bedeutet technisch immer eine Frequenzteilung mittels eines Flipflops, an dessen Ausgang ein Signal erscheint, dessen Ausgangsfrequenz immer die Hälfte der Eingangsfrequenz ist. Die Zerlegung einer ungeraden Zahl ($2^n + 1$) in eine Gerade 2^n und die 1 bedeutet eine spezielle Anordnung der Flipflops, wenn man mit asynchronen bzw. synchronen Zählerstufen und Frequenzteilern arbeitet.

Für den Aufbau eines Frequenzteilers stehen mehrere integrierte Schaltkreise zur Verfügung, die den systematischen Entwurf eines Frequenzteilers erheblich vereinfachen. Wenn man einen Frequenzteiler 1:100 benötigt, schaltet man zwei 7490 oder zwei 74290 hintereinander. Den Frequenzteiler kann man ohne Probleme realisieren, denn die in den vorangegangenen Abschnitten beschriebene Methode der Synthese eines Frequenzteilers lässt sich hier optimal anwenden. Ist das Teilverhältnis exakt eine Zweierpotenz oder liegt diese nur knapp über einer Zweierpotenz, ergeben sich keine Probleme mit der Synthese. Dies ändert sich aber, wenn das Teilerverhältnis knapp unter einer Zweierpotenz liegt. In diesem Fall ist die Methode etwas ungünstig in der praktischen Anwendung.

Hat man ein Teilerverhältnis von 1:15, 1:31, 1:63 usw. treten bei der Synthese nur ungerade Zahlen auf, sodass neben den Flipflops auch ein UND- oder NAND-Gatter mit mehreren Eingängen für die Rückstellung erforderlich ist. Wo dies möglich ist, weicht man in solchen Fällen auf eine Faktorenzerlegung des Teilerverhältnisses aus, z.B. $15 = 3 \cdot 5$, und man schaltet zwei Teiler mit 1:3 und 1:5 hintereinander.

Wenn man einen Frequenzteiler $1:10^6$ benötigt, setzt man sechs 7490 oder die drei 74390 ein. Alle Bausteine arbeiten als 1:10-Teiler, d.h. die Eingangsfrequenz liegt an C_A und der Ausgang Q_A ist mit dem Eingang C_B verbunden. Der erste Teiler (oben) bezieht seine Frequenz mit 1 MHz direkt vom Quarzgenerator und am Ausgang Q_D misst man eine Frequenz von 100 kHz. Dieser Ausgang ist mit dem Eingang C_A verbunden und der nächste 74390 teilt seine Eingangsfrequenz von 100 kHz auf 10 kHz herunter, die man am Ausgang Q_D messen kann. Dieser Ausgang ist mit dem Eingang C_A des nächsten 74390 verbunden und die Eingangsfrequenz von 10 kHz wird auf 1 kHz heruntergeteilt, die man am Ausgang C_D wieder messen kann. Der Frequenzteiler besteht aus einer Reihenschaltung von drei 74390 und damit wird die Eingangsfrequenz von f = 1 MHz auf eine Ausgangsfrequenz von f = 1 Hz heruntergeteilt. Die Schaltung lässt sich beliebig erweitern.

Am Ende des Frequenzteilers für den Sekundentakt befindet sich eine Leuchtdiode, die für 0,5 s leuchtet und dann für 0,5 ms dunkel ist. Die Ansteuerung

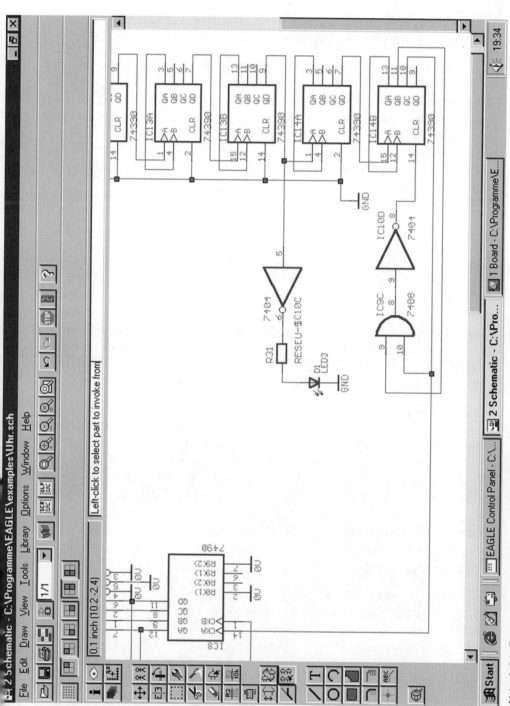

Abb. 3.21: Frequenzteiler mit 1-Hz-Leuchtdiode und Ausgang für den Minutentakt

erfolgt nicht direkt, sondern über ein NICHT-Gatter. Für den Betrieb ist noch ein Widerstand zur Strombegrenzung erforderlich.

Der Sekundentakt wird durch den Baustein 74390 um 1:10 geteilt und dann weiter durch 1:6. Die beiden Ausgänge Q_B und Q_C sind mit dem UND-Gatter verbunden. Liegen beide Ausgänge auf 1-Signal, ist der Zählerstand von 6 erreicht und das UND-Gatter hat an dem Ausgang ein 1-Signal. Dieses Signal wird invertiert und steuert den CLR-Eingang mit einem 0-Signal an. Der interne Zähler setzt sich auf 0 zurück und zählt weiter. Der Ausgang Q_C ist mit dem CLK_A-Eingang des linken 7490 für den Minuten-Einer-Zähler verbunden, d.h. dieser Zähler wird im Minutentakt um +1 erhöht.

3.3.4 Netzgerät

Für das Netzgerät benötigt man einen Transformator von 230 V auf eine Ausgangsspannung von 2 x 4,5 V. Die beiden Sekundärwicklungen sind in Reihe geschaltet und damit ergibt sich eine Ausgangsspannung von 9 V. Die Wechselspannung ist mit dem Brückengleichrichter verbunden und dieser erzeugt eine unstabilisierte Gleichspannung, die von dem integrierten Spannungsregler 7805 zu einer stabilisierten Betriebsspannung wird. Wichtig sind die beiden Anschlüsse für die Betriebsspannung +5 V und Masse (0 V). Diese werden automatisch durch den Autorouter angeschlossen.

Die Schaltung *von Abb. 3.22* zeichnet sich durch einen einfachen, aber sehr funktionssicheren Aufbau aus. Am Eingang befindet sich neben dem Elektrolytkondensator noch ein kleinerer Kondensator, der die Schwingneigungen des 7805 unterdrücken soll. Dies gilt auch für den Kondensator am Ausgang. Der 7805 erzeugt eine konstante Ausgangsspannung von +5 V, bei einem Ausgangsstrom bis zu 0,8 A (ohne Kühlkörper). Wird der 7805 mit einem Kühlkörper versehen, lässt sich der Ausgangsstrom bis auf 1,2 A erhöhen, denn der 7805 ist mit einem thermischen Überlastungsschutz ausgerüstet, d.h. erwärmt sich das Gehäuse, wird automatisch die Ausgangsspannung reduziert. Dies gilt auch, wenn ein Kurzschluss auftritt.

Wie *Abb. 3.23* zeigt, besteht die 24-Stundenuhr aus mehreren Funktionsblöcken, die bereits beschrieben wurden. Oben links erkennt man das Netzteil mit dem Transformator. In der Mitte sind die vier Zählerbausteine, die vier Decoder und die 7-Segmentanzeigen. Durch die beiden UND-Gatter ergibt sich für die Minuten eine automatische Rückstellung von 59 auf 60 und für die Stunden von 23 auf 24. In dem rechten Teil erkennt man den Quarzgenerator und die Frequenzteilerkette. Mit den ersten sechs Bausteinen wird die Quarzfre-

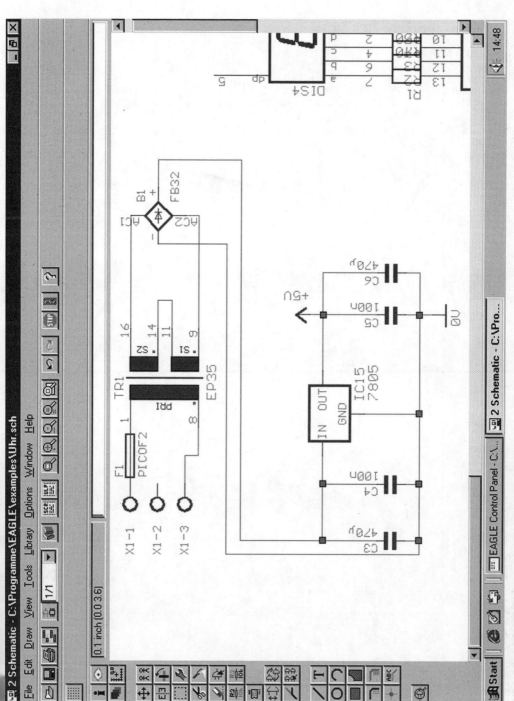

Abb. 3.22: Schaltung für ein einfaches +5-V-Netzgerät

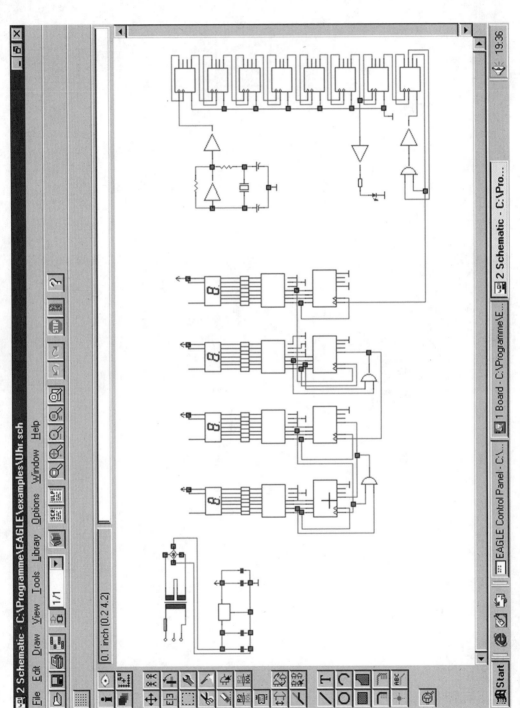

Abb. 3.23: Gesamtschaltung für die 24-Stundenuhr

quenz von 1 MHz auf 1 Hz heruntergeteilt. Die Leuchtdiode signalisiert diese Frequenz und im späteren Platinenlayout wird diese Leuchtdiode zwischen den Stunden- und der Minutenanzeige eingeschaltet. Die beiden nächsten Frequenzteiler arbeiten von 0 bis 59 und setzen sich danach automatisch auf 0 zurück. Wird der Zählerstand von 60 erreicht, ist die UND-Bedingung erfüllt und durch das NICHT-Gatter wird der Teiler zurückgesetzt. Der Minutentakt des gesamten Frequenzteilers steuert dann den rechten Zähler an und dieser wird mit jedem Taktimpuls um +1 erhöht.

3.3.5 Platinenlayout

Wichtig bei der Erstellung der Schaltung ist immer der ERC-Befehl. Wenn Sie einen Teil der Schaltung erstellen, sollten Sie nach jedem Schaltungsteil diesen Befehl aufrufen und die angezeigten Fehler möglichst sofort korrigieren.

Die Umsetzung von der elektrischen Schaltung zum fertigen Platinenlayout übernimmt der Board-Befehl. Da es sich um eine doppelkaschierte Platine handelt, benötigt EAGLE etwa 10 s. Wenn man während der Umsetzung die Kommandozeile betrachtet, erkennt man, wie EAGLE arbeitet. Die Meldung von „100,0 %" erscheint relativ schnell, in diesem Fall bereits nach 2 s, aber es sind noch zahlreiche Vias (Durchkontaktierungen) vorhanden. Da es sich um einen 100-%-Autorouter handelt, werden die Leiterbahnen automatisch solange berechnet, bis keine Vias mehr vorhanden sind. Betrachten Sie die Kommandozeile in Abb. 3.24, werden keine Vias angezeigt und man spart sich sehr viel Arbeit für die Durchkontaktierungen.

3.4 PC-Relaiskarte für die parallele Schnittstelle

Mit dieser 8-Kanal-Relaiskarte lassen sich recht einfach bis zu acht Verbraucher über die parallele Schnittstelle (Druckeranschluss) eines PCs ansteuern. Das Ein- bzw. Ausschalten der Relais erfolgt über die Software, wobei eine Leuchtdiode am Relais den Ein- bzw. Auszustand anzeigt. Über einen Reset-Drücker lassen sich die Relais direkt auf einen definierten Zustand zurücksetzen.

Wichtig! Schalten Sie den Rechner immer aus, bevor Sie die Relaiskarte ein- oder ausstecken. Andernfalls kann Ihr Computer oder die Relaiskarte zerstört werden.

Ein Rechner arbeitet mit einem binären Zeichensystem, dessen kleinste Darstellungseinheit als Bit bezeichnet wird. Der Wert eines Bits kann ein 0- oder

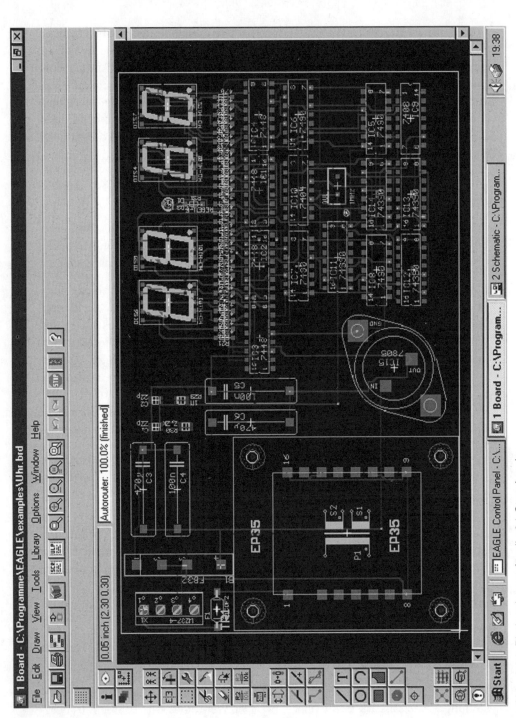

Abb. 3.24: Platinenlayout für die 24-Stundenuhr

1-Signal sein. Durch Aneinanderreihung dieser Bitstellen lassen sich beliebige Informationen darstellen. So umfasst z.B. der ASCII-Code 128 Zeichen, wobei jedes aus sieben Bits besteht. Jedes dieser Zeichen oder Bitmuster wird wiederum als Byte bezeichnet und 1-Kbyte entspricht also 1024 ASCII-Zeichen. Die Datenkommunikation erfolgt immer auf dieser Ebene, intern in den Datenendgeräten und extern im Verkehr mit anderen Geräten. Die interne Kommunikation im PC-Arbeitsplatz ist denkbar einfach. Sobald aber eine Kommunikation mit externen Geräten erforderlich ist, muss eine Reihe von Faktoren synchronisiert und so gesteuert werden, dass eine fehlerfreie Datenübertragung möglich wird.

Die parallele Übertragung verläuft schneller und einfacher, weil sich ein ganzes Zeichen mit seinen acht Bits gleichzeitig durch parallele Leitungen übertragen lässt, wobei jeweils eine Leitung pro Bit zur Verfügung steht. Rechnerintern erfolgt die gesamte Kommunikation über parallele Leitungen auf dem internen Datenbus, sodass ein ganzes oder auch mehrere Zeichen gleichzeitig übertragen werden können.

Eine parallele Übertragung über Verbindungskabel des Typs *Centronics* lässt sich beispielsweise aus praktischen und wirtschaftlichen Gründen jedoch nur über kürzere Strecken durchführen. Daher läuft üblicherweise die externe Datenkommunikation größtenteils seriell ab, d.h. es wird jeweils ein Bit nach dem anderen über ein einzelnes Leiterpaar gesendet.

Ursprünglich von der Firma Centronics als parallele Schnittstelle für die eigenen Drucker entworfen, entwickelte sich diese Schnittstelle schnell als allseits akzeptierter Standard in der gesamten Druckerwelt. Die Norm IEEE1284 erweiterte die Centronics-Schnittstelle um die Möglichkeit der Bidirektionalität. Hierdurch wurden auch Peripheriegeräte wie Scanner, Netzwerkadapter für Notebooks, CD-ROM-Laufwerke usw. anschließbar und können somit von der hohen Übertragungsgeschwindigkeit der parallelen Datenübertragung profitieren.

3.4.1 Arbeitsweise der Centronics-Schnittstelle

Durch die gleichzeitige, parallele Übertragung des 8-Bit-Formats werden bei der Centronics-Schnittstelle sehr hohe Übertragungsraten erreicht. Leider geht dieser Vorteil stark zu Lasten der erzielbaren Leitungslänge. Die unsymmetrische Übertragung vieler Signale mit sehr steilen Flanken in einem Kabel bedeutet gleichzeitig auch ein hohes Maß an Nebensprechen. In Grenzen lässt sich diese Problematik durch den Einsatz hochwertiger, paarig verseilter Kabel umgehen, bei denen jede aktive Signalleitung mit einer auf Masse liegenden Ader im Verbund geführt wird. Die Praxis hat jedoch gezeigt, dass - auch bei Verwendung solcher Spezialkabel - ab einer Kabellänge von 5 m eine sichere Übertragung nicht mehr unter allen Umständen gewährleistet werden kann. *Tabelle 3.6* zeigt die Pinbelegung der Centronics- und der PC-Parallelschnittstelle, wobei die PC-Arbeitsplätze mit der DB25-Buchse, aber der Drucker mit einer CP36-Buchse ausgerüstet ist.

Tabelle 3.6: Pinbelegung und Signale mit ihrer Richtungsangabe für die Centronics- bzw. PC-Parallelschnittstelle

PC DB25-Buchse			Drucker CP36-Buchse
1	Strobe	-->	1
2	D0	-->	2
3	D1	-->	3
4	D2	-->	4
5	D3	-->	5
6	D4	-->	6
7	D5	-->	7
8	D6	-->	8
9	D7	-->	9
10	Acknowledge	<--	10
11	Busy	<--	11
12	Paper Empty	<--	12
13	Select	<--	13
14	Auto Linefeed	-->	14
15	Error	<--	32
16	Init	-->	31
17	Select In	-->	36
18 – 25	Signal-Masse	---	19 – 30
	Gehäuse-Masse	---	17
	+5 V	---	18

Im Gegensatz zur seriellen Schnittstelle wird bei der parallelen Datenübertragung das 8-Bit-Format gleichzeitig als massebezogener TTL-Pegel durch acht Datenleitungen übertragen. Sobald der Sender die Daten ausgegeben hat, erzeugt dieser einen kurzen Übernahmeimpuls auf der Strobe-Leitung. Der Empfänger quittiert die Verarbeitung der Daten durch einen Acknowledge-Impuls und signalisiert damit die Bereitschaft zum Empfang neuer Daten. *Abb. 3.25* zeigt eine Gegenüberstellung zwischen der parallelen Druckerschnittstelle zwischen Centronics und IBM-PC.

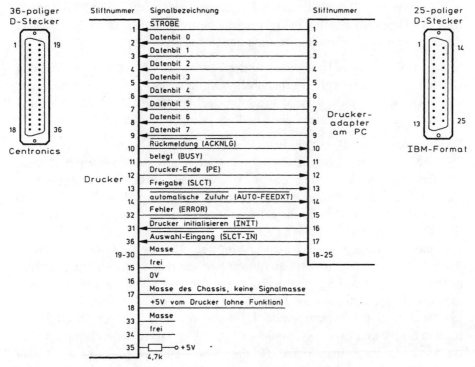

Abb. 3.25: Gegenüberstellung zwischen der parallelen Druckerschnittstelle zwischen Centronics und IBM-PC

Über die Strobe- und Acknowledge-Leitung hinaus verfügt die Centronics-Schnittstelle noch über diverse Statusleitungen. Der Sender darf nur dann seine Daten auf die Leitungen schalten, wenn diese die folgenden Zustände aufweisen:

- Busy auf 0-Signal: Der Drucker ist zur Übernahme von Daten bereit.

- Paper Empty auf 0-Signal: Es ist Papier im Drucker vorhanden.
- Select auf 1-Signal: Der Drucker ist eingeschaltet und selektiert (bereitstellen).
- Error auf 1-Signal: Es liegt im Drucker kein Fehlerzustand vor.

Die Steuerleitungen des Druckers haben folgende Bedeutung:

- Autofeed: Ein 0-Signal auf diesem Eingang bewirkt, dass der Drucker nach jedem Zeilenrücklaufbefehl automatisch einen Zeilenvorschub durchführt.

- Init: Ein 0-Signal setzt den Drucker in seinen Grundzustand zurück.

• Select In: Die Bedeutung dieses Eingangs variierte früher von Druckerhersteller zu Druckerhersteller. In der Welt der bidirektionellen Drucker setzt man diese Leitung zur Richtungssteuerung des Datenflusses ein.

Leider wird die aktive Unterstützung der Status- und Steuerleitungen von den Herstellern nicht einheitlich gehandhabt. Oftmals werden Statusleitungen wie z.B. ERROR nur fest auf ihren Freigabepegel verdrahtet. Im Einzelfall muss die jeweilige Gerätedokumentation zu Rate gezogen werden.

Wichtig für die parallele Schnittstelle nach Centronics ist das Zeitdiagramm. Die Steuerung der Übertragung erfolgt durch die beiden Steuerleitungen „Strobe" und „Acknlg", oder durch „Strobe" und „Busy". Damit ergibt sich das Handshaking-Verfahren. Mit dem Strobe-Signal zeigt der PC an, dass sich auf den acht Datenleitungen die Informationen für den Drucker befinden. Der Drucker meldet über die beiden Leitungen „Acknlg" und „Busy" den Empfang oder die Quittierung, je nach Anwendungsfall. Liegen die Informationen an den acht Datenleitungen stabil an (dieser Vorgang dauert etwa 0,5 µs), erzeugt der Rechner über den Strobe-Ausgang eine negative Flanke. Damit wird dem Drucker signalisiert, dass die Daten zur Übernahme bereit sind. Der Strobe-Impuls dient zum Einschreiben der Information in den Drucker. Das 0-Signal für den Strobe-Impuls muss mindestens 0,5 µs betragen. Im Ruhezustand hat die Strobe-Leitung ein 1-Signal, für die Übernahme der Daten benötigt man ein 0-Signal.

Das Quittierungssignal „Acknlg" (Acknowledge) erzeugt der Drucker. Im Ruhezustand hat diese Leitung immer ein 1-Signal. Wurden die Daten empfangen, hat diese Leitung für mindestens 5 µs ein 0-Signal. Mit diesem 0-Signal

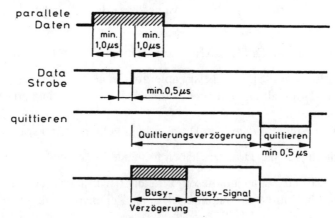

Abb. 3.26: Zeitdiagramm für die parallele Schnittstelle nach Centronics

ist die Schnittstelle blockiert. Schaltet diese Leitung wieder auf 1-Signal, kann die Schnittstelle im Computer eine neue Information aus dem Speicher über die Interrupt-Steuerung abrufen.

Mit dem Busy-Signal meldet der Drucker durch ein 1-Signal, dass er keine Daten empfangen kann. Erst mit einem 0-Signal erfolgt die Freigabe für eine erneute Datenübertragung zwischen Computer und Drucker. Hat diese Leitung ein 1-Signal, sind folgende Ursachen zu beachten:

* Es läuft gerade ein Datenübernahme ab
* Drucker arbeitet gerade
* Drucker im Offline-Status
* Fehlfunktion im Drucker.

Mit den Leitungen PE (Paper Empty) oder Fault (Unterbrechung) kann man eine Datenübertragung stoppen, wenn die entsprechenden Störungen im Drucker aufgetreten sind. Durch ein Signal auf der SLCT-Leitung wird dem PC vom Drucker angezeigt, dass sich der Drucker in dem gewählten Status befindet. Hat der Ausgang „AUTO-FEEDXT" vom PC ein 0-Signal, wird das Blatt automatisch nach dem Drucken um eine Zeile vorgeschoben. Mit dem INIT-Signal löscht der Computer den Inhalt des Datenpuffers im Drucker, und zwar mit einem 0-Signal. Über den Eingang „Error" am PC gibt der Drucker durch ein 0-Signal einen Fehler für Papierende, Offline-Betrieb und allgemeine Fehler aus. Ein 0-Signal am Ausgang „SLCT-IN" verhindert eine Datenaufnahme am Drucker.

Parallele Schnittstellen lassen sich mit verschiedenen Adressen im PC ansprechen. Beim Einschalten des Rechners untersucht das Betriebssystem, welche der möglichen Schnittstellen im Rechner physikalisch vorhanden sind. Dieser Test beginnt bei den höchsten und geht dann zu den niederwertigen Adressen. Die hierbei entdeckten Schnittstellen werden der Reihe nach dem System als LPT1, LPT2 oder LPT3 betrieben.

Die parallele Druckerschnittstelle PAR-01 ist voreingestellt auf LPT1, lässt sich aber umadressieren auf LPT2 oder LPT3. Hierfür sind auf der Druckerkarte die entsprechenden DIL-Schalter vorhanden oder die Adressierung erfolgt per Software durch das Betriebssystem. Hat man für den Port die Konfiguration LPT1 gewählt, befindet man sich an dem I/O-Port an der Adresse 3738H bis 37AH, mit LPT2 auf der Adresse 278H bis 27AH.

3.4.2 Aufbau der Relaiskarte

Mittelpunkt auf der Relaiskarte ist der Standard-Baustein 74LS273 mit seinen acht D-Flipflops für die Zwischenspeicherung der Daten, die über die parallele Schnittstelle nach Centronics vom Rechner ankommen. Die acht Datenleitungen liegen direkt am 74LS273 an, während am Ausgang zwei Bausteine 7406 den Treiberstrom für die Relais und für die Leuchtdioden erzeugen. Dabei liegen die Relais direkt auf +12 V und schaltet der Treiber im 7406 durch, fließt ein Strom gegen Masse ab, d.h. wurde im Flipflop ein 1-Signal gespeichert, schaltet das NICHT-Gatter im 7406 durch und hat am Ausgang ein 0-Signal. Da es sich bei den Ausgängen im 7406 um Anschlüsse mit offenem Kollektor handelt, fließt über den 7406 ein Strom zur Masse (0 V) ab. Die Relais werden mit der unstabilisierten Eingangsgleichspannung betrieben, d.h. das externe Netzgerät muss eine Gleichspannung liefern, die jedoch unstabilisiert sein kann. Das Netzgerät muss einen maximalen Strom von 500 mA erzeugen.

Bedingt durch die Schnittstelle ist in *Abb. 3.27* eine Ansteuerungsschaltung mit dem Zwischenspeicher-Baustein 74LS273 erforderlich. Hierzu verwendet man den Baustein 7474 mit zwei separaten Flipflops, der ebenfalls über unabhängige Setz- und Rückstelleingänge verfügt.

Über den Pin 1 der Schnittstelle erhält der Baustein 74LS273 ein kurzes 0-Signal, wenn die Daten stabil an den acht Leitungen liegen. Zum Schutz des 74LS273 ist das Eingangssignal nicht direkt an dem CLR-Eingang verbunden, sondern über einen Widerstand zur Strombegrenzung. Bevor der Rechner das Strobe-Signal ausgibt, liegen bereits für 0,5 µs (Minimum) die Informationen auf den acht Datenleitungen. Die Strobe-Leitung steuert über den Widerstand von 150 Ω den CLK-Eingang des 74LS273, den Setzeingang des Flipflops FF1 und den Takteingang des Flipflops FF2 an. Die acht D-Flipflops im 74LS273 übernehmen die Eingangsinformation und speichern diese solange zwischen, bis entweder neue Informationen eingeschrieben werden, der Resetschalter gedrückt wird oder man die Stromversorgung abschaltet.

Wenn man den Baustein 74LS273 mit den acht Treibern 7404 in Abb. 3.27 verbindet, erkennt man, dass der Zwischenraum zu klein gewählt wurde. Durch den Group-Befehl können Sie die Gruppe von Objekten und Elementen definieren. In diesem Fall klickt man oben links beim IC1A an, hält die linke Taste gedrückt und zieht den Cursor mit der Maus nach unten rechts. Lässt man die Maus los, erscheinen die selektierten Objekte heller und man setzt den Cursor unterhalb dieser Gruppe ab. Drückt man die rechte Maustaste, liegen alle Objekte dieser Gruppe am Cursor und lassen sich bewegen. Auch die Verbindungslinien bleiben erhalten und werden mitgezogen, wie *Abb. 3.28* zeigt.

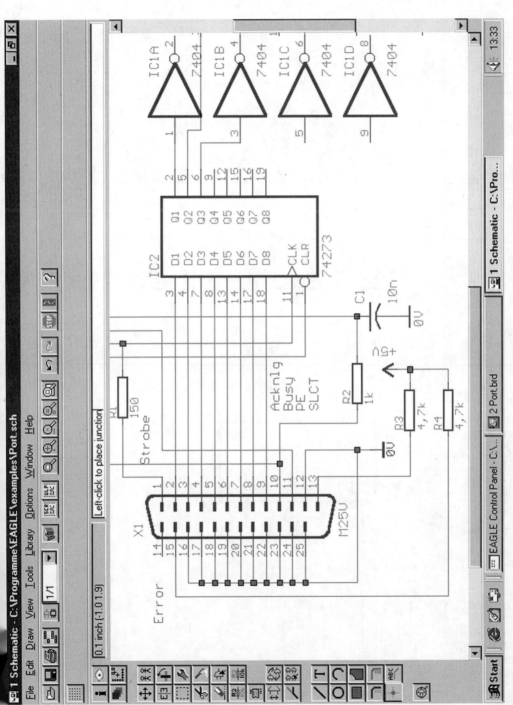

Abb. 3.27: Schaltung für die Relaiskarte, wobei die Ansteuerung über die parallele Schnittstelle erfolgt

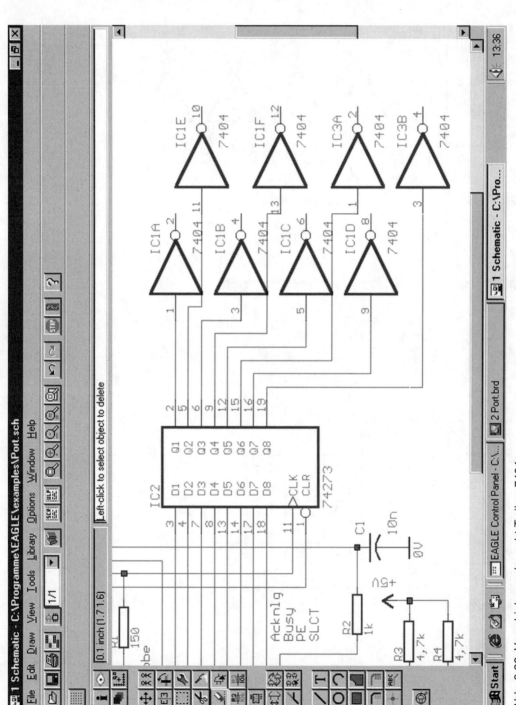

Abb. 3.28: Verschiebung der acht Treiber 7404

In *Abb. 3.27* und *Abb. 3.28* sind die Steuerleitungen mit Texten gekennzeichnet. Der Text-Befehl platziert einen Text in einer Zeichnung, oder in einem Bibliothekselement. Bei der Eingabe mehrerer Texte geht man sinnvollerweise so vor, dass man zuerst den Text-Befehl aktiviert, es öffnet sich ein Fenster und hier tippt man den Text ein. Danach setzt man den Text mit der linken Maustaste ab, dann erst den zweiten usw. Mit der rechten Maustaste lässt sich der Text drehen.

Der Baustein 74LS273 erhält vom PC die Daten und speichert diese in den acht D-Flipflops zwischen, wenn der CLK-Eingang durch die Strobe-Leitung von 0- nach 1-Signal schaltet. Über die acht Q-Ausgänge liegen die gespeicherten Signale an den acht Nicht-Gattern des Bausteins 7404, der am Ausgang einen offenen Kollektor hat. Hat der Eingang ein 1-Signal, schaltet der Transistor am Ausgang durch und es kann über den Ausgangstransistor ein Strom fließen, d.h. das Relais zieht an und die Kontakte werden geöffnet oder geschlossen.

Wichtig! Parallel zu jedem Relais muss eine Diode vorhanden sein. Schaltet ein Relais ab, kommt es innerhalb der Spule zur Selbstinduktion und es entsteht eine hohe Leerlaufspannung. Der Ausgangstransistor im 7404 wird unweigerlich zerstört.

Ebenfalls parallel zum Relais liegt noch eine Leuchtdiode, die den jeweiligen Zustand eines Relais anzeigt. Schaltet der Ausgangstransistor durch, zieht nicht nur das Relais an, sondern die Leuchtdiode signalisiert den angezogenen Zustand. *Abb. 3.29* zeigt die Ansteuerung der acht Relais und die Leuchtdioden für die Zustandskontrolle.

Die einzelnen NICHT-Gatter des TTL-Bausteins 7404 steuern jeweils ein Relais und eine Leuchtdiode an. Parallel zu den Relais erkennt man die Freilaufdiode und oben die acht Leuchtdioden mit den Strombegrenzungswiderständen. *Abb. 3.30* zeigt die Parallelschaltung der acht Leuchtdioden mit den Widerständen zur Strombegrenzung.

Über die Stromversorgung liegen die acht Leuchtdioden an der unstabilisierten Gleichspannung von +12 V, die das externe Netzgerät erzeugen muss. Ist dies nicht möglich, müssen auf der Platine noch Brückengleichrichter vorhanden sein. Der Anschluss wurde mit einem speziellen +12-V-Symbol versehen und damit wird automatisch von EAGLE ein Anschluss in der Schaltung gesucht, der ebenfalls mit diesem Symbol versehen ist. Dieser Anschluss befindet sich an der Netzgerätbuchse.

Im Gegensatz zu *Abb. 3.29* wurden in *Abb. 3.30* die Widerstände und die Leuchtdioden etwas in der Darstellung nachgearbeitet, d.h. der Abstand wurde

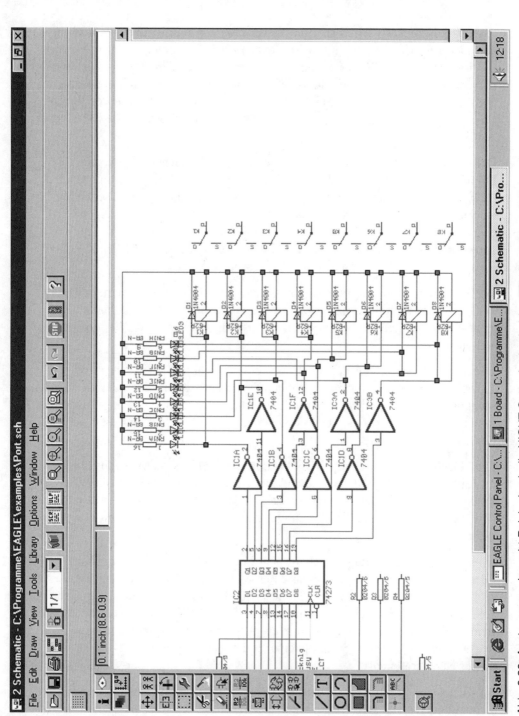

Abb. 3.29: Ansteuerung der acht Relais durch die NICHT-Gatter in den beiden TTL-Bausteinen 7404

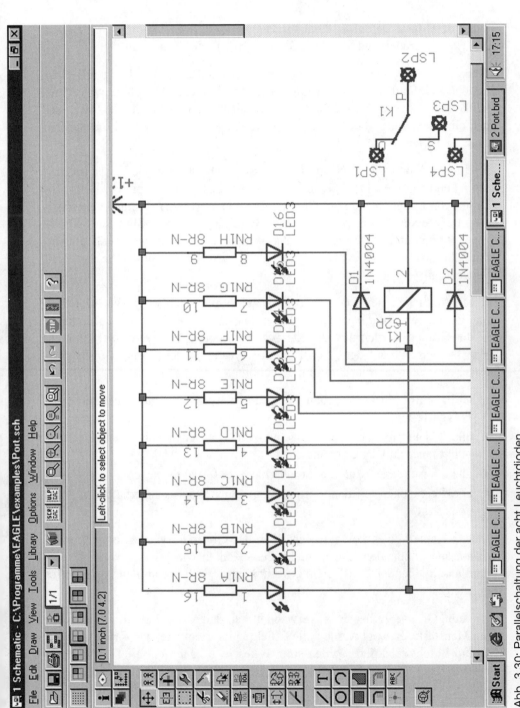

Abb. 3.30: Parallelschaltung der acht Leuchtdioden

durch den Move-Befehl auseinandergezogen. Dies gilt auch für die Relais mit den Freilaufdioden und den Relaiskontakten, wie *Abb. 3.31* zeigt.

Wenn Sie ein Relais mit Freilaufdiode und der Parallelschaltung mit einer Leuchtdiode und Strombegrenzungswiderstand zeichnen, gibt es zwei Möglichkeiten: entweder Sie zeichnen acht identische Zeichnungen oder Sie zeichnen eine Schaltung, die Sie dann duplizieren. Sie müssen jedoch die Befehle exakt beachten.

Nach dem Anklicken des Copy-Icons lassen sich Objekte selektieren und anschließend an eine andere Stelle innerhalb der Zeichnung kopieren. Beim Kopieren von Bauelementen auf einer Platine generiert EAGLE einen neuen Namen und behält den Wert (Value) bei. Beim Kopieren von Signalen (Wires), Bussystemen und Netzen wird der Name ebenfalls beibehalten. In allen anderen Fällen wird ein neuer Name generiert. Diesen Befehl können Sie also nicht verwenden!

Durch Anklicken dieses Group-Icons definiert man eine Gruppe von Objekten und Elementen, auf die man anschließend bestimmte Befehle anwenden kann. In der Gruppe werden nur Objekte aus den sichtbaren Layern übernommen. Für Bauelemente auf dem Top-/Bottom-Layer muss der TOrigins-/BOrigins-Layer eingeblendet sein. Zur Gruppe gehören:

- Objekte mit einem Aufhängepunkt, deren Aufhängepunkt innerhalb eines Polygons liegt,
- alle Objekte mit zwei Aufhängepunkten, von denen mindestens ein Endpunkt innerhalb des Polygons liegt,
- alle Kreise, deren Mittelpunkt innerhalb des Polygons liegen,
- alle Rechtecke, von denen mindestens ein Eckpunkt innerhalb des Polygons liegt.

Liegen Kanten eines Polygons innerhalb des Group-Polygons, so werden bei einem anschließenden Move-Befehl diese Kanten wie Wires bewegt. Bei einem anschließenden Cut-Befehl wird das ganze Polygon in den Paste-Puffer geladen.

Um eine Gruppe zu bewegen, verwendet man den Move-Befehl mit der rechten Maustaste. Bewegt werden alle Objekte und Elemente, die vorher mit dem Group-Befehl selektiert worden sind. Wires, von denen nur ein Eckpunkt innerhalb des Polygons liegt, werden an diesem Ende bewegt, während das andere fest bleibt. „Hängt" die Gruppe am Cursor, lässt sie sich wiederum mit der rechten Maustaste rotieren.

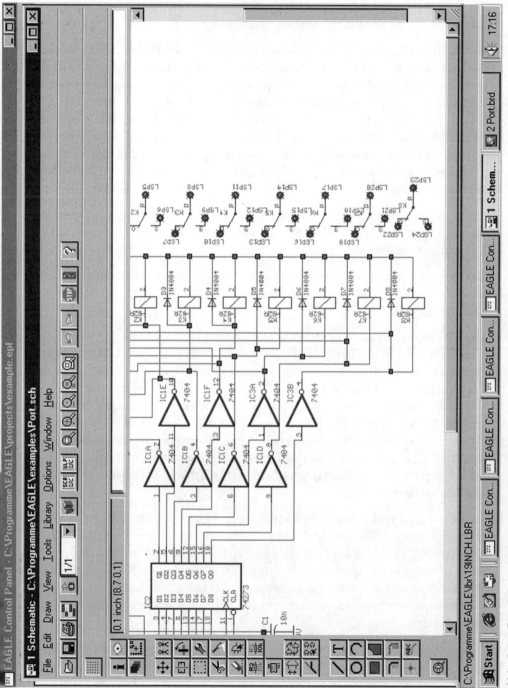

Abb. 3.31: Parallelschaltung der acht Relais mit den Umschaltkontakten

Wichtig! Die Gruppendefinition bleibt wirksam, bis eine neue Zeichnung geladen wird oder bis der Befehl „Group;" ausgeführt wird.

Durch Anklicken des Cut-Icons lassen sich Teile einer Platine mit Hilfe der Befehle „Group", „Cut" und „Paste" in ein anderes Platinenlayout übernehmen. Zuerst definiert man eine Gruppe (Group). Anschließend gibt man den Befehl „Cut" ein, der den Paste-Puffer mit den selektierten Elementen und Objekten lädt. Jetzt kann man die Schaltung oder Platine wechseln und mit „Paste" den Pufferinhalt in die geöffnete Zeichnung oder neue Zeichnung bzw. geöffnete oder neue Platine kopieren. Falls erforderlich, werden neue Namen generiert. Der Pufferinhalt bleibt erhalten und lässt sich mit weiteren Paste-Befehlen erneut kopieren.

Durch Anklicken des Paste-Icons lassen sich Teile einer Platine in ein anderes Layout kopieren. Elemente und Signale können nur von einer Platine zu einer anderen kopiert werden.

Jetzt muss man nur noch die einzelnen Zeichenobjekte verbinden und damit ist die Schaltung fertig. Wichtig! Die Nummerierung der Bauteile wird automatisch durchgeführt.

Die Umschaltkontakte sind nicht mit einer zusätzlichen Beschaltung versehen, wie dies häufig in der industriellen Steuerungs- und Regelungstechnik gefordert wird. In sicherheitsgerichteter Schaltungstechnik verbietet sich nämlich das Beschalten von Kontakten, denn im Fehlerfall innerhalb der Beschaltung würde die Zwangsführung der Kontakte in ihrer Wirksamkeit aufgehoben werden. Kurzschlüsse in der Beschaltung sind u.a. als Fehler nicht ausschließbar. Es verbleibt die Möglichkeit der Beschaltung der jeweiligen geschalteten Last von Relais. Dies ist sogar vorteilhaft, da solche Beschaltungen mögliche Störaussendungen der elektromagnetischen Verträglichkeit bereits am Ort ihrer Entstehung unterdrücken.

Betreibt man Induktivitäten an Gleichstrom, lassen sich die unerwünschten Spannungsspitzen der Selbstinduktion durch Siliziumschaltdioden, Z-Dioden, Suppressordioden, Reihenschaltung eines Entstörkondensators mit einem Widerstand oder durch spannungsabhängige Widerstände (VDR) unterdrücken. Die Aufgabe derartiger Beschaltungen ist es, die beim Abschalten der Induktivität entstehende Spannungsspitze (transiente Überspannung) zu kappen bzw. zu begrenzen.

In das konstruktive Umfeld von sicherheitsgerichteten Schaltungen in Verbindung mit Relais gehören immer die Verdrahtung bzw. Verkabelung, und hier werden von den Praktikern die größten Fehlerquellen durch Unwissenheit erzeugt. Eine althergebrachte Verkabelung mit einzelnen Drähten ist in diesem Zusammenhang als „nicht zulässig" einzustufen. Löst sich beispielsweise eine Lötstelle, so kann das freigewordene Ende des Drahts im Schaltgerät vagabundieren und nicht kontrollierbare Nebenschlüsse erzeugen.

Hier bieten Leiterplatten große Vorteile. Bei richtiger Auslegung und Anordnung können sich keine Nebenschlüsse ausbilden. Selbst bei Kurzschlüssen lassen sich Sicherheitsprobleme vermeiden. Überlastete Leiterbahnen verdampfen oder rollen sich auf, d.h. ein Vagabundieren ist dann nicht mehr möglich. Das Verhalten im Fehlerfalle ist somit vorhersehbar und lässt sich eindeutig verhindern. Eine weitere Erhöhung der Sicherheit lässt sich durch das Abdecken der Leiterbahnen mit Harzen o.ä. erreichen, wenn das Gehäuse geöffnet worden ist. Es empfiehlt sich grundsätzlich, durchkontaktierte Leiterplatten zu verwenden, denn der mechanische Halt der Bauteile wird wesentlich verbessert. Die Beanspruchung der einzelnen Lötstellen bei Vibrationen führt in der Regel nicht zu Unterbrechungen.

Um Anschlüsse von einer Leiterplatte wegzuführen, bieten sich verschiedene Möglichkeiten an. Lassen sich die Anschlüsse nicht direkt auf der Leiterplatte platzieren, müssen in der Regel flexible Verbindungen hergestellt werden. Es sind hierfür flexible Leiterplatten denkbar, aber auch Verbindungen über geeignete Flachbandkabel, die Sie in der Bibliothek von EAGLE finden. Beide Lösungen bieten die Möglichkeit, den beschriebenen Fehler durch vagabundierende Drähte auszuschließen. Bei Gehäusen mit Klemmanschlüssen ist dagegen die Belegung zu bedenken und welche Wirkung ein Kurzschluß zwischen benachbarten Anschlussklemmen hat. Zur Verbesserung sind zwei Maßnahmen zu empfehlen, die beide der Sicherheit und auch der exakten Abgrenzung der Gewährleistungspflicht genügen:

• Die im Falle einer falschen externen Installation gefährdeten Verbindungen in den Baugruppen sollten geeignet abgesichert sein, beispielsweise mit Geräteschutzsicherungen im Inneren des Gehäuses, oder direkt auf der Baugruppe.

• Ist das Gehäuse zusätzlich noch verplombt, können derartige äußere Installationsfehler nicht kaschiert werden. Als einfache klare Regel gilt dann, dass die Gewährleistung nicht mehr gegeben ist, wenn die Plombe verletzt wurde. Gleiches gilt für die sicherheitstechnische Abnahme der geschlossenen Kombination.

Abb. 3.32 zeigt die Schaltung des Steuerteils für die Schnittstelle. Der Strobe-Impuls hat für 1 µs (Minimum) ein 0-Signal und dabei setzt sich das Flipflop FF1 (IC4A). Der Ausgang Q hat ein 1-Signal und dieses erzeugt das BUSY-

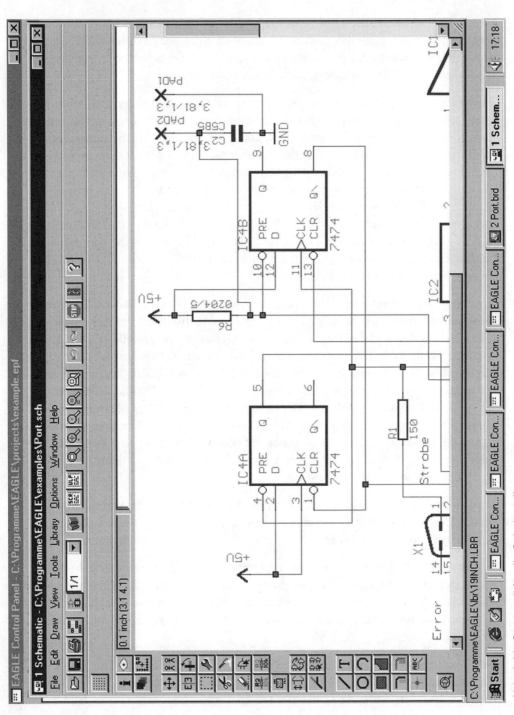

Abb. 3.32: Steuerteil für die Schnittstelle

Signal für den Rechner. Hat dieses Signal ein 1-Signal, erkennt der Rechner an, dass der Drucker (Relaiskarte) belegt ist und keine Daten annehmen kann, da

- der Puffer voll ist
- die Initialisierung aktiv ist
- SLCT-Leitung nicht aktiv ist
- ein Druckerfehler vorhanden ist.

Gleichzeitig mit dem Flipflop FF1 (IC4A) setzt sich auch das Flipflop FF2 (IC4B) und hat an dem Q-Ausgang ein 0-Signal. Mit diesem 0-Signal wird das Flipflop FF1 zurückgesetzt und damit hat die BUSY-Leitung wieder ein 0-Signal. Gleichzeitig geht die ACKNLG-Leitung auf 0-Signal und signalisiert dem Rechner die Bereitschaft, dass wieder Daten aufgenommen werden können. Durch das 0-Signal an dem Flipflop FF2 kann sich der Kondensator mit 10 nF über den Widerstand von 1 kΩ entladen. Erreicht die Entladung einen Spannungswert von etwa 1 V, erkennt der Reset-Eingang des Flipflops FF2 ein 0-Signal an und setzt sich zurück, d.h. der ACKNLG-Ausgang hat wieder ein 1-Signal.

Für die Relaiskarte ist eine eigene Stromversorgung notwendig, wie *Abb. 3.33* zeigt. Über den Stecker erhält die Relaiskarte eine unstabilisierte Gleichspannung. Die an den beiden Kondensatoren (470 µF und 100 nF) anliegt. Der 470-µF-Kondensator wird für die Glättung des pulsierenden Gleichstroms benötigt, der 100-nF-Kondensator unterdrückt das Schwingverhalten des IC-Reglers, und sollte daher möglichst nah am 78xx-Baustein angebracht sein. Der Masseanschluss ist über das Massesymbol verbunden, d.h. alle Bauteile auf der Relaiskarte werden automatisch durch EAGLE mit diesem Punkt verbunden. Auch die unstabilisierte Gleichspannung ist mit dem +12-V-Symbol verbunden und daher stellt EAGLE eine Verbindung mit anderen +12-V-Symbolen her. Der Spannungsregler 7805 erzeugt eine stabilisierte Gleichspannung von +5 V und daher sind wieder zwei Kondensatoren (470 µF und 100 nF) erforderlich. Auch diese Ausgangsspannung ist mit dem +5-V-Symbol verbunden, damit EAGLE die Verbindungen zu anderen Punkten herstellen kann.

3.4.3 Layout und Anschluss der Relaiskarte

Die Erstellung des Platinenlayouts für die Relaiskarte ist kein Problem, wie *Abb. 3.34* zeigt.

Auf dem Platinenlayout erkennt man die acht Relais mit den Anschlusspins. Unterhalb der Relais liegen die Freilaufdioden und die Leuchtdioden. Zieht ein Relais an, erkennt man diesen Zustand an der Leuchtdiode. Auf der linken Seite befinden sich zwei Anschlüsse und hier wird eine Taste angeschlossen,

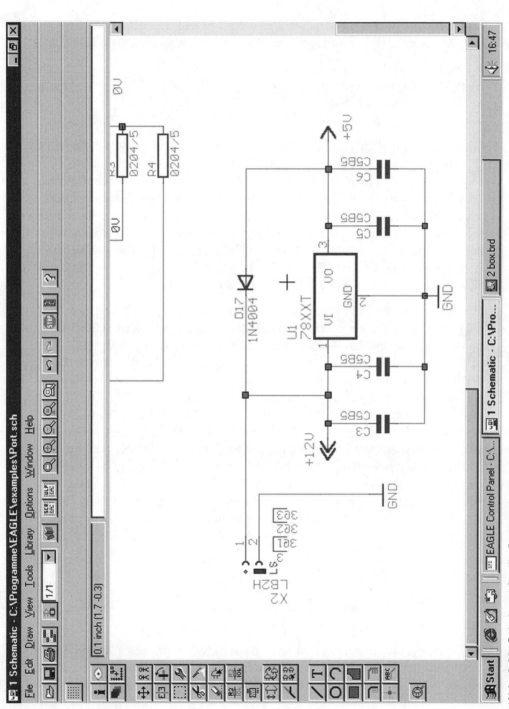

Abb. 3.33: Schaltung für die Stromversorgung

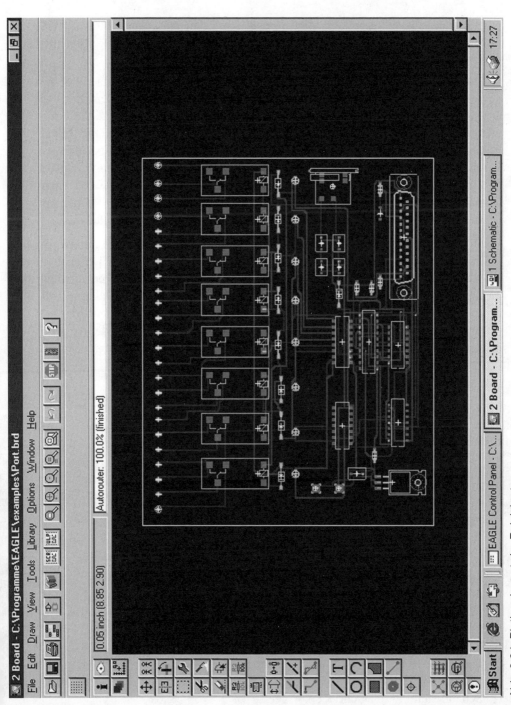

Abb. 3.34: Platinenlayout der Relaiskarte

damit sich die Relaiskarte auf den Zustand 0 zurücksetzen lässt. Unterhalb dieser Anschlüsse befindet sich der Spannungsregler. Unten rechts erkennt man den Anschlussstecker für den PC.

Auf der Relaiskarte befindet sich eine 25-polige Standard-Buchse und über diese verbindet man mit einem Standard-Kabel die Relaiskarte mit dem Rechner. Mit der STROBE-Leitung zeigt der Rechner dem Drucker an, dass die Informationen auf den acht Datenleitungen für eine Übertragung vorhanden sind. Mit einem kurzen 0-Signal übernimmt die Relaiskarte die acht Datenbits und speichert diese zwischen. Durch ein Signal auf der ACKNLG-Leitung zeigt der Drucker bzw. die Relaiskarte dem Rechner an, dass das nächste Datenbyte empfangen werden kann. Mit der BUSY-Leitung zeigt der Drucker dem Rechner an, dass im Moment keine Datenaufnahme durch den Drucker erfolgen kann.

Wichtig für den Betrieb der Relaiskarte sind noch mehrere Signalleitungen. An Pin 12 der Schnittstelle zeigt der Drucker dem Rechner mit einem 1-Signal an, wenn das Papier ausgegangen ist. Da bei der Relaiskarte diese Rückmeldung nicht benötigt wird, liegt diese Leitung auf 0-Signal. Die SLCT-Leitung signalisiert mit einem 1-Signal dem Rechner, wenn der Drucker selektiert wurde. Aus diesem Grunde liegt diese Leitung auf 1-Signal. Über die FAULT-Leitung gibt der Drucker an den Rechner mittels eines 0-Signals folgende Informationen ab:

- wenn kein Papier mehr vorhanden ist
- der Drucker nicht selektiert wurde
- ein Fehlerstatus vorliegt.

Diese Leitung liegt bei der Relaiskarte auf 1-Signal.

Ebenfalls wichtig sind die Masseleitungen.

3.4.4 Programmierung der Relaiskarte

Die Relaiskarte lässt sich mit normalen Zeichenausgaben auf den Centronics-Anschluss steuern. Mittels eines kleinen BASIC-Programms ist dies möglich, wobei man aber die unterschiedlichen BASIC-Dialekte beachten muss.

```
10 INPUT "Eingabe einer Zahl zwischen 0 und 255";A
20 IF A<0 OR A>255 THEN GOTO 10
30 LPRINT CHR$(A);
40 GOTO 10,.
```

Beachten Sie bitte das Semikolon (Strichpunkt) am Ende der Zeile 30. Vergisst man diese Eingabe, sendet der Rechner automatisch das CR-Signal (Carriage Return) oder LF (Line-Feed). Damit wird die vorher mit der Zahl eingestellte Schalterstellung überschrieben.

Für das Ein- und Ausschalten der einzelnen Relais ist eine Rechenarbeit erforderlich. Es gilt

Relais 0: 0000 0001 = 1
Relais 1: 0000 0010 = 2
Relais 2: 0000 0100 = 4
Relais 3: 0000 1000 = 8
Relais 4: 0001 0000 = 16
Relais 5: 0010 0000 = 32
Relais 6: 0100 0000 = 64
Relais 7: 1000 0000 = 128.

Will man das Relais 1 und 5 einschalten, erfolgt die Umrechnung nach

0010 0010
$$2^5 + 2^1 = 32 + 2 = 34.$$

Durch die Eingabe von 34 in das BASIC-Programm zieht das Relais 1 und 5 an. Es sind Kombinationen von 0 (alle Relais ausgeschaltet) bis 255 (alle Relais eingeschaltet) möglich.

3.5 Serielle PC-Messbox im 10-Bit-Format und mit acht Eingangskanälen

Dieses preiswerte, aber präzis arbeitende Datenerfassungssystem mit acht Eingangskanälen wird über eine serielle Schnittstelle nach RS232C in Verbindung mit einem Personalcomputer oder Laptop direkt betrieben. Damit hat der Anwender die Möglichkeit, bis zu acht verschiedene Sensoren in sein Messprogramm zum Steuern, Regeln oder Darstellen von Informationen einzubinden.

In der Erfassung und Weiterverarbeitung von Messdaten geht heute kaum noch etwas ohne Unterstützung von PC-Systemen. In der Praxis kennt man zwei Betriebsarten: Entweder man setzt eine der zahlreichen PC-Messkarten direkt in seinen Rechner am ISA- bzw. PCI-Bus ein oder man arbeitet mit einem seriellen Datenerfassungssystem mit mehreren Eingangskanälen. Während man bei den PC-Messkarten seinen Desktop öffnen muss, steckt man diese Messbox einfach in die serielle COM1-Schnittstelle ein. Bei den meisten Laptops sind keine freien Steckplätze im Inneren vorhanden und daher ist nur der Anschluss über die serielle Schnittstelle möglich. Mittels einer einfachen Software wird die Verbindung zwischen den beiden Systemen aufgebaut und die Daten werden übertragen. Es ist keine interne oder externe Spannungsversorgung notwendig, d.h. in der Messbox befindet sich weder eine Batterie, noch ein Transformator.

Der Anschluss an die serielle Schnittstelle erfolgt entweder über den 9-poligen (D9) oder 25-poligen (D25) Sub-Stecker am PC-System unter COM1 oder COM2. Durch das Übertragungsprotokoll, das man beispielsweise in BASIC geschrieben hat, wird die Verbindung zwischen den beiden Systemen automatisch aufgebaut. Die Einbindung dieses Programms erfolgt dann in die entsprechende Messsoftware, denn diese lässt durch ihre offene Kommunikation eine schnelle Einbindung in die vorhandenen Treiberschnittstellen zu.

3.5.1 Arbeitsweise der Messbox

Die Verbindung zwischen dem Personalcomputer und der PC-Messbox erfolgt über die serielle Schnittstelle nach RS232C. Es sind nur vier Leitungen erforderlich, drei für die Ansteuerung der PC-Box und diese erzeugt ihrerseits die serielle Datenleitung D_Q. Ein Netzgerät für den LTC1090 ist nicht erforderlich, da die Betriebsspannung direkt aus der Daten- und der Taktleitung erzeugt wird.

Der AD-Wandler LTC1090 hat acht Eingangskanäle, die entweder alleine eine analoge Signalspannung erfassen können oder man arbeitet im differentiellen Betrieb, wobei die Signalspannung zwischen zwei Eingängen umgesetzt wird. Sind beispielsweise die beiden Kanäle K_0 und K_1 zusammengefasst, lässt sich die Ausgangsspannung einer Messbrücke in einen digitalen Messwert umsetzen, wenn die Messbrücke zwischen -5 V und + 5 V betrieben wird. In diesem Fall erhält man eine bipolare Arbeitsweise, d.h. der Wandler gibt das Bit-Format nach *Tabelle 3.7* aus.

Tabelle 3.7: Bit-Format des Ausgangscodes für den Analog-Digital-Wandler LTC1090, wenn dieser im bipolaren Betrieb arbeitet

Ausgangscode	Eingangsspannung	Eingangscode
0111111111	+4,9902 V	$+U_{ref} - 1$ LSB
0111111110	+4,9805 V	$+U_{ref} - 2$ LSB
...	...	...
0000000001	+0,0098 V	1 LSB
0000000000	0 V	0 V
1111111111	-0,0098 V	-1 LSB
1111111110	-0,0195 V	-2 LSB
...	...	...
1000000001	-4,9902 V	$-U_{ref} + 1$ LSB
1000000000	-5,0000 V	$-U_{ref}$

Ein bipolarer Betrieb ist immer dann vorhanden, wenn das Spannungssignal einen positiven oder negativen Wert annehmen kann. Dabei kann im einfachen oder differentiellen Betrieb gearbeitet werden.

Das Spannungssignal am Eingang K_2 soll unipolar sein, d.h. die Eingangs-spannung kann nur einen positiven Wert annehmen. Durch den Einsteller, der zwischen Masse und +5 V liegt, erfasst der Eingangskanal nur positive Werte. Dies gilt auch für den Eingang K_5, der von einem Sensor angesteuert wird. *Tabelle 3.8* zeigt die Arbeitsweise für den unipolaren Betrieb.

Tabelle 3.8: Bit-Format des Ausgangscodes für den Analog-Digital-Wandler LTC1090, wenn dieser im unipolaren Betrieb arbeitet

Ausgangscode	Eingangsspannung	Eingangscode
1111111111	+4,9951 V	$+U_{ref} - 1$ LSB
1111111110	+4,9902 V	$+U_{ref} - 2$ LSB
...	...	...
0000000001	+0,0049 V	1 LSB
0000000000	0 V	0 V

Im unipolaren Betrieb ist auch eine differentielle Erfassung zwischen zwei Eingangskanälen möglich.

Mittelpunkt in der seriellen Messbox ist der Baustein LTC1090 von Linear Technology, der ein komplettes Messsystem beinhaltet. Über acht Eingänge lassen sich die unterschiedlichsten Sensoren anschließen, wobei der Wandler unipolare Spannungen von 0 V bis +10 V oder bipolare Spannungen von ±5 V in einen seriellen Datenstrom umsetzen kann.

Der LTC1090 beinhaltet mehrere Funktionseinheiten. Über die acht Eingangs-kanäle K erfolgt die Datenerfassung, dann die Zwischenspeicherung in der S&H-Einheit (Sample and Hold), der Vergleich am Komparator mit dem Ausgang des DA-Wandlers und die Ansteuerung der SAR-Einheit (Successive-Approximation-Register). Nach der Umsetzung des adressierten Kanals übernimmt das Ausgangsschieberegister den Wert aus der SAR-Einheit. Durch die Taktleitung SCLK erfolgt die serielle Datenübertragung. Dies gilt auch, wenn über die Datenleitung DI ein neues Befehlswort vom PC übertragen wird.

Die internen Einheiten des LTC1090 sind so aufeinander abgestimmt, dass sich bis zu 30000 Messwerte pro Sekunde umsetzen lassen. Da aber die serielle Schnittstelle des PCs nicht in der Lage ist, mit einer Frequenz von 500 kHz zu arbeiten, ergibt sich in unserem Fall eine maximale Datenerfassung von 500 Messungen pro Sekunde.

Hat der Baustein den Spannungswert umgesetzt, lässt sich dieser 10-Bit-Wert durch das serielle Schieberegister an D_Q ausgeben und an den PC übertragen. Der PC erzeugt an seiner seriellen Schnittstelle den SCLK (Shift Clock) für das Ausgangs- und Eingangsschieberegister. Ist die Datenübertragung von der Messbox zum PC abgeschlossen, gibt anschließend der PC über seine serielle Schnittstelle das Befehlswort aus, damit die Messbox die Eingangsspannung an einem bestimmten Kanal K umsetzen kann.

Die Messbox und der PC arbeiten nach dem sogenannten „Polling"-Prinzip, d.h. zuerst erhält die Messbox die entsprechende Kanalnummer und die Betriebsart für die Umsetzung. Der LTC1090 beginnt mit der Umsetzung und während dieser Zeit befindet sich der PC in einer Warteschleife. Da die Umsetzdauer der Messbox bekannt ist, lässt sich die Abfrage nach einer bestimmten Wartezeit starten.

Wichtig! Schalten Sie den Rechner immer aus, bevor Sie die Platine mit dem AD-Wandler ein- oder ausstecken. Andernfalls kann Ihr Computer oder der AD-Wandler zerstört werden.

Serielle Übertragung digitaler Daten ist gegenüber paralleler Übertragung für Datenströme bis zu 3 oder 4 Mbps (Mega Bit pro Sekunde) vorteilhaft. Eine parallele Datenübertragung ist zwar schneller, aber der serielle Betrieb ist für mittlere bis große Entfernungen attraktiver. Dieser Betrieb erfordert weniger Drähte bzw. Adern in den Kabeln und keine kritischen Zeitsteuerungen. Selbst wenn die Signale eine Platine nicht verlassen, erfordert eine serielle Datenübertragung weniger Platz und kommt mit kleineren IC-Bausteinen aus. Ein AD-Wandler mit paralleler Schnittstelle hat immer wesentlich mehr Anschlüsse, als einer mit einer seriellen Schnittstelle.

3.5.2 Eingangsbeschaltung

Über die acht Kanäle K_0 bis K_7 liegen die Eingangssignale an dem internen Analog-Multiplexer an, wie *Abb. 3.35* zeigt. Die acht Eingangsspannungen beziehen sich auf den Anschluss COM (Common), der normalerweise direkt mit der analogen Masse verbunden sein soll. Dieser Anschluss darf kein Rauschen aufweisen, denn alle Störsignale an COM gehen direkt in die Messung ein.

Für den Betrieb des LTC1090 sind mehrere Masseanschlüsse notwendig. Pin 9 (COM für die Eingangskanäle), Pin 10 (DGND = digitale Masse), Pin 11 (AGND = analoge Masse), Pin 12 ($-U_B$ = negative Betriebsspannung) und Pin 13 ($-U_{Ref}$ = negative Referenzspannung) werden miteinander verbunden und

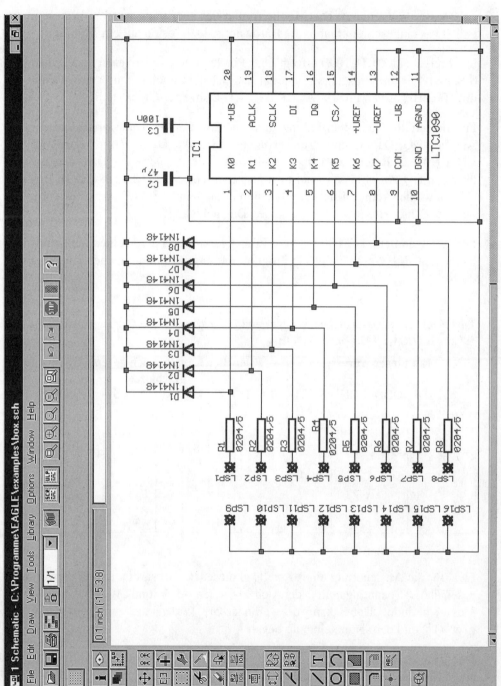

Abb. 3.35: Eingangsbeschaltung des 10-Bit-AD-Wandlers LTC1090

auf Masse (0 V) gelegt. Die Möglichkeiten des Bausteins werden in diesem Fall etwas eingeschränkt, aber die Hardware reduziert sich auf ein Minimum.

Die Freigabe des LTC1090 erfolgt über Pin 15 (CS = Chip Select) mit einem 0-Signal. Für die Umsetzung benötigt der Baustein noch einen externen Takt mit 300 kHz, der an Pin 19 (ACLK oder AD-Converter-Clock) anliegt.

Für die serielle Datenübertragung steht der Eingang DI (Data Input) und der Ausgang DQ (Data Output) zur Verfügung. Über den DI-Anschluss erhält der LTC1090 sein Befehlswort im 8-Bit-Format. Die Ausgabe der Daten erfolgt über den DQ-Anschluss, wobei man zwischen einem 8-, 10-, 12- und 16-Bit-Format wählen kann. Mittels des Taktsignals an dem SCLK-Eingang bestimmt man die Schiebefrequenz für die beiden Dateneingänge.

Der AD-Wandler LTC1090 hat acht Eingänge, die sich unterschiedlich betreiben lassen. *Tabelle 3.9* zeigt die Programmierung für den einfachen Kanalbetrieb.

Tabelle 3.9: Einfacher Kanalbetrieb für den LTC1090, wobei die Eingangsspannung auf Masse (COM) bezogen ist

Multiplexer-Adresse			Einfacher Kanalbereich gegen AGND geschaltet								
SGL/DIFF	ODD/SIGN	Select		0	1	2	3	4	5	6	7	COM
0	0	0	0	+								−
0	0	0	1			+						−
0	0	1	0					+				−
0	0	1	1							+		−
0	1	0	0		+							−
0	1	0	1				+					−
0	1	1	0						+			−
0	1	1	1								+	−

Ideal für die Ansteuerung eines Kanals in dieser Betriebsart ist immer ein vorgeschalteter Spannungsteiler, der sich zwischen +5 V und AGND (analoge Masse) befindet. Dabei kann der veränderbare Widerstand zwischen Masse bzw. +U_B und dem Kanaleingang liegen.

Durch die Zusammenfassung zweier Eingangskanäle ergibt sich ein differentielles Erfassen des Eingangssignals. *Tabelle 3.10* zeigt die Arbeitsweise für den differentiellen Kanalbetrieb.

Tabelle 3.10: Arbeitsweise für den differentiellen Kanalbetrieb

Multiplexer-Adresse				Differentieller Kanalbetrieb							
SGL/DIFF	ODD/SIGN	Select		0	1	2	3	4	5	6	7
1	0	0	0	+	−						
1	0	0	1			+	−				
1	0	1	0					+	−		
1	0	1	1							+	−
1	1	0	0	−	+						
1	1	0	1			−	+				
1	1	1	0					−	+		
1	1	1	1							−	+

Bei dieser Arbeitsweise muss man unterscheiden, ob ein Kanalpaar positiv oder negativ erfasst werden soll. Entsprechend ändert sich die Programmierung für den differentiellen Kanalbetrieb.

3.5.3 Realisierung der Schaltung für die PC-Messbox

Da der Baustein LTC1090 bereits alle internen Funktionseinheiten beinhaltet, gestaltet sich die restliche Hardware sehr einfach. Im Wesentlichen werden die acht Eingänge vor positiven Überspannungen geschützt, d.h. an den Eingängen sind Widerstände und Dioden vorhanden, die jede Überspannung ableiten. Für den Betrieb des LTC1090 benötigt man einen externen Taktgenerator, der mittels eines CMOS-Schmitt-Triggers 40106 realisiert wird. Als Flipflop lässt sich der TTL-Baustein 74HC74 verwenden. *Abb. 3.36* zeigt die Beschaltung der seriellen Schnittstelle und das Netzgerät.

Die Verbindung zum PC bzw. Laptop erfolgt über die serielle Schnittstelle RS232C, wobei diese nicht nur den Schiebetakt für die Übertragung vom und zum PC liefert, sondern auch die Betriebsspannung für die Messbox erzeugt. Dies ist auch der Grund für die Einschränkung im Messbereich. Setzt man ein separates Netzgerät für die Messbox ein, hätte man zwar mehrere Möglichkeiten, aber der Preis erhöht sich erheblich. Der Kondensator C4 lädt sich über die beiden Dioden D8 und D9 auf, und der Spannungsregler 7805 erzeugt eine konstante Ausgangsspannung von +5V für den LTC1090, die gleichzeitig auch als Referenzspannung verwendet wird. Tritt an einem Eingangskanal CH eine Überspannung auf, wird diese über die entsprechende Diode D0 bis D7 abgeleitet.

Der Spannungsregler ist ein IC-Regler, der sich auch als +5-V-Referenz-Spannungsquelle hoher Konstanz verwenden lässt. Da alle Bausteine in der

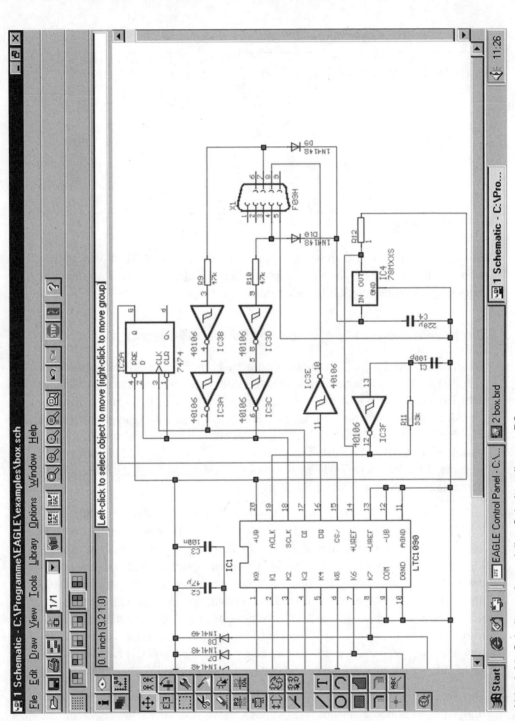

Abb. 3.36: Schaltung der seriellen Schnittstelle zum PC

Messbox einen Stromverbrauch von maximal 2 mA benötigen, lässt sich dieser Betriebsstrom aus den seriellen Signalen erzeugen, ohne dass schaltungstechnische Probleme auftreten.

Pin 7 der seriellen Schnittstelle stellt die Datenleitung dar. Über diese erhält der AD-Wandler sein Befehlswort. Diese Leitung hat immer ein 1-Signal, wenn keine Datenübertragung erfolgt und daher lässt sich diese Leitung für die interne Spannungsversorgung der PC-Messbox verwenden.

Für die Übertragung der Befehle vom PC zur Messbox dient die RTS-Leitung (Request to Send) von Pin 7. Über zwei NICHT-Gatter mit Schmitt-Trigger-Kennlinie steuert diese Leitung den Pin 17 (Dateneingang) und den Takteingang des Flipflops an. Die DTR-Leitung (Data Terminal Ready) von Pin 4 dient als Taktleitung für die Übernahme der Befehle in den LTC-Baustein und steuert ebenfalls über NICHT-Gatter den SCLK-Eingang an. Die Ausgabe der umgesetzten Daten an dem entsprechenden Kanal erfolgt über die CTS-Leitung (Clear to Send), wobei die DTR-Leitung den Übertragungstakt liefern muss.

Wichtig ist noch die Masseverbindung, denn diese muss unbedingt vorhanden sein, damit ein ordnungsgemäßer Betrieb möglich ist. Tritt eine Unterbrechung auf, kann der Spannungsregler LT1021-5 nicht arbeiten. Aus diesem Grunde darf die serielle Verbindung auch nur im abgeschalteten PC-Zustand entfernt werden.

Um den Ausgang Q auf 0-Signal zu bringen, muss der D-Eingang des Flipflops 74C74 bereits auf 0-Signal über DTR liegen, wenn die RTS-Leitung auf 1-Signal schaltet. Die Datenübernahme in den LTC1090 erfolgt mit der positiven Flanke an dem SCLK-Eingang. Solange die DTR-Leitung auf 1-Signal liegt, bleibt das Flipflop zurückgesetzt und ermöglicht keinen externen Zugriff auf die Daten im LTC1090. In diesem Zustand erfolgt die Umsetzung der Eingangsspannung am entsprechenden Kanal.

Für die Erzeugung des Taktsignals für den LTC1090 wird ein Schmitt-Trigger, ein Kondensator und ein Rückkopplungswiderstand benötigt. Über den Widerstand kann sich der Kondensator auf- bzw. entladen. Mit der damit erzeugten Rechteckfrequenz steuert man den LTC1090 an. Durch die Lade- und Entladezeit des Kondensators entsteht eine Frequenz von etwa 300 kHz.

Damit man ein einwandfreies Messergebnis erzielt, sollte bei der zu messenden Größe der Innenwiderstand $\approx$ 1 kΩ betragen. Die Messbox ist für den Gebrauch in trockenen Umgebungen bestimmt. Die zulässige Raumtemperatur darf während des Betriebs die Werte von +5 °C bis +35 °C nicht unter- oder überschreiten.

Bei einer seriellen Schnittstelle werden die Informationen Bit für Bit vom Rechner zur Peripherie übertragen. Die in dem Rechner auf acht Datenleitungen parallel ankommenden Daten lassen sich mittels des UART 8250/16450 in eine serielle Datenfolge umsetzen. Die Peripherie wandelt dann die serielle Datenfolge wieder in ein paralleles 8-Bit-Format für die Weiterverarbeitung um.

Abb. 3.37 zeigt das zweiseitige Platinenlayout für die Messbox mit dem LTC1090.

3.5.4 Programmierung der Messbox

Durch die Einschränkungen in der Hardware auf eine unipolare Eingangsspannung von 0 V bis +5 V reduziert sich auch die Software erheblich.

Das Datenwort für die Programmierung des Befehlsbytes ist nach *Tabelle 3.11* aufgebaut.

Tabelle 3.11: Aufbau des Datenworts für die Programmierung des AD-Wandlers

MSB   LSB

7	6	5	4	3	2	1	0
SGL/ DIFF	ODD/ SIGN	SEL-ECT 1	SEL-ECT 0	UNI	MSBF	WL1	WL0

Für die Programmierung der Messbox ergibt sich das Befehlsbyte aus *Tabelle 3.12*.

Tabelle 3.12: Programmierung des Befehlsbytes für den AD-Wandler

MSB LSB	
1 1 1 1 1 1 1 0	Wortlänge WL für die Übertragung erfolgt im 12-Bit-Format. Das MSB des Datenwerts muss zuerst übertragen werden. Der Wandler arbeitet unipolar von 0 V ... +5 V. Betriebsart für den Analog-Multiplexer Vorzeichen für den Analog-Multiplexer Uni- oder bipolarer Eingangsbetrieb

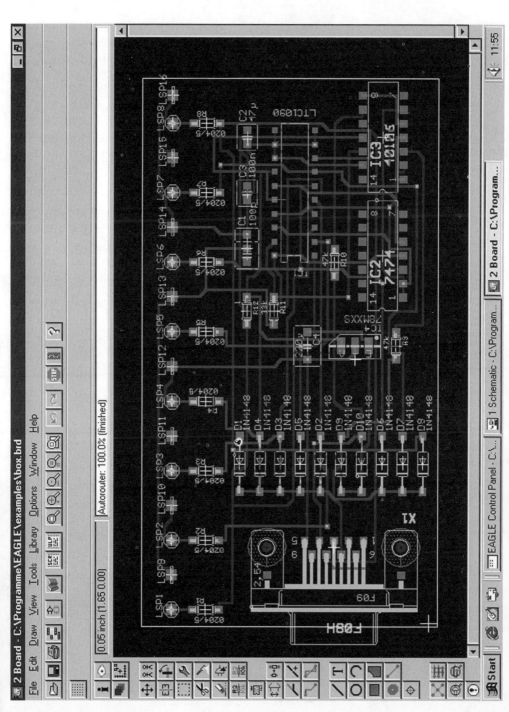

Abb. 3.37: Platinenlayout für die Messbox mit dem LTC1090

Dieses Programmierbyte gilt für alle acht Eingangskanäle und muss noch mit der entsprechenden Adresse für den Analog-Multiplexer ergänzt werden. Durch die Struktur des LTC1090 werden die vier höherwertigen Bits für die Adresse des Analog-Multiplexers zusammengeführt.

Die serielle Datenübertragung beginnt immer mit vier 1-Signalen, die jedoch bedeutungslos sind. Nach dieser Startfolge beginnt das eigentliche Befehlbyte mit der LSB-Stelle. *Tabelle 3.13* zeigt den Aufbau für die Adressierung der acht Eingangskanäle.

Tabelle 3.13: Aufbau für die Adressierung der acht Eingängskanäle

LSB	MSB	
11110111|	0001	Kanal 0
11110111|	0011	Kanal 1
11110111|	1001	Kanal 2
11110111|	1011	Kanal 3
11110111|	0101	Kanal 4
11110111|	0111	Kanal 5
11110111|	1101	Kanal 6
11110111|	1111	Kanal 7

Einstellung des Messkanals und diese Bitkombination ⊔⊔⊔→muss nach jedem Start neu eingegeben werden.

Die fehlenden Adressen für die Programmierung entstehen durch den eingeschränkten Betrieb des LTC1090.

3.5.5 Programmierung der seriellen PC-Schnittstelle

Unter den Adressen 3FCH und 3FEH erreicht man das Befehls- und das Status-Register der seriellen COM1-Schnittstelle. Dies ergibt den Registeraufbau nach *Tabelle 3.14 und 3.15.*

Tabelle 3.14: Bitstellen im Befehlsregister für die serielle Schnittstelle (3FCH) in PC-Systemen

B7 B6 B5 B4 B3 B2 B1 B0
 X   X   X   X   X   X

→ DTR (Data Terminal Ready)
→ RTS (Request to Send)

Tabelle 3.15: Bitstellen im Statusregister für die serielle Schnittstelle (3FEH) in PC-Systemen

B7 B6 B5 B4 B3 B2 B1 B0
X X X | X X X X
         └─────────────→ CTS (Clear to Send)

Der AD-Wandler mit seinen acht Eingängen wird dadurch angesteuert, dass man über die RTS-Leitung die Variable DIN$ überträgt, von der die obersten vier Bits irrelevant sind. Die Schleife 100...160 wird insgesamt 12mal durchlaufen. Dabei wird der serielle Schiebetakt SCLK (DTR) und die Bausteinfreigabe CS auf 0-Signal gesetzt, und die Bits von DIN$ werden seriell übertragen, beginnend mit dem MSB (Most Signifikant Bit).

Nachdem der Schiebetakt SCLK wieder auf 1-Signal ist, erfolgt das Auslesen des umgesetzten Messwerts DOUT an der CTS-Leitung, was wiederum nach der seriellen Betriebsart Bit für Bit erfolgt. Jedes Bit wird dabei seiner Stellung im Wort (d.h. entsprechend der Wertigkeit) mit der Gewichtungsvariablen B multipliziert, was eine Summenvariable VOUT im Bereich von 0...1023 darstellt. Nach der Verarbeitung eines Bits muss man den Faktor B durch 2 teilen, um beim Rechtsschieben die für das folgende Bit passende Wertigkeit zu erreichen (Zeile 150).

Im letzten Schleifendurchlauf liegt der Schiebetakt SCLK (DTR-Leitung) auf 1-Signal und DIN$ erzeugt ein 0-Signal, um den Wandlerbaustein zu Sperren. Das Flipflop 74C74 setzt sich und der Ausgang Q hat ein 1-Signal. Dieser Zustand muss 52 Taktzyklen des externen Oszillators andauern, was bei 300 kHz etwa 175 µs entspricht. Diese Zeitverzögerung stellt normalerweise kein Problem dar, solange man keinen ganz schnellen PC anschließt. Tritt ein Fehler auf, lässt sich über die Schleife auf der Zeile 230 das Verzögerungsprogramm erweitern.

Ein PC mit einer Taktfrequenz von 4,77 MHz kann die Umwandlung einschließlich der Datenübertragung in 185 ms durchführen. Hat man einen 386er-PC mit 16 MHz, wird der gesamte Vorgang bereits in 2,3 ms abgeschlossen und daher muss man das Verzögerungsprogramm entsprechend auf der Zeile 230 modifizieren. Die Frequenz von 300 kHz für den Wandlerbaustein LTC1090 darf nicht erhöht werden, da dies bereits die obere Grenzfrequenz ist.

3.5.6 BASIC-Programm für den AD-Wandler

Das BASIC-Programm zum Einlesen der Befehle für die Messbox hat einen Umfang von wenigen Zeilen und wurde in Turbo-BASIC geschrieben. Ohne große Einbußen in der Ausführungsgeschwindigkeit lässt sich das Programm auch an andere BASIC-Dialekte anpassen. Unter den Adressen 3FCH und 3FEH spricht man das Befehls- und das Status-Register in der seriellen Schnittstelle unter COM1 an. Die Zeile 230 dient für die Anpassung an schnelle PC-Systeme.

```
0    K=1
1    DIN$="111110110001":GOTO 60        ' Adresse für Kanal 1
2    DIN$="111110111001":GOTO 60        ' Adresse für Kanal 2
3    DIN$="111110110101":GOTO 60        ' Adresse für Kanal 3
4    DIN$="111110111101":GOTO 60        ' Adresse für Kanal 4
5    DIN$="111110110011":GOTO 60        ' Adresse für Kanal 5
6    DIN$="111110111011":GOTO 60        ' Adresse für Kanal 6
7    DIN$="111110110111":GOTO 60        ' Adresse für Kanal 7
8    DIN$="111110111111":GOTO 60        ' Adresse für Kanal 8
60   B=512        ' Skalierungsfaktor für DOUT (Anfangswert)
70   VOUT=0       ' VOUT: dezimale Darstellung von DOUT
80   REF=5        ' Referenzspannung=5,000V
90   REM
100  For I = 1 TO 12   ' Schleife 12mal durchlaufen (12 Bits)
110  OUT &H3FC,(&HFE AND INP (&H3FC))    ' SCLK und CS auf Low
120  IF MID$ (DIN$, 13-I,1)="0" THEN OUT &H3FC, (&HFD AND INP
     (&H3FC)) ELSE OUT &H3FC, (&H2 OR (&H3FC)) ' DIN wird übertragen
130  OUT &H3FC, (&H1 OR INP (&H3FC))    ' SCLK auf High
140  IF (INP (&H3FE) AND 16) = 16 THEN D = 0 ELSE D=1 ' Datenbit
                                             einlesen
150  VOUT=VOUT+(D*B) : B=B/2  ' alle Bits skalieren und summieren
160  NEXT I                         ' Schleife abarbeiten
170  REM
200  OUT &H3FC, (&HFD AND INP (&H3FC)) ' DIN geht auf High
210  OUT &H3FC, (&H2 OR INP (&H3FC))   ' DIN und CS auf Low
220  REM
230  REM FOR J=1 TO 20 : NEXT J ' CS für 52 Takt auf High
240  REM
250  REM PRINT VOUT               ' Anzahl der Schritte ausdrucken
260  VIN=(VOUT/1023)*REF          ' Zahlenwert ausdrucken
265  IF K=1 THEN 275
270  PRINT "Kanal" K-1 "    " VIN "Volt" ' Ergebnis ausgeben
272  IF K=9 THEN GOTO 300                 ' Messende
275  K=K+1: ON K GOTO 1,2,3,4,5,6,7,8,8  ' nächster Kanal
300  FOR I = 1 TO 20000:NEXT I:PRINT "ENDE"' Warteschleife für
                                             Betrachtung
380  IF INKEY$="" THEN GOTO 0       ' bei Tastendruck wird
                                      Programm beendet
390  END                            ' Programmende
RUN                                 ' Programm starten.
```

3.6 Serielle 12-Bit-PC-Messbox mit acht Eingangskanälen

Mit dem MAX186 steht dem Entwickler ein komplettes Datenerfassungssystem zur Verfügung, das im Bereich unipolare Spannungen von 0 V bis +5 V und bipolare Spannungen von ±5 V in ein 12-Bit-Format umsetzen kann. Jeder PC oder Laptop kann über seine serielle Standard-Schnittstelle diese Messbox abfragen.

Durch die Kombination mehrerer Schaltkreise von MAXIM und einem kleinen BASIC-Programm lässt sich eine optimale Messbox realisieren, die bis zu acht analoge Eingangsspannungen in ein 12-Bit-Format umsetzen kann. Mittelpunkt der Schaltung ist der MAX186, der ein komplettes Datenerfassungssystem beinhaltet und der Anwender hat die Möglichkeit für eine umfangreiche Programmierung. Neben einer unipolaren und/oder bipolaren Umwandlung kann man noch zwischen einer einfachen bzw. differentiellen Messung wählen. Bei der einfachen Messung sind acht Kanäle vorhanden, bei der differentiellen Messung hat man vier Kanäle, wobei die Eingänge 0 und 1, 2 und 3 usw. zusammengefasst sind. Ein Mischbetrieb ist jederzeit über die Programmierung möglich.

3.6.1 Funktion des AD-Wandlers MAX186

Der MAX186 hat einen internen 1,7-MHz-Taktgenerator und kann maximal 133000 Umsetzungen pro Sekunde durchführen. Da der PC oder Laptop aber die gesamte Ansteuerung, Befehlsbereitstellung und Datenübertragung komplett steuern muss, kommt man auf etwa 500 Wandlungsraten pro Sekunde. Auch stellt der programmierbare Serienschnittstellen-Baustein 8250 im PC einen Flaschenhals dar, aber dafür hat man ein sehr kostengünstiges Front-End-System.

Die acht Eingangskanäle K0 bis K7 liegen an dem Analog-Multiplexer und werden je nach Programmierung auf die nachfolgende T&H-Einheit (Track and Hold) für die Zwischenspeicher geschaltet. Danach folgt der schnelle 12-Bit-Wandler, der nach dem SAR-Prinzip (Successive-Approximation-Register) arbeitet. Ist die Umwandlung abgeschlossen, befindet sich das 12-Bit-Format im Ausgangsschieberegister. Über dieses Register wird der Datenwert durch den DOUT-Anschluss mit jeder negativen Flanke vom Takteingang SCLK ausgegeben. Die Datenübertragung beginnt mit dem MSB (Most Significant Bit, dem höchstwertigen Bit) und den Schluss bildet das LSB (Least Significant Bit, dem niedrigstwertigen Bit). Nach zwölf Schiebetakten, die der PC oder Laptop erzeugt, ist die Datenübertragung abgeschlossen. Der Ausgang SSTRB signalisiert mit einem 0-Signal, wenn der MAX186/188 arbeitet. Dieser Ausgang wird in dieser Anwendung nicht benötigt, da sich keine Interruptsteuerung durch die serielle Schnittstelle realisieren lässt.

Bevor der MAX186 mit seiner Umsetzung beginnt, muss dieser vom PC oder Laptop ein 8-Bit-Befehlsformat über den Anschluss erhalten. Durch dieses Byte erhält der Wandler seine Kanalnummer, seine Bedingung für den Messbereich und die entsprechende Betriebsart. Dieses Format ist exakt vorgeschrieben und muss vom Anwender eingehalten werden. Mit jeder negativen Flanke der SCLK-Leitung, die vom PC erzeugt wird, übernimmt der MAX186 eine Bitstelle.

Das Befehlsbyte des MAX186 ist in vier Funktionen aufgeteilt, wie *Tabelle 3.16* zeigt.

Tabelle 3.16: Aufbau des Befehlsbytes für die Programmierung

(MSB)   **(LSB)**

Bit 7	Bit 6	Bit 5	Bit 4	Bit 3	Bit 2	Bit 1	Bit 0
Start	SEL2	SEL1	SEL0	UNI/BIP	SGL/DIFF	PD1	PD0

Hat das Bit 7 ein 1-Signal und der CS-Eingang des MAX186 befindet sich auf 0-Signal (Freigabe des Bausteins), nimmt der MAX186 bei jeder negativen SCLK-Flanke eine Bitstelle vom seriellen Datenstrom auf. Danach folgt die Übernahme der Kanaladresse, wobei man zwischen den beiden Betriebsarten SGL/DIFF (Single/Differential) unterscheiden muss. *Tabelle 3.17* zeigt die Programmierung der acht Eingangskanäle unter Berücksichtigung der Betriebsarten.

Tabelle 3.17: Programmierung der Eingangskanäle, wobei man zwischen der „Single-Ended"- und der „Differential"-Betriebsart unterscheiden muss

SEL2	SEL1	SEL0	Eingangskanal SGL/DIFF = 1	Eingangskanal SGL/DIFF = 0
0	0	0	0	0 = + 1 = -
0	0	1	1	2 = + 3 = -
0	1	0	2	4 = + 5 = -
0	1	1	3	6 = + 7 = -
1	0	0	4	0 = - 1 = +
1	0	1	5	2 = - 3 = +
1	1	0	6	4 = - 5 = +
1	1	1	7	6 = - 7 = +

Mit Bit 3 bestimmt man, ob der adressierte Eingangskanal unipolar zwischen 0 und +4,096 V mit einer Auflösung von 1 mV oder bipolar zwischen ±4,096 V mit 2 mV misst. Bei der bipolaren Messung definiert das werthöchste Bit das Vorzeichen, d.h. ein 0-Signal bedeutet einen positiven Wert, ein 1-Signal eine negative Spannung. Eine Spannung von -4,096 V erzeugt ein Bit-Format mit 100...000, während man bei –2 mV im Schieberegister einen Wert von 111...111 definiert.

Mit den zwei PD-Bits (Power Down) bestimmt man die Betriebsart für die Steuerung der Leistungsaufnahme und den Taktzyklen. *Tabelle 3.18* zeigt die vier Möglichkeiten, wobei das PD0-Bit das LSB im Befehlsbyte definiert.

Tabelle 3.18: Steuerung der Betriebsart und des Takts

PD1	PD0	
0	0	Langsame Betriebsart (I_B = 2 µA)
0	1	Schnelle Betriebsart (I_B = 30 µA)
1	0	Interner Takt
1	1	Externer Takt

Arbeitet der MAX186 in der Messbox, kann man die langsamere Betriebsart für die Programmierung einsetzen, denn die Rate liegt unter 500 Messungen pro Sekunde. Bei Raten über 1000 Messungen pro Sekunde muss man die schnelle Betriebsart programmieren, wobei sich die Stromaufnahme erheblich erhöht.

Durch das PD0-Bit kann man zwischen internem und externem Takt wählen. In dieser Anwendung setzt man den internen Taktgenerator ein, der für eine Taktrate von 1,7 MHz spezifiziert ist.

3.6.2 MAX186 in der PC-Messbox

Die serielle Schnittstelle des MAX186 ist SPI-, QSPI-, Microwire-, und TMS320-kompatibel, d.h. der Baustein lässt sich direkt mit diversen Mikrocontrollern und Signalprozessoren betreiben. Dabei lässt sich die maximale Umsetzfrequenz von 2 MHz durch den Takt der externen Bausteine erreichen und die Übertragungsrate kann mit 10 Mbps durchgeführt werden, wobei der MAX186 in seiner schnellen Betriebsart arbeitet.

Für den Betrieb in dieser seriellen PC-Messbox reduzieren sich die technischen Möglichkeiten, denn die Geschwindigkeit wird durch den UART-Bau-

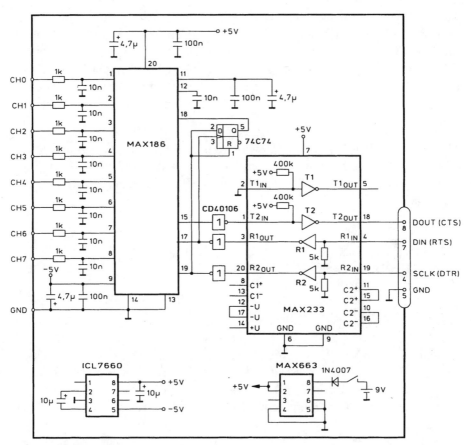

Abb. 3.38: Komplette Messbox mit dem MAX186, die seriell von einem PC oder Laptop angesteuert wird

stein 8250 in der seriellen Schnittstelle bestimmt. Durch die beiden Schieberegister lässt sich der MAX186 direkt mit einem PC oder Laptop betreiben. Da in der seriellen Messbox kein Mikrocontroller vorhanden ist, muss der Rechner die komplette Übertragung steuern. *Abb. 3.38* zeigt die komplette Schaltung, die sich sehr kostengünstig realisieren lässt.

Die Schaltung für die Messbox gliedert sich in drei Gruppen auf. Auf der einen Seite hat man acht Eingänge des MAX186 und auf der anderen die serielle Schnittstelle mit dem MAX232. Die Messbox arbeitet mit einer eigenen Stromversorgung, die im Wesentlichen aus einer 9-V-Batterie, dem IC-Regler MAX663 für +5 V und dem ICL7660 für –5 V besteht. Durch die beiden IC-

Regler ergeben sich zwei stabile Betriebsspannungen für den MAX186. Dies gilt vor allem für die interne Referenzspannung von 4,096 V des MAX186.

An den acht Messeingängen sind Tiefpass-Filter vorhanden, wie *Abb. 3.39* zeigt. Die üblichen Schutzdioden gegen positive und negative Überspannungen bzw. statische Felder können entfallen, da diese im Wandlerbaustein bereits integriert sind. Die Grenzfrequenz wird vom Widerstand mit 10 kΩ und vom Kondensator mit 10 nF bestimmt. Es ergibt sich ein Wert von f ≈ 1,6 kHz.

Für die Stromversorgung des MAX186 sind zwei IC-Regler vom Typ MAX663 und ICL7660 erforderlich, wie die Schaltung von Abb. 3.40 zeigt. Der MAX663 erhält über die Diode seine Eingangsspannung. Die Eingangsspannung an Pin 8 darf einen Bereich zwischen +6 V und +16 V annehmen und hieraus wird eine hochkonstante Ausgangsspannung von +5 V erzeugt. Die Ausgangsspannung wird an Pin 2 abgegriffen und für die Regelung muss noch Pin 2 mit Pin 1 verbunden werden. Jede Änderung der Ausgangsspannung wird sofort ausgeregelt. Über den Steuereingang SHDN lässt sich mit einem 1-Signal die Ausgangsspannung sofort abschalten. Da dieser Eingang mit Masse verbunden ist, entfällt die Ansteuerung. Die anderen Anschlüsse dienen noch für weitere Schaltungsvarianten.

Für den Betrieb des MAX186 sind zwei Betriebsspannungen erforderlich, nämlich +5 V und –5 V. Die negative Betriebsspannung lässt sich über den ICL7660 aus der positiven Betriebsspannung erzeugen. Durch den internen Schaltungsaufbau wird jede positive Eingangsspannung, die am Pin 8 anliegt, in den entsprechenden negativen Spannungswert umgewandelt. Der Eingangsspannungsbereich liegt zwischen +1,5 V bis +10,0 V und an Pin 5 hat man dann eine Spannung von -1,5 V bis -10,0 V. Für die Umsetzung sind noch zwei Elektrolytkondensatoren erforderlich. Es handelt sich im Prinzip um einen Spannungsverdoppler nach Delon.

Für die serielle Schnittstelle benötigt man einen MAX233 und die beiden CMOS-Bausteine 74C74 und 40106, wie die Schaltung von *Abb. 3.41* zeigt. Die Daten vom PC für die Messbox liegen über die RTS-Leitung (Request to Send oder Sendeteil einschalten) am DIN-Eingang des MAX186 und am T-Eingang des Flipflops 74C74. Dabei bildet der MAX233 und der CMOS-Baustein CD40106 die komplette Schnittstelle.

Mit jeder positiven Flanke lässt sich das Flipflop setzen oder rücksetzen, je nach Signal am D-Eingang. Ist das Flipflop zurückgesetzt, wird der MAX186 durch das 0-Signal an seinem CS-Eingang freigegeben. Den Schiebetakt für den Sende- bzw. Empfangsbetrieb erzeugt der UART in der PC-Schnittstelle

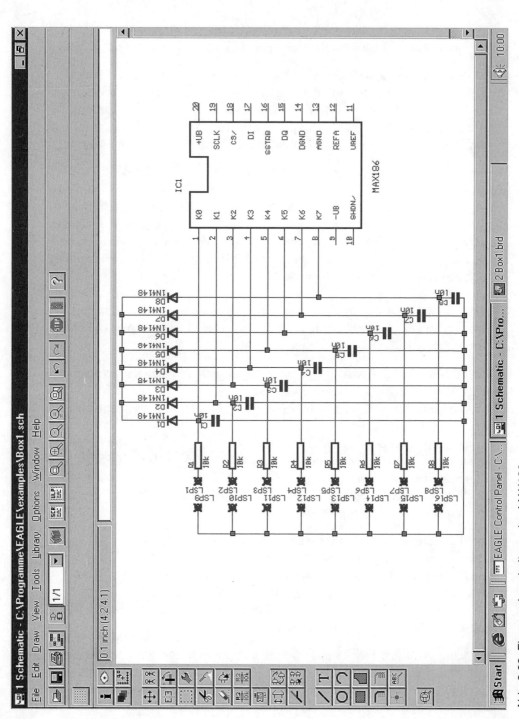

Abb. 3.39: Eingangsbeschaltung des MAX186

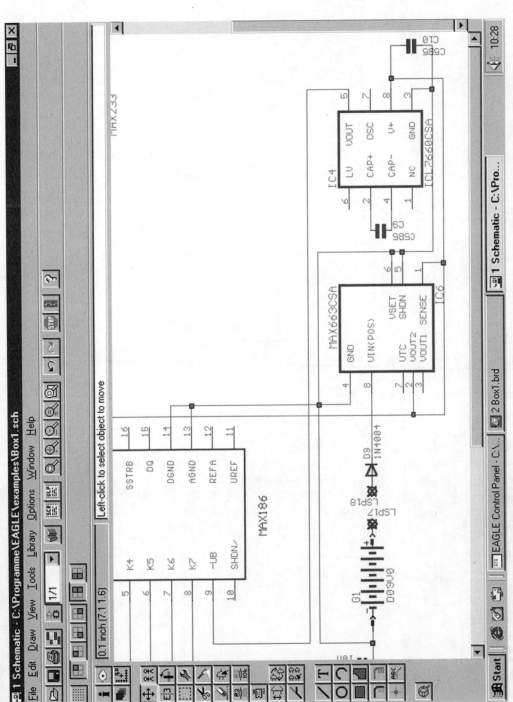

Abb. 3.40: Stromversorgung des MAX186

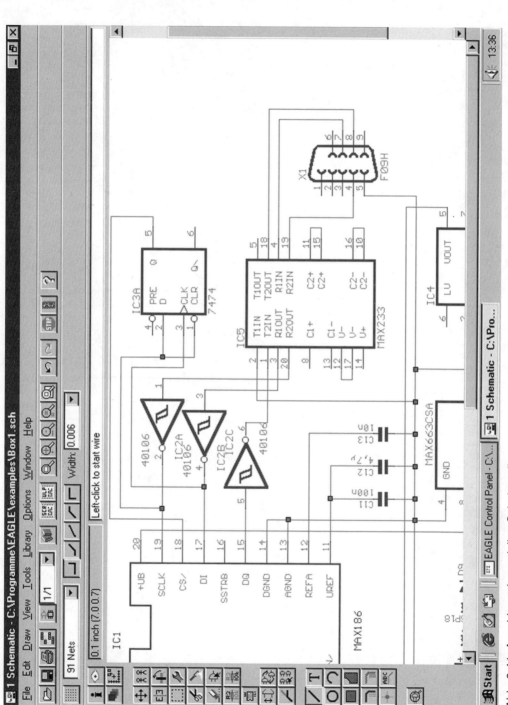

Abb. 3.41: Anschluss der seriellen Schnittstelle

und dieser liegt an der DTR-Leitung (Data Terminal Ready oder Endgerät betriebsbereit). Die Steuerung dieser beiden Leitungen übernimmt das BASIC-Programm in Verbindung mit dem UART.

Die Ausgabe der umgesetzten Daten vom MAX186 hängt vom Schiebetakt der DTR-Leitung ab und der MAX233 setzt den Datenstrom von Pin 15 entsprechend um. Der PC oder Laptop erhält den Bitstrom über die CTS-Leitung (Ready for Sending).

Bei der seriellen Schnittstelle der Messbox sind nur vier Leitungen angeschlossen, wobei keine der beiden Datenleitungen eingesetzt wird.

Die Messbox ist für den Gebrauch in trockenen Umgebungen bestimmt. Die zulässige Raumtemperatur darf während des Betriebs die Werte von +5 °C bis +35 °C nicht unter- oder überschreiten.

3.6.3 Programmierung der seriellen PC-Schnittstelle

Unter den Adressen 3FCH und 3FEH erreicht man das Befehls- und das Status-Register der seriellen COM1-Schnittstelle. Es ergibt sich der Registeraufbau von *Tabelle 3.19* und *Tabelle 3.20*.

Tabelle 3.19: Befehlsregister für den Ausgang (3FCH)

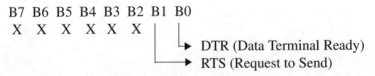

```
B7 B6 B5 B4 B3 B2 B1 B0
X  X  X  X  X  X
                  └──► DTR (Data Terminal Ready)
                  └───► RTS (Request to Send)
```

Tabelle 3.20: Statusregister für den Eingang (3FEH)

```
B7 B6 B5 B4 B3 B2 B1 B0
X  X  X    X  X  X  X
         └──────────► CTS (Clear to Send)
```

Der AD-Wandler mit seinen acht Eingängen wird dadurch angesteuert, dass man über die RTS-Leitung die Variable DIN$ überträgt, von der die obersten vier Bits irrelevant sind. Die Schleife 100...160 wird insgesamt 12mal durchlaufen. Dabei wird der serielle Schiebetakt SCLK (DTR) und die Bausteinfreigabe CS auf 0-Signal gesetzt, und die Bits von DIN$ werden seriell übertragen, beginnend mit dem MSB (Most Signifikant Bit).

Nachdem der Schiebetakt SCLK wieder auf 1-Signal ist, erfolgt das Auslesen des gewandelten Messwerts DOUT an der CTS-Leitung, was wiederum nach der seriellen Betriebsart Bit für Bit erfolgt. Jedes Bit wird dabei entsprechend seiner Stellung im Wort (d.h. entsprechend der Wertigkeit) mit der Gewichtungsvariablen B multipliziert, was eine Summenvariable VOUT im Bereich von 0...1023 ergibt. Nach der Verarbeitung eines Bits muss B durch 2 geteilt werden, um beim Linksschieben die für das folgende Bit passende Wertigkeit zu erreichen (Zeile 150).

Im letzten Schleifendurchlauf liegt der Schiebetakt SCLK (DTR-Leitung) auf 1-Signal und DIN erzeugt ein 0-Signal, um den Wandlerbaustein zu sperren. Das Flipflop 74C74 setzt sich und der Ausgang Q hat ein 1-Signal. Dieser Zustand muss 52 Taktzyklen des externen Oszillators andauern, was bei 300 kHz etwa 175 µs entspricht. Diese Zeitverzögerung stellt normalerweise kein Problem dar, solange man keinen ganz schnellen PC anschließt. Tritt ein Fehler auf, lässt sich über die Schleife auf der Zeile 230 ein Verzögerungsprogramm erweitern.

Ein PC mit einer Taktfrequenz von 4,77 MHz kann die Umwandlung einschließlich der Datenübertragung in 185 ms durchführen. Hat man einen 386er-PC mit 16 MHz, wird der gesamte Vorgang bereits in 2,3 ms abgeschlossen und daher muss man das Verzögerungsprogramm entsprechend auf der Zeile 230 modifizieren.

Die Erstellung des Platinenlayouts von *Abb. 3.42* ist kein Problem, denn der Board-Befehl übernimmt die wesentlichen Arbeiten.

3.6.4 Programmierung der PC-Messbox

Bevor die Messbox den Wert eines Eingangskanals umsetzen kann, muss das Befehlsbyte definiert werden. Der Kanal 0 soll eine unipolare Spannung umsetzen und es ergibt sich *Tabelle 3.21*.

Da das Befehlsbyte mit der LSB-Stelle zuerst gesendet wird, muss dieses Format nach dem „Endian"-Verfahren konvertiert werden:

LSB   MSB

| 0 | 1 | 1 | 1 | 0 | 0 | 0 | 1 |

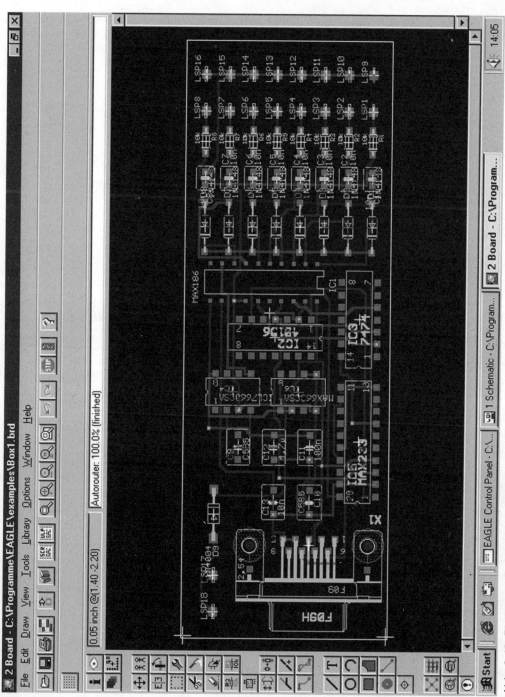

Abb. 3.42: Platinenlayout der 12-Bit-PC-Messbox

Tabelle 3.21: Programmierung des Kanals 0 für eine unipolare Spannungsumsetzung

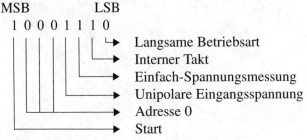

Die Befehlsübertragung lautet damit

$$\boxed{1\ 1\ 1\ 1\ 0\ 1\ 1\ 1\ 0\ 0\ 0\ 1}$$

LSB   MSB

Die vier 1-Signale am Anfang dienen für eine sichere Datenübertragung und weisen keine Bedeutung auf. Danach folgen die eigentlichen acht Bits für den Befehl. Das „Durchschieben" der ersten vier Bits durch das Eingangsschieberegister ruft keine Fehler im MAX186 hervor.

Die beiden Eingangskanäle CH2 (+) und CH3 (-) sollen differentiell arbeiten und eine bipolare Spannung erfassen. Das Befehlsbyte wird neu definiert und *Tabelle 3.22* zeigt die Struktur.

Tabelle 3.22: Programmierung der beiden Eingangskanäle CH2 (+) und CH3 (-) für den differentiellen Betrieb

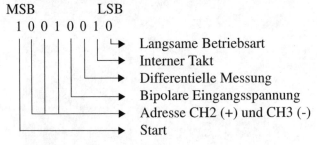

Mittels der Konvertierung muss man

$$\boxed{1\ 1\ 1\ 1\ 0\ 1\ 0\ 0\ 1\ 0\ 0\ 1}$$

im BASIC-Programm schreiben.

Das BASIC-Programm zum Einlesen der Befehle für die Messbox hat einen Umfang von wenigen Zeilen und wurde in Turbo-BASIC geschrieben. Ohne große Einbußen in der Ausführungsgeschwindigkeit lässt sich das Programm auch an andere BASIC-Dialekte anpassen. Unter den Adressen 3FCH und 3FEH werden das Befehls- und das Status-Register in der seriellen Schnittstelle unter COM1 angesprochen. Die Zeile 230 dient für die Anpassung an schnelle PC-Systeme.

Mit diesem Programm lassen sich nach und nach die acht Eingangskanäle abfragen. Es handelt sich dabei um unipolare Spannungen von 0 V bis +4,096 V, denn das BASIC-Programm wurde dafür vorbereitet. Nach und nach erscheinen auf dem Bildschirm die Messergebnisse und das Programm lässt sich nur durch einen Tastendruck abbrechen.

```
0    K=1
1    DIN$="111110110001":GOTO 60       ' Adresse für Kanal 1
2    DIN$="111110111001":GOTO 60       ' Adresse für Kanal 2
3    DIN$="111110110101":GOTO 60       ' Adresse für Kanal 3
4    DIN$="111110111101":GOTO 60       ' Adresse für Kanal 4
5    DIN$="111110110011":GOTO 60       ' Adresse für Kanal 5
6    DIN$="111110111011":GOTO 60       ' Adresse für Kanal 6
7    DIN$="111110110111":GOTO 60       ' Adresse für Kanal 7
8    DIN$="111110111111":GOTO 60       ' Adresse für Kanal 8
60   B=512        ' Skalierungsfaktor für DOUT (Anfangswert)
70   VOUT=0       ' Vout: dezimale Darstellung von DOUT
80   REF=4.096    ' Referenzspannung=4,096V
90   REM
100  For I = 1 TO 12  ' Schleife 12mal durchlaufen (12 Bits)
110  OUT &H3FC,(&HFE AND INP (&H3FC))  ' SCLK und CS auf Low
120  IF MID$ (DIN$, 13-I,1)="0" THEN OUT &H3FC, (&HFD AND INP
(&H3FC)) ELSE OUT &H3FC, (&H2 OR (&H3FC))' DIN wird übertragen
130  OUT &H3FC, (&H1 OR INP (&H3FC))      ' SCLK auf High
140  IF (INP (&H3FE) AND 16) = 16 THEN D = 0 ELSE D=1 ' Datenbit
                                          einlesen
150  VOUT=VOUT+(D*B)  : B=B/2' alle Bits skalieren und summieren
160  NEXT I                    ' Schleife abarbeiten
170  REM
200  OUT &H3FC, (&HFD AND INP (&H3FC)) ' DIN geht auf High
210  OUT &H3FC, (&H2 OR INP (&H3FC))     ' DIN und CS auf Low
220  REM
230  REM FOR J=1 TO 20 : NEXT J  ' CS für 52 Takt auf High
240  REM
250  REM PRINT VOUT        ' Anzahl der Schritte ausdrucken
260  VIN=(VOUT/4095)*REF   ' Zahlenwert ausdrucken
265  IF K=1 THEN 275
270  PRINT "Kanal" K-1 "     " VIN "Volt" ' Ergebnis ausgeben
```

```
272 IF K=9 THEN GOTO 300              ' Messende
275 K=K+1: ON K GOTO 1,2,3,4,5,6,7,8,8  ' nächster Kanal
300 FOR I = 1 TO 20000:NEXT I:PRINT "ENDE" ' Warteschleife für
                                     Betrachtung
380 IF INKEY$="" THEN GOTO 0         ' bei Tastendruck wird
                                     Programm beendet
390 END                              ' Programmende
```

3.7 Programmierbares Front-End-Messsystem mit Mikrocontroller

In der PC-Messtechnik lässt sich direkt ein intelligentes Front-End-System über eine serielle Schnittstelle nach RS232C in Verbindung mit einem Personalcomputer oder Laptop betreiben. Damit hat der Anwender die Möglichkeit, bis zu acht verschiedene Sensoren in sein Messprogramm zum Steuern, Regeln oder Darstellen von Informationen einzubinden.

3.7.1 Anschluss und Messwertaufnahme

Der Anschluss an die serielle Schnittstelle erfolgt entweder über den 9-poligen (D9) oder 25-poligen (D25) Stecker am PC-System unter COM1 oder COM2. Durch das Übertragungsprotokoll wird die Verbindung zwischen den beiden Systemen automatisch aufgebaut, wenn man das SERCOMM-Programm im PC aufruft. Dieses Programm ist bei MAXIM erhältlich. Die Einbindung des Programms erfolgt dann in die entsprechende Messsoftware, denn diese lässt durch ihre offene Kommunikation eine schnelle Einbindung in die vorhandenen Treiberschnittstellen zu. Die Datenübertragung zwischen Personalcomputer und Front-Endsystem läuft mit einer Übertragungsrate von 9600 Baud ab. Da der 12-Bit-Wert des Analog-Digital-Wandlers in zwei Bytes abgespeichert wird und jedes Byte ein 11-Bit-Format (Startbit, Datenbyte, Paritätsbit, Stoppbit) benötigt, lassen sich pro Sekunde bis zu 436 Messwerte kontinuierlich übertragen.

Im Bereich der Rechnerhardware bedeutet die serielle Datenübertragung die Unterstützung sowohl von IBM-kompatiblen Rechnern als auch von Workstations unter den verschiedenen Betriebssystemen wie MS-DOS, MS-Windows oder UNIX. Seit Jahren lässt sich die Rechnerhardware problemlos miteinander vernetzen und sollte somit auch zur Realisierung einer flexiblen Messdatenverarbeitung genutzt werden. Beispielsweise lassen sich mit einem Laptop und dem Front-End-System „vor Ort" Messungen durchführen. Der Laptop dient als Massenspeicher und für die Vorverarbeitung der umfangreichen Messdaten. Über ein Netzwerk werden die gemessenen Daten direkt an einen zentralen Rechner weitergegeben.

Die heutigen Messdatenverarbeitungsprogramme setzt man in allen Bereichen von Labor, Versuch und Produktion ein. Diese Programme bestehen aus verschiedenen, logisch getrennten Softwaremodulen, die der Anwender entsprechend der gerade zu lösenden Aufgabe zusammenstellt. Neben Online-Modulen zum Steuern, Regeln oder dem schnellen Darstellen von Messdaten sind im Bereich der Offline-Auswertung umfangreiche mathematische Analyseverfahren sowie 3D-Darstellungsfunktionen verfügbar. Der Anwender hat damit die Möglichkeit sich auf der Basis dieser großen Anzahl an leistungsfähigen Modulen sein spezielles Messprogramm zusammenzustellen. Damit lässt sich ein Programm wirtschaftlich konfigurieren, da Module, die man momentan noch nicht benötigt, auch nicht erworben werden müssen.

Erweitert sich später das Aufgabengebiet für die Software, lassen sich problemlos weitere Module nahtlos in das bereits bestehende Messprogramm integrieren. Der Desktop oder Laptop soll mit einer Festplatte und mindestens 1 Mbyte an RAM ausgerüstet sein, wenn unter MS-DOS gearbeitet wird. Erfolgt die Verarbeitung unter MS-Windows, ist ein RAM von 4 Mbyte unbedingt notwendig.

3.7.2 Aufbau des Front-End-Systems

Für die Realisierung eines Front-End-Systems benötigt man neben einem 8-Bit-Mikrocontroller 8052, RAM- und ROM-Bausteinen noch eine DAS-Einheit (Data Acquisition Systems) mit acht Eingangskanälen. Die Definition für eine DAS-Einheit ist ein schneller 12-Bit-Wandler, der sich direkt von einem 8-Bit-Mikrocontroller ansteuern lässt. Die acht Eingangskanäle lassen zwei Betriebsarten zu: Entweder acht Einfach-Messkanäle bzw. vier Differential-Messkanäle. In der Praxis ist auch eine Kombination zwischen Einfach- und Differential-Messkanälen möglich, ohne dass man die Hardware ändern muss.

Die Selektion der Eingangskanäle übernimmt der interne Multiplexer in der DAS-Einheit. Zu diesem Zweck gibt der Mikrocontroller ein bestimmtes Adresswort auf den AD-Wandler ab und damit wird der entsprechende Kanal ausgewählt. Jeder der Eingangskanäle hat einen separaten Verstärker hoher Eingangsimpedanz und damit wird die analoge Signalquelle kaum belastet. Nach dem Analogmultiplexer erfolgt die Pufferung der Eingangsspannung in einer S&H-Einheit, die mit dem Eingangskanal des AD-Wandlers verbunden sind. Aus diesem Grund fließt von der externen Signalquelle nur einmal pro Wandlung ein sehr kleiner Ladestrom für den Halte-Kondensator. Durch diese Architektur ist kein zusätzlicher Operationsverstärker an den Eingängen notwendig.

Wenn man aber von einem universellen Front-End-System spricht, soll auch die Verstärkung für jeden Messkanal separat programmierbar sein. Während sich der MAX180 mit seinen acht Eingangskanälen nicht direkt für eine Programmierung der Kanäle eignet, lässt sich beim MAX181 eine programmierbare Verstärkung der Eingangskanäle sehr einfach realisieren. Dafür stehen beim MAX181 sechs Eingänge für Einfach- und/oder Differential-Betrieb zur Verfügung. Über einen Ausgang wird der programmierbare Verstärker angeschlossen. Der Ausgang der externen Verstärkereinheit ist wiederum mit einem speziellen Eingang des MAX181 verbunden.

Mit den entsprechenden Steuerbefehlen bieten beide AD-Bausteine massebezogene bzw. differentielle Eingangskanäle, und an den Eingängen lassen sich die unterschiedlichen Sensoren direkt betreiben. Es ist auch möglich, einen Kanal für die Triggerung der Messung zu verwenden. Erreicht die Spannung an dem Eingang einen bestimmten Wert, löst der Mikrocontroller den eigentlichen Messvorgang aus.

Ein Front-End-System bezieht seinen Strom aus einer einzigen Batterie bzw. einem einzigen Transformator und daher sind mehrere Bausteine zur Erzeugung der verschiedenen Betriebsspannungen erforderlich. Auch eine Überwachung der Batterie ist notwendig, denn wird ein bestimmter Spannungswert unterschritten, schaltet das System automatisch ab. Durch den Einsatz eines Controllers und zweier Batterien hat man die Möglichkeit, während des Betriebszustands eine leere Batterie zu wechseln, ohne dass es bei dem System zu einem Totalausfall kommt.

Die Arbeitsweise des Front-End-Systems erfolgt unabhängig vom Rechner und daher ist ein Mikrocontroller erforderlich, der nicht nur die serielle Schnittstelle verwaltet, sondern auch die Ansteuerung des AD-Wandlers und die Zwischenspeicherung der Messergebnisse vornimmt. *Abb. 3.43* zeigt die Funktionseinheiten für ein Front-End-System.

Um eine hohe Erfassungsgeschwindigkeit mit einer 12-Bit-Genauigkeit zu erreichen, befinden sich am Eingang die beiden DAS-Einheiten MAX180 und MAX181. Parallel zum MAX181 arbeitet der Analog-Multiplexer MAX328 für die programmierbare Kanalverstärkung. Damit ist es möglich, für jeden Eingangskanal einen Verstärkungsfaktor zwischen 1, 3, 10, 30, 100, 300, 1000

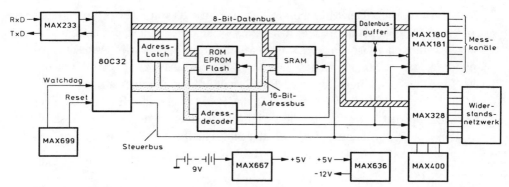

Abb. 3.43: Funktionseinheiten für ein Front-End-System zur Erfassung und Zwischenspeicherung von Messwerten im 12-Bit-Format

oder 3000 zu wählen. Durch die Software ist man in der Lage, für jeden Kanal den entsprechenden Verstärkungsfaktor zu bestimmen und im Mikrocontroller abzuspeichern. Im Betrieb wird dann automatisch durch die Software der gespeicherte Verstärkungsfaktor für den jeweiligen Kanal auf den MAX328 gegeben. Befindet sich nur der MAX180 auf der Platine, entfällt der MAX328 mit dem Widerstandsnetzwerk für die Einstellung des Verstärkungsfaktors.

Die Spannung für das Front-Endsystem liefert eine 9-V-Batterie, die über den Spannungsreglerbaustein MAX667 auf +5 V stabilisiert wird. Da für den AD-Wandlerbaustein MAX180 bzw. MAX181 und dem Operationsverstärker MAX400 eine Betriebsspannung von -12 V erforderlich ist, erzeugt der invertierende Schaltregler MAX667 diesen Wert. Für die Spannungsanpassung an der seriellen Schnittstelle wird der MAX299 eingesetzt, der direkt zwischen dem Mikrocontroller 8052 und dem Stecker eingeschaltet ist. Um eine sichere Arbeitsweise des Mikrocontrollers 8052 zu gewährleisten, überwacht der MAX699 die Betriebsspannung des Front-End-Systems.

Die Zwischenspeicherung der Messwerte übernimmt ein 64-Kbyte-SRAM. Durch die begrenzte Speicherkapazität lassen sich um die 30000 Messwerte zwischenspeichern. Normalerweise setzt man für die ROM-Einheit einen EPROM-Baustein ein. Da aber ein Flash-Speicher eine On-Board-Programmierung für schnelle Programmänderungen zulässt, verwendet man diesen Speichertyp. Der Flash-Speicher beinhaltet das BIOS, die Befehle für die Steuerung und kann Informationen für eine Vorverarbeitung der Messdaten aufnehmen.

Für die Ansteuerung der Speichereinheiten und des Wandlers sind noch ein Latch-Baustein 74373, ein Datenbus-Puffer 74T373 und ein Adressdecoder

74138 erforderlich. Der Mikrocontroller 8052 arbeitet mit einem kombinierten Adressen-Datenbus und durch das Adress-Latch werden die unteren acht Adressleitungen zwischengespeichert, während die oberen acht Adressleitungen direkt zur Verfügung stehen. Der MAX180 bzw. MAX181 setzt die analogen Eingangsspannungen in ein 12-Bit-Format um und durch eine entsprechende Steuerung erfolgt die Übertragung in das RAM in einem 8-Bit-Format. Dieses 8-Bit-Format gilt auch für die serielle Datenübertragung vom Front-End-System zum PC. Mit dem Adressdecoder gibt man die einzelnen Bausteine frei.

3.7.3 Mikrocontroller 8052 im System

Der 8-Bit-Mikrocontroller 8052 bildet den Mittelpunkt dieses Front-End-Systems. Die hohe Leistungsfähigkeit des 8052 zeigt sich vor allem bei der Lösung schwieriger Echtzeitaufgaben, z.B. im Bereich industrieller Steuerungen, in der Peripherie von Computersystemen (auch im PC) und bei Instrumentierungsaufgaben in der Steuer-, Mess- und Regelungstechnik.

Wie die Schaltung von *Abb. 3.44* zeigt, hat der 8052 mehrere Ein- und Ausgänge und zwei Schnittstellensysteme. Die beiden Anschlüsse XTAL1 und XTAL2 sind der Eingang und Ausgang eines einstufigen, auf dem Chip befindlichen Inverters, der zusammen mit externen Bauelementen zur sogenannten „Pierce"-Schaltung aufgebaut wird. Die Schaltung auf dem Chip sowie die Auswahl der externen Bauelemente zum Aufbau des Oszillators ist so ausgelegt, dass man direkt einen Quarz anschließen kann. Außer den beiden Kondensatoren sind keine weiteren Bauelemente erforderlich. Der Quarz arbeitet mit 11,0592 MHz und ist daher ideal für die interne RS232C-Schnittstelle ausgelegt.

Der 8052 hat ein internes serielles Interface mit zwei UART-Einheiten, die entweder im 8- oder 9-Bit-Betrieb mit variabler Baudrate oder im 9-Bit-Format mit starrer Baudrate gleichzeitig über den TXD-Pin senden und über den RXD-Pin empfangen können. Der serielle Port kann in einer von vier Betriebsarten arbeiten, was durch das spezielle Funktionsregister SCON (Steuer- und Statusregister für den seriellen Port) vorgegeben wird. Außer den hierfür erforderlichen Bits zur Betriebsart-Auswahl enthält dieses Register auch das 9. Datenbit, das beim Senden und Empfangen bestimmte Funktionen erfüllt, sowie die Interrupt-Kennzeichnungsbits des seriellen Ports, ein Bit zur Empfangsfreigabe serieller Daten und ein Bit zur Freigabe für die Datenübertragung in Multiprozessorsystemen.

Die beiden Anschlüsse RXD und TXD sind mit dem Baustein MAX233 verbunden. Dieser Baustein erlaubt die Realisierung einer seriellen Schnittstelle,

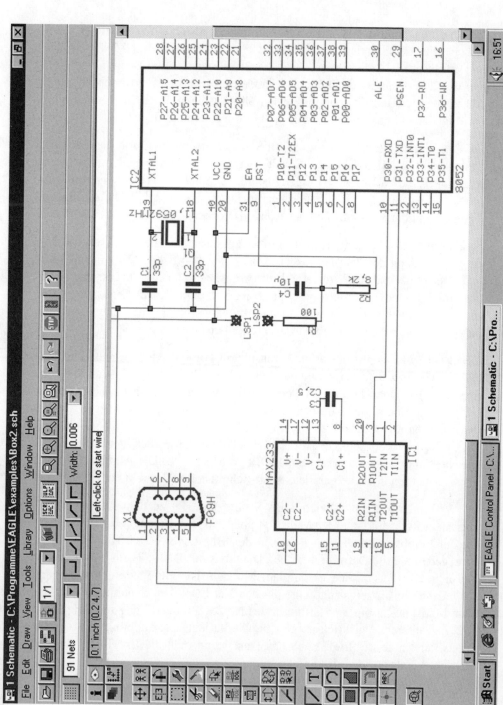

Abb. 3.44: 8-Bit-Mikrocontroller 8052 mit seiner seriellen Schnittstelle nach RS232C

bei der eine Datenrate bis 116 Kbit/s möglich ist, also doppelt so schnell arbeitet, wie dies der Standard vorschreibt. Der Baustein wird mit +5 V betrieben und erfüllt mit EIA-232D und CCITT V.28 alle genormten Bedingungen. Für den Betrieb ist ein „Ladepumpen"-Kondensator mit 0,1 µF erforderlich. Beim Abschalten der Betriebsspannung gehen die Ausgänge in einen Status mit hoher Impedanz über, der keinen Strom über die Datenleitungen zieht.

Für den Betrieb des 8052 ist noch ein Schalter erforderlich, mit dem sich das System zurückstellen lässt. Der Schalter wird zwischen den beiden Anschlusspins eingeschaltet. Der RST-Eingang ist über den 8,2-kΩ-Widerstand mit Masse verbunden. Wird der Schalter kurz betätigt, erhält der RST-Eingang ein 1-Signal und danach kann sich der Kondensator entladen.

Schaltet man das System ein, wird immer ein automatischer Rücksetzvorgang eingeleitet, denn der RST-Eingang ist über einen 10-µF-Kondensator mit +5 V und über einen 8,2-kΩ-Widerstand mit Masse verbunden. Voraussetzung für die Einleitung des Rücksetzvorgangs ist jedoch, dass die Anstiegzeit der Betriebsspannung bei 1 ms liegt und dass die Zeit für die Inbetriebnahme des Taktgenerators einen Wert von 10 ms nicht überschreitet.

Der 8-Bit-Mikrocontroller arbeitet mit einem kombinierten Adress- und Datenbus, wie *Abb. 3.45* zeigt. Die parallele 8-Bit-Schnittstelle P0 ist ein bidirektionaler 8-Bit-Open-Drain-E/A-Port, der bis zu acht TTL-Lasten übernehmen oder bei Busoperationen treiben kann. Um die Adressen von A0 bis A7 von den Daten von D0 bis D7 zu trennen, ist der Baustein 74373 mit seinen acht D-Flipflops erforderlich. Die Adressen von A0 bis A7 werden hier zwischengespeichert und liegen dann an dem 16-Bit-Adressbus an. Die Adressen von A8 bis A15 werden über die parallele 8-Bit-Schnittstelle P2 direkt ausgegeben.

Die Verbindung der parallelen 8-Bit-Schnittstelle P0 zu dem Zwischenspeicher, dem ROM und dem RAM erfolgt über den Bus-Befehl von EAGLE. Mit diesem Befehl zeichnet man Busse in den Bus-Layer eines Schaltplans ein. Bitte geben Sie die Definition für den Datenbus mit DB[0..7] ein und zeichnen Sie dann den Bus in den Schaltplan. Mit dem Net-Befehl zeichnen Sie anschließend die Einzelverbindungen in den Net-Layer des Schaltplans ein. Der erste Mausklick gibt den Startpunkt des Netzes an, der zweite setzt die Linie ab. Ein weiterer Mausklick an gleicher Stelle legt den Endpunkt fest. In der Praxis kann man die Linie auch absetzen, wenn man die Esc-Taste, anstelle des Mausklicks auf dem Endpunkt drückt.

Arbeitet man mit dem Net-Befehl, klickt man einen Pin an und verbindet diesen mit dem Bus. Den Vorgang schließt man mit einem linken Mausklick ab

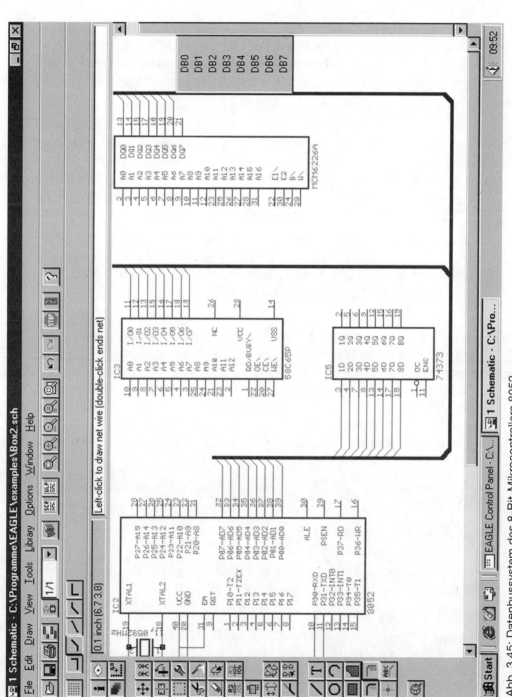

Abb. 3.45: Datenbussystem des 8-Bit-Mikrocontrollers 8052

und es öffnet sich ein Popup-Menü, aus dem man ein Signal des Bussystems auswählen kann. Das Netz erhält dann den entsprechenden Namen und gehört damit zu diesem Signal. Enthält der Bus mehrere Teilbusse, öffnet sich erst ein Popup-Menü, in dem man den gewünschten Teilbus auswählen kann.

Das Adressbussystem des 8052 besteht aus 16 Leitungen von A_0 bis A_{15}. Wenn Sie das Icon für den Bus-Befehl anklicken, geben Sie über die Kommandozeile AD[0..15] ein und zeichnen Sie ein weiteres Bussystem, wie *Abb. 3.46* zeigt. Die parallele 8-Bit-Schnittstelle P2 ist entsprechend mit A_8 bis A_{15} mit dem Bus zu verbinden. Für den EPROM-Baustein sind die Adressleitungen von A_0 bis A_{12} (2^{13} = 8192 Adressen) und für den RAM-Baustein von A_0 bis A_{15} (2^{16} = 65536 Adressen) anzuschließen.

Wie die Schaltung von *Abb. 3.47* zeigt, müssen auch die acht Ausgänge des 74373 mit dem Adressbus von A_0 bis A_7 verbunden werden. Wichtig für den Datenbus ist noch das Widerstandsnetzwerk mit acht 10-kΩ-Widerständen. Damit werden diese Leitungen auf +5 V „hochgezogen".

Durch die Struktur des 8052 benötigt man noch einige Steuerleitungen. Mit ALE (Address Latch Enable) wird ein Ausgangsimpuls zur Zwischenspeicherung des unteren Adressbytes während des Zugriff auf einen externen Speicher erzeugt. Die Steuerleitung ALE arbeitet mit konstanter Frequenz (1/6 der Oszillatorfrequenz) auch dann, wenn auf den externen Speicher nicht zugriffen wird. Damit steht für externe zeitliche Abläufe eine Taktleitung zur Verfügung. Allerdings wird bei jedem Zugriff auf einen externen Datenspeicher ein ALE-Impuls übersprungen. Der ALE-Steuerausgang ist mit dem ENC-Eingang des 74373 zu verbinden.

Der Mikrocontroller 8052 hat zwei interne und zwei externe Speicher-Adressierbereiche:

- 8-Kbyte-Programmspeicher (intern)
- 64-Kbyte-Programmspeicher (extern)
- 256-Byte-Datenspeicher (intern)
- 64-Kbyte-Datenspeicher (extern).

Wenn auf den internen Programmspeicher zugegriffen wird, muss der E/A-Eingang (External Access) auf 1-Signal liegen. Hat der E/A-Eingang jedoch ein 0-Signal, ist der interne Speicher gesperrt, d.h. der volle Adressierungsbereich steht zur Verfügung und zwar von 0000H bis FFFFH. Wenn ein Zugriff auf den gespeicherten Inhalt des Programmspeichers durchgeführt wird, hat der PSEN-Ausgang ein 0-Signal. Auch das RD-Signal (READ) dient zur An-

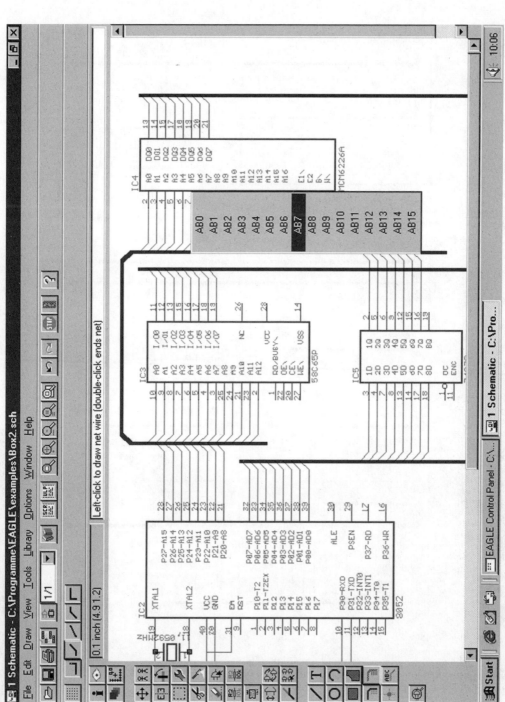

Abb. 3.46: Adressbussystem des 8-Bit-Mikrocontrollers 8052

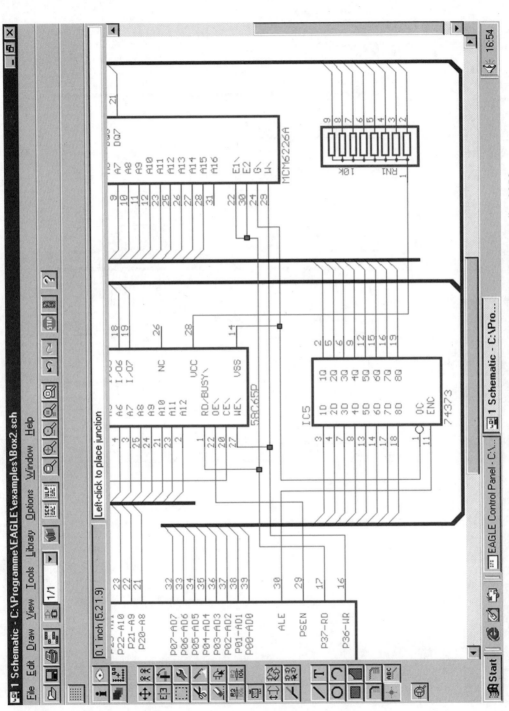

Abb. 3.47: Getrennt gezeichnete Adress- und Datenbussysteme für den 8-Bit-Mikrocontroller 8052

steuerung des Programmspeichers, denn es handelt sich um einen Flash-Speicher.

Der Anschluss des Flash-Bausteines an den Mikrocontroller 8052 ist durch die I/O-Leitungen des Programmspeichers kein Problem. Über den Port P0 gibt der Mikrocontroller seine Daten von D_0 bis D_7 und Adressen von A_0 bis A_7 im kombinierten Betrieb aus. Die Umschaltung zwischen Daten und Adressen erfolgt automatisch über die ALE-Leitung (Address Latch Enable) durch den Mikrocontroller. Die höheren Adressen von A_8 bis A_{12} werden dagegen direkt über Port P2 ausgegeben. Auch die Freigabe erfolgt über Port P2.7, wobei man aber in der Praxis den Adressdecoder einsetzt, wie *Abb. 3.48* zeigt.

Durch die beiden Leitungen RD (Read) und WR (Write) steuert der Mikrocontroller den Lese- bzw. Schreibbetrieb. Über den PSEN-Eingang (Program Store Enable) lassen sich die Datenausgänge vom Speicherbaustein steuern und die PSEN-Verbindung ist eine Besonderheit beim 8052. Bei anderen CPU- und MPU-Systemen verknüpft man den PSEN-Eingang mit der RD-Leitung zusätzlich über logische Funktionseinheiten (UND, ODER, NAND oder NOR).

Der Flash-Baustein mit seiner Speicherkapazität von 8 Kbyte ist in acht Datenblöcke zu je 1 Kbyte unterteilt. Bevor man mit einer „On-Board"-Programmierung arbeitet, muss der Software-Schutz für den betreffenden Sektor aufgehoben werden. *Tabelle 3.23* zeigt das Format für das interne Block-Schutz-Register.

Tabelle 3.23: Software-Schutz für die 1-Kbyte-Sektoren im Flash-Baustein

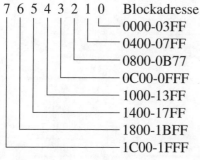

```
7 6 5 4 3 2 1 0   Blockadresse
              └── 0000-03FF
            └──── 0400-07FF
          └────── 0800-0B77
        └──────── 0C00-0FFF
      └────────── 1000-13FF
    └──────────── 1400-17FF
  └────────────── 1800-1BFF
└──────────────── 1C00-1FFF
```

Die Programmierung des Bausteines erfolgt über den angeschlossenen PC an der seriellen Schnittstelle. Hierfür gibt es eine spezielle Software, die den gesamten Ablauf der Programmierung automatisch durchführt. Der Anwender muss nur seine Adresse kennen, die er in dem Flash-Baustein ändern möchte.

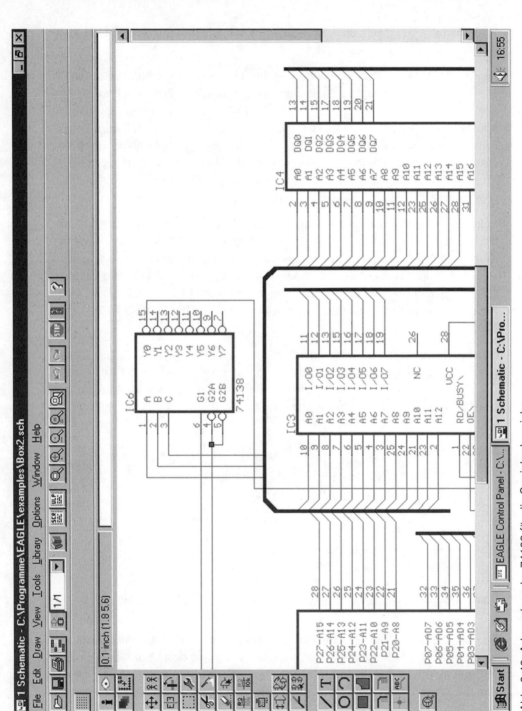

Abb. 3.48: Adressdecoder 74138 für die Speicherbereiche

In der Praxis läuft die Programmierung nach folgendem Schema ab. Mit der Datei „SLIC" (Self Loading Integrated Code) auf dem PC beginnt man mit der Programmierung, wobei das Front-End-System auf der seriellen Schnittstelle COM1 eingesteckt sein muss. Das System meldet sich und man gibt „58C65D:Y" für den Programmieralgorithmus ein. Auf dem Bildschirm des PCs erscheint *Tabelle 3.24*.

Tabelle 3.24: Programmieralgorithmus für den Speicherbaustein

M	XX	YYYY	Daten
Befehl	Zähler	Startadresse	Datenbyte

Der Wert „M" steht für Memory, damit der Blockspeicherschutz automatisch aufgehoben wird. Mit dem Zähler gibt man an, wieviel Stellen nacheinander zu programmieren sind. Die Startadresse kennzeichnet die erste Adresse und danach folgen die Daten. Mit der ENTER-Taste schließt man jede Eingabe ab und so kann man nach und nach seine Werte eingeben. Jeder Eingabefehler lässt sich sofort beheben.

Während man mit dem „M"-Befehl direkt die neuen Datenbytes eingibt, kann man über den „V"-Befehl die gespeicherten Datenbytes des Flash-Speichers für jede Adresse auf den Bildschirm holen und eine Verifizierung durchführen. Nach der Übertragung ändert man die betreffenden Datenbytes und durch den „P"-Befehl wird der Speicherbaustein im Front-End-System auf diesen Adressen neu programmiert. Jede Speicherzelle lässt sich über 10000mal programmieren und die Speicherung der Daten beträgt über 100 Jahre.

Die Übertragung zwischen PC und Front-End-System erfolgt mit 9600 Bauds und die Programmierung eines Bytes im Flash-Baustein dauert 100 µs. Die Programmierspannung erzeugt sich der Speicherbaustein intern und damit entfällt die Erzeugung durch eine externe Spannungsquelle, wie dies bei vielen Speicherbausteinen erforderlich ist. Da die Änderungen der Speicherstellen sehr schnell ablaufen, lässt sich direkt während des laufenden Betriebs eine Modifikation vornehmen.

3.7.4 12-Bit-AD-Wandler mit acht Eingangskanälen

An die heutigen AD-Wandler stellt man nicht nur hohe technische Anforderungen, sondern auch das Preis-Leistungs-Verhältnis spielt eine wichtige Rolle. In diesem Front-End-System befindet sich ein MAX180 und ein MAX181, wie *Abb. 3.49* zeigt. Das Symbol für den MAX180 entstammt der EAGLE-Bibliothek, während der MAX181 selbst entwickelt wurde.

Die acht Eingänge des MAX180 lassen sich über die drei Adressleitungen A_0, A_1 und A_2 anwählen, wobei man das Signal an dem DIFF-Eingang beachten muss. Hat dieser Eingang ein 0-Signal, arbeitet der adressierte Eingangskanal im SE-Betrieb (Single-Ended Mode), während bei einem 1-Signal zwei Eingänge zu einem differentiell arbeitenden Kanal zusammengefasst sind. In der differentiellen Betriebsart ist auf die Polarität der Eingänge zu achten. Die Spannungsbereiche der Eingänge sind konfigurierbar und liegen entweder zwischen 0 V und +5 V in der unipolaren Betriebsart oder zwischen −2,5 V und +2,5 V in der bipolaren Betriebsart. In *Abb. 3.50* sind die beiden Möglichkeiten für die Eingangsbeschaltung des MAX180 gezeigt, wenn dieser in der SE-Betriebsart arbeitet.

In beiden Betriebsarten hat man am Eingang einen Operationsverstärker, der als Impedanzwandler arbeitet. Durch den nachgeschalteten Spannungsteiler erreicht man dann den Spannungsbereich zwischen 0 V und +5 V oder -2,5 V und +2,5 V. Bei der unipolaren Betriebsart befindet sich der Widerstand R_2 zwischen Eingangskanal und Masse, bei der bipolaren Betriebsart zwischen dem Eingangskanal und der Referenzspannung.

Entsprechend der Beschaltung ergeben sich für die Bewertung der Umsetzung *Tabelle 3.25 und 3.26.*

Tabelle 3.25: Umgesetzte Spannungswerte von 0 V bis +5V für den unipolaren Betrieb des MAX180

Analoger Eingang (V)	Digitaler Ausgang
0,00122	0000 0000 0001
0,00244	0000 0000 0010
....	....
2,49878	0111 1111 1111
2,50000	1000 0000 0000
2,50122	1000 0000 0001
....	....
4,99756	1111 1111 1110
4,99878	1111 1111 1111

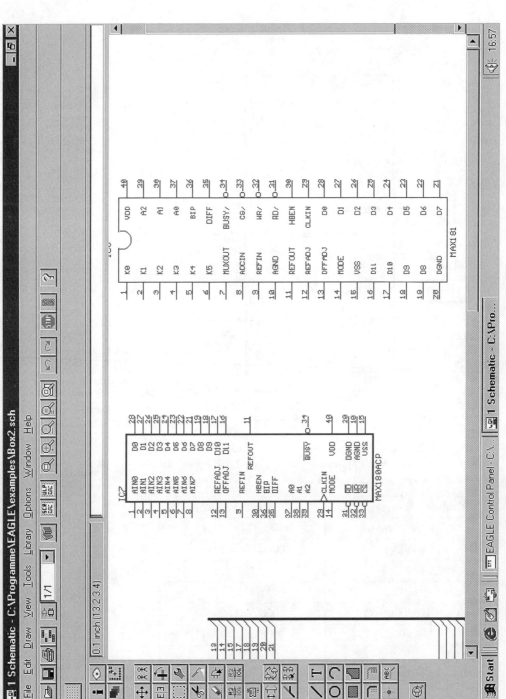

Abb. 3.49: Front-End-System mit dem 8-Kanal-AD-Wandler MAX180 (aus der EAGLE-Bibliothek) und dem 6-Kanal-AD-Wandler MAX181 (Eigenentwicklung)

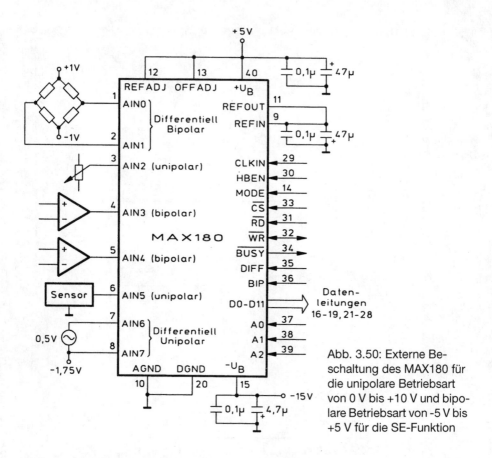

Abb. 3.50: Externe Beschaltung des MAX180 für die unipolare Betriebsart von 0 V bis +10 V und bipolare Betriebsart von -5 V bis +5 V für die SE-Funktion

Tabelle 3.26: Umgesetzte Spannungswerte von -2,5 V bis +2,5V für den bipolaren Betrieb des MAX180

Analoger Eingang (V)	Digitaler Ausgang
-2,49878	0000 0000 0001
-2,49756	0000 0000 0010
....	....
-0,00122	0111 1111 1111
0,00000	1000 0000 0000
+0,00122	1000 0000 0001
....	....
+2,49878	1111 1111 1110
+2,50000	1111 1111 1111

Der Einsatz von Operationsverstärkern vor den Eingangskanälen ist weder in der unipolaren, noch in der bipolaren Betriebsart unbedingt erforderlich.

Die Schnittstelle zwischen dem MAX180 und dem Mikrocontroller 8052 lässt sich auf ein Minimum reduzieren, wie die Schaltung von *Abb. 3.51* zeigt.

Der Mikrocontroller 8052 erzeugt für den MAX180 die Adressen und die Steuersignale. Wenn eine Umsetzung für einen Eingangskanal gestartet werden soll, muss das Byte-Format von *Tabelle 3.27* am Datenbus vorhanden sein:

Tabelle 3.27: Byte-Format für die Übertragung vom 80C32 zum MAX180

D7	D6	D5	D4	D3	D2	D1	D0
X	X	X	DIFF	BIP	A2	A1	A0

Dieses Steuerformat wird übernommen, wenn über CS der Baustein mit einem 0-Signal freigegeben ist und die WR-Leitung auf 0-Signal schaltet. Es werden die Kanalnummer und die beiden Betriebsarten „bipolar" und „differentiell" übernommen. Mit einem 0-Signal auf der Datenleitung D3 wird der unipolare Betrieb für den Kanal festgelegt, die Eingangsspannung liegt zwischen 0 V und +5 V, und mit einem 1-Signal wird der bipolare Bereich von -2,5 V und +2,5 V definiert. Hat die Datenleitung D4 ein 0-Signal, arbeitet der betreffende Kanal in seiner Einfachbetriebsart, und bei einem 1-Signal werden zwei Eingangskanäle zur differentiellen Betriebsart zusammengefasst.

Nach der Übernahme des Steuerworts startet der MAX180 seine Datenumsetzung und ist diese beendet, schaltet der BUSY-Ausgang auf 0-Signal. Damit wird dem Mikrocontroller an seinem Eingang P1.2 (Port 1, zweiter Pin) das Ende der Umsetzung signalisiert. Der Mikrocontroller fragt laufend den Signalpegel an diesem Eingang ab und erkennt damit die Beendigung der Umsetzung. Ab diesem Zeitpunkt kann nun die Übertragung des digitalisierten Eingangswerts beginnen.

Für den Lesebetrieb muss die CS-Leitung des MAX180 mit einem 0-Signal den Baustein freigeben und danach schaltet die RD-Leitung auf 0-Signal, damit der MAX180 seine Betriebsart erkennen kann. Beim Lesen des AD-Wandler-Registers gibt es zwei Möglichkeiten: Entweder steht der Wert des Registers im 12-Bit-Format direkt zur Verfügung oder man gibt den Wert in zwei 8-Bit-Formaten aus. Die Formatsteuerung übernimmt der HBEN-Eingang (High Byte Enable) und es ergibt sich die Ausgabe von *Tabelle 3.28*.

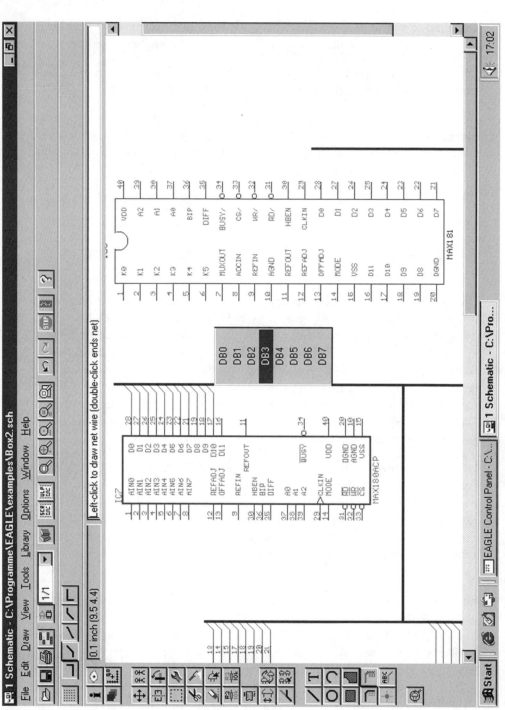

Abb. 3.51: Datenleitungen zwischen dem MAX180 und dem Mikrocontroller 8052

Tabelle 3.28: Funktionsweise des HBEN-Steuereingangs

HBEN = 0:	D11	D10	D9	D8	D7	D6	D5	D4	D3	D2	D1	D0
HBEN = 1:	D11	D10	D9	D8	0	0	0	0	D11	D10	D9	D8

Das HBEN-Signal für die Umschaltung des Formats übernimmt der Mikrocontroller 8052 mit seinem P1.1-Ausgang. Bei der Übertragung des unteren Datenbytes hat der P1.1-Ausgang ein 0-Signal. Nach der Abspeicherung dieses Datenbytes wird der MAX180 gesperrt und danach der P1.1-Ausgang auf 1-Signal geschaltet. Nach der Freigabe des MAX180 durch die CS-Leitung vom Adressdecoder schaltet die RD-Leitung auf 0-Signal und die vier Datenleitungen D0 bis D3 beinhalten nun die vier höherwertigen Bits der Umsetzung. Aus diesem Grunde werden die vier Datenausgänge von D8 bis D11 nicht angeschlossen.

3.7.5 Eingangsbeschaltung für den 12-Bit-AD-Wandler

Für die Eingangsbeschaltung der beiden AD-Wandler MAX180 und MAX181 verwendet man jeweils einen Tiefpass, der aus einem Widerstand mit 1 kΩ und einem Kondensator mit 100 nF besteht. Damit ergibt sich eine Grenzfrequenz von $f_{gr} \approx 1,6$ kHz. Wenn der Kondensator auf 10 nF verringert wird, arbeitet die Eingangsstufe mit einer Grenzfrequenz von $f_{gr} \approx 16$ kHz. Überschreitet die Eingangsspannung einen Wert von 5,7 V, wird die entsprechende Eingangsdiode leitend und der Strom fließt in die interne Spannungsversorgung ab. *Abb. 3.52* zeigt die Eingangsbeschaltung für die beiden AD-Wandler MAX180 (IC7) und MAX181 (IC8).

Für den MAX180 benötigt man alle acht internen Dioden des IC-Gehäuses, während beim MAX181 zwei Dioden nicht benötigt werden, da der MAX181 mit sechs Eingangskanälen ausgestattet ist.

Für die Ansteuerung des AD-Wandlers MAX180 sind mehrere Funktionsleitungen erforderlich, wie *Abb. 3.53* zeigt. Die zwölf Adressleitungen von A0 bis A11 werden durch den HBEN-Eingang gesteuert, wobei A8 bis A11 mit den Datenleitungen von A0 bis A3 direkt verbunden sind. Wenn Sie mit dem Informations-Icon die einzelnen Leitungen anklicken, erkennen Sie die Verschaltung. Für die interne Adressierung der acht Eingänge benötigt man noch die Adressleitungen A0, A1 und A2. Auch die Leitungen „BIP" und „DIFF" sind mit den Adressleitungen A3 und A4 verbunden. Damit lassen sich alle Funktionen für die Programmierung des AD-Wandlers MAX180 durchführen.

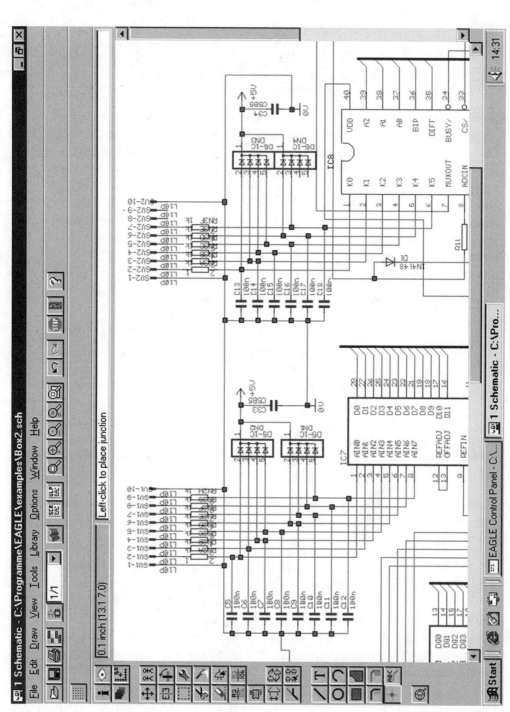

Abb. 3.52: Eingangsbeschaltung für die beiden AD-Wandler MAX180 und MAX181 mit vorgeschaltetem Tiefpaß und Dioden-schutzbeschaltung

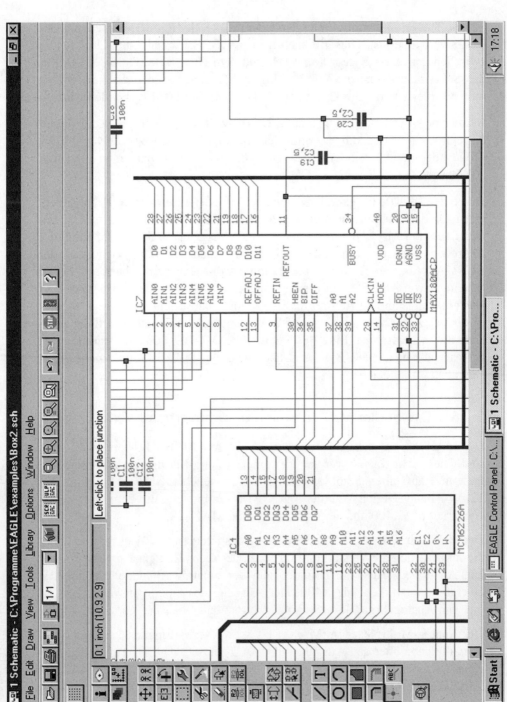

Abb. 3.53: AD-Wandler MAX180 im System

Für die Steuerung benötigt man den CS-Eingang, der mit dem Adressdecoder 74138 verbunden ist. Dies gilt auch für den HBEN-Eingang zum Umschalten zwischen dem Low-Byte (D0 bis D7) und dem High-Byte (D8 bis D11). Für den Schreibbetrieb ist die WR-Leitung und für den Lesebetrieb die RD-Leitung erforderlich, die direkt mit dem Mikrocontroller 8052 verbunden wird.

Bei der negativen Betriebsspannung U_{SS} bzw. -U_B legt man entweder diesen Anschluss auf Masse, d.h. es ergibt sich ein unipolarer AD-Betrieb von 0 V bis +5 V, oder man verbindet diesen mit -12 V und man hat einen bipolaren AD-Betrieb von -2,5 V bis +2,5 V.

Durch den MODE-Eingang lassen sich verschiedene Betriebsarten realisieren. Hat MODE = 1, arbeitet man in der I/O-Betriebsart, d.h. ist die Umsetzung beendet, gibt der MAX180 über seinen BUSY-Ausgang ein Signal ab, damit der Mikrocontroller ein Interruptsignal erhält. Nach 15 Taktzyklen geht der BUSY-Ausgang auf 1-Signal und damit ist die Umsetzung beendet. In der Schaltung von *Abb. 3.52* ist die Bedingung MODE = 0 gegeben. Damit lässt sich eine langsame Betriebsart realisieren und man spricht vom „Slow Memory Mode". Auch hier geht der BUSY-Ausgang auf 1-Signal, wenn die Umsetzung abgeschlossen ist. Eine Besonderheit bei MODE = 0 ist die parallele 12-Bit-Ausgabe oder die 2-Byte-Ausgabe, wenn der MAX180 mit einem 8-Bit-Datenbus verbunden ist.

3.7.6 AD-Wandler MAX181 mit programmierbarer Verstärkung

Der MAX180 hat acht Eingangskanäle, die mit K0 bis K7 gekennzeichnet sind. Diese acht Kanäle werden über einen Analog-Multiplexer zusammengefasst und auf einen Sample&Hold-Speicher gegeben. *Abb. 3.54* zeigt den 12-Bit-Analog-Digital-Wandler MAX181 in Verbindung mit dem Operationsverstärker MAX400 und dem Analogschalter MAX328.

Der Pin 7 beim MAX181 ist der Ausgang des internen AD-Wandlers und über diesen lässt sich die Verstärkung für jeden der sechs Eingänge separat einstellen. An diesem Ausgang befindet sich der nichtinvertierende Eingang des Operationsverstärkers MAX400. Der Ausgang des Operationsverstärkers ist mit dem Analog-Multiplexer MAX328 verbunden, wie *Abb. 3.55* zeigt.

Der Analog-Multiplexer im MAX181 fasst die sechs Eingangskanäle zusammen, die dann über den Ausgang MUXOUT an dem nichtinvertierenden Eingang des Operationsverstärkers liegen. Die Ausgangsspannung des MAX400 liegt über den ADCIN-Eingang am internen Sample&Hold und danach erfolgt die Umsetzung durch den 12-Bit-Analog-Digital-Wandler.

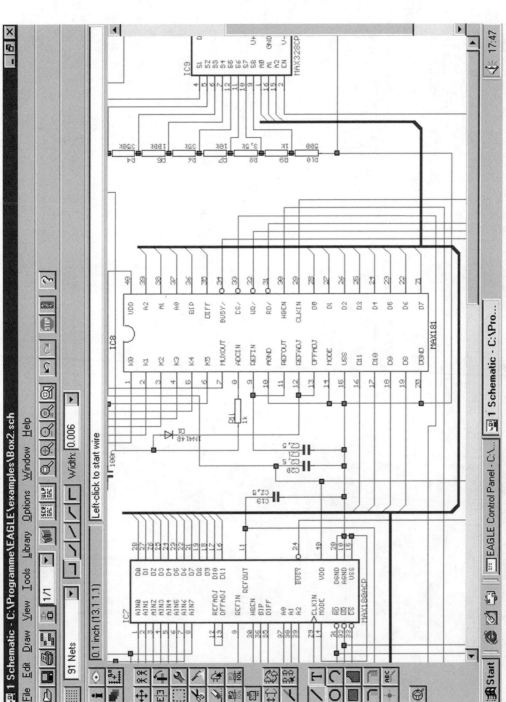

Abb. 3.54: Schaltung des 6-Kanal-Analog-Digital-Wandlers MAX 181 mit programmierbarer Verstärkung für jeden Eingangskanal

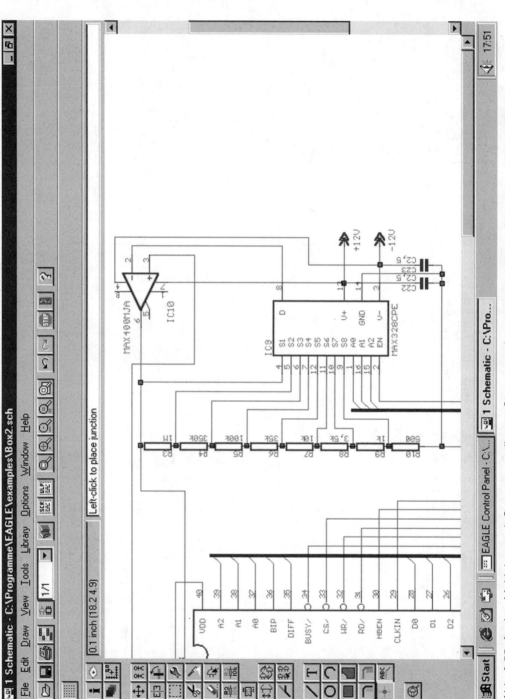

Abb. 3.55: Analog-Multiplexer mit Spannungsteiler zur Steuerung der programmierbaren Verstärkung des MAX181

Die Steuerung der Verstärkung erfolgt über das Widerstandsnetzwerk und dem Analog-Multiplexer MAX328. Der Mikrocontroller erzeugt einen Kanalwert, der über den Datenbus an den drei Adresseingängen des MAX328 stabil anliegen muss, d.h. es ist ein Latch erforderlich. Erst danach erfolgt die Adressierung des eigentlichen Messkanals am MAX181, damit sich stabile Bedingungen für den MAX328 und den Operationsverstärker ergeben. Für die Programmierung des Verstärkungsfaktors gilt *Tabelle 3.29.*

Tabelle 3.29: Kanaladressierung zur Programmierung der Verstärkungsfaktoren

A2	A1	A0	Kanal	Verstärkungsfaktor
0	0	0	S1	$v = 1$
0	0	1	S2	$v = 3$
0	1	0	S3	$v = 10$
0	1	1	S4	$v = 30$
1	0	0	S5	$v = 100$
1	0	1	S6	$v = 300$
1	1	0	S7	$v = 1000$
1	1	1	S8	$v = 3000$

Liegt die Adresse 0 an, ist der Ausgang des Operationsverstärkers über den Eingang S1 und dem Ausgang D direkt mit dem invertierenden Eingang des MAX400 verbunden. Der MAX400 arbeitet als Spannungsfolger mit $v = 1$. Bei der Adresse 1 ist der Ausgang des MAX400 über den 1-MΩ-Widerstand mit S2 verbunden. Die Verstärkung für den nichtinvertierenden Betrieb errechnet sich aus:

$$v = 1 + \frac{1\,\text{M}\Omega}{500\,\text{k}\Omega} = 1 + 2 = 3.$$

Der Widerstandswert von 500 kΩ ist die Reihenschaltung der sieben Widerstände gegen Masse. Durch die Umschaltung erreicht man die anderen Verstärkungsfaktoren. Das Problem bei dieser Schaltung sind die Werte der Widerstände, denn durch die Verkettung muss man Präzisionswiderstände einsetzen.

Für den Betrieb des Analogschalters MAX328 und des Operationsverstärkers MAX400 ist eine Betriebsspannung von ±12 V erforderlich. Die Betriebsspannung von −12 V erzeugt bereits der Baustein MAX636 und daher benötigt man noch den geschalteten Spannungsregler MAX632. Setzt man den MAX632 ein, kann der MAX636 entfallen, denn der MAX632 kann die beiden Betriebsspannungen von +12 V und −12 V direkt aus der Betriebsspannung von +5 V erzeugen.

3.7.7 Netzgerät

Für das Netzgerät ist ein externer Transformator mit einer sekundären Wechselspannung von 15 V erforderlich. Über einen Klickenstecker erhält die Platine die Wechselspannung, die dann mittels Brückengleichrichter in eine unstabilisierte Gleichspannung umgesetzt wird. *Abb. 3.56* zeigt das Netzgerät.

Der erste Spannungsregler 7812 erzeugt eine hochkonstante Ausgangsspannung mit +12 V. Danach wird durch den zweiten IC-Regler 7805 die Betriebsspannung für die meisten IC-Bausteine auf der Platine erzeugt. Diese Spannung betreibt auch den MAX636, der dann eine negative Ausgangsspannung von −12 V erzeugt. Der MAX636 ist ein invertierender DC-DC-Wandler und damit lässt sich eine negativ geregelte Ausgangsspannung wesentlich einfacher realisieren. Der DC-DC-Wandler benötigt nur eine externe Induktivität mit 330 µH, eine Diode und zwei Kondensatoren. Die unstabilisierte Eingangsspannung an Pin 6 kann im Bereich zwischen +2,3 V bis 16,5 V liegen und der MAX636 erzeugt bei einem Wirkungsgrad von ≈80 % eine konstante Spannung von −12 V. Der DC-DC-Wandler liefert eine Ausgangsleistung von 400 mW.

Das Netzgerät lässt sich erheblich vereinfachen, wenn man den geschalteten Spannungsregler MAX743 einsetzt. Damit kann der IC-Regler 7812 entfallen und der IC-Regler 7805 benötigt eine unstabilisierte Gleichspannung von 9 V, die von einem externen Transformator mit einer Wechselspannung von 9 V ohne Probleme erzeugt werden kann.

Der MAX743 arbeitet mit einer Betriebsfrequenz von 200 kHz und daher muss um diesen Baustein eine Abschirmung auf der Platine vorhanden sein. Das von einem Schaltregler bzw. einer Stromversorgung erzeugte Rauschen kann sich leitungsgebunden oder durch Strahlung ausbreiten. Durch Leitungen übertragenes Rauschen tritt in Form einer Spannung oder eines Stroms auf, oder auch als Gleichtakt- oder differentielles Leitungsverhalten. Die Betrachtung ist jedoch erheblich komplizierter, da durch die meist undefinierte Impedanz der Verbindungsleitungen der Spannungsfluss einen Strom erzeugt und umgekehrt. Auch die differentielle Leitung einer Gleichtaktleistung kann eine unerwünschte Strahlung hervorrufen und umgekehrt.

Im Allgemeinen lässt sich eine Schaltung für die Reduzierung einer oder mehrerer dieser Störquellen optimieren. Die durch Leitung übertragenen Störungen stellen gewöhnlich in stationären Systemen ein größeres Problem dar als in tragbaren Geräten. Da das tragbare Gerät von Batterien gespeist wird, verursachen eine Last und seine Quelle keine zusätzlichen Störungen über die externen Verbindungen zur Weiterleitung an weitere Geräte.

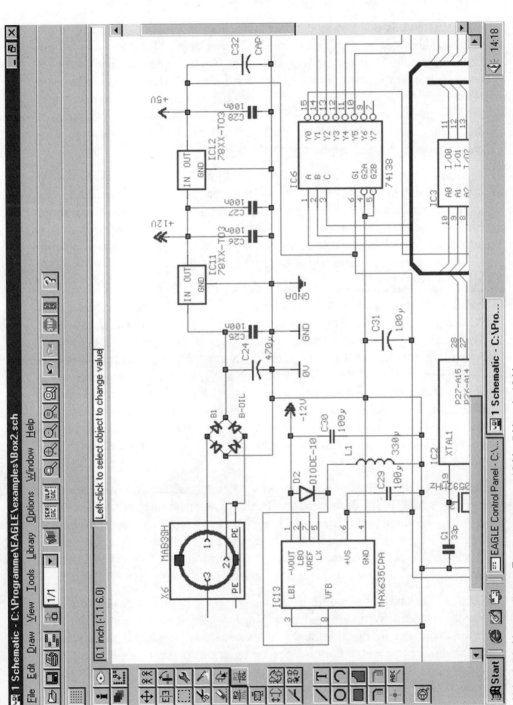

Abb. 3.56: Netzgerät zur Erzeugung von +12 V, +5 V und -12 V

Zum Verständnis der Entstehung des Rauschens in einem Schaltregler muss man sich über dessen Funktionsweise im Klaren sein. Allgemein wandelt ein Schaltregler die Quellenspannung bzw. den Quellenstrom in eine Lastspannung bzw. einen Laststrom um, indem der Strom mit Hilfe aktiver Elemente (Transistoren oder MOSFETs) durch Speicherelemente (Kondensatoren und Spulen) geleitet wird. Jeder DC-DC-Wandler ist ein Auf- oder Abwärtsregler, der auch invertierend betrieben werden kann, d.h. aus einer positiven Eingangsspannung lässt sich eine negative Ausgangsspannung erzeugen.

Abb. 3.57 zeigt das gesamte Schaltbild. Oben links erkennt man das Netzgerät mit den analogen IC-Reglern. Diese IC-Regler akzeptieren eine Spannung, die in einem bestimmten Bereich variiert und erzeugen aus einer unstabilisierten Eingangsspannung eine konstante Ausgangsspannung. Hierbei handelt es sich um Linear- und Shunt-Regler. Durch diese IC-Regler treten kaum Probleme auf, da nur niedriges Rauschen am Ausgang auftreten kann.

Der Shunt-Regler ist der einfachste Spannungsregler. Er regelt den Strom über einen Widerstand und senkt damit die Eingangsspannung auf den geregelten Ausgangswert. Z-Dioden arbeiten auf ähnliche Weise, haben jedoch eine hohe Verlustleistung bei einer relativ ungenauen Lastausregelung. Bei einigen Shunt-Reglern lässt sich die Regelspannung über einen Spannungsteiler einstellen, aber diese Typen treten gewöhnlich als Bestandteil bei komplexen IC-Reglern auf. Im Allgmeinen sind Shunt-Regler für Systeme niedriger Leistung und geringer Variation des Laststroms geeignet. Dieser eingeschränkte Anwendungsbereich lässt sich jedoch durch die Aufnahme eines aktiven Durchlasselements (externer NPN-Transistor) erweitern, wodurch der Shunt- zu einem Linearregler wird.

Bei linearen Schaltreglern wird ein aktives Durchlasselement (Transistor oder Leistungs-MOSFET) dazu benutzt, die Eingangsspannung auf die geregelte Ausgangsspannung zu verringern. Hier haben zwischen 1990 und 2000 besonders die Regler mit niedriger Dropout-Spannung (LDOs) an Verbreitung gewonnen. „Dropout" bezieht sich auf die Mindestdifferenz zwischen Ein- und Ausgangsspannung, die eine Regelung aufrechterhält.

Da der Eingangsstrom eines Linearreglers etwa dem Ausgangsstrom entspricht, ist sein Wirkungsgrad (Ausgangsleistung dividiert durch die Eingangsleistung) eine Funktion des Verhältnisses von Ausgangs- zur Eingangsspannung. Eine geringe Dropout-Spannung ergibt daher einen höheren Wirkungsgrad, was die Dropout-Spannung zu einem wichtigen Faktor macht. Liegt jedoch die Eingangsspannung weit höher als die Ausgangsspannung oder variiert stark, ist der maximale Wirkungsgrad schwierig zu erreichen.

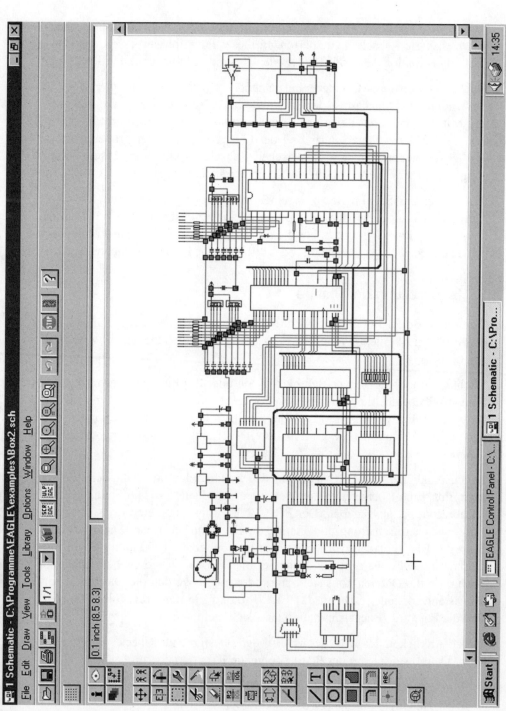

Abb. 3.57: Gesamtschaltung

Eine weitere Funktion von LDO-Reglern besteht darin, das von einem Schalt-regler erzeugte Rauschen zu sperren. In dieser Funktion verbessert das Low-Dropout-Verhalten des LDO-Reglers den Gesamtwirkungsgrad der Schaltung.

Reicht das Leistungsverhalten eines Shunt- oder eines Linearreglers für die Anwendung nicht aus, muss der Entwickler auf einen Schaltregler zurückgrei-fen. Mit dem besseren Leistungsverhalten kommen hier wiederum die Nach-teile des größeren Platzbedarfs und der höheren Kosten, der größeren Emp-findlichkeit gegenüber dem elektrischen Rauschen (wie auch dessen Erzeu-gung) und einer allgemein höheren Komplexität zum Tragen.

Das von einem Schaltregler bzw. einer Stromversorgung erzeugte Rauschen kann sich leitungsgebunden oder durch Strahlung ausbreiten. Durch Leitung übertragenes Rauschen tritt in Form einer Spannung oder eines Stroms auf, und beide können auch als Gleichtakt- oder differentielle Leitung betrachtet werden.

3.7.8 Erstellung der Platine

Durch den Board-Befehl lässt sich die Schaltung in eine Platine umwandeln. Das Problem ist eigentlich nur die Platzierung der Bauelemente, wie *Abb. 3.58* zeigt.

Wichtig ist noch der Layer-Befehl, den Sie über das linke Fenster in der Ac-tions-Toolbar finden. Es erscheint ein Popup-Menü für Layer von 1 bis 52. Der Layer 1 ist die Bauteilseite (Top) bei zweifach kaschierten Leiterplatten und der Layer 16 (Bottom) die Leiterbahnseite bei einseitig kaschierten Platinen. *Tabelle 3.30* zeigt die vordefinierten Layer.

Durch Anklicken des ERC-Icons wird der Schaltplan auf elektrische Fehler überprüft. Eine Übersetzung der Meldungen wird auf der Help-Seite, die über F1 abrufbar ist, ausgegeben. Der ERC-Befehl führt auch eine Konsistenzprü-fung zwischen Schaltung und Platine durch, wenn die Board-Datei vor dem Start des ERC geladen worden ist. Als Ergebnis der ERC-Funktion wird die automatische Forward&Back-Annotation ein- oder ausgeschaltet, abhängig davon, ob die Dateien konsistent sind oder nicht. Werden die Dateien als in-konsistent erkannt, erscheint das ERC-Protokoll in dem Text-Editor-Fenster, und die Forward-/Back-Annotation lässt sich nicht aktivieren.

Durch Anklicken des DRC-Icons wird der „Design-Rule-Check"-Befehl akti-viert. Damit werden auf der Platine folgende Kriterien überprüft:

– Mindestabstand zwischen Signalen (MinDist)
– Überlappung von Signalen (Kurzschlüsse, Overlap)

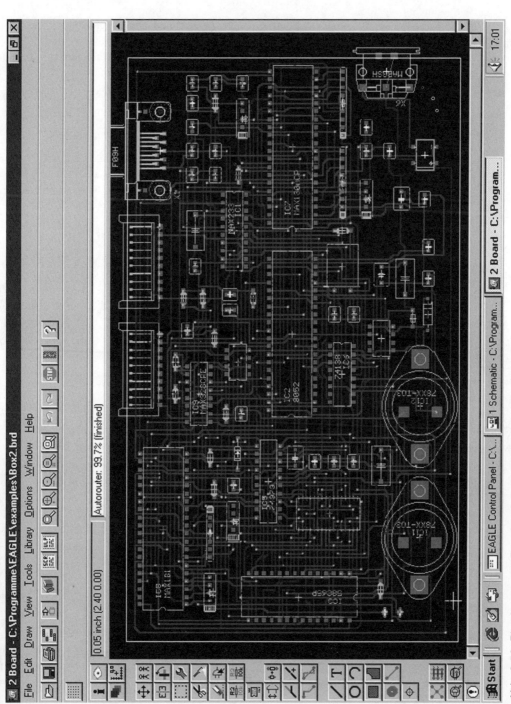

Abb. 3.58: Platzierung der Bauelemente und Erstellung der Platine

Tabelle 3.30: Funktionen der vordefinierten Layer. Zu beachten sind folgende Hinweise:
[1] *Holes erzeugen automatisch Kreise mit entsprechendem Durchmesser in diesem Layer*
[2] *Option„-B" bestimmt das Übermaß gegenüber Durchkontaktierungen*
[3] *Zuordnung der Bohrsymbole zu bestimmten Durchmessern ist mit der Option „-Y" zu ändern*
[4] *Mit der Option „-M" bestimmt man das Übermaß gegenüber Smd-Pad für Lotpastensymbol*

Ebene	Bezeichnung	Funktion
1	Top	Leiterbahnen oben (Draufsicht, Bauteilseite)
2	Route2	Innenlage (Signal- oder Versorgungs-Layer)
3	Route3	Innenlage (Signal- oder Versorgungs-Layer)
4	Route4	Innenlage (Signal- oder Versorgungs-Layer)
5	Route5	Innenlage (Signal- oder Versorgungs-Layer)
6	Route6	Innenlage (Signal- oder Versorgungs-Layer)
7	Route7	Innenlage (Signal- oder Versorgungs-Layer)
8	Route8	Innenlage (Signal- oder Versorgungs-Layer)
9	Route9	Innenlage (Signal- oder Versorgungs-Layer)
10	Route10	Innenlage (Signal- oder Versorgungs-Layer)
11	Route11	Innenlage (Signal- oder Versorgungs-Layer)
12	Route12	Innenlage (Signal- oder Versorgungs-Layer)
13	Route13	Innenlage (Signal- oder Versorgungs-Layer)
14	Route14	Innenlage (Signal- oder Versorgungs-Layer)
15	Route15	Innenlage (Signal- oder Versorgungs-Layer)
16	Bottom	Leiterbahnen unten (Unteransicht, Leiterbahnseite)
17	Pads	Pads (bedrahtete Bauteile)
18	Vias	Vias (durchgehend)
19	Unrouted	Luftlinien
20	Dimension	Platinenumrisse (und Kreise für Holes)[1]
21	tPlace	(Bestückungsdruck oben)
22	bPlace	(Bestückungsdruck unten)
23	tOrigins	Aufhängepunkte oben (Kreuz wird automatisch generiert)
24	bOrigins	Aufhängepunkte unten (Kreuz wird automatisch generiert)
25	tNames	Servicedruck oben (Bauteile-Namen, NAME)
26	bNames	Servicedruck unten (Bauteile-Namen, NAME)
27	tValues	Bauteile-Wert oben (VALUE)
28	bValues	Bauteile-Wert unten (VALUE)
29	tStop	Lötstoppmaske oben (automatisch generiert)[2]
30	bStop	Lötstoppmaske unten (automatisch generiert)[2]
31	tCream	Lotpaste oben[4]
32	bCream	Lotpaste unten[4]
33	tFinish	Veredelung oben

34	bFinish	Veredelung unten
35	tGlue	Klebemaske oben
36	bGlue	Klebemaske unten
37	tTest	Test- und Abgleichinformationen oben
38	bTest	Test- und Abgleichinformationen unten
39	tKeepout	Sperrflächen für Bauteile oben
40	bKeepout	Sperrflächen für Bauteile unten
41	tRestrict	Sperrflächen für Leiterbahnen oben
42	bRestrict	Sperrflächen für Leiterbahnen unten
43	vRestrict	Sperrflächen für Vias
44	Drills	Bohrungen, durchkontaktiert[3]
45	Holes	Bohrungen, nicht durchkontaktiert[3]
46	Milling	CNC-Fräser-Daten zum Schneiden der Platine
47	Measures	Bemaßung
48	Document	Dokumentation
49	Reference	Passmarken
50	–	–
51	tDocu	Dokumentation für Leiterbahnen oben
52	bDocu	Dokumentation für Leiterbahnen unten

- Abweichung vom 45°-Winkelraster (Angle)
- Mindest- und Maximal-Pad-Durchmesser (MinDiameter/MaxDiameter)
- Mindest- und Maximal-Bohrdurchmesser (MinDrill/MaxDrill)
- Mindest- und Maximal-Leiterbahnbreite (MinWidth/MaxWidth)
- Restkupfer bei Pads nach dem Bohren (Ringbreite, MinPad)
- Mindestbreite von SMD-Pads (MinSmd)
- Elemente außerhalb des gegenwärtigen Rasters (OffGrid).

Standardmäßig sind alle Prüfungen eingeschaltet und mit den angegebenen Werten belegt. Werden beim Aufruf des DRC-Befehls noch Parameter eingegeben, so werden nur die so angegebenen Prüfungen durchgeführt! Da dieser Befehl sehr umfangreich ist, wird er später noch in Verbindung mit einem praktischen Beispiel besprochen.

4 Erstellung neuer Bauelemente

In der Bibliothek können Symbole (nach DIN oder nach eigenen Vorstellungen), Packages (jede beliebige Gehäuseform) und Devices (Anschlussbelegung für einen realen Baustein) definiert werden. Symbol, Package und Device sind in der entsprechenden Bauteilebibliothek in EAGLE gespeichert, die Sie jederzeit erweitern können. Ein Device kann mehrere Symbole enthalten. Außerdem ist ihm ein bestimmtes Package zugeordnet, mit eindeutigem Bezug der Pins zu den Pads. EAGLE erlaubt die Verwendung mehrerer Bibliotheken für eine identische Zeichnung.

Ein Symbol wird in der Bauteilebibliothek definiert. Dabei legt man sein Aussehen, die Anschlusspunkte für Netze (Pins), die Pinnamen und deren Position sowie spezielle Pineigenschaften (z.B. Richtung) fest. Das NAND-Gatter des integrierten Bausteins 7400 lässt sich beispielsweise als einzelnes Symbol definieren. In der PCB-Technik (Printed Circuit Board) werden deshalb Package und Device häufig auch als gemeinsames Symbol definiert.

Die Gehäuseformen lassen sich in der Bauteilebibliothek „Package" speichern. Ein Package enthält alle Informationen, die zu einem bestimmten Gehäusetyp gehören: Package-Name, Lage der Pads, Namen der Pads, Sperrflächen, Texte und so weiter. Ein Package kann auch aus beliebigen Objekten in beliebigen Layern bestehen. Jedes Package hat einen Aufhängepunkt, und zwar bei den Koordinaten (0 0). Achtung: Packages können keine Signale enthalten!

Ein Device lässt sich nur mit dem Schaltplan-Modul realisieren und wird in der Bauteilebibliothek definiert. Es besteht aus einem oder mehreren Symbolen (etwa vier NAND-Gattern und einem Spannungsversorgungssymbol). Im Device lassen sich die Namen der „Gates" (etwa mit A, B, C...) festlegen, die dann den Bauteilnamen im Schaltplan ergänzen (IC1A, IC1B, IC1C...). Im Device wird auch definiert, welches Package zum Baustein gehört und welcher Pin mit welchem Pad (im Package) zu verbinden ist.

4.1 Design für einen Spezialwiderstand

In der Bibliothek von EAGLE lassen sich folgende Objekte definieren, wenn das Schaltplan-Modul vorhanden ist:

- Package: Ein Package stellt das Gehäuse eines Bausteins dar. Wer kein Schaltplan-Modul besitzt, verwendet nur die Package-Informationen aus einer Bibliothek. In selbst angelegten Bibliotheken kann der Anwender auch nur ein Package definieren. Package können allgemeine Zeichenobjekte (Wire, Text usw.) sowie die speziellen Objekte „Pad" und „Smd" enthalten. Letztere stellen die Anschlüsse von konventionellen und SMD-Bauelementen dar. Außerdem sind Bohrungen (Holes) in Package möglich. Die speziellen Texte >NAME und >VALUE dienen als Platzhalter für den aktuellen Namen (z.B. R10) und Wert (z.B. 1k) des Bauteils auf der Platine. Symbole und Devices werden zwar getrennt definiert, gehören aber von der Logik her zusammen, denn ein Device ohne Symbol hat keinen Sinn.

- Symbol: Ein Symbol stellt ein Schaltzeichen dar, wie man es im Schaltplan verwendet (etwa ein Gatter eines NAND-Bausteins 7400). Ein solches Symbol definiert man mit Hilfe der allgemeinen Zeichenobjekte (Wire, Arc usw.) sowie mit dem speziellen Objekt „Pin". Der Aufhängepunkt eines Pins legt die Stelle im Symbol fest, an der im Schaltplan die Netze angeknüpft werden. Die speziellen Texte >NAME und >VALUE dienen wieder als Platzhalter für den aktuellen Namen (z.B. R10) und Wert (z.B. 1k) des Bauteils im Schaltplan.

- Device: Ein Device stellt ein komplettes Bauelement dar, wie es im Datenblatt beschrieben ist. Es besteht aus einem oder mehreren Symbolen. Vom Schaltplan aus wählt man ein Device, platziert aber im Allgemeinen nur jeweils ein Symbol aus dem Device. So erhält man z.B. beim ADD-Befehl die Gatter eines 7400 der Reihe nach und kann sie auch einzeln verschieben oder löschen. Bei der Device-Definition legt man auch folgende Bedingungen fest:
  - die Namen der Einzelsymbole, die den Namen im Schaltplan ergänzen (NAND-Gatter A heißt im Schaltplan z.B. IC1A)
  - einen Präfix (z.B. R für Widerstände, C für Kondensatoren, L für Spulen und IC für integrierte Schaltkreise) für die automatische Generierung von Namen (siehe PREFIX)
  - den Addlevel, der darüber entscheidet, auf welche Weise ein Gate in die Schaltung geholt werden kann und ob es als Gate mitgezählt wird
  - welches Package zum Device gehört (PACKAGE)
  - welcher Pin welchem Pad entspricht (CONNECT)

– ob sich der Wert in der Schaltung auch nachträglich ändern lässt (z.B. bei Widerständen, Kondensatoren und Spulen) oder ob er dem Device-Namen (etwa 7400) entsprechen soll (VALUE ON/OFF).

Bitte beachten Sie, dass Schaltplänen immer ein 0,1-Zoll-Raster zugrunde liegt. Dieses Raster wird automatisch eingestellt, wenn Sie Schaltpläne, Symbole oder Devices editieren. Es läßt sich zwar die Grid-Einstellung ändern, aber Pins, Gates, Busse, Netze und Junctions sollen nach wie vor nur im 0,1-Zoll-Raster platziert werden.

Wenn Sie Änderungen an einer Bibliothek vornehmen, bleiben bestehende Zeichnungen davon unberührt, da die Definitionen der Packages, Devices und Symbole in die Zeichnung übernommen werden.

4.1.1 Entwicklung des Package

Wenn Sie EAGLE aufrufen, kommen Sie in das Hauptmenü, schieben den Cursor über das NEW-Feld und es öffnet sich das Popup-Menü mit „Board", „Schematic" und „Library". Klicken Sie „Library" an und es erscheint das Zeichenfenster. *Abb 4.1* zeigt einen Ausschnitt vom Zeichenfenster, wobei nur vier Schaltflächen momentan interessant sind. Als Dateinamen wählen Sie bitte „Resi1" für den ersten Spezialwiderstand und damit ist die Bibliothek offen.

Wichtig in diesem Zeichenfenster sind die vier gekennzeichneten Schaltflächen „Editor", „Edit a device", „Edit a package" und „Edit a symbol". Wenn Sie eines der vier Felder anklicken, erscheint das Eingabefenster von *Abb. 4.2*.

In dem Fenster von Abb. 4.2 befindet sich die Datei „Resi1". Über das Fenster „New" ist der neue Namen einzugeben und dann muss man noch über die drei Felder „Dev", „Pac" und „Sym" einen der drei gewünschten Editoren aufrufen. Geben Sie in das Fenster „New" zuerst „Resi1" ein, klicken dann auf „Pac" und schließen den Vorgang mit „OK" ab. Es erscheint das Fenster von *Abb. 4.3*.

Für die Erstellung eines Package stehen die Zeichenbefehle „Wire", „Text", „Circle", „Arc", „Rectangle", „Polygon", „Via", „Smd pad" und „Hole" zur Verfügung. Mit diesen Funktionen können Sie das gezeigte Beispiel zeichnen.

Durch den PAD-Befehl lässt sich ein durchkontaktierter Anschluss für ein Bauelement definieren. Der PAD-Befehl platziert einen Anschluss in einem Package. Die Eingabe des Durchmessers vor dem Platzieren ändert die Größe des Pads. Der Durchmesser wird in der aktuellen Maßeinheit angegeben und

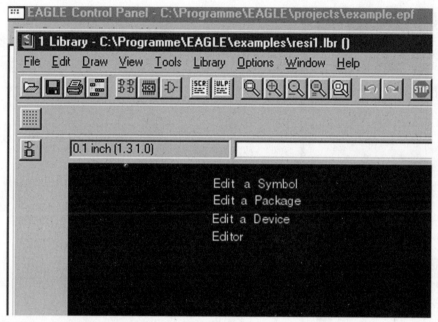

Abb. 4.1: Zeichenfenster für die Konstruktion eines Gehäuses (Package)

er darf maximal 0,51602 Zoll (,13,1 mm) betragen. Klicken Sie das PAD-Symbol an, erscheinen fünf Möglichkeiten für folgende Formen:

- Square   ==> quadratisch
- Round   ==> rund
- Octagon   ==> achteckig
- XLongOct ==> längliches Achteck in x-Richtung
- YLongOct ==> längliches Achteck in y-Richtung.

Wenn Sie das PAD-Symbol anklicken, können Sie den Durchmesser des Anschlusses für das Bauelement bestimmen. Die eingegebene Größe bleibt für nachfolgende Operationen erhalten. Bei den länglichen Pads ist der größere der beiden Durchmesser als Parameter anzugeben. Das Seitenverhältnis ist fest auf 2:1 eingestellt. Die Pad-Form kann entweder (wie der Durchmesser) eingegeben werden, während der Pad-Befehl aktiv ist.

Wichtig!!! Es ist nicht möglich, in einem Package, das bereits in einem Device verwendet wird, nachträglich ein Pad hinzuzufügen oder zu löschen, da dies die im Device definierten Pin/Pad-Zuordnungen (CONNECT-Befehl) verändern würde.

Mit dem Wire-Befehl können Sie jetzt die Leiterbahnen zeichnen, wobei sich die Strichstärke immer nach Ihren Vorstellungen einstellen lässt. Gibt man den Befehl

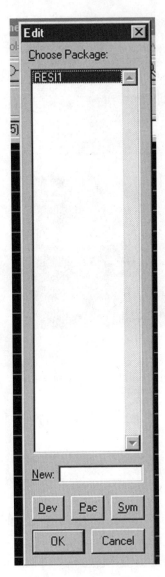

Abb. 4.2: Fenster für den entsprechenden Editor

ein und ändert die Strichstärke, dann bleibt diese solange erhalten, bis diese wieder geändert wird. Zulässig ist eine Breite von maximal 0,51602 Zoll (ca. 13,1 mm).

Mit dem Circle-Befehl lassen sich Kreise in den aktiven Layer zeichnen. Dieser Befehl in den Layern „TRestrict", „BRestrict" und „VRestrict" dient zum Anlegen von Sperrflächen für den Autorouter. Dabei sollte eine Linienstärke (width) von 0 gewählt werden, um die Kreisflächen für den Autorouter zu sperren. Bei Linienstärken >0 wird nur der Kreisring gesperrt.

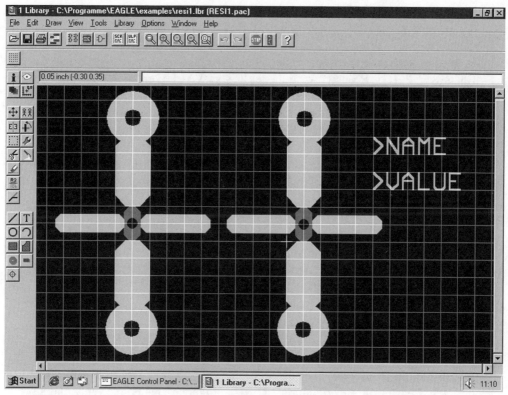

Abb. 4.3: Fenster für die Erstellung des Package für einen Spezialwiderstand

Für den Platzhalter gibt es spezielle Texte, wie *Tabelle 4.1* zeigt.

Tabelle 4.1: Spezielle Texte für den Platzhalter
[1] nur im Package und Symbol
[2] nur im Symbol
[3] nur im Symbol oder Schaltplan

Platzhalter	Definition
>NAME	Bauteilname (ggf. mit Gate-Name)[1]
>VALUE	Bauteilwert/-typ[1]
>PART	Bauteilname[2]
>GATE	Gate-Name[2]
>DRAWING_NAME	Zeichnungsname
>LAST_DATE_TIME	Datum/Zeit der letzten Änderung
>PLOT_DATE_TIME	Datum/Zeit der Plot-Erstellung
>SHEET	Blattnummer eines Schaltplans[3]

Beim Entwurf eines Package platziert man die Texte >NAME und >VALUE in der gewünschten Größe mit dem TEXT-Befehl an die gewünschte Stelle. Normalerweise verwendet man dazu den Layer „TNames" und „TValues". Anstelle des Texts >Name erscheint in der Platinenzeichnung der aktuelle Name des Bauteils, z.B. IC1, R5 usw. Anstelle des Texts >VALUE erscheint später in der Platinenzeichnung der aktuelle Wert des Bauteils, sofern ein Wert definiert wurde (z.B. 100k). Bei ICs setzt man anstelle eines Werts normalerweise den Typ (z.B. 7400) ein. Wer ohne Schaltplan-Modul arbeitet, muss den aktuellen Wert bei der Layout-Erstellung mit dem VALUE-Befehl definieren. Hat man das Layout aus einer Schaltung mit dem BOARD-Befehl des Schaltplan-Moduls erzeugt, werden die dort definierten Werte übernommen.

Falls Sie keine weiteren Änderungen an der Bibliothek durchführen müssen, ist die Bibliothek abzuspeichern (WRITE) oder zu schließen (CLOSE).

Mit den Befehlen „CUT" und „PASTE" können Sie auch bestehende Packages als Grundlage für neue Typen verwenden (EDIT old_package, GROUP, CUT, EDIT new_package, PASTE).

4.1.2 Entwicklung des Symbols

Für die Definition eines Symbols benötigen Sie das Schaltplan-Modul. Zuerst öffnen Sie die Bibliothek über das Fenster von *Abb. 4.2*. Dazu müssen Sie in das New-Fenster die Bezeichnung „RESI1" eingeben, das Feld „Sym" und anschließend „OK" anklicken. Damit erscheint das Eingabefenster von *Abb. 4.4*.

Wenn Sie „OK" anklicken, erscheint ein leeres Fenster für den Entwuf eines Symbols. Zeichnen Sie die Abmessungen für einen „normalen" verdrahteten Widerstand mit kurzen Anschlussbeinchen. Danach zeichnen Sie einen etwas breiteren Strich in das Symbol ein, wobei das natürlich nur ein Beispiel sein soll. Durch den Wire-, Circle- und Arc-Befehl können Sie jede grafische Gestaltungsmöglichkeit für das Symbol verwenden.

Wenn Sie das letzte Symbol in der Kommando-Toolbar (Anschluss-Symbol) anklicken, erscheinen in der Parameter-Toolbar 16 verschiedene Symbole für jede Art von Anschluss. Diese Symbole sind in vier Hauptgruppen unterteilt:

- „Select orientation": Hier wird die Lage des Pins bestimmt. Beim Platzieren lassen sich die Pins mit der rechten Maustaste jeweils um 90° rotieren. Es sind folgende Möglichkeiten zur direkten Eingabe vorhanden:
  - 1. Symbol: R0   => Pinanschlusssymbol rechts
  - 2. Symbol: R90   => Pinanschlusssymbol oben

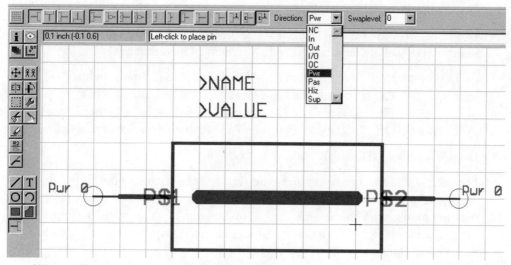

Abb. 4.4: Entwurf eines Symbols für den Spezialwiderstand

– 3. Symbol: R180 => Pinanschlusssymbol links
– 4. Symbol: R270 => Pinanschlusssymbol unten

Grundeinstellung (Default): R0.

• „Select function" bestimmt die grafische Darstellung der Pins und es sind folgende Möglichkeiten vorhanden:

– 1. Symbol: None => Keine spezielle Funktion für einen statischen Eingang
– 2. Symbol: Dot   => Invertierendes Schaltsymbol
– 3. Symbol: Clk   => Schaltsymbol für einen Takteingang mit dynamischem Verhalten
– 4. Symbol: DotClk => Invertierendes Schaltsymbol für einen Takteingang mit dynamischem Verhalten

Grundeinstellung (Default): None.

• „Select length" bestimmt die Länge des Pin-Symbols und es sind folgende Möglichkeiten vorhanden:

– 1. Symbol: Point => Pin wird ohne Linie und Beschriftung dargestellt
– 2. Symbol: Short => Pinlinie ist 0,1 Zoll lang
– 3. Symbol: Middle => Pinlinie ist 0,2 Zoll lang
– 4. Symbol: Long   => Pinlinie ist 0,3 Zoll lang

Grundeinstellung (Default): Long.

• „Select visible" bestimmt, ob der Pin- und/oder Pad-Name im Schaltplan sichtbar sein soll und es sind folgende Möglichkeiten vorhanden:

– 1. Symbol: Both => Pin- und Pad-Name sind im Schaltplan sichtbar
– 2. Symbol: Pad   => nur der Pad-Name ist im Schaltplan sichtbar
– 3. Symbol: Pin   => nur der Pin-Name ist im Schaltplan sichtbar
– 4. Symbol: Off   => weder Pin- noch Pad-Name sind im Schaltplan sichtbar

Grundeinstellung (Default): Both.

Danach folgt „Direction" und hier wird die logische Richtung des Signalflusses festgelegt. Sie ist für den „Electrical Rule Check" (ERC-Befehl) und für die automatische Verdrahtung der Stromversorgungspins von Bedeutung. Wenn Sie dieses Fenster anklicken, öffnet sich ein Popup-Menü mit folgenden Kurzbezeichnungen:

NC: not connected
In: Eingang
Out: Ausgang (totem-pol, Gegentaktausgang)
I/O: Ein-/Ausgang (bidirektionale Schnittstelle)
OC: Open Collektor (TTL) oder Open Drain (CMOS)
Hiz: High-Impedance-Ausgang (Tri-State-Verhalten)
Pas: passiv (für Widerstände, Kondensatoren, Spulen usw.)
Pwr: Power-Pin (Vcc, Gnd, Vss...), Stromversorgungsanschlüsse
Sup: Stromversorgungsanschlüsse, z.B. Massesymbol.

Wichtig: Die Grundeinstellung ist immer „I/O", also für einen bidirektionalen Ein-/Ausgang.

Wenn Pwr-Pins in einem Symbol vorhanden sind und im Schaltplan ein entsprechender Sup-Pin existiert, werden die Netze automatisch eingefügt. Sup-Pins werden nicht in Bauelementen verwendet. Der Name eines Sup-Pins sollte nicht länger als acht Zeichen sein, da dieser Name als Netzname verwendet wird und ein Netzname nur acht Zeichen lang sein kann. Bei mehr als acht Zeichen werden die überzähligen Buchstaben, Zahlen oder Sonderzeichen ohne Meldung abgeschnitten, was unter Umständen zu Kurzschlüssen führen kann.

Das letzte Fenster in der Parameter-Toolbar ist der „Swaplevel". Die Zahl darf zwischen 0 und 255 liegen. Die Zahl 0 bedeutet, dass der Pin nicht gegen einen anderen des gleichen Gateanschlusses ausgetauscht werden darf. Jede Zahl, die größer als 0 ist, bedeutet, dass der Pin mit solchen Pins ausgetauscht werden kann, die den gleichen Swaplevel aufweisen und im gleichen Symbol definiert sind. Die Grundeinstellung ist immer 0.

4.1.3 Entwicklung des Device

Bei der Entwicklung eines Device geht man in folgenden Schritten vor:

- Schritt 1: Bibliothek öffnen (z.B. RESI1).
- Schritt 2: Neues Device anlegen. Im EDIT-Befehl den Namen des neuen Device angeben.
- Schritt 3: Symbole holen und platzieren (ADD) und dabei den Namen mit Addlevel angeben oder nachträglich ändern (NAME, CHANGE). In vielen Bauelementen verwendet man ein eigenes Symbol für die Versorgungspins (Addlevel = Request). Festlegen, ob der Wert im Schaltplan geändert werden kann oder ob er dem Device-Namen (z.B. RESI1) entsprechen soll. Mit dem PACKAGE-Befehl wird angegeben, welches Gehäuse zum Baustein gehört. Mit dem CONNECT-Befehl ist die Zuordnung zwischen Pins und Pads herzustellen.
- Schritt 4: Definition beenden und falls keine weiteren Änderungen an der Bibliothek vorzunehmen sind, die Bibliothek mit „WRITE" abspeichern und mit „CLOSE" schließen .

Wenn alles ordnungsgemäß durchgeführt worden ist, erscheint *Abb. 4.5*, wobei hier zusätzlich das Info-Icon angeklickt worden ist. Das Package wurde eindeutig als RESI1 definiert.

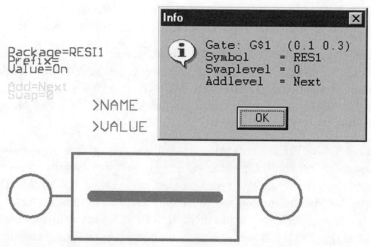

Abb. 4.5: Device für den RESI1-Widerstand

Mit dem Prefix (vor dem Wort oder vor ein Wort tretende Silbe bzw. Vorsilbe) wird festgelegt, mit welchem Zeichen oder welcher Zeichenfolge der automatisch vergebene Name beginnen soll, wenn das Element mit dem ADD-Befehl im Schaltplan platziert wird. Geben Sie PREFIX „IC" ein und dieser Befehl wird ausgeführt, während man das Device 7400 editiert. In diesem Fall bekommen später die mit ADD im Schaltplan platzierten NAND-Gatter die Namen U1, U2, U3 und so weiter. Diese Namen lassen sich mit dem NAME-Befehl ändern.

Die Bezeichnung „Value=On" bedeutet, dass man anstelle des Platzhalters „VALUE" (im Symbol definiert) im Schaltplan den aktuellen Wert eingeben kann. „Value=Off" bedeutet dagegen, daß anstelle des Platzhalters „VALUE" im Schaltplan der Device-Name (z.B. 7400) erscheint. Er lässt sich im Schaltplan nicht mehr mit dem VALUE-Befehl verändern.

Die Abkürzung „Add=Next" bedeutet, dass mit dem Addlevel gearbeitet wird. Hier gibt es folgende Möglichkeiten:

- Next: Wenn ein Device mehr als ein Gate beinhaltet, werden in den Schaltplan der Reihe nach die Symbole mit Addlevel „Next" geholt.

- Must: Wird ein beliebiges Symbol eines Device in den Schaltplan geholt, dann muss auch ein mit dem Addlevel „Must" definiertes Symbol im Schaltplan erscheinen, bevor nicht alle anderen Symbole aus diesem Device gelöscht sind. Falls nur noch „Must"-Symbole aus einem Device vorhanden sind, löscht der DELETE-Befehl das ganze Device.

- Always: Wie „Must", allerdings kann ein Symbol mit Addlevel „Always" gelöscht und mit „INKOVE" wieder in den Schaltplan geholt werden.

- Can: Gibt es in einem Device die Funktion mit „Next-Gates" ein, dann werden die „Can"-Gates nur dann geholt, wenn sie explizit mit „INKOVE" angefordert werden. Ein Symbol mit Addlevel „Can" wird mit „ADD" nur dann in den Schaltplan geholt, wenn das Device nur „Can"- und „Request"-Gates enthält.

- Request: Diese Eigenschaft wird sinnvollerweise für Versorgungssymbole von Bausteinen verwendet. Request-Gates können nur explizit in die Schaltung geholt werden (INKOVE) und werden intern nicht mitgezählt. Das hat zur Folge, dass in Bausteinen mit nur einem Gatter und einem Versorgungsspannungssymbol der Gattername nicht zum Bauteilnamen hinzugefügt wird. Im Falle eines 7400 mit vier Gattern und zwei Versorgungsspannungsanschlüssen (+5 V und Masse) heißen die einzelnen Gatter im Schaltplan z.B.

IC1A, IC1B, IC1C und IC1D. Ein Mikroprozessor 68000 mit nur einem „Gatter", dem Prozessorsymbol, wird dagegen im Schaltplan z.B. als IC1 definiert, da sein separates Spannungsversorgungssymbol als Gatter nicht mitzählt.

Die Bezeichnung „Swap=0" bedeutet, dass man im Schaltbild nicht die Anschlüsse vertauschen kann.

4.1.4 Spezialwiderstand RESI1 in der Schaltung

Wenn Sie alle Arbeiten abgeschlossen haben, können Sie sich Ihren Widerstand in der Schaltung betrachten. Öffnen Sie eine Datei .SCH im Schaltplan-Editor und rufen den Widerstand RESI1 auf. Sie erhalten das von Ihnen entworfene Schaltzeichen und wenn Sie den Board-Befehl anklicken, erscheinen die grafischen Abmessungen neben dem Platinenlayout. Sie können diesen Widerstand entsprechend Ihren Vorstellungen innerhalb einer Schaltung platzieren.

4.2 Erstellung einer logischen Schaltung

In einem 8-poligen DIL-Gehäuse ist eine Schaltung mit folgenden Anschlüssen unterzubringen:

- Pin 1: NC (kein Anschluss)
- Pin 2: Direkter statischer Eingang ohne elektrische bzw. elektronische Besonderheiten
- Pin 3: Negierter statischer Eingang ohne elektrische bzw. elektronische Besonderheiten
- Pin 4: Eingang mit positivem (direkten) dynamischem Taktlogikverhalten
- Pin 5: Eingang mit negativem (negierten) dynamischem Taktlogikverhalten
- Pin 6: Stromversorgungsausgang (Massesymbol)
- Pin 7: Anschluss der Betriebsspannung
- Pin 8: Direkter Ausgang mit Gegentaktendstufe (Totempol).

Die Bibliothek ist zu öffnen und der neue Baustein soll mit „Gate1" definiert werden.

4.2.1 Definition des Symbols

Bei der Definition des Symbols ist unbedingt wieder die Reihenfolge einzuhalten, d.h. Bibliothek öffnen und ein neues Symbol anlegen. Aus den Forderungen lässt sich *Abb. 4.6* erstellen.

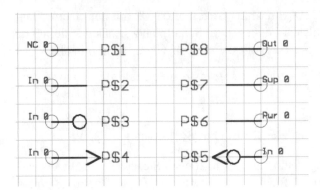

Abb. 4.6: Anschluss-
schema für das Symbol

Bei der Realisierung des Anschlussschemas wurde absichtlich mit mehreren
Möglichkeiten der Anschlusspunkte gearbeitet.

• Pin 1 zeigt einen NC-Pin (kein Anschluss). Dieser Anschluss muss vollständig definiert sein, denn nach dem ERC-Befehl zur Prüfung einer Schaltung
können unerklärliche Fehlermeldungen ausgegeben werden, da keine Definition vorliegt. Klicken Sie zuerst das None-Symbol an und wenn Sie die Maus
bewegen, erkennen Sie, wie dieser Icon an dem Cursor hängt. Klicken Sie dann
das Long-Icon an, wird der Pfeil mit dem Punkt entsprechend verlängert. Sie
können auch die anderen Icons für „Point" (ohne Linie und Beschriftung),
„Short" (Linie ist 0,1 Zoll lang), „Middle" (Linie ist 0,2 Zoll lang) oder „Long"
(Linie ist 0,3 Zoll lang) anklicken und je nach Ihrer Vorstellung die richtige
Verbindung wählen. Wichtig ist noch die Definition für die „Direction", damit
der Anschluss die richtige Zuordnung erhält, d.h. in diesem Fall „NC", ein
Anschluss ohne elektrische bzw. elektronische Funktion, also ein Leerpin.

• Pin 2 zeigt einen Eingang ohne spezielle Funktion, wie dies auch bei Pin 1
der Fall ist. Der Unterschied wird durch die Definition der „Direction"-Funk-
tion hergestellt. In diesem Fall hat man einen Eingang als elektrische bzw.
elektronische Funktion. Die Arbeitsweise dieses Eingangs ist statisch und er
reagiert bei logischen Funktionen auf positive Spannungsänderungen.

• Pin 3 zeigt einen negierten Eingang ohne spezielle Funktion. Durch die
Definition der „Direction"-Funktion erfolgt die Kennzeichnung für einen Eingang. Die Arbeitsweise ist statisch und er reagiert bei logischen Funktionen
auf negative Spannungsänderungen.

• Pin 4 zeigt den Eingang mit direktem Taktlogikverhalten. Bitte vergessen
Sie nicht die Definition für die „Direction", denn es handelt sich um einen Ein-

gang. Der Pfeil bedeutet, dass es sich um ein positives Taktsignal handelt und der Anschluss hat ein typisches dynamisches Verhalten.

- Pin 5 zeigt den Eingang mit negiertem Taktlogikverhalten. Der negierte Pfeil bedeutet, dass es sich um ein dynamisches Taktsignal handelt.

- Pin 6 zeigt den Anschluss der Betriebsspannung „Pwr". Die Definition für den Power-Anschluss ist über „Direction" einzustellen. Wenn „Pwr"-Pins in einem Symbol vorhanden sind und im Schaltplan ein entsprechender Pwr-Pin existiert, werden die Netze automatisch eingefügt. Pwr-Pins werden nicht in passiven Bauelementen verwendet.

- Pin 7 kennzeichnet den Stromversorgungsausgang (Massesymbol) mit „Sup". Hier erfolgt der Anschluss für Masse. Wenn „Sup"-Pins in einem Symbol vorhanden sind und im Schaltplan ein entsprechender Sup-Pin existiert, werden die Netze automatisch eingefügt. Sup-Pins werden nicht in passiven Bauelementen verwendet.

- Pin 8 verwendet einen Ausgang mit Gegentaktendstufe und daher die Bezeichnung „Out" in der Abbildung. Es wird mit einer statischen Funktion gearbeitet und daher verwendet man „None" (grafische Darstellung eines Pins ohne spezielle Funktion) und über die „Direction"-Funktion wird dem Pin die logische Richtung für den Signalfluss vorgegeben.

Jetzt können Sie noch ein Rechteck mit verschiedenen Formen um das Symbol einzeichnen. Wichtig sind noch die beiden Platzhalter mit >NAME (oberhalb des Bauelements) und >VALUE (unterhalb des Bauelements). Wenn Sie die beiden Platzhalter rechts oder links von dem Symbol einfügen, erscheinen später im Schaltplan die Namen und der Wert neben dem Symbol. *Abb. 4.7* zeigt das Symbol mit den Abgrenzungen und den beiden Platzhaltern.

Mit dem Wire-Befehl zeichnen Sie die Linien in das Symbol ein. Danach können Sie den Kreisbogen mit der ARC-Funktion zeichnen. Der erste und zweite Mausklick mit der linken Maustaste definiert zwei gegenüberliegende Punkte auf dem Kreisumfang. Danach lässt sich mit der rechten Maustaste festlegen, ob der Bogen im Uhrzeigersinn oder im Gegenuhrzeigersinn dargestellt werden soll. Mit dem abschließenden Mausklick legt man den Winkel des Bogens fest. Der nächste Schritt für das Symbol ist die Kennzeichnung der Funktionen, wie *Abb. 4.8* zeigt.

Durch das Anklicken des „Name"-Symbols können Sie die einzelnen Pins mit entsprechenden Namen definieren. Klicken Sie „Name" in der Kommando-Toolbar an und dann den Kreis des Pins, den Sie definieren wollen. Es er-

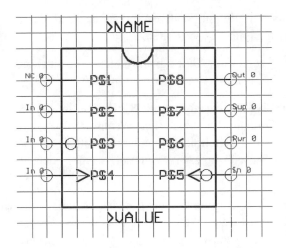

Abb. 4.7: Grafisches Symbol mit den Abgrenzungen und den beiden Platzhaltern

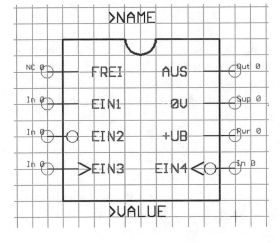

Abb. 4.8: Symbol für die Definitionen der einzelnen Pinbelegungen

scheint ein Fenster für die Eingabe des Texts. Da der Pin 1 eine NC-Definition hat, können Sie z.B. „FREI" eingeben. Natürlich ist auch „NC" oder ein anderer Text möglich. Danach beschriften Sie die Eingänge „EIN1", „EIN2", „EIN3" und „EIN4". Pin 6 dient für die Betriebsspannung, Pin 7 für den Masseanschluss und Pin 8 ist der Ausgang. Damit ist das Symbol für „Gate1" komplett.

Die Namen dieser Pins sollten nicht länger als acht Zeichen sein, da dieser Name als Netzdefinition verwendet wird und ein Netzname nur acht Zeichen lang sein kann. Bei mehr als acht Zeichen werden die überflüssigen Zeichen ohne Meldung abgeschnitten, was unter Umständen zu Kurzschlüssen führen kann!

Die Funktion ist durch Anklicken des Speichersymbols (Diskette-Icon) in der Menüleiste abzuschließen. Sie können über den Info-Icon alle Eigenschaften jedes Pins betrachten und noch Fehler ohne großen Aufwand korrigieren.

4.2.2 Entwurf eines 8-poligen DIL-Gehäuses

Bei den DIL- oder DIP-Gehäusen unterscheidet man zwischen dem Kunststoff-Steckgehäuse und dem Flachgehäuse. Kunststoff-Steckgehäuse werden auf der dem Gehäuse abgewandten Platinenseite gelötet. Die Anschlussfahnen der Gehäuse sind um 90° nach unten abgebogen und passen in ein Lochraster von 2,54 mm und einen Lochkreisdurchmesser zwischen 0,7 mm bis 0,9 mm. Der Gehäuseboden berührt nach dem Einsetzen die Leiterplatte nicht, weil die Anschlussfahnen kurz vor dem Gehäuse breiter werden. Nach dem Einsetzen des Gehäuses in eine Leiterplatte ist es vorteilhaft, zwei Anschlussenden in einem Winkel von 30° zur Leiterplatte abzubiegen, denn während des Lötvorgangs braucht dann das Gehäuse nicht auf die Leiterplatte gepresst werden. Die maximal zulässige Löttemperatur beträgt beim Handlöten 265 °C (max. 10 s) und bei Tauchlöten 240 °C (max. 4 s).

Flachgehäuse werden auf der dem Gehäuse abgewandten Plattenseite gelötet. Die Anschlussfahnen der Gehäuse sind um 90° nach unten abgebogen und passen in ein Lochraster von 2,54 mm und in einen Lochkreisdurchmesser zwischen 0,6 mm bis 0,8 mm. Das rechtwinklige Kröpfen der Anschlussdrähte ist bis zu einem Abstand von 0,8 mm vom Gehäuse zulässig. Die Lötung der Anschlussdrähte kann durch Tauch- oder Kolbenlötung erfolgen. Bei einer Badtemperatur von 250 °C darf die Lötzeit max. 5 s, bei 300 °C max. 2 s betragen. Nach dem Einsetzen des Gehäuses in die Leiterplatte ist es vorteilhaft, zwei (oder auch alle) Anschlussenden in einem Winkel von 30° zur Leiterplatte abzubiegen, damit das Gehäuse während des Lötvorgangs nicht an die Leiterplatte gepresst werden muss. Das Kürzen zu langer Anschlussdrähte soll vor dem Löten erfolgen. Beim Löten auf der Platinenseite muss die Leiterplatte nicht durchbohrt sein. Die Verbindung mit den Leiterbahnen kann durch einen Lötkolben oder durch Punktschweißung mittels Laser erfolgen.

Bei dem Entwurf des DIL-Gehäuses von *Abb. 4.9* besteht zwischen den Pins ein Abstand von 2,54 mm und zwischen den beiden Pinreihen von 7,62 mm. Für die Bohrungen wird 0,8 mm gewählt.

Mit „Via" bestimmt man die Anschlussflächen in dem aktiven Layer. Danach sind mit dem Wire-Befehl die Umrisse zu zeichnen. Mit dem Arc-Befehl lässt sich der Kreisbogen in dem Gehäuse zeichnen. Der erste und zweite Mausklick mit der linken Taste definiert zwei gegenüberliegende Punkte auf dem Kreisumfang. Danach lässt sich mit der rechten Maustaste festlegen, ob der Bogen im Uhrzeigersinn oder im Gegenuhrzeigersinn dargestellt werden soll. Mit dem abschließenden Mausklick legt man den Winkel des Bogens fest.

Wichtig im Device sind die beiden Platzhalter „>NAME" und „>VALUE", wobei die beiden Texte nicht unbedingt über bzw. unterhalb des Gehäuses vorhanden sein müssen.

Durch das Anklicken des „Name"-Symbols in der linken Toolbar können Sie die einzelnen Pins mit entsprechenden Nummern versehen. Klicken Sie „Name" in der Kommando-Toolbar an und dann den Kreis des Pins, den Sie definieren wollen. Es erscheint ein Fenster für die Eingabe des Textes und hier geben Sie die Nummern der Pins von 1 bis 8 nacheinander ein.

4.2.3 Erstellung eines Device

Den Abschluss für die Entwicklung stellt die Erstellung eines Device dar. Sie klicken das Symbol „Edit a device" an und erhalten ein Fenster. Geben Sie den Namen „GATE1" ein, klicken die Schaltfläche „Sym" an und anschließend „OK". Es erscheint ein Fenster und hier lässt sich das Device entwickeln. Durch Anklicken von „Add" wird das Element in die Zeichnung eingefügt. Dann klicken Sie den „Package"-Icon an. Den Abschluss bildet die Definition des Prefix. In unserem Fall handelt es sich um eine integrierte Schaltung und daher geben Sie in das Textfenster „IC" ein. Dieser Befehl wird im Device-Editier-Modus angewendet. Er legt fest, mit welchem Zeichen oder welcher Zeichenfolge der automatisch vergebene Name beginnen soll, wenn das Element mit dem ADD-Befehl im Schaltplan platziert wird.

Der Connect-Befehl dient zur Zuordnung von Pins und Pads, wie links in *Abb. 4.10* gezeigt ist. Dieser Befehl lässt sich nur im Device-Editier-Modus anwen-

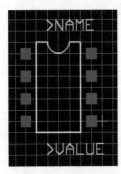

Abb. 4.9: Entwurf eines 8-poligen DIL-Gehäuses

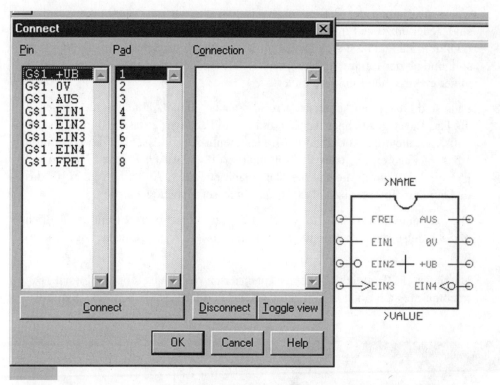

Abb. 4.10: Fenster für den Connect-Befehl, über den man die Zuordnung von Pins und Pads vornimmt

den und dient dazu, die Pins des Schaltplansymbols zu bearbeiten und die entsprechenden Pads dem zugehörigen Gehäuse zuzuweisen. Zuvor muss mit dem Package-Befehl festgelegt worden sein, welches Package für das Device verwendet werden soll. Der PACKAGE-Befehl löscht vorhandene Pad/Pin-Zuweisungen.

Im vorliegenden Beispiel werden die Anschlüsse des Gates automatisch mit G$1 für die Pins (Anschlüsse im Symbol) und für die Pads gekennzeichnet. Wenn Sie das Feld „Connect" anklicken, wird das markierte Feld von Pin und Pad in die rechte Spalte für die Connection übertragen. Damit sind diese Verbindungen ordnungsgemäß. Falls Sie eine Verbindung rückgängig machen wollen, markieren Sie in der Spalte „Connection", und klicken „Disconnect" an.

Pins sind Objekte, die nur in Symbolen zulässig sind. Sie stellen die Anschlusspunkte des Symbols für Netze im Schaltplan dar. Die Pins erhalten normalerweise die Namen der Bauteilanschlüsse, so wie sie im Datenbus angegeben sind. Jeder einzelne Pin hat eine Reihe von Eigenschaften, z.B. Richtung oder Funktion. Zudem lässt sich festlegen, ob der Name im Schaltplan sichtbar sein soll, und ob der Pin mit anderen vertauscht werden kann, ohne dass sich etwas in der elektrischen Funktion ändert.

Pads sind Quadrate, Achtecke, Kreise oder längliche Achtecke, die immer in die Pad-Layer gezeichnet werden und nur in Packages zulässig sind. Sie symbolisieren die durchkontaktierten Bauelemente-Anschlüsse. Bei der Definition eines Package erhält jedes Pad automatisch durch EAGLE einen Namen mit P$1 bis P$20 durch die interne Datenbank zugeteilt. Außerdem kann für das Pad ein Durchmesser und ein Bohrdurchmesser festgelegt werden.

Die Zuordnung in *Abb. 4.10* zwischen Pins und Pads ist recht unterschiedlich und Sie müssen die Zuordnung vornehmen. *Abb. 4.11* zeigt die richtige Zuordnung.

Damit ist die Entwicklung einer integrierten Schaltung abgeschlossen. Betrachten Sie sich noch die einzelnen Schritte durch Anklicken des „Symbol"-

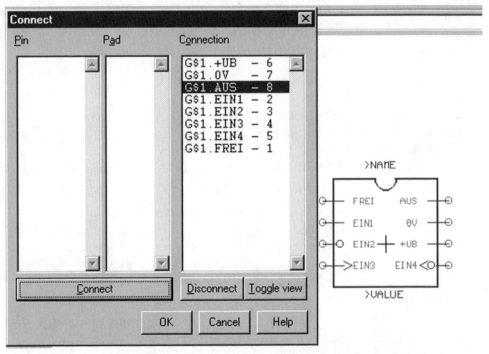

Abb. 4.11: Richtige Zuordnung zwischen Pins und Pads im „Connection"-Feld

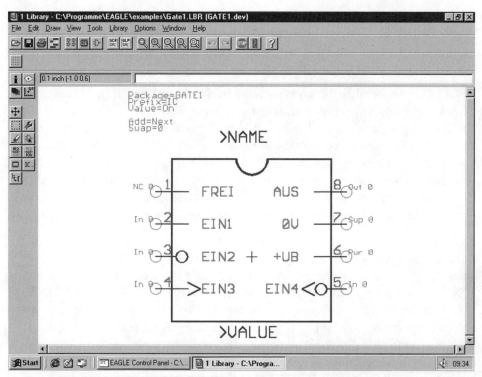

Abb. 4.12: Komplett erstelltes Schaltsymbol unter der Bibliotheksbezeichnung „GATE1"

Icons, dann von dem „Package"-Icon. Wenn Sie nun das „Device"-Icon anklicken, erscheint *Abb. 4.12*.

Sie erkennen oben links die Bezeichnungen für das „Package=GATE1", den „Prefix=Gate" und „Value=On". Durch einen geringen Zeichenabstand ist „Add=Next" und „Swap=0" vorhanden. Damit ist die Erstellung des Device bereits abgeschlossen.

4.3 Erstellung eines grafischen Elements für den AD-Wandler LTC1090

Der AD-Wandler LTC1090 hat acht Eingangskanäle, die entweder jeweils eine analoge Signalspannung erfassen können oder man arbeitet im differentiellen Betrieb, wobei die Signalspannung zwischen zwei Eingängen umgesetzt wird. Sind beispielsweise die beiden Kanäle K_0 und K_1 zusammengefasst, lässt sich die Ausgangsspannung einer Messbrücke in einen digitalen Messwert umsetzen, wenn die Messbrücke zwischen –5 V und + 5 V betrieben wird. Ein bipolarer Betrieb ist immer dann vorhanden, wenn das Spannungssignal einen positiven oder negativen Wert annehmen kann. Dabei lässt sich im einfachen oder differentiellen Betrieb arbeiten.

Der LTC1090 beinhaltet mehrere Funktionseinheiten. Über die acht Eingangskanäle K erfolgt die Datenerfassung, dann die Zwischenspeicherung in der S&H-Einheit (Sample and Hold), der Vergleich am Komparator mit dem Ausgang des DA-Wandlers und die Ansteuerung der SAR-Einheit (Successive Approximation Register). Nach der Umsetzung des adressierten Kanals übernimmt das Ausgangs-Schieberegister den Wert aus der SAR-Einheit. Durch die Taktleitung SCLK erfolgt die serielle Datenübertragung. Dies gilt auch, wenn über die Datenleitung D_I ein neues Befehlswort vom PC übertragen wird.

Hat der Baustein den Spannungswert umgesetzt, lässt sich dieser 10-Bit-Wert durch das serielle Schieberegister an D_Q ausgeben und an den PC übertragen. Der PC erzeugt an seiner seriellen Schnittstelle den SCLK (Shift Clock) für das Ausgangs- und Eingangs-Schieberegister. Ist die Datenübertragung von der Messßbox zum PC abgeschlossen, gibt anschließend der PC über seine serielle Schnittstelle das Befehlswort aus, damit die Messbox die Eingangsspannung an einem bestimmten Kanal K umsetzen kann. *Abb. 4.13* zeigt die Innenschaltung und die Anschlussbelegung des 10-Bit-AD-Wandlers LTC1090.

4.3.1 Definition der elektrischen Signale

Aus der Innenschaltung und der Anschlussbelegung von *Abb. 4.13* lässt sich das Symbol für den AD-Wandler erstellen. Für die Anschlüsse gilt:

- Pin 1: Kanal K0 als AD-Eingang und daher keine spezielle Funktion „None"
- Pin 2: Kanal K1 als AD-Eingang und daher keine spezielle Funktion „None"
- Pin 3: Kanal K2 als AD-Eingang und daher keine spezielle Funktion „None"
- Pin 4: Kanal K3 als AD-Eingang und daher keine spezielle Funktion „None"
- Pin 5: Kanal K4 als AD-Eingang und daher keine spezielle Funktion „None"
- Pin 6: Kanal K5 als AD-Eingang und daher keine spezielle Funktion „None"
- Pin 7: Kanal K6 als AD-Eingang und daher keine spezielle Funktion „None"
- Pin 8: Kanal K7 als AD-Eingang und daher keine spezielle Funktion „None"
- Pin 9: Com-Anschluss für die Bezugsmasse und wird mit der Funktion „Sup" für ein Massesymbol gekennzeichnet
- Pin 10: DGND-Anschluss für die digitale Bezugsmasse und wird mit der Funktion „Sup" für ein Massesymbol gekennzeichnet

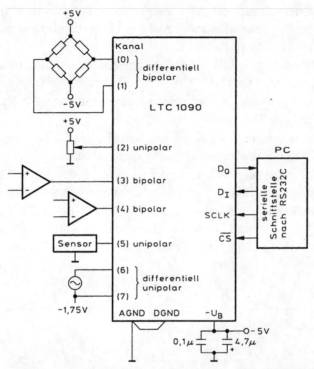

Abb. 4.13: Innenschaltung des 10-Bit-AD-Wandlers LTC1090 mit seriellen Ein- und Ausgangsfunktionen

- Pin 11: AGND-Anschluss für die analoge Bezugsmasse und wird mit der Funktion „Sup" für ein Massesymbol gekennzeichnet
- Pin 12: $-U_B$-Anschluss für die negative Betriebsspannung und wird mit der Funktion „Pwr" für einen Power-Pin bzw. Versorgungsspannungs-Anschluss gekennzeichnet.
- Pin 13: $-U_{ref}$-Anschluss für die negative Referenzspannung und wird mit der Funktion „Pas" für einen passiven Anschluss gekennzeichnet. Durch die passive Kennzeichnung muss während der Schaltplanerstellung auf keine automatische Herstellung einer Verbindung mit einer Spannungsversorgung geachtet werden
- Pin 14: $+U_{ref}$-Anschluss für die positive Referenzspannung und wird mit der Funktion „Pas" für einen passiven Anschluss gekennzeichnet. Durch die passive Kennzeichnung muss während der Schaltplanerstellung auf keine automatische Herstellung einer Verbindung mit einer Spannungsversorgung geachtet werden

- Pin 15: Steuereingang mit negierter Funktion. Da man den Negationsbalken aus der Booleschen Algebra nicht zeichnen kann, verwendet man CS für die Kennzeichnung
- Pin 16: Datenausgang DQ, der keine spezielle Funktion hat und daher mit „None" gekennzeichnet ist
- Pin 17: Dateneingang DI, der keine spezielle Funktion hat und daher mit „None" gekennzeichnet ist
- Pin 18: Steuereingang SCLK für den seriellen Takt. Er hat keine spezielle Funktion und wird daher mit „None" gekennzeichnet
- Pin 19: Steuereingang ACLK und hier wird der externe Taktgenerator angeschlossen. Er hat keine spezielle Funktion und wird daher mit „None" gekennzeichnet
- Pin 20: $+U_B$-Anschluss für die positive Betriebsspannung und wird mit der Funktion „Pwr" für einen Power-Pin bzw. Versorgungsspannungs-Anschluss gekennzeichnet

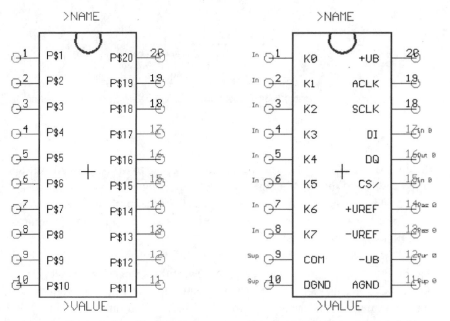

Abb. 4.14: Symbol ohne Pindefinitionen   Abb. 4.15: Symbol mit Pindefinitionen

Die Erstellung des Schaltungssymbols von *Abb. 4.14* ist kein Problem, denn man muss nur auf die Besonderheiten der Funktionen „Direction", „Function" und „Length" achten. Wichtig bei der Länge des Pinsymbols ist, dass Sie nicht unbedingt „Point" (Pin wird ohne Linie und Beschriftung) oder „Short" (Linie ist 0,1 Zoll lang) verwenden. Wenn Sie später einen Schaltplan erstellen und diese beiden Längen wurden gewählt, können Probleme bei der Verdrahtung entstehen. Bitte vergessen Sie nicht die beiden Platzhalter.

Nach der Erstellung des Symbols sind noch die einzelnen Anschlüsse zu definieren, wie *Abb. 4.15* zeigt. EAGLE vergibt automatisch die Bezeichnungen „P$1" bis „P$20". Über den Name-Funktion werden diese automatisch vorgegebenen Bezeichnungen in anwenderspezifische Texte umgesetzt. Wenn Sie im Text einen Kleinbuchstaben eingeben, wird dieser immer in Großbuchstaben ausgegeben.

4.3.2 Definition des Gehäuses

Bei der Definition eines Gehäuses können Sie entweder einen fertigen Typ aus der Bibliothek verwenden oder Sie gestalten ein Gehäuse nach Ihren Vorstellungen. *Bild 4.16* zeigt ein 20 poliges DIL-Gehäuse aus der Bibliothek.

Führt man im Schaltplan-Modus den Board-Befehl aus, entsteht für jedes Gehäuse dasjenige Package, das mit diesem Befehl festgelegt wurde. Wenn Sie einen Pin anklicken, müssen Sie nicht unbedingt über den Name-Befehl die Pins definieren, denn das wurde bereits durchgeführt. Wenn Sie einen Pin anklicken, wird die richtige Pinbelegung ausgegeben.

4.3.3 Definition des Device

Der letzte Schritt bei der Erstellung eines Bausteins ist die Definition des Device. Hier ergibt sich ein Unterschied zwischen der EAGLE-Version 3.x und 4.x. *Abb. 4.17* zeigt den Baustein LTC1090, wenn mit der EAGLE-Version 4.x gearbeitet wird.

Mit dem ADD-Befehl werden die Symbole in das rechte Device-Fenster geholt. Gate-Name, Swaplevel und Addlevel lassen sich beim ADD-Befehl über die Parameter-Toolbar oder nachträglich mit dem Change-Befehl festlegen. Der Swaplevel definiert, ob äquivalente Gates vorhanden sind. Der Addlevel definiert z.B., ob ein Gate nur auf Anforderung in die Schaltung geholt wird, wie etwa bei den Betriebsspannungsanschlüssen oder Masse.

Abb. 4.18 zeigt die undefinierten Pin-Namen und Pad-Bezeichnungen, wenn Sie das Schaltfeld „Connect" anklicken. Definieren Sie nach und nach die Zuordnung und stimmen die beiden Balken auf Pin und Pad überein, klicken Sie „Connect" an, bis Sie *Abb. 4.19* erhalten.

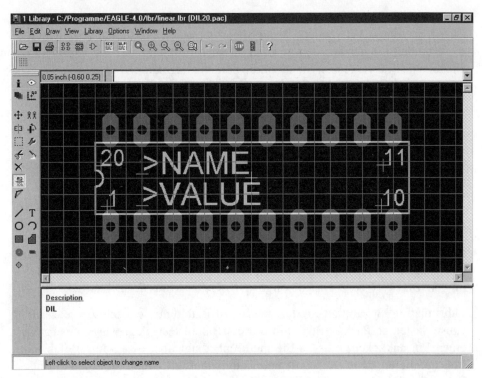

Bild 4.16: 20 poliges DIL-Gehäuse aus der EAGLE-Bibliothek

Sind die Bezeichnungen zwischen den Pins und Pads richtig, schließen Sie den Vorgang mit „OK" ab.

Eine Besonderheit in Abb. 4.17 sind die Anzeigen „On" und „Off". Im Device-Modus bestimmt man mit „VALUE", ob der Bauteilewert im Schaltplan oder Layout frei gewählt werden kann oder er wird vorgegeben.

• On: Wert lässt sich in der Schaltung ändern (z.B. bei Widerständen, Kondensatoren und Spulen). Nur nach Vergabe eines Werts ist das Bauteil eindeutig spezifiziert.

• Off: Wert entspricht dem Device-Namen, einschließlich der Angabe von Technologie und Package-Variante (z.B. 74LS00N), wenn vorhanden.

Auch mit Value „Off" kann man den Wert eines Bauteils ändern. Nach einer Sicherheitsabfrage gibt man den neuen Wert an. Wird allerdings später die Technologie oder die Package-Variante über „CHANGE PACKAGE" bzw.

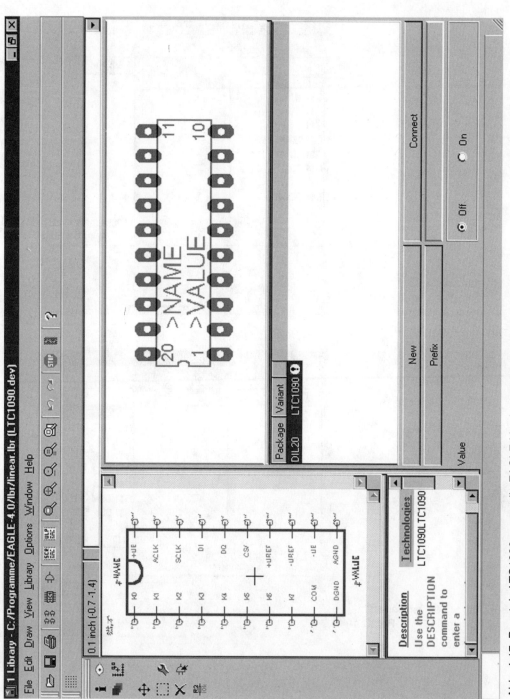

Abb. 4.17: Baustein LTC1090, wenn die EAGLE-Version 4.x eingesetzt wird

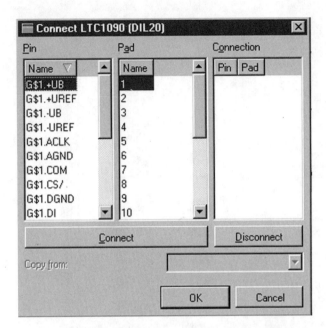

Abb. 4.18: Undefinierte Pinnamen und Pad-Bezeichnungen

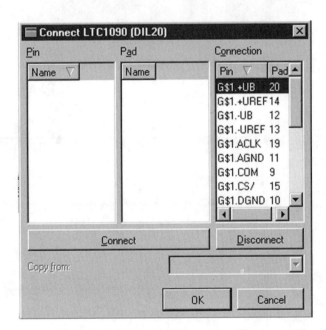

Abb. 4.19: Definierte Pin-Namen und Pad-Bezeichnungen

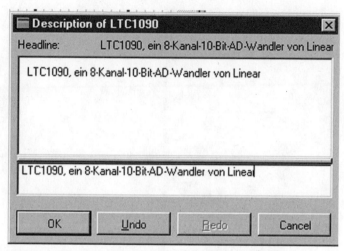

Abb. 4.20: Fenster für die Eingabe der Beschreibung (Description)

„TECHNOLOGY" verändert, wird der Wert des Bauteils auf den ursprünglichen zurückgesetzt.

Falls erforderlich, können verschiedene Technologien für einen Baustein definiert werden:

- 7400: Standard-TTL-Baustein
- 74ALS00: Advanced Low Power Schottky
- 74AS00: Advanced Schottky
- 74LS00: Low Power Schottky
- 74S00: Schottky
- 74HC00: High-Speed-CMOS
- 74HCT00: High-Speed-CMOS-Technology

Wenn Sie den Balken „Description" anklicken, öffnet sich das Textfenster von *Abb. 4.20*. Hier können Sie eine Beschreibung für das Bauteil verfassen, die auch bei der Suche im ADD-Dialog berücksichtigt wird. Wenn Sie „OK" anklicken, erscheint *Abb. 4.21*.

4.4 Erstellung eines Zeichenelements für den AD-Wandler MAX181

Der AD-Baustein MAX181 ist ein komplettes Datenerfassungssystem mit sechs Eingängen und einer 12-Bit-Auflösung. Bis zu 50000 Wandlungen sind

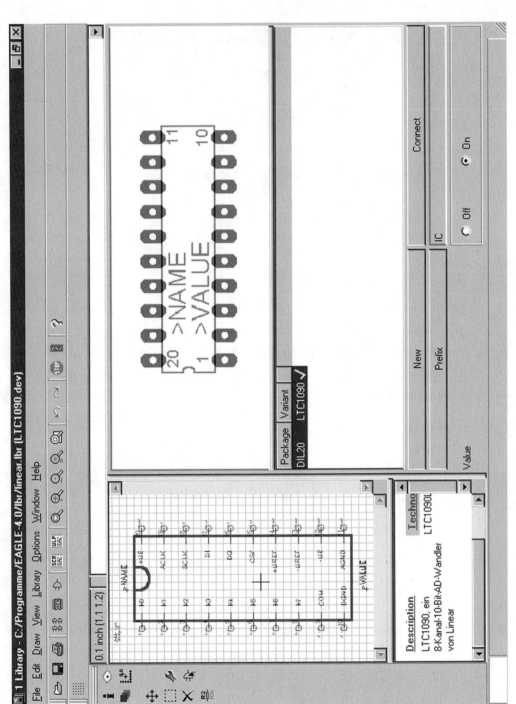

Abb. 4.21: Fertiges Symbol für den AD-Wandler LTC1090

pro Sekunde in einem Messsystem möglich. Mittels dieses Bausteins ist der Anwender in der Lage, ein hochwertiges Messsystem für seinen Personalcomputer zu realisieren, denn es treten keine Schnittstellenprobleme, wie Masseschleifen, Störeinkopplungen, Spannungsabfälle und Streukapazitäten auf. Der MAX181 beinhaltet dazu alle notwendigen analogen und digitalen Funktionen, wie 7,5-μs-AD-Wandler mit einer wählbaren 8- oder 16-Bit-Schnittstelle, 6-Kanal-Analog-Multiplexer, breitbandige S&H-Einheit und eine Spannungsreferenz. Es sind nur wenige externe Komponenten erforderlich, d.h. für die Unterbringung der Bauelemente benötigt man eine relativ kleine Leiterplattenfläche.

Befindet sich der MAX181 auf einer PC-Einsteckkarte, erreicht man 1000 Messungen pro Sekunde im 12-Bit-Format, wobei nicht der MAX181 den Flaschenhals bildet, sondern das PC-Bussystem mit seinem spezifischen Übertragungsmodus. Durch die Programmierung der Eingangsfunktionen ist die Erfassung von unipolaren Spannungen von 0 V bis +5 V oder bipolaren von -2,5 V bis +2,5 V möglich. Durch die interne Spannungsreferenz, die jede Temperaturänderung am Baustein weitgehend ausgleicht, erzielt man eine hohe Temperaturkompensation von 25 ppm/ºC. *Abb. 4.22* zeigt die Innenschaltung und die Anschlussbelegung des MAX181.

Der Unterschied zwischen MAX180 und MAX181 liegt in der Anschlussbelegung zwischen Pin 7 und Pin 8. Der MAX180 hat an Pin 7 seinen Eingangskanal 6, der MAX181 den Ausgang seines internen Multiplexers. Bei Pin 8 steht beim MAX180 der Eingangskanal 7 zur Verfügung, beim MAX181 der Eingang für die interne S&H-Einheit. Bei dieser Bauanleitung wird der MAX181 deswegen eingesetzt, da man zwischen dem Multiplexer und dem analogen Zwischenspeicher die programmierbare Verstärkung einschalten kann.

Die Adressierung der acht bzw. sechs Eingangskanäle erfolgt über die drei Adresseingänge A_0, A_1 und A_2 nach dem binären Zahlensystem, wobei sich beim MAX181 die Adressen für Kanal 6 und 7 nicht aktivieren lassen. Die acht Kanäle des MAX180 werden über den Multiplexer zusammengefasst und auf die S&H-Einheit gegeben, während die sechs Kanäle des MAX181 an dem Ausgang „MUXOUT" vorhanden sind. Über den Eingang „ADCIN" lässt sich der Ausgang „MUXOUT" auf den Sample&Hold-Speicher geben, wobei an dieser Verbindung eine entsprechende Bearbeitung des Messsignals erfolgen kann. Hier kann man beispielsweise die Verstärkung beeinflussen oder die Signalspannung mit passiven oder aktiven Filtern in einem Frequenzverhalten ändern.

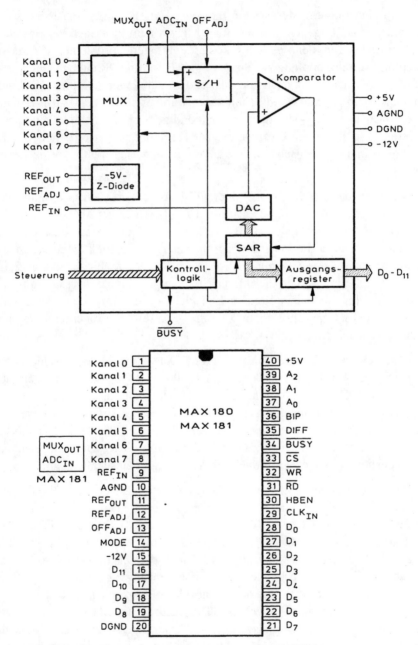

Abb. 4.22: Innenschaltung und Anschlussbelegung des MAX181

Die Ausgangsspannung der S&H-Einheit wird durch den Komparator intern mit der Ausgangsspannung des Digital-Analog-Wandlers (DAC) verglichen. Der Ausgang des Komparators steuert die SAR-Einheit (Sukzessives Approximations-Register) im Wandler an. Innerhalb von 12 Taktzyklen erfolgt die komplette Umsetzung einer analogen Eingangsspannung in ein digitales Datenformat, das dann entweder im vollen 12-Bit-Format oder zwei Teilformaten auszulesen ist.

Der Wert der SAR-Einheit steht als 12-Bit-Wert an dem Ausgang zur Verfügung. Für den Lesebetrieb muss die CS-Leitung des MAX180/181 mit einem 0-Signal freigegeben werden und die RD-Leitung auf 0-Signal liegen, damit der MAX180/181 aktiviert wird und seine Betriebsart erkennen kann. Beim Lesen des AD-Wandler-Registers gibt es zwei Möglichkeiten: Entweder steht der Wert des Registers im 12-Bit-Format direkt zur Verfügung oder man gibt den Wert in zwei Teilformaten aus. Die Formatsteuerung übernimmt der HBEN-Eingang (High Byte Enable) und es ergibt sich die Ausgabe für die digitalisierte Messwertausgabe, wie *Tabelle 4.1* zeigt.

Tabelle 4.1: Formatsteuerung des HBEN-Eingangs (High Byte Enable)

HBEN = 0:	D_{11}	D_{10}	D_9	D_8	D_7	D_6	D_5	D_4	D_3	D_2	D_1	D_0
HBEN = 1:	D_{11}	D_{10}	D_9	D_8	0	0	0	0	D_{11}	D_{10}	D_9	D_8

Das HBEN-Signal erzeugt der Anwender über die Adresse. Mit der Adresse 100H steht das 8-Bit-Format von D_0 bis D_7 und mit 101H das 4-Bit-Format von D_8 bis D_{11} an dem 8-Bit-Datenbus zur Verfügung. Arbeitet man im 8-Bit-Format, müssen die Ausgangsleitungen von D_8 bis D_{11} nicht angeschlossen sein.

Bevor der MAX180/181 arbeiten kann, muss vom Anwender bzw. Programm in den MAX-Baustein ein Steuerwort eingeschrieben werden, wie *Tabelle 4.2* zeigt.

Tabelle 4.2: Steuerwort für den MAX180/181

D_7	D_6	D_5	D_4	D_3	D_2	D_1	D_0
X	X	X	DIFF	BIP	A_2	A_1	A_0

Dieses Steuerformat wird übernommen, wenn über CS der Baustein mit einem 0-Signal freigegeben ist und die WR-Leitung auf 0-Signal schaltet. Es werden die Kanalnummer und die beiden Betriebsarten „bipolar" und „differentiell" übernommen. Mit einem 0-Signal auf der Datenleitung D_3 wird der unipolare Betrieb für den Kanal festgelegt, die Eingangsspannung liegt zwischen 0 V und +5 V, und mit einem 1-Signal wird der bipolare Bereich von -2,5 V und +2,5 V definiert. Hat die Datenleitung D_4 ein 0-Signal, arbeitet der betreffende Kanal in seiner einfachen Betriebsart, und bei einem 1-Signal werden zwei Eingangskanäle zur differentiellen Betriebsart zusammengefasst.

Nach der Übernahme des Steuerworts startet der MAX180/181 seine Datenumsetzung und ist diese beendet, schaltet der BUSY-Ausgang auf 0-Signal. Mit dem BUSY-Signal wird ein Interrupt ausgelöst.

4.4.1 Erstellung des Symbols

Die Erstellung des Symbols wird aus der Innenschaltung und der Anschlussbelegung vorgenommen. Durch den Pin-Befehl lässt sich jedem Anschluss seine logische Richtung für den Signalfluss zuweisen. Da der Baustein MAX180 fast identisch mit dem MAX181 ist, rufen Sie den MAX180 auf, wie *Abb. 4.23* zeigt.

Der MAX180 hat acht Eingangskanäle, der MAX181 dagegen sechs. Der Kanal 6 (Pin 7) ist der Ausgang des Multiplexers MUX beim MAX181 und Kanal 7 (Pin 8) der Eingang für den Analog-Digital-Wandler. Man muss nur die beiden Pins verändern, wie *Abb. 4.24* zeigt.

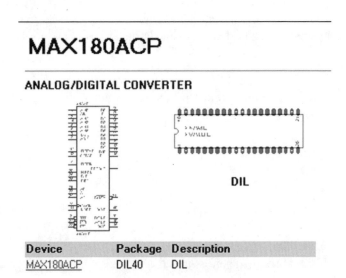

MAX180ACP

ANALOG/DIGITAL CONVERTER

DIL

Abb. 4.23: Baustein MAX180 aus der EAGLE-Bibliothek

Device	Package	Description
MAX180ACP	DIL40	DIL

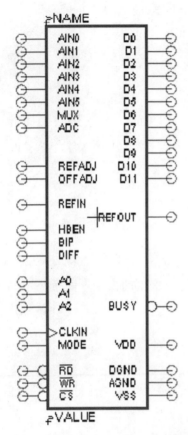

Abb. 4.24: Erstellung des Symbols für den MAX181

Pin 6 wird als Ausgang für die logische Richtung des Signalflusses definiert, während man Pin 7 als Eingang beibehalten kann. Ändern Sie über den Name-Befehl den Text für die beiden Pins. Danach ist Package zu erstellen, was kein Problem darstellt.

4.4.2 Definition des Device

Wichtig bei der Erstellung des Device ist die Änderung in der Zuordnung von Pin 7 und Pin 8 beim Connect-Befehl. Pin 7 ist der Ausgang „MUX" und Pin 8 der Eingang „ADC". Wenn Sie über den ADD-Befehl das Symbol aufrufen, kontrollieren Sie nochmals die Zuordnung von Pin 7 und Pin 8, sodass Sie das Device von *Abb. 4.25* erhalten.

Ändern Sie auch „Description" und „Technologies", damit der Baustein ordnungsgemäß in der Bibliothek vorhanden ist.

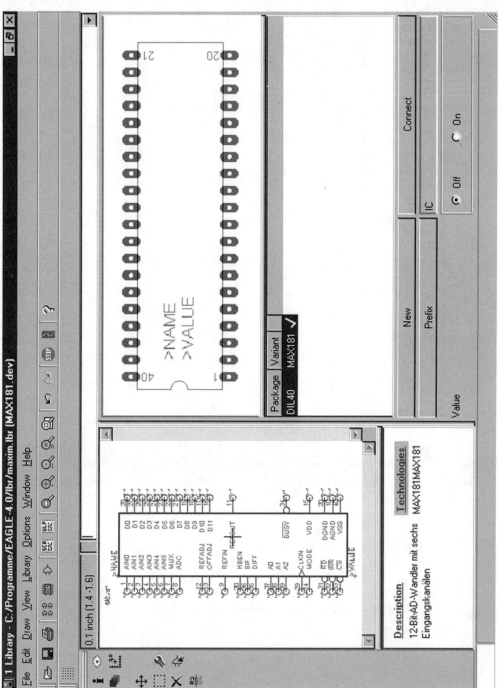

Abb. 4.25: Erstellung des Device für den MAX181

4.5 Erstellung von EMV-Filter-Baugruppen

Die korrekte Auswahl von EMV-Maßnahmen setzt Kenntnis für die besonderen Eigenschaften von Störungen, Ausbreitungsarten und Kopplungsmechanismen voraus. Grundsätzlich lassen sich die Störungen bezüglich ihrer Ausbreitung einteilen, wie *Abb. 4.26* zeigt.

PK-Dr. = Pulverkerndrossel, aber auch alle Einfachdrosseln

X-Ko. = X-Kondensatoren

SK-Dr. = Stromkompensierte Drossel

Y-Ko. = Y-Kondensatoren

Bei niedrigen Frequenzen kann man davon ausgehen, dass sich Störungen nur entlang von leitenden Strukturen ausbreiten, bei hohen Frequenzen praktisch nur über elektromagnetische Strahlung. Im Bereich um einige MHz spricht man von der elektromagnetischen Kopplung. Analog dazu sind leitungsgeführte Störungen bis zu einigen 100 kHz überwiegend symmetrisch (differential mode), darüber asymmetrisch (common mode). Der Grund dafür liegt in der größerwerdenden Frequenz und bei zunehmender Verkopplung der Leitungen im Einfluss parasitärer Kapazitäten und Induktivitäten.

Wie *Abb. 4.27* zeigt, werden Störspannungen bzw. -ströme in symmetrische, asymmetrische und unsymmetrische Störgrößen eingeteilt:

• Asymmetrische Störungen (Gleichtakt, common mode): Störungen treten zwischen allen Leitungen eines Kabels und der Bezugsmasse auf. Sie sind vorwiegend bei hohen Frequenzen über 1 MHz vorhanden.

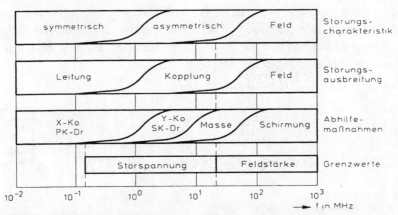

Abb. 4.26: Störungen, Ausbreitungsarten und Kopplungsmechanismen

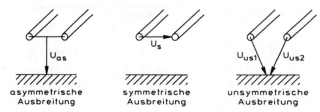

Abb. 4.27: Ausbreitungsarten für Störspannungen bzw. -ströme

- Symmetrische Störungen (Gegentakt, differential mode): Diese treten zwischen zwei stromführenden Leitungen (L nach L) oder zwischen einer stromführenden Leitung und der neutralen Leitung (L nach N) auf und sind vorwiegend bei niedrigen Frequenzen (bis 300 kHz) vorhanden.

- Unsymmetrische Störungen: Diese treten zwischen einzelnen Leitungen und der Bezugsmasse auf.

Als Maßnahmen eignen sich für die symmetrische Komponente die X-Kondensatoren und alle Einfachdrosseln. Im Bereich der asymmetrischen Störungen verwendet man hauptsächlich stromkompensierte Drosseln und Y-Kondensatoren, wobei eine gute EMV-gerechte Massung und Verkabelung vorausgesetzt wird. Die Zuordnung der Störungsarten und der Maßnahmen zu den Frequenzbereichen findet sich in den Frequenzgrenzen für die Messung der Störspannung und der Störfeldstärke wieder.

Zur richtigen Auswahl von Entstörbauelementen ist es notwendig, die Ausbreitungsverhältnisse der leitungsgeführten Störungen zu kennen, wie *Abb. 4.28* zeigt. Von einer erdfreien Störquelle gehen zunächst nur Gegentaktstörungen aus, die sich längs der angeschlossenen Leitungen ausbreiten (symmetrische Störungen). Wie der Netzstrom, so fließt auch der Störstrom auf dem einen Leiter zur Störsenke hin und auf dem anderen Leiter zur Störquelle zurück. Symmetrische Störungen liegen vorwiegend im Bereich niedriger Frequenzen vor (bis zu einigen 100 kHz).

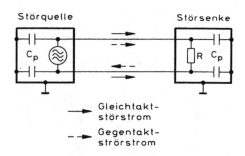

Abb. 4.28: Gleichtakt- und Gegentaktstörungen

Parasitäre Kapazitäten in der Störquelle und Störsenke oder beabsichtigte Masseverbindungen rufen jedoch auch einen Störstrom im Erdkreis hervor. Dieser Gleichtaktstörstrom fließt auf den beiden Anschlussleitungen zur Störsenke hin und über Erdleitungen zurück (asymmetrische Störung). Da die parasitären Kapazitäten mit steigender Frequenz immer mehr in einen Kurzschluss übergehen und die Kopplungen auf den Messleitungen und im Geräteaufbau ebenfalls ungünstiger werden, treten die asymmetrischen Störungen bei Frequenzen oberhalb einiger MHz in den Vordergrund.

Entstörbeschaltungen sind nahezu immer als reflektierende Tiefpassfilter aufgebaut, d.h. sie erreichen dann ihre höchste Sperrdämpfung, wenn sie einerseits an die Impedanz der Störquelle bzw. der Störsenke und andererseits an die Impedanz der Leitung fehlangepasst sind. Um Filterschaltungen optimal aufbauen zu können und wirtschaftliche Lösungen zu ermöglichen, ist die Kenntnis der Impedanzen notwendig. Aus Berechnungen und umfangreichen Messungen sind die Impedanzen der in Betracht kommenden Leitungsnetze bekannt. Nicht bekannt oder nur unzureichend bekannt sind in den meisten Fällen die Impedanzen der Störquellen bzw. der Störsenken.

Aufgrund der derzeitig gültigen Vorschriften ist zur Gewährleistung der elektromagnetischen Verträglichkeit im Normalfall ein Frequenzbereich von 150 kHz bis 1 GHz zu betrachten, und zusätzlich sind z.B. niederfrequente Netzrückwirkungen zu berücksichtigen. EMV-Bauelemente müssen folglich Hochfrequenzeigenschaften und meist noch eine extrem breitbandige Wirkung aufweisen. Für Einzelbauelemente (Induktivitäten) dient als Kennzeichnung der HF-Eigenschaften die Angabe der Impedanz in Abhängigkeit von der Frequenz.

4.5.1 Anordnung der EMV-Bauelemente

Werden Filterschaltungen aus Einzelbauelementen aufgebaut, sind folgende Grundregeln zu beachten:

- Zur Vermeidung von kapazitiven und induktiven Verkopplungen zwischen den Bauteilen und zwischen den Ein- und Ausgängen von Filtern sind die Bauteile im Zuge der Leitung anzuordnen.

- Da die Dämpfung einer Filterschaltung im MHz-Bereich in erster Linie von den gegen Masse geschalteten Kondensatoren bestimmt wird, sind die Anschlüsse der Kondensatoren möglichst induktivitätsarm, also kurz zu halten.

• Filterschaltungen, die in Geräten mit engen Platzverhältnissen untergebracht werden müssen, sind zu schirmen.

Bei fertigen Filtern sind die folgenden Regeln zu beachten:

• Immer auf die Herstellung einer elektrisch gut leitenden Verbindung zwischen dem Filtergehäuse bzw. der Filtermasse und dem metallischen Gehäuse
der Störquelle bzw. Störsenke achten.

• Herstellen einer ausreichend hochfrequenten Entkopplung, wenn nötig
durch Schirmtrennwände, zwischen den Leitungen am Filtereingang (störende
Leitung) und am Filterausgang (gefilterte Leitung).

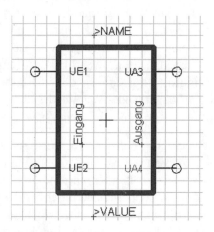

Abb. 4.29: Symbol für das
Entstörfilter

Abb. 4.29 zeigt ein grafisches Beispiel für das Symbol eines Entstörfilters. An
dem Vierpol liegt links die Eingangsspannung und rechts die Ausgangsspannung. Die Definitionen für die Eingangsanschlüsse wurden mit UE1 und UE2
und die Ausgangsanschlüsse mit UA3 und UA4 vorgenommen. Sie können
statt UA3 auch UA1 und für UA4 die Bezeichnung UA2 verwenden. EAGLE
erlaubt jede Art der Bezeichnung!

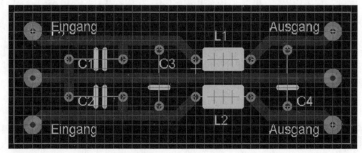

Abb. 4.30: Platine für das Entstörfilter

Bei der Platine von *Abb. 4.30* sind drei Anschlüsse am Eingang und am Ausgang vorhanden. Die Eingangsspannung liegt über drei Kondensatoren an den Spulen und am Ausgang ist nur ein Kondensator vorhanden.

Die beiden Kondensatoren C1 und C2 sind mit Masse verbunden, während der Kondensator C3 zwischen den beiden Eingangsleitungen liegt. Bei Entstörfiltern muss man hochwertige Metallpapier-Kondensatoren verwenden. Die unter Vakuum harzimprägnierten und mit selbstverlöschendem Gießharz umhüllten Bauteile heilen aufgrund der guten Oxidationsbilanz des Papierdielektrikums selbst bei energiereichen Impulsen hervorragend aus. Die Kondensatoren sind für Temperaturen bis +110 °C spezifiziert und stehen in den Klassen X und Y zur Verfügung.

• Klasse X-Kondensatoren: Hierbei handelt es sich um Kondensatoren mit unbegrenzter Kapazität, die zwischen Phase und Nullleiter oder Phase/Phase geschaltet sind. Sie sind in die Unterklassen X1 und X2 aufgeteilt, wobei X1-Kondensatoren in Sonderanwendungen mit erhöhter Stoßspannungsfestigkeit zum Einsatz kommen, während X2-Kondensatoren für ein breites Anwendungsgebiet mit normalen Anforderungen an die Spannungsfestigkeit ausgelegt sind. Die vier Kondensatoren in unserem Entstörfilter sind Klasse X-Kondensatoren.

• Klasse Y-Kondensatoren: Diese Kondensatoren arbeiten mit erhöhter elektrischer und mechanischer Sicherheit, die z.B. zwischen Phase und einem berührbaren, schutzgeerdeten Gehäuse angeschlossen werden und somit auch Betriebsisolationen überbrücken können.

Das nächste Problem sind die beiden Spulen. In einem Entstörfilter verwendet man meistens stromkompensierte Drosseln, da hier die Gleichtaktunterdrückung optimal durchgeführt wird. Um den Sicherheitsanforderungen entsprechen zu können, müssen Drosseln mit einer hohen asymmetrisch wirksamen Induktivität Verwendung finden. Für diesen Zweck eignen sich besonders stromkompensierte Drosseln mit einer geschlossenen Kerntopologie. Das Problem der Sättigung des Kernmaterials lässt sich infolge des Wirkstroms in dieser Schaltung dadurch lösen, dass zwei Spulen mit gleicher Windungszahl auf einem gemeinsamen Kern gewickelt werden. Diese Spulen sind so miteinander verbunden, dass der magnetische Fluss, der den in der oberen Spule L1 fließenden Wirkstrom induziert, dem durch die untere Spule L2 durchfließenden Strom entgegengerichtet ist, sodass sich die beiden Magnetflüsse aufheben.

4.5.2 Wirkungsweise der EMV-Bauelemente

So wie Leitungsrauschen in Form von Spannung oder Strom auftreten kann, sind Störstrahlungen in Form elektrischer oder magnetischer Felder vorhanden. Da diese im Raum und nicht in Leitern existieren, gibt es hier keinen Unterschied zwischen differentiellen und Gleichtaktfeldern. Ein elektrisches Feld liegt in dem Raum zwischen zwei Potentialen vor, während ein magnetisches Feld um einen durch den Raum fließenden Strom existiert. Beide Felder können in einer Schaltung auftreten, da Kondensatoren Energie in elektrischen Feldern speichern und Spulen bzw. Transformatoren ihre Energie in magnetischen Feldern speichern bzw. koppeln.

Da ein elektrisches Feld zwischen zwei Oberflächen oder Volumen mit unterschiedlichen Potentialen existiert, lässt sich das in einem Gerät aufgrund des elektrischen Felds erzeugte Rauschen relativ einfach einschränken, indem das Gerät mit einer Masseabschirmung versehen wird.

Ein weiteres Verfahren besteht in der Verwendung von Masseebenen auf Leiterplatten. Elektrische Felder sind dem Potentialunterschied zwischen Oberflächen direkt und der Entfernung zwischen diesen indirekt proportional. Sie existieren beispielsweise zwischen einer Quelle und jeder in der Nähe befindlichen Masseebene. Bei Mehrlagenleiterplatten lassen sich daher die Schaltung oder die Leiterbahnen durch Schaffung einer Masseebene zwischen diesem und jedem größeren Potential abschirmen.

Bei der Verwendung von Masseebenen ist jedoch auf die kapazitive Aufladung von Leitungen mit hoher Spannung zu achten. Kondensatoren speichern Energie in elektrischen Feldern, und durch das Einfügen einer Masseebene neben einem Leiter wird ein Kondensator zwischen dem Leiter und Masse gebildet. Ein großes dV/dt-Signal auf dem Leiter kann hohe Ströme zur Masse hin erzeugen und so das Leitungsrauschen erhöhen, während die Störstrahlung eingeschränkt wird.

Liegen Störstrahlungen in Form elektrischer Felder vor, ist mit einiger Sicherheit das höchste Potential im System dafür verantwortlich. Bei Stromversorgungen und Schaltreglern ist auf die Schalttransistoren und die Gleichrichter zu achten, da sie normalerweise hohe Potentiale wie auch, aufgrund der Kühlkörper, große Flächen aufweisen. Bei oberflächenmontierbaren Bauelementen kann dieses Problem auch auftreten, da sie oft größere Leiterplattenflächen zur Wärmeableitung erfordern. In diesem Fall ist auch auf die Kapazität zwischen jeder großen Kühlfläche und der Masseebene oder einer Stromversorgungsschiene zu achten.

Elektrische Felder lassen sich relativ einfach einschränken, bei magnetischen Feldern liegt der Fall jedoch anders. Die Abschirmung einer Schaltung mit einem Material mit großem μ-Wert kann zwar eine wirksame Abschirmung herstellen, aber diese ist schwierig zu realisieren und kostenaufwendig. Am besten sind die Störstrahlungen durch magnetische Felder unter Kontrolle zu halten, indem sie an der Quelle bereits minimiert werden. Dies erfordert aber den Einsatz von Spulen und Transformatoren, die zur Minimierung abgestrahlter magnetischer Felder ausgelegt sind. Ebenso wichtig ist es, beim Leiterplatten-Layout und der Schaltungsverdrahtung die Größe von Stromschleifen zu minimieren, besonders bei Pfaden mit höheren Stromfluss. Diese strahlen nicht nur magnetische Felder ab, sondern erhöhen auch die Leiterinduktivität, was zu Spannungsspitzen auf Leitungen mit hochfrequenten Strömen führen kann.

Der Schlüssel zur Reduzierung der Störstrahlung von Spulen liegt in der Verwendung eines Materials mit großem μ-Wert. Dadurch wird das Feld auf den Kern beschränkt und breitet sich nicht auf den umliegenden Raum aus. Bei Materialien mit höherem μ-Wert ist die Dichte des magnetischen Felds proportional größer.

Zum Verständnis dienen die Magnetisierungskurven für magnetische Werkstoffe. Das Feld B (X-Achse) ist proportional zu $U \cdot t/N$, wobei N die Windungszahl angibt. Das Feld H (Y-Achse) ist proportional $N \cdot i$. Damit ist der Kurvenanstieg (proportional μ) auch proportional der Induktivität ($L = U/[di/dt]$). Durch Einfügen eines Luftspalts in diesen Ferrit-Kern (oder anderen Kern mit großem μ) wird der Anstieg vermindert, was wiederum den effektiven μ-Wert und damit die Induktivität verringert. Die Induktivität fällt mit der Änderung des Anstiegs ab, der maximale Strom steigt mit der Anstiegsänderung an, und die Sättigung des B-Felds bleibt gleich. Damit erhöht sich die in der Spule gespeicherte maximale Energie ($\frac{1}{2} L \cdot I^2$). Diese Erhöhung lässt sich auch dadurch veranschaulichen, dass eine Spannung an die Spule angelegt und die Zeit zum Erreichen von $B_{Sät}$ gemessen wird. Die im Kern gespeicherte Energie ist das Integral von $(U \cdot i)dt$. Da der Strom bei einem geteilten Kern bei gleicher Spannung und Zeit höher liegt, wird damit auch die entsprechende gespeicherte Energie höher.

Die Teilung des Kerns erhöht jedoch die Abstrahlung des magnetischen Felds um die Spule herum. „Bobbin"-Spulenkerne z.B., die aufgrund ihres großen Luftspalts berüchtigt für die Erzeugung magnetischer Störstrahlung sind, werden aus diesem Grund bei rauschempfindlichen Anwendungen allgemein vermieden. Der Bobbin-Kern, ein garnrollenähnliches Ferritstück, gehört zu den einfachsten und preiswertesten Arten eines geteilten Ferritkerns. Zur Herstellung einer Spule wird Draht um den Mittelteil gewickelt. Die Kosten sind niedrig, da sich der Draht ohne zusätzlichen Aufwand (abgesehen vom Anschluss) direkt auf den Kern wickeln lässt. In einigen Fällen werden die Drähte auf einer unten am Kern befindlichen metallisierten Fläche angeschlossen, wodurch die Spule oberflächenmontierbar wird. Bei anderen oberflächenmontierbaren Bauelementen wird die Spule auf einen Keramik- oder Plastikträger montiert, auf dem die Drähte angeschlossen werden.

Einige Hersteller versehen den Spulenkern mit einer Ferritabschirmung, um die Störstrahlungen zu reduzieren. Für diesen Zweck ist die Maßnahme zwar nützlich, aber sie reduziert auch den Luftspalt und damit die in der Spule speicherbare Energie. Da das Ferrit selbst nur sehr wenig Energie speichern kann, wird oftmals ein kleiner Abstand zwischen der Abschirmung und dem Kern gelassen, der bei diesen Spulen eine bestimmte unerwünschte magnetische Störstrahlung zulässt. Abhängig von der zulässigen Höhe der Störstrahlung kann der Bobbin-Kern einen guten Kompromiss zwischen Kosten und EMI (Electromagnetic Interference oder elektromagnetische Störungen bzw. Einstreuungen) darstellen.

Entsprechend den Erfordernissen der Anwendungen lassen sich verschiedende andere geteilte oder ungeteilte Kerne einsetzen. So weisen z.B. Schalenkerne, E-I- und E-E-Kerne, teilbare Mittelstege auf. Die Teilung des Mittelstegs, der völlig von der Spule umgeben ist, reduziert die vom Luftspalt ausgehende Störstrahlung. Diese Spulen sind gewöhnlich kostenaufwendiger herzustellen, da die Spule getrennt vom Kern gewickelt werden muss, der dann um die Spule herum zusammengesetzt wird. Um den Entwurf und die Montage zu vereinfachen, werden Kerne mit einem bereits geteilten Mittelsteg angeboten.

Der für die Reduzierung von Störstrahlungen geeignete Kern ist der Ringkern mit verteiltem Luftspalt. Dieser Kern wird durch Pressen einer Mischung von Füllmaterial und Metallpulver mit großen μ-Werten in einer Ringform hergestellt. Die durch den nichtmagnetischen Füllstoff getrennten Metallpulverkörner sind dadurch von kleinen „Luftspalten" umgeben, die zusammen einen gleichmäßig über den Kern verteilten „Gesamtluftspalt" bilden. Die Spule wird durch das Innere und um die Außenseite dieses Kerns gewickelt, wodurch sich das Feld kreisförmig entlang der Spulenmitte aufbaut. Solange die Spule den gesamten Umfang des Rings bedeckt, wird die Umgebung durch die komplette Abdeckung des magnetischen Felds abgeschirmt.

Die Verluste in einem typischen Ringkern mit verteiltem Luftspalt können u.U. höher sein als bei geteilten Ferritkernen, da die Metallpartikel im Ring empfindlich gegenüber Wirbelströmen sind, die Wärme erzeugen und damit den Wirkungsgrad verringern. Außerdem ist das Wickeln von Ringkernen kostenaufwendiger, da der Draht durch das Innere des Rings gewickelt werden muss. Dies lässt sich maschinell durchführen, aber derartige Maschinen sind erheblich langsamer und teurer als herkömmliche Spulenwickelmaschinen.

Einige Ferritkerne verfügen über einen diskreten Luftspalt. Daraus resultieren zwar größere magnetische Störstrahlungen als bei Ringkernen mit verteiltem Luftspalt, aber typische geteilte Ringkerne haben geringere Verluste, da sie das Feld besser begrenzen als andere geteilte Ferritkerne. Die Spule reduziert die Störstrahlung durch Abschirmung des Luftspalts, während die Ringform die Beschränkung des Felds auf den Kern unterstützt.

4.5.3 EMV-Bauelemente auf der Platine

Bei der Dämpfung von EMI ist die Auswahl der Bauelemente ein äußerst wichtiger Faktor, ebenso wichtig sind jedoch auch das Layout der Leiterplatte und die Verbindungsleitungen. *Abb. 4.31* zeigt das Platinenlayout und die Verbindungen.

Besonders bei dicht gepackten Mehrlagenleiterplatten kommt es für die ordnungsgemäße Funktion und das richtige Zusammenwirken der Schaltung auf das Layout und die Anordnung der Bauteile an. Der Schaltvorgang kann große dU/dt- und di/dt-Signale in den Leiterbahnen hervorrufen, was durch Kopplung auf andere Leiterbahnen erhebliche Verträglichkeitsprobleme verursachen kann. Diese, wie auch kostenaufwendige Leiterplattenänderungen lassen sich jedoch vermeiden, indem beim Layout kritische Pfade von vornherein mit Sorgfalt vorgegeben werden.

Man kann zwar zwischen Störstrahlungen und dem Leitungsrauschen in einem System unterscheiden, aber wenn man die Störungen innerhalb einer Leiterplatte mit der Verdrahtung betrachtet, verwischt sich dieser Unterschied. Nebeneinanderliegende Leiterbahnen, die elektrische Felder koppeln, leiten auch Ströme über parasitäre Kapazitäten. Ebenso verhalten sich Leiterbahnen, die durch magnetische Felder gekoppelt sind, gewissermaßen auch wie Transformatoren. Dieses Zusammenwirken lässt sich in Form von konzentrierten Elementen oder mit der Feldtheorie beschreiben. Hier ist das Verfahren anzuwenden, das die Verhältnisse am genauesten beschreibt.

Zwei oder mehr dicht nebeneinander liegende Leiter sind kapazitiv gekoppelt, d.h. damit verursachen große Spannungsänderungen in einem Leiter auch bei einem parallelverlaufenden Leiter unerwünschte Stromflüsse. In diesem Fall spricht man vom „Übersprechen". Bei niedriger Leiterimpedanz erzeugen die gekoppelten Ströme nur geringe Spannungen. Die Kapazität ist dem Leiterab-

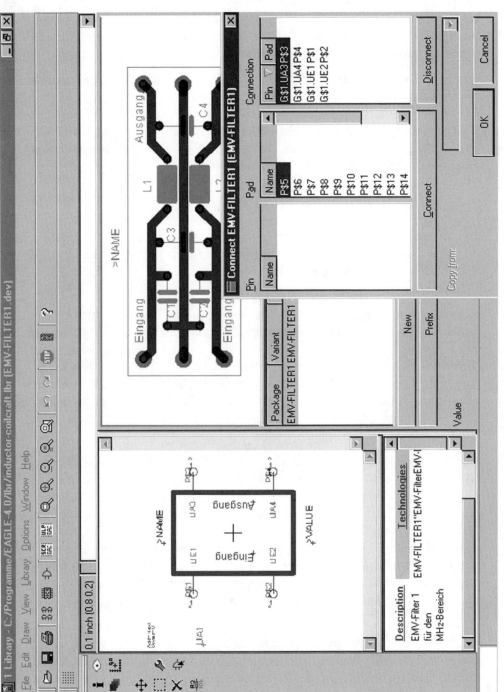

Abb. 4.31: Platinenlayout und die Verbindungen für ein EMV-Filter

stand indirekt und der Leiterfläche direkt proportional. Das Leitungsrauschen lässt sich daher minimalisieren, indem die Fläche der nebeneinander liegenden Leiter klein und ihr Abstand groß gehalten wird.

Ein weiteres Verfahren zum Reduzieren der Kopplung zwischen Leitern besteht im Einfügen einer Masseebene oder durch eine Abschirmung. Eine zwischen die Leiter gelegte Masseleiterbahn (oder, in manchen Fällen, einer Versorgungsschiene oder eine anderes Potential mit niedriger Impedanz) koppelt die Leiter kapazitiv zur Masse und kann so ihre gegenseitige Beeinflussung unterbinden. Hier ist jedoch Vorsicht geboten. Leiterbahnen mit schnellen dU/dt-Änderungen, die sich dicht neben einer Ebene mit einer hochohmigen Masseverbindung befinden, können diese Änderungen auf das Massepotential koppeln. Dies wiederum kann die Signale auf empfindliche Leitungen übertragen und das Rauschproblem wird erhöht. Hat die Masseebene keine hohen Ströme zu leiten, ist man eventuell versucht, sie mit einem dünnen Draht mit der Erde bzw. Masse zu verbinden. Die hohe Induktivität eines solchen Drahts kann jedoch dazu führen, dass die Masseebene auf sich schnell ändernde Spannungen wie eine hohe Impedanz wirkt.

Es ist sicherzustellen, dass eine Masseebene kein Rauschen auf empfindliche Schaltungsteile überträgt. Bypass-Kondensatoren an den Ein- und Ausgängen leiten z.B. oft Strom durch eine Masseebene, und die von hochfrequenten Strömen durchflossenen Bauelemente können empfindliche Schaltungsteile beeinträchtigen. Um dieses Problem zu vermeiden, werden auf der Leiterplatte oftmals getrennte Ebenen für die Versorgungs- und die Signalmasse eingerichtet. Diese werden dann nur an einem Punkt miteinander verbunden und dadurch lässt sich die Übertragung des durch Potentiale auf der Versorgungsmasse erzeugten Rauschens auf die Signalebene minimieren. Dieses Verfahren ist weitgehend mit der sogenannten Sternmasse identisch, bei der alle Bauteile an einem Punkt mit Masse verbunden sind, d.h. alle Leiterbahnen gehen sternförmig von diesem Punkt aus. Dies hat die gleiche Wirkung wie getrennte Versorgungs- und Signalmasseebenen, ist aber bei großen, komplexen Leiterplatten, die eine Vielzahl an Masse liegender Bauteile enthalten, unpraktisch. *Abb. 4.32* zeigt das EMV-Filter in der EAGLE-Bibliothek.

4.5.4 Verbessertes Platinenlayout für das EMV-Filter

Ist die Empfindlichkeit eines Knotens für übertragenes Rauschen bekannt, sollten die mit diesem Knoten verbundenen Leiterbahnen von Leitungen mit Knoten großer Spannungsänderungen ferngehalten werden. Ist das nicht möglich, ist eine wirksame Masseebene oder Abschirmung einzufügen. Ein ent-

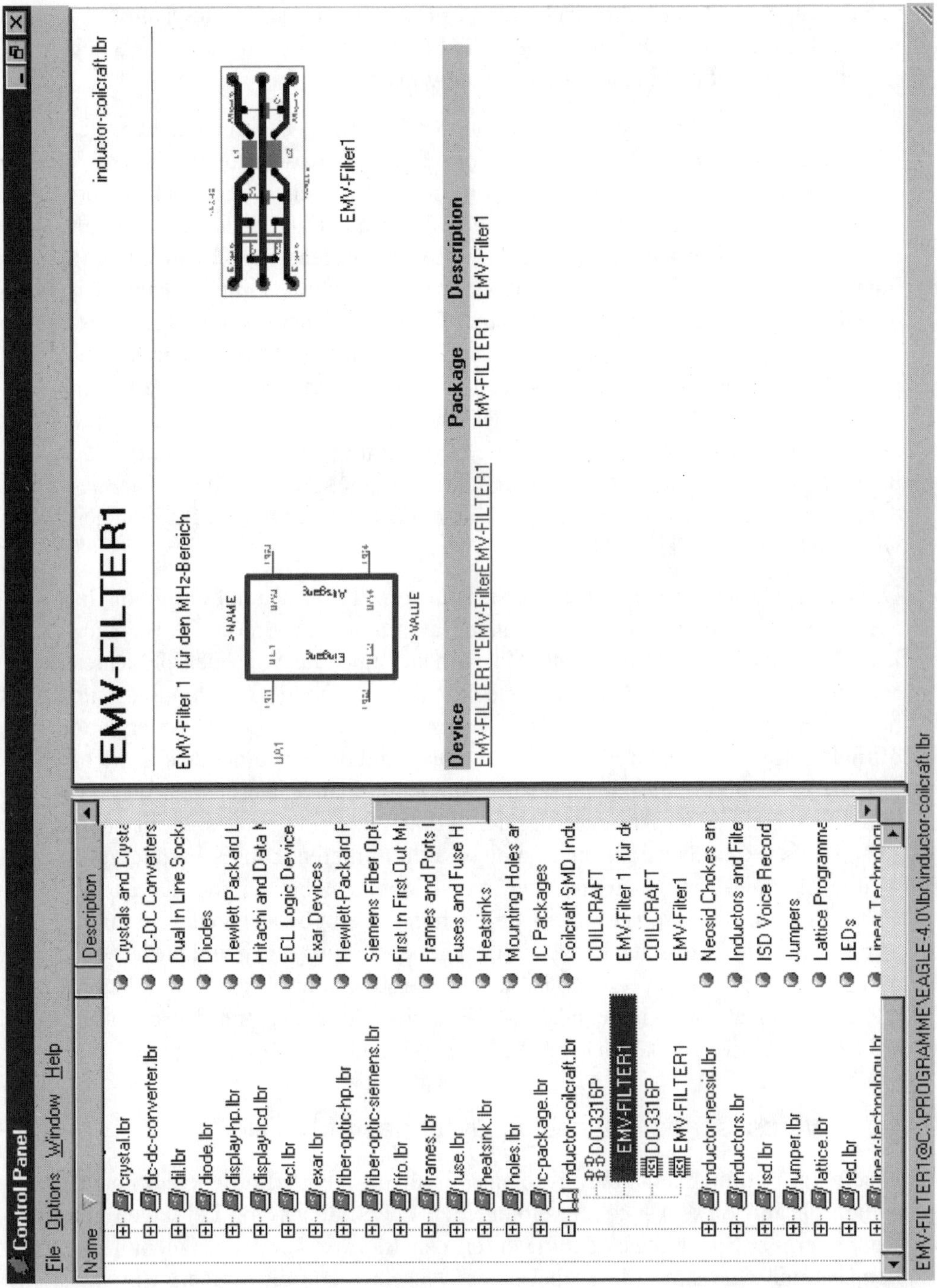

EMV-FILTER1

EMV-Filter 1 für den MHz-Bereich

Device	Package	Description
EMV-FILTER1"EMV-FilterEMV-FILTER1	EMV-FILTER1	EMV-Filter1

Control Panel

File Options Window Help

Name	Description
crystal.lbr	Crystals and Crysta
dc-dc-converter.lbr	DC-DC Converters
dil.lbr	Dual In Line Sock
diode.lbr	Diodes
display-hp.lbr	Hewlett Packard L
display-lcd.lbr	Hitachi and Data M
ecl.lbr	ECL Logic Device
exar.lbr	Exar Devices
fiber-optic-hp.lbr	Hewlett-Packard F
fiber-optic-siemens.lbr	Siemens Fiber Opt
fifo.lbr	First In First Out M
frames.lbr	Frames and Ports
fuse.lbr	Fuses and Fuse H
heatsink.lbr	Heatsinks
holes.lbr	Mounting Holes ar
ic-package.lbr	IC Packages
inductor-coilcraft.lbr	Coilcraft SMD Ind
D03316P	COILCRAFT
EMV-FILTER1	EMV-Filter 1 für d
D03316P	COILCRAFT
EMV-FILTER1	EMV-Filter1
inductor-neosid.lbr	Neosid Chokes an
inductors.lbr	Inductors and Filte
isd.lbr	ISD Voice Record
jumper.lbr	Jumpers
lattice.lbr	Lattice Programme
led.lbr	LEDs
linear-technology.lbr	Linear Technology

EMV-FILTER1@C:\PROGRAMME\EAGLE-4.0\lbr\inductor-coilcraft.lbr

inductor-coilcraft.lbr

Abb. 4.32: EMV-Filter und Platinenlayout in der EAGLE-Bibliothek

sprechender Bypass-Kondensator kann die Empfindlichkeit des Knotens für das Übersprechen ebenfalls vermindern. Ein kleiner, zwischen den Knoten und Masse oder eine Versorgungsschiene geschalteter Kondensator ist normalerweise eine geeignete Lösung.

Bei der Auswahl des Bypass-Kondensators ist auf eine niedrige Impedanz über dem problematischen Frequenzbereich zu achten. Aufgrund des äquivalenten Serienwiderstands ESR (Equivalent Series Resistance) und der äquivalenten Serieninduktivität ESL kann die Impedanz bei hohen Frequenzen höher liegen als erwartet, daher ist der Einsatz von Keramikkondensatoren mit ihrem geringen ESR und ESL für die Bypass-Anwendung zu empfehlen. Das keramische Dielektrikum hat ebenfalls einen großen Einfluss auf das Leistungsverhalten. Dielektrika mit höherer Kapazität (wie z.B. Y5V) lassen u.U. große Kapazitätsänderungen über der Spannung und Temperatur zu. Bei maximaler Nennspannung weisen derartige Keramikkondensatoren möglicherweise nur 15 % ihrer Normalkapazität auf. Ein kleiner Kondensator mit einem besseren Dielektrikum, deren Übersprechdämpfung weniger von der Spannung und der Temperatur abhängig ist, stellt in vielen Fällen eine bessere und konsistentere Lösung dar.

Ebenso wichtig ist die Anordnung des Bypass-Kondensators. Zur Dämpfung hochfrequenten Rauschens sind die entsprechenden Signale durch den Bypass-Kondensator zu leiten. Durch die Länge, der mit dem Kondensator in Serie geschalteten Leiterbahn, werden ESR bzw. ESL des Kondensators und damit auch die Impedanz bei hohen Frequenzen erhöht. Damit wird die Wirksamkeit des Kondensators als Hochfrequenz-Bypass reduziert. Bei einem besseren Layout werden die Leiterbahnen breiter zum Kondensator geführt und damit unterstützt die Streu-ESR- und Streu-ESL-Werte der Leiterbahnen die Filterwirkung des Kondensators, anstatt sie zu vermindern. *Abb. 4.33* zeigt eine andere Leitungsführung, bei der die parasitären Werte der Leiterbahnen die Filterwirkung des Kondensators verbessern.

Bei einigen Knoten auf einer Leiterplatte ist ein Bypass nicht zu empfehlen, da dies ihr Frequenzverhalten verändern würde. Ein Beispiel dafür ist ein Rückkopplungsspannungsteiler zwischen Ein- und Ausgang bei einer elektrischen Schaltung. Hat man ein Entstörfilter in einer geschalteten Stromversorgung, senkt ein Rückkopplungsspannungsteiler die Ausgangsspannung auf einen für den Fehlerverstärker annehmbaren Wert. Ein großer Bypass-Kondensator an diesem Rückkopplungsknoten bildet einen Pol mit dem Widerstand des Knotens. Da der Spannungsteiler ein Teil der Regelschleife ist, wird dieser Pol Teil des Schleifenverhaltens. Liegt die Polfrequenz weniger als eine Dekade über

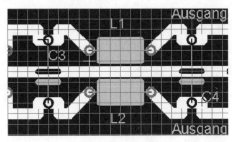

Abb. 4.33: Durch eine andere Leitungsführung lassen sich die parasitären Werte der Leiterbahnen und die Filterwirkung des Kondensators verbessern

der Übergangsfrequenz, können die verursachten Phasen- oder Verstärkungsänderungen die Schleifenstabilität beeinträchtigen.

Da Ströme in geschalteten Stromversorgungen schnell ein- und ausgeschaltet werden, erzeugen die in diesen Strompfaden entstehenden Streuinduktivitäten hohe Rauschspannungen, die auf empfindliche Schaltungsteile übertragen werden und belasten daher diese Bauelemente. Von Gleichstrom durchflossene Leitungen verursachen selten Probleme, da Gleichspannungen keine Spannungsspitzen erzeugen bzw. Wechselspannung auf andere Leiterbahnen übertragen. Eine mit einer Spule in Serie geschaltete Leitung stellt z.B. kein Problem dar, da die Streuinduktivität der Leitung weit unter der der Spule liegt. Die große Serieninduktivität verhindert darüber hinaus Diskontinuitäten des Stroms.

Erzeugt eine Schaltung diskontinuierliche Ströme, sollten große Stromschleifen vermieden werden, denn diese erzeugen höhere Induktivitäten und damit eine größere magnetische Störstrahlung. Dies gilt auch für die Anordnung der Bauelemente, da zwischen aktiven Bauelementen, wie Transistoren und Dioden, gewöhnlich Ströme geschaltet werden. Fließen zwischen einer Eingangsquelle und der Ausgangslast hochfrequente Ströme, sollten diese durch Bypass-Kondensatoren am Eingang und am Ausgang abgeleitet werden, ansonsten würden diese durch die Eingangs- und Ausgangsleitung oder auch über beide fließen. Die Impedanz der Bypass-Kondensatoren am Eingang und am Ausgang ist wichtig. Die Kondensatoren sollten so groß sein, dass die Eingangs- und die Ausgangsimpedanz niedrig gehalten wird. Größere Kondensatoren (z.B. Tantal- oder Elektrolytkondensatoren) haben allerdings wiederum höhere ESR- und ESL-Werte als kleinere Keramiktypen. Es ist somit dafür Sorge zu tragen, dass die Impedanz des Kondensators im betroffenen Frequenzbereich ausreichend gering ist.

Als Alternative besteht auch die Möglichkeit der Parallelschaltung eines Keramikkondensators mit einem Elektrolyt- oder Tantalkondensator, da der Keramikkondensator eine geringere Impedanz bei hohen Frequenzen aufweist. In den meisten Fällen ist diese Lösung jedoch nicht besser als mehrere parallelgeschaltete Elektrolyt- oder Tantalkondensatoren zur Reduzierung von ESR und ESL oder mehrere parallelgeschaltete Keramikkondensatoren zur Erhöhung der Gesamtkapazität.

4.6 Pneumatische und hydraulische Bauelemente

Mit EAGLE lassen sich auch elektropneumatische und -hydraulische Symbole erstellen. Dies gilt insbesondere für Wegeventile, die zum Steuern von Start, Stop und Durchflussrichtungen eines Gas- oder Flüssigkeitsstroms zu verwenden sind. Wegeventile werden nach der Anzahl der Anschlüsse und der Schalterstellungen bezeichnet. Jede Schaltstellung ist im Schaltzeichnen einem Quadrat zugeordnet. Die Verbindungen der Anschlüsse untereinander sind durch Linien dargestellt und die Pfeile zeigen die Strömungsrichtungen für Flüssigkeiten und Druckluft an. Querstriche kennzeichnen den gesperrten Anschluss. Die Anschlüsse sind an das Quadrat gezeichnet, das die Ruhelage des Ventils kennzeichnet. Die Wirkung der verschiedenen Schalterstellungen ist erkennbar, wenn man das gesamte Schaltzeichen gedanklich so verschiebt, dass das Quadrat für die wirksame Schaltstellung zwischen den feststehenden Leitungsanschlüssen liegt. Entsprechend den technischen Anforderungen sind vielfältige Verbindungen zwischen den einzelnen Anschlüssen handelsüblich.

Wegeventile werden durch äußere mechanische, elektrische oder pneumatische bzw. hydraulische Betätigung in ihre Schaltstellung gebracht:

• Direkte Betätigung durch Elektromagneten mit Rückstellung durch Federkraft. Auch eine zusätzliche Hilfsbetätigung, die von Hand oder mit dem Fuß ausgelöst wird, kann vorhanden sein. Eine Kombination von mehreren Betätigungsarten ist ebenfalls möglich.

• Direkte Betätigung durch einen Elektromagnet mit Speicherverhalten (Impulsventil).

• Die jeweilige Schaltstellung bleibt auch im stromlosen Zustand der Spulen aufrechterhalten, bis kurzzeitig die Spule der gegenüberliegenden Schaltstellung erreicht wird.

• Um auch größere Ventile mit der gleichen elektrischen Leistung bzw. entsprechenden kleinen Elektromagneten wie bei Wegeventilen kleinerer Nenngröße ansteuern zu können, wird die Vorsteuerung auch indirekte Betätigung bezeichnet, angewendet.

Für die Kurzbezeichnung gilt Folgendes:

2/2-Wegeventil
    └──➤ Schalterstellung
    └───➤ Anschlüsse

Als pneumatische Steuerungen bezeichnet man alle Systeme, die unter Verwendung der Druckluft zum Antrieb von Maschinen geeignet sind. Die hydraulischen Steuerungen umfassen den Antrieb und die Steuerung von Maschinen durch Druckflüssigkeiten. Beide Disziplinen verwenden identische Schaltzeichen.

4.6.1 2/2-Wegeventil

Das 2/2-Wegeventil (gesprochen: zwei-Strich-zwei-Wegeventil) ist die einfachste Art, denn über einen Elektromagneten lässt sich das Wegeventil nur ein- oder ausschalten. *Abb. 4.34* zeigt das Anschlussschema, links mit der Betätigungsart durch einen Elektromagneten und durch einen Knopf, der sich per Hand oder Fuß auslösen lässt. Auf der rechten Seite erkennt man die Feder für die mechanische Rückstellung.

Die Schalterstellungen werden mit 0, a, b,... gekennzeichnet, wobei 0 nur für die Ruhestellung von Wegeventilen mit drei Schaltstellungen verwendet wird. Die Betätigungsorgane werden entsprechend ihrer Zuordnung zu den Schaltstellungen ebenfalls mit den Buchstaben a, b,... gekennzeichnet. Für die Anschlüsse verwendet man folgende Buchstaben:

P: Druckanschluss (Pumpe)
T: Rücklaufanschluss

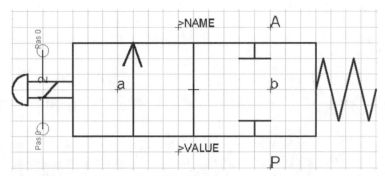

Abb. 4.34: Anschlussschema für ein elektrisch betätigtes 2/2-Wegeventil und Druckknopf mit Rückstellfeder

L: Leckölanschluss oder Druckentweichung

A: Arbeitsanschluss (Verbraucher)

B: Arbeitsanschluss (Verbraucher)

X: Steueranschluss

Y: Steueranschluss

Aus Abb. 4.34 kann man die Platine für das 2/2-Wegeventil erstellen. Das Erstellen der Platine ist von den mechanischen Abmessungen abhängig. *Abb. 4.35* zeigt das fertige Device in der EAGLE-Bibliothek.

Über den Anschluss P (Druckanschluss) erhält das Wegeventil beispielsweise seine Flüssigkeit oder die Druckluft. Bei hydraulischen Anlagen saugen Pumpen die Flüssigkeit an und drücken sie über Wegeventile in die Zylinder oder Hydromotoren. Die vom Kolben verdrängte Flüssigkeit fließt durch das Wegeventil in den Behälter zurück. Anlagen mit Druckluft bestehen aus der Verdichteranlage, der Druckluft-Aufbereitung und der eigentlichen Steuerung mit dem entsprechenden Wegeventil. Mit einem 2/2-Wegeventil lässt sich die Bewegung eines Zylinders steuern. In der Stellung a des Ventils strömt die Flüssigkeit oder die Druckluft vom Druckanschluss P zum Anschluss A der Arbeitsleitung. Damit kann der Kolben ausfahren. Die von ihm im Zylinderraum verdrängte Flüssigkeit oder Druckluft entweicht über eine Arbeitsleitung zurück zur Verdichteranlage.

4.6.2 3/2-Wegeventil

Bei diesem 3/2-Wegeventil soll neben der direkten Betätigung durch den Elektromagneten noch ein Hebel vorhanden sein, wie *Abb. 4.36* zeigt. Durch den Hebel wird eine Rückstellung ausgelöst und über den Anschluss R fließt die Flüssigkeit in einen Behälter ab oder die Druckluft verlässt gefiltert den Steuerungskreis.

Das Problem bei der Erstellung des Anschlussschemas sind die Pfeile und die Raste. Hier gibt es zwei Möglichkeiten, die auch zur Erstellung einer Feder wichtig sind:

• Einstellung des Knickwinkels, wobei EAGLE hier fünf Varianten anbietet. Mit dem mittleren Symbol „wire_style = 2" können Sie die entsprechenden Pfeile zeichnen.

• Änderung der Rasterdarstellung zum Zeichnen der Pfeile. Wenn es während des Konstruktionsvorgangs mit dem „groben" Raster der Grundeinstellung Schwierigkeiten gibt, kann man sofort auf ein anderes Rastermaß umschalten.

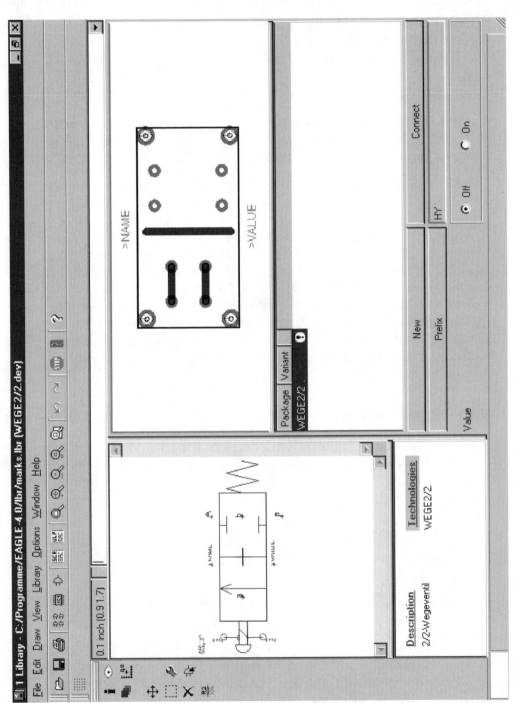

Abb. 4.35: Device für das 2/2-Wegeventil

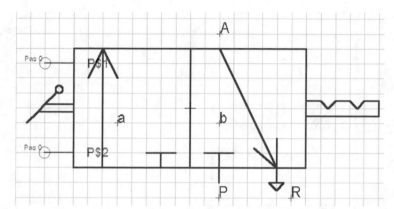

Abb. 4.36: Anschlussschema für ein 3/2-Wegeventil mit Auslösung durch einen Elektromagneten und Rückstellung durch eine hebelbetätigte Raste

Durch Anklicken des Grid-Icons öffnet sich ein Fenster und klickt man „Finest" an, wird das Raster auf den kleinstmöglichen Wert von 1/1000 mm eingestellt. Nach dem Zeichnen der Pfeile klickt man das Grid-Icon wieder an und schaltet auf „Default" (Einstellung des Standardwerts) um. Dies gilt auch für alle Zeichenarbeiten, wenn das Raster zu grob gewählt wurde.

Der Entwurf für die Platine hängt wieder von den mechanischen Abmessungen der 3/2-Wegeventile ab. *Abb. 4.37* zeigt das fertige Device.

Einfachwirkende Zylinder lassen sich meist mit 3/2-Wegeventilen ansteuern. Bei einer direkten Steuerung eines einfachwirkenden Zylinders ist in der Stellung b des 3/2-Wegeventils der Weg der Flüssigkeit oder Druckluft zum Zylinder gesperrt. Der Kolben fährt erst aus, wenn das Wegeventil in der Schalterstellung a geschaltet wird.

Wenn man ein Wechselventil durch zwei 3/2-Wegeventile ansteuert, lässt sich ein Zylinder wechselweise betreiben. Wechselventile besitzen zwei wechselseitig sperrbare Anschlüsse P1 und P2 sowie einen Ausgang A. Wird entweder der Eingang P1 *oder* der Eingang P2 mit Flüssigkeit oder Druckluft beaufschlagt, sperrt das Sperrelement den nicht beaufschlagten Eingang ab und die Flüssigkeit bzw. Druckluft erreicht den Anschluss A des Zylinders. Es handelt sich in diesem Fall um eine ODER-Verknüpfung.

Auch ein doppeltwirkender Zylinder kann über zwei 3/2-Wegeventile angesteuert werden. Ein Ventil wird zum Auslösen der Ausfahrbewegung eingesetzt, der andere für die Rückfahrbewegung.

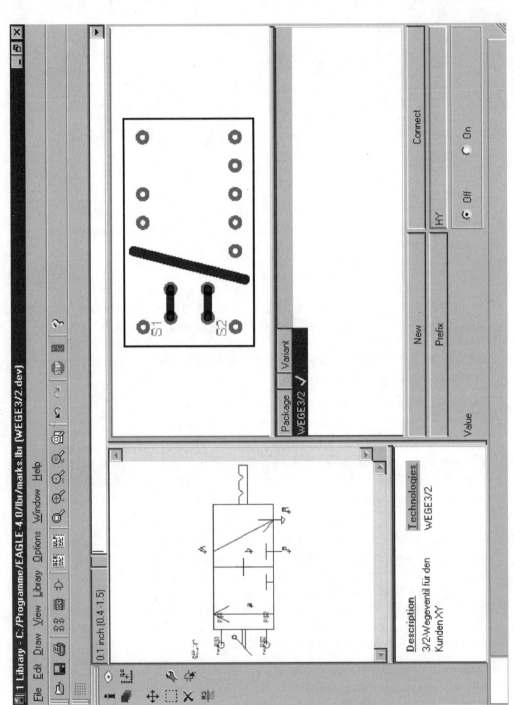

Abb. 4.37: Device für das 3/2-Wegeventil

4.6.3 4/2-Wegeventil

Die beiden Wegeventile 2/2 und 3/2 sind sehr einfach aufgebaut und können daher nur für einfache Steuerungen eingesetzt werden. *Abb. 4.38* zeigt ein 4/2-Wegeventil, das sich beidseitig elektromagnetisch betätigen lässt.

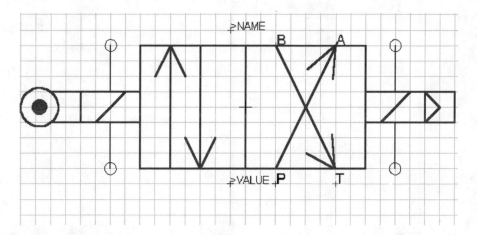

Abb. 4.38: Anschlussschema für ein beidseitig elektromagnetisch betätigtes 4/2-Wegeventil. Ergänzt wird die elektromagnetische Ansteuerung noch durch eine mechanische Betätigung mittels Rolle (links) und durch eine Druckluftvorsteuerung (rechts)

Bei großen Wegeventilen in der Hydraulik würden bei direkter elektrischer Betätigung des Ventils die Elektromagnete und die zum Schalten notwendige elektrische Leistung verhältnismäßig groß werden. Deshalb wird nur das zusätzlich angebaute kleine Vorsteuerventil elektromagnetisch betätigt. Dieses gibt dann die Flüssigkeit frei, die ihrerseits das Hauptventil schaltet. Beim Betätigen des rechten Elektromagneten wird der Kolben des Vorsteuerventils nach links geschoben und dadurch fließt im Vorsteuerventil die Flüssigkeit von B und A und damit auf die Betätigungsseite des Hauptventils. Der Hauptsteuerkolben schaltet durch und gibt die Wege von P nach B und von A nach T frei.

In *Abb. 4.39* ist das komplette Bauteil für ein 4/2-Wegeventil gezeigt. Der Platinenentwurf wurde nach den mechanischen Abmessungen des 4/2-Wegeventils realisiert.

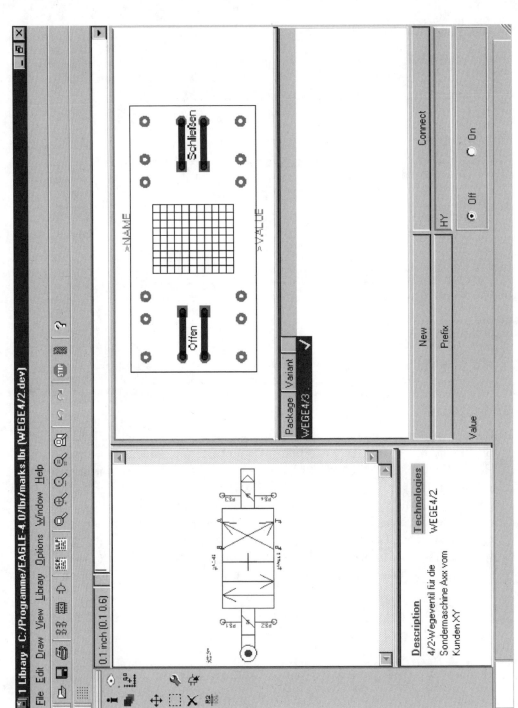

Abb. 4.39: Device für ein 4/2-Wegeventil

Sachverzeichnis